"基础数学应用"丛书

湖北省工业与应用数学学会规划教材

科学出版社"十四五"普通高等教育本科规划教材

数据科学讲义

杨志坚　焦雨领　吕锡亮　编著

U0252448

科学出版社图书类重大项目

科　学　出　版　社
北　京

内 容 简 介

本书系统地介绍了数据科学中的核心理论与实践方法, 为读者理解和应用这些技术提供了坚实的基础. 本书涵盖了监督学习、无监督学习和强化学习的内容. 其中, 监督学习包括理论框架、线性模型、核方法、神经网络以及一阶优化方法; 无监督学习涉及聚类分析、主成分分析和生成学习方法; 强化学习提供对相关内容的深入探讨.

本书可作为高等院校数学专业的本科生以及非数学专业的研究生的 "数据科学" 课程的教材.

图书在版编目（CIP）数据

数据科学讲义 / 杨志坚, 焦雨领, 吕锡亮编著. 北京: 科学出版社, 2025.1. -- ("基础数学应用" 丛书) (湖北省工业与应用数学学会规划教材) (科学出版社 "十四五" 普通高等教育本科规划教材). -- ISBN 978-7-03-080547-8

Ⅰ. TP274

中国国家版本馆 CIP 数据核字第 2024G0S947 号

责任编辑: 吉正霞　郭依蓓 / 责任校对: 高　嵘
责任印制: 彭　超 / 封面设计: 苏　波

科学出版社 出版
北京东黄城根北街 16 号
邮政编码: 100717
http://www.sciencep.com

武汉精一佳印刷有限公司印刷
科学出版社发行　各地新华书店经销
*

2025 年 1 月第 一 版　开本: 787×1092　1/16
2025 年 1 月第一次印刷　印张: 14 1/2
字数: 346 000

定价: 65.00 元

（如有印装质量问题, 我社负责调换）

"基础数学应用"丛书编委会

丛书序

数学本身就是生产力. 众所周知, 数学是一门重要的基础学科, 也是其他学科的重要基础, 几乎所有学科都依赖于数学的知识和理论, 几乎所有重大科技进展都离不开数学的支持. 数学也是一门关键的技术. 数学的思想和方法与计算技术的结合已经形成了一种关键性的、可实现的技术, 称为"数学技术". 在当代, 数学在航空航天、人工智能、生物医药、能源开发等领域发挥着关键性, 甚至决定性作用. 数学技术已成为高技术的突出标志和不可或缺的组成部分, 从而也可以直接地产生生产力. "高技术本质上是一种数学技术"的观点现已被越来越多的人认同.

人工智能 (AI) 时代是人类历史上最伟大的时代, 它已经对人们的生产、生活、思维方式产生深刻的影响. 在这个时代, 人工智能技术被广泛应用到人类生活的各个方面, 加速了各行各业的智能化进程, 同时也带来了许多挑战和机遇. 世界正飞速进入人工智能时代. 我们需要积极应对这一时代的挑战和机遇, 更好地发挥人工智能技术的优势, 推动人类社会的进步和发展.

在大数据技术和人工智能时代, 数学的作用更为突出. 一方面, 数学提供了人工智能算法和大模型的理论基础、工具和方法, 同时也为人工智能的思维方式和表达提供了一种规范和统一的描述方式. 另一方面, 人工智能的发展也对数学学科本身产生了深远的影响, 驱动了数学理论的创新, 加速了数学与其他学科的交叉融合, 为数学提供了新的研究方向和挑战. 数学与人工智能的深入结合给人工智能的发展和应用带来更大的潜力和机遇.

为适应新形势, 满足高等数学教育对教学内容和教学方式的新需求, 湖北省工业与应用数学学会在各位同仁的共同努力下推出了这套系列教材. 本套教材中既有经典内容的新写法, 也有新的数学理论、思想和方法的呈现, 注重体系性与协调性统一, 注重理论与实践相结合, 具体生动、图文并茂、逻辑性强, 便于学生自主学习, 也便于教师使用.

作为一种新的尝试, 希望本套丛书能为湖北省乃至全国的数学教育贡献一点湖北力量.

杨志坚

2024 年 5 月

前　　言

在这个信息爆炸的时代, 数据已经成为我们生活中无处不在的核心资源. 在这场变革浪潮中, 数据科学的重要性愈发凸显, 它成为我们解读和塑造世界的关键工具. 本书对这一变革性领域进行深入探索, 旨在引导读者解读数据背后的深层原理. 本书为数据科学感兴趣的读者提供了全面且深入的指导, 无论您是初入数据科学领域的新手, 还是寻求进阶理解的专业人士, 本书都将为您敞开数据科学的大门, 带您深入领会其内涵.

本书涵盖了从基础数据分析技术到前沿机器学习技术的众多关键主题. 本书将深入研究最小二乘回归、稀疏方法、聚类分析、生成对抗网络、神经网络等重要概念, 每个主题都基于扎实的理论基础并结合实践应用进行讲解.

我们致力于呈现学习理论中最常用的框架, 内容既包含历史悠久的经典方法, 也融入了最新的学术研究成果. 本书特别强调从第一原理出发证明众多理论结果, 力求以浅显易懂的方式呈现, 自然而然聚焦于关键结果, 并通过简明而贴切的案例阐释学习理论中的重要观点.

我们还介绍了一些普适性结果, 并假定读者具备坚实的线性代数、概率论和微积分基础. 我们关注学习理论中通常在实践操作中难以察觉的部分. 理论的重要性不言自明, 但我们认为实践同样重要. 我们深知, 实践是巩固理论知识、真正理解其内涵的关键. 因此, 我们鼓励读者将理论知识应用于实际项目和问题中, 探索数据科学的真正价值和潜能. 本书所描述的算法框架均为常用方法. 对大多数学习方法, 我们提供了简单的示范性实验, 以便学生能够亲自验证这些算法的简洁性和有效性.

在这个充满挑战与机遇的新时代, 数据科学不仅仅是一个技术领域, 它更是一种带来深刻变革的力量. 我们期望本书能够提供给读者一个实用且系统的知识架构, 助您发现信息的价值, 开创新的可能. 这本书不止是一个终点, 更是一个新的起点, 希望它能够引领您大致了解数据科学这门学科, 并在您进行实际的理论分析时成为一本值得参考的指南. 若书中有可用更简明的数学论证之处, 或需要补充更多细节之处, 我们欢迎并感激您的指正. 希望本书能够在您的阅读过程中提供良好体验, 并欢迎您随时提供反馈, 谢谢!

本书在编写过程中参考了众多国内外著作, 在此表示由衷的感谢. 此外也要感谢组内成员对本书的修正与完善, 其中感谢张重阳对基础知识、经验风险最小化部分的帮助; 感谢桂宁馨对强化学习、核方法部分的帮助; 感谢张田恬对主成分分析部分的帮助; 感谢鄢立川对最小二乘回归、稀疏方法部分的帮助; 感谢王继莲对聚类分析部分的帮助; 感谢王婧一对机器学习的优化部分的帮助; 感谢张涵对生成对抗网络、神经网络部分的帮助; 感谢沈守娟对介绍监督学习部分的帮助, 最后感谢以上成员对本书做出的贡献.

杨志坚　焦雨领　吕锡亮

2024 年 3 月 15 日

目　　录

第 1 章

监 督 学 习

第 1 章知识导图

1.1 从训练数据到预测

对于给定的输入/输出、特征/响应、协变量/响应变量中的一些观测值 $(x_i, y_i) \in X \times Y, i = 1, 2, \cdots, n$, 监督学习的主要目标是对于一个给定的新的未知数据 $x \in X$, 预测出其新的、未被观察到的输出. 其中未被观察到的数据通常称为测试数据.

例 1.1 监督学习被用于科学、工程和工业的许多领域. 因此, 有许多不同的例子.

输入 $x \in X$: 它们可以是图像、声音、视频、文本、蛋白质、DNA 碱基序列、网页、社交网络活动、工业传感器、金融时间序列等. 因此, 集合 X 可能有多种多样的可以被利用的结构. 本书提出的所有学习方法都将使用输入的向量空间表示, 或者通过构建从 X 到 a 的显式映射向量空间 (如 $\mathbb{R}^d$), 或隐式地使用成对的不同性或输入对之间的相似性的概念. 这些表示的选择高度依赖于域, 尽管注意到: ①常见拓扑出现在许多不同的领域 (如序列、二维或三维对象); ②学习这些表示是主动的研究领域.

本书将主要考虑输入的是 d 维向量, 其中 d 可能非常大 (即高达 10^6 或 10^9).

输出 $y \in Y$: 最经典的例子是二进制标签 $y \in Y, Y = \{0, 1\}$、多分类问题 $Y = \{1, 2, \cdots, k\}$ 以及具有真实响应/输出的经典回归 $Y = \mathbb{R}$. 这些将是书中大部分提到的主要例子. 但是请注意, 大多数概念都可扩展到更一般的结构化预测设置, 其中可以考虑更一般的结构化输出 (例如, 图预测、视觉场景分析、源分离).

在监督学习中, 面临着多方面的挑战. 首先, 输入空间 X 可能非常庞大, 即具有高维度的向量空间, 这带来了计算问题 (可扩展性) 和统计问题 (泛化到未知数据). 这一困境被称为 "维数的诅咒". 其次, 训练分布和测试分布之间可能仅存在微弱的关系, 这增加了模型的泛化难度. 最后, 性能的标准并不总是被很好地定义, 这使得在实际问题中的评估和比较模型的效果变得更加复杂. 这些困难使得监督学习在现实问题中成为一项具有挑战性的任务.

监督学习面临诸多困难, 其中包括以下两点原因.

(1) 标签 y 可能不是输入 x 的确定性函数. 给定 $x \in X$, 输出 y 受到噪声的影响, 如 $y = f(x) + \varepsilon$, 其中 ε 是标签之间的差异或依赖于随机未观察到的变量 z (即 $y = f(x, z)$, z 是随机的).

(2) 预测函数 f 可能非常复杂, 呈高度非线性. 在某些情况下, 甚至定义 f 都可能变得困难, 尤其是当输入空间 X 不是向量空间时.

主要形式 大多数监督学习的现代理论分析依赖于一个概率公式, 也就是说, (x_i, y_i) 是对随机变量的实现, 其标准是最小化关于测试数据分布的一些 "性能" 度量的期望. 主要的假设是随机变量 (x_i, y_i) 是独立同分布的, 且具有与测试分布相同的分布. 本书将忽略训练分布和测试分布之间的潜在不匹配 (虽然这是一个重要的研究课题, 因为在大多数应用程序中, 训练数据都与测试数据不是独立同分布的).

一个机器学习算法 A 是一个映射, 其输出为整个数据集, 输出是一个从 X 到 Y 的函数. 换句话说, 机器学习算法的输出本身就是一种算法!

实际表现评估 在实践中, 不能获得测试数据集的分布, 但是可以采样. 在大多数情况下, 提供给机器学习用户的数据被分成三个部分: ①训练集, 用来估计学习模型; ②验证集, 用来估计

超参数 (所有的学习技术都会使用一些验证集); ③测试集, 用来评估最终模型的性能 (形式上, 测试集只能使用一次).

交叉验证通常更倾向于使用最大数量的训练数据, 并减少验证过程的可变性. 可用的数据被分成 k 个子集 (通常 $k = 5$ 或 10), 所有模型被估计 k 次, 每次选择不同的子集作为验证数据, 并对误差度量取平均值. 交叉验证可以应用于任何一种学习方法, 其详细的理论分析是一个活跃的研究领域.

"调试" 一种机器学习方法的实现通常是一门艺术, 除了典型的错误之外, 学习方法可能对测试数据预测得不够好. 这就是理论知识发挥作用的地方, 用来理解一种方法应该在何时被使用.

1.2　决　策　理　论

本节将处理以下问题: 无论训练数据有什么局限性, 其最佳性能是什么? 换句话说, 如果对数据的潜在概率分布有一个充分的了解, 应该怎么做? 因此, 引入损失函数、风险和贝叶斯预测器的概念.

考虑在 $X \times Y$ 上的一个固定 (测试) 分布 $\mathrm{d}p_{x,y}(x, y)$, 在 x 上的边缘分布 $\mathrm{d}p_x(x)$. 注意, 对输入空间 X 没有作任何假设. 多数情况下总是使用重载符号 $\mathrm{d}p$ 来表示 $\mathrm{d}p(x, y)$ 和 $\mathrm{d}p(x)$, 其中的上下文总是可以使定义明确. 举个例子, 比如, 对于 $f : X \to \mathbb{R}, g : X \times Y \to \mathbb{R}$, 有 $\mathbb{E}f(x) = \int_X f(x)\mathrm{d}p(x)$ 和 $\mathbb{E}g(x, y) = \int_{XY} g(x, y)\mathrm{d}p(x, y)$. 故意忽略了可测量性的问题.

考虑一个损失函数 $l : y \times y \to \mathbb{R}$ (通常是 $\mathbb{R}^+$), 其中, 当真实标签是 y 时, $l(y, z)$ 是用来预测 z 的损失函数. 一些作者在上面的定义中交换了 y 和 z 的位置, 一些相关的研究团体 (例如, 经济学) 使用 "效用" 的概念, 然后使其最大化.

损失函数只与输出空间 y 相关, 主要的例子有如下几类.

(1) **二分类** $y = \{0, 1\}$(或者经常使用 $y = \{-1, 1\}$, 或者, 当被视为以下损失的一个子案例 $y = \{1, 2\}$) 和 0-1 损失 $l(y, z) = 1_{y \neq z}$, 即当 y 和 z 相等时等于 0 (表示无误), 否则等于 1 (表示有误). 把 $y = \{0, 1\}$ 和 $y = \{-1, 1\}$ 这两种惯例结合起来是非常经典的.

(2) **多分类** $y = \{1, 2, \cdots, k\}$ 和 $l(y, z) = 1_{y \neq z}$ (0-1 损失).

(3) **回归** $y = \mathbb{R}$ 和平方损失 $l(y, z) = (y - z)^2$. 绝对值损失通常用于 "鲁棒" 估计 (因为对大误差的惩罚较小).

(4) **结构化预测**虽然这本书主要关注上面的例子, 但在实际问题中, y 会更复杂. 比如, 当 $y = \{0, 1\}^k$ (多标签分类) 时, 汉明损失 $l(y, z) = \sum_{j=1}^{k} 1_{y_j \neq z_j}$ 是常用的.此外排名问题还涉及排列上的损失.

本书将假设损失函数是已经给定的. 请注意, 在实际操作中, 损失函数是由最终用户强加的, 因为这是评估模型的方式. 因此, 仅仅使用一个实数可能不足以描述整个预测行为 (想想二分类, 有两种类型的错误——假阳性和假阴性, 其中, 受试者操作特征 (receiver operating characteristic,

ROC) 曲线的概念通常被用来描述这两种类型的误差), 但为了简便, 本书将坚持使用一个单一的损失函数 l.

给定损失函数 $l : y \times y \to \mathbb{R}$, 可以将函数 $f : x \to y$ 的期望风险 (也称为泛化性能, 或测试误差) 定义为损失函数的期望, 作为输出 y 和预测 $f(x)$ 之间的损失函数的期望.

定义 1.1

给定一个函数 $f : x \to y$, 一个损失函数 $l : y \times y \to \mathbb{R}$, 以及一个分布 $\mathrm{d}p(x, y)$, 一个预测函数 $f : x \to y$ 的期望风险定义为 $\mathcal{R}(f) = \mathbb{E}[l(y, f(x))] = \int_{x \times y} l(y, f(x)) \mathrm{d}p(x, y)$.

风险取决于 (x, y) 处的分布 $\mathrm{d}p = \mathrm{d}p(x, y)$, 有时使用符号 $\mathcal{R}_{\mathrm{d}p}(f)$ 来显式表达, 期望风险是本书使用的主要性能标准.

注 f 的随机性或缺乏随机性: 当从数据中进行学习时, f 将依赖于随机训练数据而不是测试数据, 因此 $\mathcal{R}(f)$ 通常是随机的, 因为它依赖于训练数据. 然而, 作为函数的函数, 风险 $\mathcal{R}$ 是确定的.

注 有时考虑随机预测, 即对于任何 x, 在 y 上输出一个分布, 然后将期望风险作为对输出的随机性求期望.

训练数据上的平均损失定义了经验风险或训练误差.

定义 1.2

给定一个函数 $f : x \to y$, 损失函数 $l : y \times y \to \mathbb{R}$ 和数据 $(x_i, y_i) \in X \times Y$, 预测函数 $f : x \to y$ 的经验风险定义为 $\widehat{\mathcal{R}}(f) = \dfrac{\sum_{i=1}^{n} l(y_i, f(x_i))}{n}$.

注 $\widehat{\mathcal{R}}$ 是函数的一个随机函数 (通常应用于随机函数, 具有依赖的随机性, 因为两者都依赖于训练数据).

特殊情况 对于前面定义的经典损失, 风险有一个具体的公式表示.

(1) **二分类** $y = \{0, 1\}$ (或者经常 $y = \{-1, 1\}$) 以及 0-1 损失 $l(y, z) = 1_{y \neq z}$, 将风险表达为 $\mathcal{R}(f) = \mathbb{P}(f(x) \neq y)$, 这只是测试数据出错的概率, 而经验风险是训练数据出错的比例.

(2) **多分类** $y = \{1, 2, \cdots, k\}$ 以及 0-1 损失 $l(y, z) = 1_{y \neq z}$, 也将风险表达为 $\mathcal{R}(f) = \mathbb{P}(f(x) \neq y)$, 这也是出错的概率.

(3) **回归** $y = \mathbb{R}$ 和平方损失 $l(y, z) = (y - z)^2$, 将风险表达为 $\mathcal{R}(f) = \mathbb{E}(y - f(x))^2$.

既然已经定义了监督学习的性能标准 (期望风险), 在这里处理的主要问题是: 什么是最好的预测函数 f?

利用条件期望及其相关的全期望公式, 有

$$\mathcal{R}(f) = \mathbb{E}[l(y, f(x))] = \mathbb{E}[\mathbb{E}(l(y, f(x)) \mid x)].$$

可以重写为

$$\mathcal{R}(f) = \mathbb{E}_{x' \sim dp(x')}[\mathbb{E}(l(y, f(x)) \mid x = x')] = \int_x (\mathbb{E}(l(y, f(x)) \mid x = x')) \mathrm{d}p(x').$$

为了区分随机变量 x 和它可能取的值, 使用符号 x'.

对于任意给定 $x' \in X$ 的条件分布, 即 $y \mid x = x'$, 可以定义任何 $z \in Y$ (它是一个确定性函数) 的条件风险:

$$r(z \mid x') = \mathbb{E}(l(y, z) \mid x = x'),$$

可得

$$\mathcal{R}(f) = \mathbb{E}(r(f(x) \mid x))$$

$$= \mathbb{E}_{x' \sim dp(x')}[r(f(x') \mid x')] = \int_x r(f(x') \mid x') \mathrm{d}p(x').$$

$\mathcal{R}(f)$ 的极小值可以通过考虑对于任意 $x' \in X$, $f(x')$ 的函数值等于 $r(z \mid x') = \mathbb{E}(l(y, z) \mid x = x')$, $z \in Y$ 的极小值获得. 因此, 可以认为所有 x 都是独立处理的. 这就引出了以下引理.

引理 1.1 (贝叶斯预测器和贝叶斯风险)

期望风险能被贝叶斯预测器 $f^* : x \to y$ 极小化, 它满足对于任意 $x' \in X$, $f^*(x') \in \underset{z \in y}{\arg\min} \, \mathbb{E}(l(y, z) \mid x = x') = \underset{z \in y}{\arg\min} \, r(z \mid x')$. 贝叶斯风险 $\mathcal{R}^*$ 是所有贝叶斯预测器的风险, 等于

$$\mathcal{R}^* = \mathbb{E}_{x' \sim dp(x')} \underset{z \in y}{\inf} \, \mathbb{E}(l(y, z) \mid x = x'),$$

请注意: ① 贝叶斯预测器并不总是唯一的, 但它们都导致相同的贝叶斯风险 (例如, 在二分类中, $\mathbb{P}(y = 1 \mid x) = 1/2$); ② 贝叶斯风险通常非零 (除非 x 和 y 之间的依赖性是确定的). 对于监督学习问题, 贝叶斯风险具有最优性能; 本书定义的超额风险是相对于最优风险的偏差.

定义 1.3

函数 f 的超额风险 $f : x \to y$ 等于 $\mathcal{R}(f) - \mathcal{R}^*$ (它总是非负的).

因此, 机器学习是 "微不足道的": 对任意 x 给定分布 $y|x$, 则最佳预测器是已知的, 困难在于这种分布是未知的.

特殊的情况 对于我们通常的损失集合, 可以计算贝叶斯预测.

(1) 二分类 $y = \{0, 1\}$ 和 $l(y, z) = 1_{y \neq z}$ 的贝叶斯预测如下所示.

$$f^*(x') \in \underset{z \in \{0,1\}}{\arg\min} \, \mathbb{P}(y \neq z \mid x = x') = \underset{z \in \{0,1\}}{\arg\min} \, [1 - \mathbb{P}(y = z \mid x = x')] = \underset{z \in \{0,1\}}{\arg\max} \, \mathbb{P}(y = z \mid x = x').$$

最佳分类器将选择给定 x' 的最有可能的类. 定义 $\eta(x') = \mathbb{P}(y = 1 \mid x = x')$, 接着, 如果 $\eta(x') > 1/2$, $f^*(x') = 1$; 如果 $\eta(x') < 1/2$, $f^*(x') = 0$; 如果 $\eta(x') = 1/2$, 是无关紧要的.

贝叶斯风险等于 $\mathcal{R}^* = \mathbb{E}[\min\{\eta(x), 1 - \eta(x)\}]$, 它通常严格为正 (除非 $\eta(x) \in \{0, 1\}$).

(2) **多分类** $y = \{1, 2, \cdots, k\}$, 对 $k \geqslant 2$, 有 $f^*(x') \in \underset{i \in \{1,2,\cdots,k\}}{\arg\max} \, \mathbb{P}(y = z \mid x = x')$.

这些贝叶斯预测和风险只对 0-1 损失有效. 不对称的损失在应用程序中非常常见 (例如, 用于垃圾邮件检测), 并且会导致不同的公式.

(3) 回归 $y = \mathbb{R}$ 和 $l(y, z) = (y - z)^2$ 的贝叶斯预测因子是

$$f^*(x') \in \underset{z \in \mathbb{R}}{\arg\min} \, \mathbb{E}[(y - z)^2 \mid x = x']$$

$$= \underset{z \in \mathbb{R}}{\arg\min} \left\{ \mathbb{E}\left[(y - \mathbb{E}(y \mid x = x'))^2 \mid x = x' \right] + (z - \mathbb{E}(y \mid x = x'))^2 \right\}.$$

这导致了条件期望

$$f^*(x') = \mathbb{E}(y \mid x = x').$$

例 1.2 带绝对损失 $l(y, z) = |y - z|$ 的回归的贝叶斯预测器是什么?

例 1.3 我们考虑一种随机预测规则, 根据给定 $x = x'$ 的 y 的概率分布进行预测, 什么时候达到贝叶斯风险?

第 2 章

经验风险最小化

第 2 章知识导图

2.1 风险的凸性

在这一节, 为了简便, 考虑二分类问题 $y = \{-1, 1\}$、选择 0-1 损失, 许多概念都可以延伸到更一般的结构化预测情形.

由于我们的目标是估计一个二值函数, 第一个想法是在二值函数 f 的假设空间上最小化经验风险 (或等价地, 考虑 X 的子集 $\{x \in X, f(x) = 1\}$). 然而, 这种方法会产生计算上难以处理的组合问题, 而且, 目前还不清楚如何控制这些类型的假设空间的容量 (即如何正则化). 通过凸替代框架学习实值函数简化并解决了这个问题, 因为它凸化了问题, 经典的基于惩罚的正则化技术可用于理论分析 (本章) 和算法 (第 6 章).

使用实数值预测函数处理分类问题可以避免引入 Vapnik-Chervonenkis (万普尼克–泽范兰杰斯) 维度, 为了得到经验风险最小化的一般收敛结果, 我们将借助 Rademacher (拉德马赫) 复杂度这个通用工具.

我们不学习函数 $f : x \rightarrow \{-1, 1\}$, 而是学习函数 $g : x \rightarrow \mathbb{R}$, 定义 $f(x) = \text{sign}(g(x))$, 其中

$$\text{sign}(a) = \begin{cases} 1, & a > 0, \\ 0, & a = 0, \\ -1, & a < 0. \end{cases}$$

$\text{sign}(0) = 0$ 表明 $g(x) = 0$ 时, 不可能预测准确. 本章对于最大模糊的观察, 对应于不选择两个标签中的任何一个 (其他约定考虑随机均匀地采用 1 或 -1).

$f = \text{sign}(g)$ 的风险仍用 $\mathcal{R}(g)$ 表示, 等价于

$$\mathcal{R}(g) = \mathbb{P}(\text{sign}(g(x)) \neq y) = \mathbb{E}\left[1_{\text{sign}(g(x)) \neq y}\right] = \mathbb{E}\left[1_{yg(x) \leqslant 0}\right] = \mathbb{E}\left[\Phi_{0\text{-}1}(yg(x))\right],$$

其中 $\Phi_{0\text{-}1} : \mathbb{R} \rightarrow \mathbb{R}$ 满足 $\Phi_{0\text{-}1}(u) = 1_{u \leqslant 0}$, 称为基于边缘的 0-1 损失, 简称 0-1 损失.

在实践中, 关于 $g : x \rightarrow \mathbb{R}$ 最小化对应的经验风险 $\dfrac{1}{n} \sum\limits_{i=1}^{n} \Phi_{0\text{-}1}(y_i g(x_i))$. 函数 $\Phi_{0\text{-}1}$ 既不连续也不具有凸性, 从而导致困难的优化问题.

机器学习中的一个重要概念叫做凸替代, 我们用计算性质更好的函数 Φ 代替 $\Phi_{0\text{-}1}$. 因此不再最小化 $\mathcal{R}(g)$, 而选择最小化 Φ-风险, 定义为

$$\mathcal{R}_{\Phi}(g) = \mathbb{E}[\Phi(yg(x))].$$

在这种情形下, g 有时称为得分函数.

本节遇到的关键问题是: 单纯的凸化问题有意义吗? 换言之, 这种方式能否为 0-1 损失函数带来良好的预测效果?

经典例子 我们首先回顾在实践中用到的主要例子.

(1) **平方损失** $\Phi(u) = (u - 1)^2$, 由 $y^2 = 1$, 有 $\Phi(yg(x)) = (y - g(x))^2 = (g(x) - y)^2$. 回顾最小二乘法, 忽略标签属于 $\{-1, 1\}$, 取 $\text{sign}(g(x))$ 来预测. 注意到当 $yg(x)$ 取较大的正值时, 会有过度惩罚, 下面的单调损失函数不会出现这样的情况.

(2) **Logistic (逻辑斯谛) 损失**　$\varPhi(u) = \log_e(1 + e^{-u})$，有

$$\varPhi(yg(x)) = \log_e\left(1 + e^{-yg(x)}\right) = -\log_e\left(\frac{1}{1 + e^{-yg(x)}}\right) = -\log_e(\sigma(yg(x))),$$

其中 $\sigma(v) = \dfrac{1}{1 + e^{-v}}$ 为 sigmoid 函数. 联系极大似然估计, 定义

$$\mathbb{P}(y = 1 \mid x) = \sigma(g(x)) \quad \text{和} \quad \mathbb{P}(y = -1 \mid x) = \sigma(-g(x)) = 1 - \sigma(g(x)).$$

(3) **合页损失**　$\varPhi(u) = \max\{1 - u, 0\}$. 选择线性预测器, 便是支持向量机, $yg(x)$ 常称为 "边缘". 该损失具有几何解释.

(4) **平方合页损失**　$\varPhi(u) = \max\{1 - u, 0\}^2$. 这是合页损失的光滑版本.

在本节, 我们将精确分析由凸替代取代 0-1 损失为何可以实现最优预测. 本书仅关注实值预测函数, 在回归问题中, 考虑 $l(y, g(x))$ 为平方损失 $(y - g(x))^2$; 在二分类问题中, 考虑上述任意一种损失.

这一节从几何 (和历史) 角度看合页损失, 强调其能够形成称为支持向量机的学习框架. 考虑 n 个观察值 $(x_i, y_i) \in \mathbb{R}^d \times \{-1, 1\}$, $i = 1, 2, \cdots, n$.

可分数据　我们首先假设数据可以被仿射超平面分开, 即存在 $w \in \mathbb{R}^d$ 和 $b \in \mathbb{R}$ 使得对任意 $i \in \{1, 2, \cdots, n\}$, $y_i\left(w^{\mathrm{T}}x_i + b\right) > 0$. 在无穷多的分离平面中, 找间距最大的平面.

x_i 到超平面 $\left\{x \in \mathbb{R}^d, w^{\mathrm{T}}x + b = 0\right\}$ 的距离等于 $\dfrac{\left|w^{\mathrm{T}}x_i + b\right|}{\|w\|_2}$, 因此最短距离为

$$\min_{i \in \{1, 2, \cdots, n\}} \frac{y_i\left(w^{\mathrm{T}}x_i + b\right)}{\|w\|_2}.$$

我们的目标是使这个量达到最大. 由于缩放不变性 (即在不改变分割平面的前提下, 将 w 和 b 乘以相同的标量常数), 这个问题等价于

$$\min_{w \in \mathbb{R}^d, b \in \mathbb{R}} \frac{1}{2}\|w\|_2^2 \tag{2.1}$$

$$\text{s.t.}\ \forall i \in \{1, 2, \cdots, n\}, \quad y_i\left(w^{\mathrm{T}}x_i + b\right) \geqslant 1.$$

一般数据　当数据不能被超平面分开时, 我们引入松弛变量 $\xi_i \geqslant 0$, $i = 1, 2, \cdots, n$, 将约束替代为 $y_i\left(w^{\mathrm{T}}x_i + b\right) \geqslant 1 - \xi_i$, 使其不满足 $y_i\left(w^{\mathrm{T}}x_i + b\right) \geqslant 1$. 最小化松弛总量得到如下问题 ($C > 0$):

$$\min_{w \in \mathbb{R}^d, b \in \mathbb{R}, \xi \in \mathbb{R}^n} \frac{1}{2}\|w\|_2^2 + C\sum_{i=1}^{n}\xi_i \tag{2.2}$$

$$\text{s.t.}\ \forall i \in \{1, 2, \cdots, n\}, \quad y_i\left(w^{\mathrm{T}}x_i + b\right) \geqslant 1 - \xi_i\ \text{和}\ \xi_i \geqslant 0.$$

取 $\lambda = \dfrac{1}{nC}$, 上述问题等价于

$$\min_{w \in \mathbb{R}^d, b \in \mathbb{R}} \frac{1}{n}\sum_{i=1}^{n}\left(1 - y_i\left(w^{\mathrm{T}}x_i + b\right)\right)_+ + \frac{\lambda}{2}\|w\|_2^2.$$

这是一个预测函数为 $f(x) = w^T x + b$, 损失函数为合页损失的 ℓ_2-正则化的经验风险最小化问题.

拉格朗日 (Lagrange) 对偶和 "支持向量机" 式 (2.2) 的问题是线性约束的凸优化问题, 可以用拉格朗日对偶分析. 考虑非负拉格朗日乘子 α_i 和 β_i 和下列拉格朗日问题:

$$\mathcal{L}(w, b, \xi, \alpha, \beta) = \frac{1}{2}\|w\|_2^2 + C \sum_{i=1}^{n} \xi_i - \sum_{i=1}^{n} \alpha_i \left(y_i \left(w^T x_i + b \right) - 1 + \xi_i \right) - \sum_{i=1}^{n} \beta_i \xi_i.$$

关于 $\xi \in \mathbb{R}^n$ 最小化可以得到约束 $\forall i \in \{1, 2, \cdots, n\}, \alpha_i + \beta_i = C$, 关于 b 最小化可以得到约束 $\sum_{i=1}^{n} y_i \alpha_i = 0$. 最后, 以封闭形式 $w = \sum_{i=1}^{n} \alpha_i y_i x_i$ 实现关于 w 的最小化. 由此可以得到对偶最优化问题:

$$\max_{\alpha \in \mathbb{R}^n} \sum_{i=1}^{n} \alpha_i - \frac{1}{2} \sum_{i,j=1}^{n} \alpha_i \alpha_j y_i y_j x_i^T x_j$$

$$\text{s.t.} \sum_{i=1}^{n} y_i \alpha_i = 0, \forall i \in \{1, 2, \cdots, n\}, \quad \alpha_i \in [0, C]. \tag{2.3}$$

在第 6 章中讲述对所有线性预测器的 ℓ_2-正则化学习问题, 最优化问题仅依赖于点积 $x_i^T x_j$, $i, j = 1, 2, \cdots, n$, 而且最优预测器可以写为输入数据点的线性组合. 进一步, 对于最优的原始变量和对偶变量, 线性不等式约束的 "互补松弛" 条件可以得到 $\alpha_i \left(y_i \left(w^T x_i + b \right) - 1 + \xi_i \right) = 0$ 和 $(C - \alpha_i)\xi_i = 0$. 这表明只要 $y_i \left(w^T x_i + b \right) < 1$, 则 $\alpha_i = 0$, 因此 α_i 有许多为 0, 最优预测仅是小部分数据的线性组合, 所以被称为 "支持向量".

注 α_i 的稀疏性直接为合页损失优于其他凸替代的潜在优势给出了理由.

大多数凸替代都是 0-1 损失的上界, 并且都可以通过重新缩放来实现. 将此作为凸替代的良好性能的唯一理由是一种误导性的理由, 除了贝叶斯 (即最优) 预测器几乎肯定为零损失的问题 (这仅在贝叶斯风险为零时才有可能).

如果令 $\eta(x) = \mathbb{P}(y = 1 \mid x) \in [0, 1]$, 则 $\mathbb{E}(y|x) = 2\eta(x) - 1$, 正如第 1 章所述

$$\mathcal{R}(g) = \mathbb{E}\left[\Phi_{0\text{-}1}(yg(x))\right] = \mathbb{E}\left[\mathbb{E}\left[1_{(g(x) \neq y)} \mid x\right]\right] \geqslant \mathbb{E}[\min\{\eta(x), 1 - \eta(x)\}] = \mathcal{R}^*,$$

一个最好的分类器为 $f^*(x) = \text{sign}(2\eta(x) - 1) = \text{sign}(\mathbb{E}[y \mid x])$. 注意除了 $2\eta(x) - 1$ 还有很多其他函数 $g(x)$ 满足 $f^*(x) = \text{sign}(g(x))$ 是最优的. 一个 (次要) 原因是 $2\eta(x) - 1$ 预测的任意选择. 另一个原因是 $g(x)$ 和 $2\eta(x) - 1$ 有相同的 sign, 从而有除了 $2\eta(x) - 1$ 的许多选择.

本节的目标是保证期望 Φ-风险的最小值得到最优预测.

平方损失 在讨论一般的函数 Φ 之前, 我们先看便于讨论的平方损失. 事实上, 如第 1 章所写, 最小化期望 Φ-风险的函数是 $g(x) = \mathbb{E}(y|x) = 2\eta(x) - 1$, 对其取 sign 得到最优预测. 因此, 在大多数情况下, 对二分类问题使用平方损失可以得到最优预测.

一般损失 为了研究使用 Φ-风险的效果, 对于给定 x, 首先看条件风险 (至于 0-1 损失, 最小化 Φ-风险的函数 g 可以分别在每个 x 上确定).

定义 2.1 (条件 Φ-风险)

设 $g : x \to \mathbb{R}$, 条件 Φ-风险 $C_{\eta(x)}(g(x))$ 定义为

$$\mathbb{E}[\Phi(yg(x)) \mid x] = \eta(x)\Phi(g(x)) + (1 - \eta(x))\Phi(-g(x)),$$

其中, $C_\eta(\alpha) = \eta\Phi(\alpha) + (1 - \eta)\Phi(-\alpha)$.

对于一个凸替代函数, 我们至少期望在全样本情况下, 它能够达到, 所有 x 的解耦, 通过最小化条件 Φ-风险获得的最优 $g(x)$ 与贝叶斯预测器完全相同的预测 (至少当这个预测是唯一时). 换句话说, 由于预测是 $\text{sign}(g(x))$, 我们希望对于任何 $\eta \in [0,1]$:

$$(\text{正最优预测}) \quad \eta > 1/2 \Leftrightarrow \arg\min_{\alpha \in \mathbb{R}} C_\eta(\alpha) \subset \mathbb{R}_+^*, \tag{2.4}$$

$$(\text{负最优预测}) \quad \eta < 1/2 \Leftrightarrow \arg\min_{\alpha \in \mathbb{R}} C_\eta(\alpha) \subset \mathbb{R}_-^*. \tag{2.5}$$

满足上述两个条件的函数 Φ 称为分类校准, 简称校准. 可以证明 Φ 凸时, 一个简单的充要条件是:

命题 2.1

设 $\Phi : \mathbb{R} \to \mathbb{R}$ 为凸函数. 替代函数为分类校准当且仅当 Φ 在 0 处可微且 $\Phi'(0) < 0$.

证明 因为 Φ 为凸函数, C_η 也为凸函数, $\eta \in [0,1]$, 为了得到局部最小值的条件, 考虑 0 处的左右导数, 有如下两种可能 (最小值在 $\mathbb{R}_+^*$ 当且仅当 0 处的右导数严格为负, 最小值在 $\mathbb{R}_-^*$ 当且仅当 0 处的左导数严格为正):

$$\arg\min_{\alpha \in \mathbb{R}} C_\eta(\alpha) \subset \mathbb{R}_+^* \Leftrightarrow (C_\eta)_+(0)' = \eta\Phi_+'(0) - (1-\eta)\Phi_-'(0) < 0, \tag{2.6}$$

$$\arg\min_{\alpha \in \mathbb{R}} C_\eta(\alpha) \subset \mathbb{R}_-^* \Leftrightarrow (C_\eta)_-(0)' = \eta\Phi_-'(0) - (1-\eta)\Phi_+'(0) > 0. \tag{2.7}$$

(1) 假设 Φ 已校准. 在式 (2.6) 中令 η 趋于 $\frac{1}{2}+$, 得到 $(C_{1/2})_+(0)' = \frac{1}{2}[\Phi_+'(0) - \Phi_-'(0)] \leqslant 0$. 因为 Φ 凸, 总是有 $\Phi_+'(0) - \Phi_-'(0) \geqslant 0$, 所以左右导数相等, 表明 Φ 在 0 处可微, 则 $C_\eta'(0) = (2\eta - 1)\Phi'(0)$. 由式 (2.4) 和式 (2.6)可知, 需要 $\Phi'(0) < 0$.

(2) 假设 Φ 在 0 处可微, 且 $\Phi'(0) < 0$, 那么 $C_\eta'(0) = (2\eta - 1)\Phi'(0)$; 式 (2.4) 和式 (2.5) 是式 (2.6) 和式 (2.7) 的直接结果. □

注 上述命题排除 0 处不可微的凸替代 $u \mapsto (-u)+ = \max\{-u, 0\}$, 2.1 节的所有例子都已校准.

假设 Φ 已分类校准且凸, 即 Φ 凸, 在 0 处可微, 且 $\Phi'(0) < 0$.

对任意 $x \in X$, 关于 $g(x)$ 最小化 $C_{\eta(x)}(g(x))$, 由 $\text{sign}(g(x))$ 得到最优预测, 我们想要对超 Φ-风险有精确的控制 (旨在使用后面章节的技术处理经验风险最小化), 从而对原始超额风险有精确的控制. 换言之, 我们要寻找一个增函数 $H : \mathbb{R}_+ \to \mathbb{R}_+$ 使得 $\mathcal{R}(g) - \mathcal{R}^* \leqslant H[\mathcal{R}_\Phi(g) - \mathcal{R}_\Phi^*]$, 其中 $\mathcal{R}_\Phi^*$ 为最小的可能 Φ-风险. 函数 H 称为校准函数.

注 最小二乘回归用于测试的损失函数直接在经验风险最小化中使用. 与最小二乘回归不同, 这里有两个概念: 测试误差 $\mathcal{R}(g)$, 在零阈值函数 g 之后得到, $\mathcal{R}_\Phi(g)$ 称为测试损失.

我们首先以一个表达超额风险的简单引理开始.

引理 2.1

任意函数 $g: x \to \mathbb{R}$, 贝叶斯预测器 $g^*: x \to \mathbb{R}$, 有

$$\mathcal{R}(g) - \mathcal{R}(g^*) = \mathbb{E}\left[1_{g(x)g^*(x)<0} \cdot |2\eta(x)-1| \right].$$

进一步, $\mathcal{R}(g) - \mathcal{R}(g^*) \leqslant \mathbb{E}[|2\eta(x)-1-g(x)|]$.

证明 我们将超额风险表示为

$$\mathcal{R}(g) - \mathcal{R}(g^*) = \mathbb{E}\left[\mathbb{E}\left[1_{\text{sign}(g(x))\neq y} - 1_{\text{sign}(g^*(x))\neq y} \mid x \right] \right], \quad \text{由 0-1 损失定义.}$$

任意 $x \in X$, 对于 $\eta(x) - 1/2$ 和 $g(x)$ 的符号, 得到两个不同的预测有两种可能的情况: ① $\eta(x) > 1/2$ 和 $g(x) < 0$; ② $\eta(x) < 1/2$ 和 $g(x) > 0$ (相等的情况无关紧要). 第一个例子关于 y 的期望为 $\eta(x) - (1-\eta(x)) = 2\eta(x) - 1$, 第二个为 $1 - 2\eta(x)$. 结合两种情况得到 $g(x)g^*(x) < 0$ 和条件期望 $|2\eta(x)-1|$, 得到第一个结果. 对第二个结果, $g(x)g^*(x) < 0$, 得到 $|2\eta(x)-1| \leqslant |2\eta(x)-1-g(x)|$, 由此得到第二个结果. $\square$

注意对任意保持符号的函数 $b: \mathbb{R} \to \mathbb{R}$ (即 $b(\mathbb{R}_+^*) \subset \mathbb{R}_+^*$ 和 $b(\mathbb{R}_-^*) \subset \mathbb{R}_-^*$), 有 $\mathcal{R}(g) - \mathcal{R}(g^*) \leqslant \mathbb{E}[|2\eta(x)-1-b(g(x))|]$.

可以看到超额风险是 $|2\eta(x)-1| \cdot 1_{g(x)g^*(x)<0}$ 的期望, 如果 $g(x)$ 分类和贝叶斯预测器相同, 则为 0, 否则等于 $|2\eta(x)-1|$. 超条件 Φ-风险是

$$\eta(x)\Phi(g(x)) + (1-\eta(x))\Phi(-g(x)) - \inf_\alpha\{\eta(x)\Phi(\alpha) + (1-\eta(x))\Phi(-\alpha)\},$$

它是 $g(x)$ 的函数, 是一个凸函数和其最小值的偏差. 简单地把上述量与 $|2\eta(x)-1| \cdot 1_{g(x)g^*(x)<0}$ 联系起来, 再取期望.

为简便起见, 我们仅考虑合页损失和光滑损失.

(1) 对合页损失 $\Phi(\alpha) = (1-\alpha)_+ = \max\{1-\alpha, 0\}$, 很容易计算条件 Φ-风险的最小值 (可以得到 Φ-风险 的最小值). 事实上, 需要最小化 $\eta(x)(1-\alpha)_+ + (1-\eta(x))(1+\alpha)_+$, 这是一个在 -1 和 1 处连接的分段函数, 并在 $\eta > 1/2$, $u = 1$ 时达到最小值. 对称地, 当 $\eta(x) < 1/2$, $u = -1$ 时达到最小条件 Φ-风险 $2\min\{1-\eta(x), \eta(x)\}$. $\eta(x) > 1/2$, 超 Φ-风险比超额风险更大. 得到合页损失的校准函数 $H(\sigma) = \sigma$.

注意当贝叶斯风险为 0 时, 即 $\eta(x) \in \{0, 1\}$ a.s. (almost surely, 几乎必然), 根据合页损失是 0-1 损失的上界, 可以得到超额风险比超 Φ-风险更小 (事实上, 两个最优的风险 $\mathcal{R}^*$ 和 $\mathcal{R}_\Phi^*$ 都为 0).

(2) 考虑形式为 $\Phi(v) = a(v) - v$ 的光滑损失, 若为平方损失, 则 $a(v) = \frac{1}{2}v^2$; 若为 Logistic 损失, 则 $a(v) = 2\log_e(e^{v/2} + e^{-v/2})$. 假设 a 为偶函数, $a(0) = 0$, 且 β-光滑 (即如第 6 章定义, $a''(v) \leqslant \beta$, $\forall v \in \mathbb{R}$). 这表明所有 $v \in \mathbb{R}$, $a(v) - \alpha v - \inf_{w \in \mathbb{R}}\{a(w) - \alpha w\} \geqslant \frac{1}{2\beta}|\alpha - a'(v)|^2$, 由引理 2.1

和 a' 保号的性质 (因为 $a'(0) = 0$), 得到

$$
\begin{aligned}
\mathcal{R}_\Phi(g) - \mathcal{R}_\Phi^* &= \mathbb{E}\left[a(g(x)) - (2\eta(x)-1)g(x) - \inf_{w\in\mathbb{R}}\{a(w)-(2\eta(x)-1)w\}\right] \\
&\geqslant \frac{1}{2\beta}\mathbb{E}\left[|2\eta(x)-1-a'(g(x))|^2\right] \\
&\geqslant \frac{1}{2\beta}\left(\mathbb{E}\left[|2\eta(x)-1-a'(g(x))|\right]\right)^2 \\
&= \frac{1}{2\beta}\left(\mathcal{R}(g)-\mathcal{R}^*\right)^2,
\end{aligned}
$$

得到平方损失的校准函数 $H(\sigma) = \sqrt{\sigma}$ 和 Logistic 损失的校准函数 $H(\sigma) = \sqrt{2\sigma}$.

我们可以得到如下发现.

(1) 对于合页损失, 校准函数是其本身, 所以如果超 Φ-风险以一定速率趋于 0, 超额风险以相同速率趋于 0, 但对于光滑损失, 上界仅能保证一个平方根速率. 因此, 当从超 Φ-风险变为超额风险时, 即将函数 g 阈值化为 0 后, 观测到的速率可能很糟糕. 然而, 将在第 6 章讲述, 光滑函数很容易优化. 因此存在两种类型损失的权衡.

(2) 注意无噪声的情况, 和 "低噪声" 条件一样, $\eta(x) \in \{0,1\}$ (0 贝叶斯风险) 得到更强的校准函数.

对逼近误差的影响　对相同的分类问题, 有一些凸替代都可以用. 但贝叶斯分类器总是相同的, 即 $f^*(x) = \text{sign}(2\eta(x)-1)$, 测试 Φ-风险的最小值不同. 例如, 对于合页损失, $g(x)$ 的最小值为 $\text{sign}(2\eta(x)-1)$. 而对于形式为 $\Phi(v) = a(v) - 1$ 的损失, 有 $a'(g(x)) = 2\eta(x)-1$, 因此对平方损失有 $g(x) = 2\eta(x)-1$, 对 Logistic 损失, 可以验证 $g(x) = \text{artanh}(2\eta(x)-1)$.

2.2　经验风险分解

考虑预测函数族 $\mathcal{F}$, $f : x \to y$, $f \in \mathcal{F}$. 经验风险最小化旨在找到

$$
\hat{f} \in \arg\min_{f\in\mathcal{F}} \widehat{\mathcal{R}}(f) = \frac{1}{n}\sum_{i=1}^n l\left(y_i, f(x_i)\right).
$$

可以把风险分解为如下两项:

$$
\mathcal{R}(\hat{f}) - \mathcal{R}^* = \left\{\inf_{f'\in\mathcal{F}}\mathcal{R}(f') - \mathcal{R}^*\right\} + \left\{\mathcal{R}(\hat{f}) - \inf_{f'\in\mathcal{F}}\mathcal{R}(f')\right\}
$$

$$
= \text{逼近误差} + \text{估计误差}.
$$

一个经典的例子为函数族 $\mathcal{F}$ 被 $\mathbb{R}^d$ 的子集参数化, 即 $\mathcal{F} = \{f_\theta, \theta\in\Theta\}$, $\Theta \subset \mathbb{R}^d$. 这个包含神经网络 (第 7 章) 和形如 $f_\theta(x) = \theta^{\mathrm{T}}\varphi(x)$ 的最简单的线性模型, φ 为某个特征向量. 我们将把具有 Lipschitz (利普希茨) 连续损失函数的线性模型作为例子, 这些模型大多数对 ℓ_2-范数有约束或惩罚, 但也可以考虑其他范数.

现在我们把逼近误差和估计误差分开看.

2.2.1　逼近误差

逼近误差 $\inf\limits_{f \in \mathcal{F}} \mathcal{R}(f) - \mathcal{R}^*$ 是确定性的且依赖于潜在分布和函数族 $\mathcal{F}$: 函数类越大, 逼近误差越小.

限制逼近误差要求对贝叶斯预测器 (有时称为目标函数)f^* 作出假设以实现非平凡的学习率.

在本节中, 假设 θ_* 是 $\mathcal{R}(f_\theta)$ 在 $\theta \in \mathbb{R}^d$ 的最小值, 我们关注 $\mathcal{F} = \{f_\theta, \theta \in \Theta\}, \Theta \subset \mathbb{R}^d$(将在第 5 章考虑无限维情形) 和凸 Lipschitz 连续的损失. 由此得到逼近误差可以分解为

$$\inf_{\theta \in \Theta} \mathcal{R}(f_\theta) - \mathcal{R}^* = \left(\inf_{\theta \in \Theta} \mathcal{R}(f_\theta) - \inf_{\theta \in \mathbb{R}^d} \mathcal{R}(f_\theta)\right) + \left(\inf_{\theta \in \mathbb{R}^d} \mathcal{R}(f_\theta) - \mathcal{R}^*\right).$$

(1) 第二项 $\inf\limits_{\theta \in \mathbb{R}^d} \mathcal{R}(f_\theta) - \mathcal{R}^*$ 来自所选模型集 f_θ 的不可压缩的逼近误差.

(2) 函数 $\theta \mapsto \mathcal{R}(f_\theta) - \inf\limits_{\theta \in \mathbb{R}^d} \mathcal{R}(f_\theta)$ 是 $\mathbb{R}^d$ 上的正误差, 可以被某一个范数 (或它的平方) $\Omega(\theta - \theta_*)$ 从上限控制住, 我们可以把上述第一项 $\inf\limits_{\theta \in \Theta} \mathcal{R}(f_\theta) - \inf\limits_{\theta \in \mathbb{R}^d} \mathcal{R}(f_\theta)$ 看作 θ_* 和 Θ 的距离.

例如, 损失函数关于第二变量为 G-Lipschitz 连续, 有

$$\mathcal{R}(f_\theta) - \mathcal{R}(f_{\theta'}) = \mathbb{E}\left[l(y, f_\theta(x)) - l(y, f_{\theta'}(x))\right] \leqslant G\mathbb{E}\left[|f_\theta(x) - f_{\theta'}(x)|\right].$$

逼近误差第二部分被 f_{θ_*} 与 $\mathcal{F} = \{f_\theta, \theta \in \Theta\}$ 的 G 倍控制住, 距离为拟距离

$$d(\theta, \theta') = \mathbb{E}\left[|f_\theta(x) - f_{\theta'}(x)|\right].$$

一个经典的例子是 $f_\theta(x) = \theta^{\mathrm{T}}\varphi(x)$, $\Theta = \{\theta \in \mathbb{R}^d, \|\theta\|_2 \leqslant D\}$, 可以得到上界

$$\inf_{\theta \in \Theta} \mathcal{R}(f_\theta) - \inf_{\theta \in \mathbb{R}^d} \mathcal{R}(f_\theta) \leqslant G \sup_{\|\theta\|_2 \leqslant D} \mathbb{E}\left[\|\varphi(x)\|_2\right] \cdot \|\theta - \theta_*\|_2 \leqslant G\mathbb{E}\left[\|\varphi(x)\|_2\right](\|\theta_*\|_2 - D)_+,$$

如果 $\|\theta_*\|_2 \leqslant D$, 上式为 0.

2.2.2　估计误差

我们将考虑更一般的技术, 并将用其解释 ℓ_2 有界的线性模型和 G-Lipschitz 连续的损失.

估计误差经常用函数类的期望风险最小值 $g_{\mathcal{F}} \in \arg\min\limits_{g \in \mathcal{F}} \mathcal{R}(g)$ 和经验风险最小值 $\hat{f} \in \arg\min\limits_{f \in \mathcal{F}} \widehat{\mathcal{R}}(f)$ 进行分解:

$$\mathcal{R}(\hat{f}) - \inf_{f \in \mathcal{F}} \mathcal{R}(f) = \mathcal{R}(\hat{f}) - \mathcal{R}(g_{\mathcal{F}})$$

$$= \{\mathcal{R}(\hat{f}) - \widehat{\mathcal{R}}(\hat{f})\} + \{\widehat{\mathcal{R}}(\hat{f}) - \widehat{\mathcal{R}}(g_{\mathcal{F}})\} + \{\widehat{\mathcal{R}}(g_{\mathcal{F}}) - \mathcal{R}(g_{\mathcal{F}})\}$$

$$\leqslant \sup_{f \in \mathcal{F}}\{\mathcal{R}(f) - \widehat{\mathcal{R}}(f)\} + \{\widehat{\mathcal{R}}(\hat{f}) - \widehat{\mathcal{R}}(g_{\mathcal{F}})\} + \sup_{f \in \mathcal{F}}\{\widehat{\mathcal{R}}(f) - \mathcal{R}(f)\}$$

$$\leqslant \sup_{f \in \mathcal{F}}\{\mathcal{R}(f) - \widehat{\mathcal{R}}(f)\} + 0 + \sup_{f \in \mathcal{F}}\{\widehat{\mathcal{R}}(f) - \mathcal{R}(f)\}.$$

进一步, 经常以 $2\sup\limits_{f \in \mathcal{F}}|\widehat{\mathcal{R}}(f) - \mathcal{R}(f)|$ 为界.

我们可以发现, 消除 $\widehat{\mathcal{R}}$ 和 $\hat{f}$ 的统计依赖的重要方法是找一个一致的界.

若 $\hat{f}$ 不是 $\widehat{\mathcal{R}}$ 的全局最小值, 仅满足 $\widehat{\mathcal{R}}(\hat{f}) \leqslant \inf\limits_{f \in \mathcal{F}} \widehat{\mathcal{R}}(f) + \varepsilon$, 则上述界限中必须加上优化误差 ε.

一致偏差会随 $\mathcal{F}$ 大小增加而增加, 它是一个随机的量 (因为它依赖于数据), 通常随 n 衰减.

一个关键问题是我们需要一个所有 $f \in \mathcal{F}$ 的一致界: 对一个 f, 我们可以对 $l(y, f(x))$ 应用集中不等式, 得到 $O(1/\sqrt{n})$ 大小的界. 然而, 当在许多 f 上控制偏差时, 总会有小概率出现, 使得许多偏差中的一个变得很大. 因此我们需要对这种情况有一个明确的限制, 为解决这一问题, 我们可以先关注期望.

设 $H = (z_1, z_2, \cdots, z_n) = \sup\limits_{f \in \mathcal{F}}\{\mathcal{R}(f) - \widehat{\mathcal{R}}(f)\}$, 其中 $z_i = (x_i, y_i)$ 独立同分布, $\widehat{\mathcal{R}}(f) = \dfrac{1}{n}\sum\limits_{i=1}^{n} l(y_i, f(x_i))$. 对于所有生成数据的分布的支撑集的元素 (x, y) 和 $f \in \mathcal{F}$, 用 l_∞ 表示损失函数的最大绝对值.

当把单点 $z_i \in x \times y$ 变为 $z_i' \in x \times y$ 时, H 的偏差几乎确定至多为 $\dfrac{2}{n} l_\infty$. 因此, 应用 McDiarmid (麦克迪尔米德) 不等式, 以大于 $1 - \delta$ 的概率, 有

$$H(z_1, z_2, \cdots, z_n) - \mathbb{E}\left[H(z_1, z_2, \cdots, z_n)\right] \leqslant \frac{l_\infty \sqrt{2}}{\sqrt{n}} \sqrt{\log_e \frac{1}{\delta}}.$$

因此, 我们只需要限制 $\sup\limits_{f \in \mathcal{F}}\{\mathcal{R}(f) - \widehat{\mathcal{R}}(f)\}$ 的期望 (通常有相同的界), 再加上 $\dfrac{l_\infty \sqrt{2}}{\sqrt{n}} \sqrt{\log_e \dfrac{2}{\delta}}$ 以保证有高概率的界.

我们现在给出一系列可以限制住期望的界, 有简单的, 也有新定义的, 还有关于 Rademacher 复杂度的.

我们将给出二次损失函数和 ℓ_2-球约束的情形. 此时, $l\left(y, \theta^{\mathrm{T}} \varphi(x)\right) = \left(y - \theta^{\mathrm{T}} \varphi(x)\right)^2$. 从而得到

$$\begin{aligned}
\widehat{\mathcal{R}}(f) - \mathcal{R}(f) = {} & \theta^{\mathrm{T}} \left(\frac{1}{n}\sum_{i=1}^{n} \varphi(x_i) \varphi(x_i)^{\mathrm{T}} - \mathbb{E}\left[\varphi(x)\varphi(x)^{\mathrm{T}}\right]\right) \theta \\
& - 2\theta^{\mathrm{T}} \left(\frac{1}{n}\sum_{i=1}^{n} y_i \varphi(x_i) - \mathbb{E}[y\varphi(x)]\right) + \left(\frac{1}{n}\sum_{i=1}^{n} y_i^2 - \mathbb{E}\left[y^2\right]\right).
\end{aligned}$$

因此, 上界可以是封闭形式的上界:

$$\begin{aligned}
\sup_{\|\theta\|_2 \leqslant D} \|\mathcal{R}(f) - \widehat{\mathcal{R}}(f)\| \leqslant {} & D^2 \left\|\frac{1}{n}\sum_{i=1}^{n} \varphi(x_i) \varphi(x_i)^{\mathrm{T}} - \mathbb{E}\left[\varphi(x)\varphi(x)^{\mathrm{T}}\right]\right\|_{\mathrm{op}} \\
& + 2D \left\|\frac{1}{n}\sum_{i=1}^{n} y_i \varphi(x_i) - \mathbb{E}[y\varphi(x)]\right\|_2 + \left|\frac{1}{n}\sum_{i=1}^{n} y_i^2 - \mathbb{E}\left[y^2\right]\right|,
\end{aligned}$$

其中, $\|M\|_{\mathrm{op}}$ 是 M 的算子范数, $\|M\|_{\mathrm{op}} = \sup\limits_{\|u\|_2 = 1} \|Mu\|_2$ (因此对任意 u, 有 $|u^{\mathrm{T}} M u| \leqslant \|M\|_{\mathrm{op}} \|u\|_2^2$).

为了得到一个统一的界, 我们只需要对三个非统一的偏差期望取上界, 阶数为 $O(1/\sqrt{n})$, 我们可以得到总体一致偏差界. 这是一个特殊的例子, 因为它对非平方损失的其他损失可以有 $O(1/\sqrt{n})$ 的速率. 然而, 无法进行闭式 (直接解析) 计算, 所以需要引入新的工具.

注 从此以后, 除非特别说明, 损失函数不再要求凸性.

本节假设损失函数限制在 0 和 l_∞ 之间, 根据估计误差界 $2\sup_{f\in\mathcal{F}}|\widehat{\mathcal{R}}(f)-\mathcal{R}(f)|$:

$$\mathbb{P}\left(\mathcal{R}(\hat{f})-\inf_{f\in\mathcal{F}}\mathcal{R}(f)\geqslant t\right)\leqslant\mathbb{P}\left(2\sup_{f\in\mathcal{F}}|\widehat{\mathcal{R}}(f)-\mathcal{R}(f)|\geqslant t\right)\leqslant\sum_{f\in\mathcal{F}}\mathbb{P}(2|\widehat{\mathcal{R}}(f)-\mathcal{R}(f)|\geqslant t).$$

固定 $f\in\mathcal{F}$, $\widehat{\mathcal{R}}(f)=\dfrac{1}{n}\sum_{i=1}^n l(y_i,f(y_i))$, 用 Hoeffding (霍夫丁) 不等式限制 $\mathbb{P}(2|\hat{\mathcal{R}}(f)-\mathcal{R}(f)|\geqslant t)$, 得到

$$\mathbb{P}\left(\mathcal{R}(\hat{f})-\inf_{f\in\mathcal{F}}\mathcal{R}(f)\geqslant t\right)\leqslant\sum_{f\in\mathcal{F}}2\exp\left(-2n(t/2)^2/l_\infty^2\right)=2|\mathcal{F}|\exp\left(-nt^2/(2l_\infty^2)\right).$$

因此, 设 $\delta=2|\mathcal{F}|\exp\left(-nt^2/2l_\infty^2\right)$, 找到对应的 t, 以大于 $1-\delta$ 的概率, 有 (根据 $\sqrt{a+b}\leqslant\sqrt{a}+\sqrt{b}$)

$$\mathcal{R}(\hat{f})-\inf_{f\in\mathcal{F}}\mathcal{R}(f)\leqslant t=\frac{\sqrt{2}l_\infty}{\sqrt{n}}\sqrt{\log_e\frac{2|\mathcal{F}|}{\delta}}=\frac{\sqrt{2}l_\infty}{\sqrt{n}}\sqrt{\log_e(|\mathcal{F}|)+\log_e\frac{2}{\delta}}$$

$$\leqslant\sqrt{2}l_\infty\sqrt{\frac{\log_e(|\mathcal{F}|)}{n}}+\frac{\sqrt{2}l_\infty}{\sqrt{n}}\sqrt{\log_e\frac{2}{\delta}}.$$

因此根据这个界, 当模型数取 $\log_e$ 比 n 小, 学习就有可能. 这是均匀偏差的第一个通用控制. 注意这仅是一个上界, 对于可数多个模型的学习是有可能的.

覆盖数背后的简单想法是, 通过有限个元素逼近含有无穷多元素的函数空间. 有限多个元素常被称为 ε-网.

方便起见, 假设损失函数正则, 例如, 损失函数关于第二个变量为 G-Lipschitz 连续.

覆盖数 假设存在 $m=m(\varepsilon)$ 个元素 $f_1,f_2,\cdots,f_m$, 满足对任意 $f\in\mathcal{F}$, $\exists i\in\{1,2,\cdots,m\}$, 有 $d(f,f_i)\leqslant\varepsilon$. 给定 ε, 最小的 $m(\varepsilon)$ 称为覆盖数.

覆盖数 $m(\varepsilon)$ 是 ε 的不增函数. 当 $\varepsilon\to 0$ 时, $m(\varepsilon)$ 随 ε 以 ε^{-1} 的速度增加, d 为维数. 事实上, 若选择 l_∞ 度量, $\mathcal{F}$ 包含在 d 维半径为 c 的 l_∞-球中, 它可以由 $(c/\varepsilon)^d$ 个边长为 2ε 的立方体覆盖.

任何范数在 d 维空间中是等价的, 可以得到在有限维向量空间中的所有有界子集都以 ε^{-d} 速度依赖于 $m(\varepsilon)$, 所以当 $\varepsilon\to 0$ 时, $\log_e m(\varepsilon)$ 以 $d\log_e\dfrac{1}{\varepsilon}$ 的速度增长.

对某些集合 (例如, d 维的所有 Lipschitz 连续函数), $\log_e m(\varepsilon)$ 增长速度更快, 如速度为 ε^{-d}.

ε-网 给定 $\mathcal{F}$ 的一个覆盖, ε-网为 $(f)_{i\in\{1,2,\cdots,m(\varepsilon)\}}$,

$$|\widehat{\mathcal{R}}(f)-\mathcal{R}(f)|\leqslant\left|\widehat{\mathcal{R}}(f)-\widehat{\mathcal{R}}(f_i)\right|+\left|\widehat{\mathcal{R}}(f_i)-\mathcal{R}(f_i)\right|+|\mathcal{R}(f_i)-\mathcal{R}(f)|$$

$$\leqslant 2G\varepsilon+\sup_{i\in\{1,2,\cdots,m(\varepsilon)\}}\left|\widehat{\mathcal{R}}(f_i)-\mathcal{R}(f_i)\right|.$$

因为有界随机变量是次高斯的, 根据最大值期望的界, 有

$$\mathbb{E}\left[\sup_{f\in\mathcal{F}}|\widehat{\mathcal{R}}(f)-\mathcal{R}(f)|\right] \leqslant 2G\varepsilon + \mathbb{E}\left[\sup_{i\in\{1,2,\cdots,m(\varepsilon)\}}\left|\widehat{\mathcal{R}}(f_i)-\mathcal{R}(f_i)\right|\right] \leqslant 2G\varepsilon + 2l_\infty\sqrt{\frac{2\log_e(2m(\varepsilon))}{n}}.$$

因此, 如果 $m(\varepsilon)\sim\varepsilon^{-d}$ (忽略常数), 我们需要平衡 $\varepsilon+\sqrt{d\log_e(1/\varepsilon)/n}$, 通过选择与 n 成正比的 ε, 得出与 $\sqrt{(d/n)\log_e n}$ 成正比的速率, 这表明 n 的相关性也接近 $1/\sqrt{n}$. 可惜除非精确使用覆盖数或更高级工具 (例如 "链接") 的计算, 否则通常会导致对维数和/或观察数的非最佳依赖.

一个非常强大的工具是 Rademacher 复杂度或高斯复杂度, 它可以以合理的成本实现精确的界限. 在本章中, 我们将重点讨论 Rademacher 复杂度.

2.3　Rademacher 复杂度

考虑 n 个独立同分布的随机变量 $z_1,z_2,\cdots,z_n\in\mathcal{Z}$, 一个 $\mathcal{Z}$ 到 $\mathbb{R}$ 映射的函数类 $\mathcal{H}$. 在本书中, 函数空间与学习问题相关: $z=(x,y)$ 和 $\mathcal{H}=\{(x,y)\to l(y,f(x))\}$, $f\in\mathcal{F}$.

本节的目标是给出 $\sup_{f\in\mathcal{F}}\{\mathcal{R}(f)-\widehat{\mathcal{R}}(f)\}$ 的一个上界, 且正好等于

$$\sup_{h\in\mathcal{H}}\left\{\mathbb{E}[h(z)]-\frac{1}{n}\sum_{i=1}^{n}h(z_i)\right\},$$

其中 $\mathbb{E}[h(z)]$ 表示关于和所有 z_i 有相同分布的变量的期望.

$\mathcal{D}=\{z_1,z_2,\cdots,z_n\}$ 表示数据. 定义函数类 $\mathcal{H}$ 的 Rademacher 复杂度为

$$R_n(\mathcal{H})=\mathbb{E}_{\varepsilon,\mathcal{D}}\left(\sup_{h\in\mathcal{H}}\frac{1}{n}\sum_{i=1}^{n}\varepsilon_i h(z_i)\right),\tag{2.8}$$

其中 $\varepsilon\in\mathbb{R}^n$ 是一个独立于 Rademacher 随机变量 (以相同的概率取 1 和 -1) 的向量, 也独立于 $\mathcal{D}$. 它是一个仅依赖于 n 和 $\mathcal{H}$ 的确定量.

总之, Rademacher 复杂度等于函数 $\mathcal{H}$ 在 z_i 处的函数值和随机标签点积的最大值的期望. 它是一个 $\mathcal{H}$ 的容量的度量. 之后会看到在许多有趣的例子中, 它可以计算出, 并得到一个有趣且强大的界.

由一般的 "对称化" 性质把 Rademacher 复杂度和一致偏差联系起来, 可以得到 Rademacher 复杂度直接控制一致偏差的期望.

命题 2.2 (对称化)

给定式 (2.8) 定义的 $\mathcal{H}$ 的 Rademacher 复杂度, 有

$$\mathbb{E}\left[\sup_{h\in\mathcal{H}}\left(\frac{1}{n}\sum_{i=1}^{n}h(z_i)-\mathbb{E}[h(z)]\right)\right]\leqslant 2R_n(\mathcal{H}),\quad \mathbb{E}\left[\sup_{h\in\mathcal{H}}\left(\mathbb{E}[h(z)]-\frac{1}{n}\sum_{i=1}^{n}h(z_i)\right)\right]\leqslant 2R_n(\mathcal{H}).$$

证明　设 $\mathcal{D}'=\{z_1',z_2',\cdots,z_n'\}$ 是独立于 $\mathcal{D}=\{z_1,z_2,\cdots,z_n\}$ 的副本. 设 $(\varepsilon_i)_{i\in(1,2,\cdots,n)}$ 是独立同分布的 Rademacher 随机变量, 独立于 $\mathcal{D}$ 和 $\mathcal{D}'$. 根据 $\mathbb{E}[h(z_i')\mid\mathcal{D}]=\mathbb{E}[h(z)]$, $i\in$

$\{z_1, z_2, \cdots, z_n\}$ 有

$$\mathbb{E}\left[\sup_{h \in \mathcal{H}}\left(\mathbb{E}[h(z)] - \frac{1}{n}\sum_{i=1}^{n}h(z_i)\right)\right] = \mathbb{E}\left[\sup_{h \in \mathcal{H}}\left(\frac{1}{n}\sum_{i=1}^{n}\mathbb{E}[h(z_i') \mid \mathcal{D}] - \frac{1}{n}\sum_{i=1}^{n}h(z_i)\right)\right]$$

$$= \mathbb{E}\left[\sup_{h \in \mathcal{H}}\left(\frac{1}{n}\sum_{i=1}^{n}\mathbb{E}[h(z_i') - h(z_i) \mid \mathcal{D}]\right)\right],$$

那么, 根据期望的上确界小于上确界的期望, 有

$$\mathbb{E}\left[\sup_{h \in \mathcal{H}}\left(\mathbb{E}[h(z)] - \frac{1}{n}\sum_{i=1}^{n}h(z_i)\right)\right] \leqslant \mathbb{E}\left[\mathbb{E}\left(\sup_{h \in \mathcal{H}}\left(\frac{1}{n}\sum_{i=1}^{n}[h(z_i') - h(z_i)]\right)\,\Big|\,\mathcal{D}\right)\right].$$

因此, 由重期望公式, 有

$$\mathbb{E}\left[\sup_{h \in \mathcal{H}}\left(\mathbb{E}[h(z)] - \frac{1}{n}\sum_{i=1}^{n}h(z_i)\right)\right] \leqslant \mathbb{E}\left[\sup_{h \in \mathcal{H}}\left(\frac{1}{n}\sum_{i=1}^{n}[h(z_i') - h(z_i)]\right)\right].$$

根据 ε_i 和 $h(z_i') - h(z_i)$ 分布的对称性, 有

$$\mathbb{E}\left[\sup_{h \in \mathcal{H}}\left(\mathbb{E}[h(z)] - \frac{1}{n}\sum_{i=1}^{n}h(z_i)\right)\right]$$

$$\leqslant \mathbb{E}\left[\sup_{h \in \mathcal{H}}\left(\frac{1}{n}\sum_{i=1}^{n}\varepsilon_i(h(z_i') - h(z_i))\right)\right]$$

$$\leqslant \mathbb{E}\left[\sup_{h \in \mathcal{H}}\left(\frac{1}{n}\sum_{i=1}^{n}\varepsilon_i(h(z_i'))\right)\right] + \mathbb{E}\left[\sup_{h \in \mathcal{H}}\left(\frac{1}{n}\sum_{i=1}^{n}\varepsilon_i(-h(z_i))\right)\right]$$

$$= 2\mathbb{E}\left[\sup_{h \in \mathcal{H}}\left(\frac{1}{n}\sum_{i=1}^{n}\varepsilon_i h(z_i)\right)\right] = 2R_n(\mathcal{H}).$$

$\mathbb{E}\left[\sup_{h \in \mathcal{H}}\left(\dfrac{1}{n}\sum_{i=1}^{n}h(z_i) - \mathbb{E}[h(z)]\right)\right] \leqslant 2R_n(\mathcal{H})$ 的推理基本相同. □

上述引理仅限制了经验平均和 Rademacher 平均的期望偏差的期望. 使用集中不等式, 得到高概率的界.

下面介绍的一个诱人的性质, 称为 "收缩法则".

命题 2.3 (收缩法则——Lipschitz 连续函数)

给定任意函数 $b, a_i : \Theta \to \mathbb{R}$ 和任意 1-连续函数 $\varphi_i : \mathbb{R} \to \mathbb{R}, i = 1, 2, \cdots, n$, 对独立于 Rademacher 随机变量的向量 $\varepsilon \in \mathbb{R}$ 有

$$\mathbb{E}_{\varepsilon}\left[\sup_{\theta \in \Theta}\left\{b(\theta) + \sum_{i=1}^{n}\varepsilon_i \varphi_i(a_i(\theta))\right\}\right] \leqslant \mathbb{E}_{\varepsilon}\left[\sup_{\theta \in \Theta}\left\{b(\theta) + \sum_{i=1}^{n}\varepsilon_i a_i(\theta)\right\}\right].$$

证明 考虑关于 n 的递推证明. 当 $n = 0$ 时是平凡的, 我们证明 n 到 $n+1$ 成立. 考虑

$$\mathbb{E}_{\varepsilon_1,\varepsilon_2,\cdots,\varepsilon_{n+1}}\left[\sup_{\theta\in\Theta}\left\{b(\theta)+\sum_{i=1}^{n+1}\varepsilon_i\varphi_i\left(a_i(\theta)\right)\right\}\right],$$

并计算关于 ε_{n+1} 的期望, 考虑概率为 $1/2$ 的可能值:

$$\mathbb{E}_{\varepsilon_1,\varepsilon_2,\cdots,\varepsilon_{n+1}}\left[\sup_{\theta\in\Theta}\left\{b(\theta)+\sum_{i=1}^{n+1}\varepsilon_i\varphi_i\left(a_i(\theta)\right)\right\}\right]$$

$$=\frac{1}{2}\mathbb{E}_{\varepsilon_1,\varepsilon_2,\cdots,\varepsilon_n}\left[\sup_{\theta\in\Theta}\left\{b(\theta)+\sum_{i=1}^{n}\varepsilon_i\varphi_i\left(a_i(\theta)\right)+\varphi_{n+1}\left(a_{n+1}(\theta)\right)\right\}\right]$$

$$+\frac{1}{2}\mathbb{E}_{\varepsilon_1,\varepsilon_2,\cdots,\varepsilon_n}\left[\sup_{\theta\in\Theta}\left\{b(\theta)+\sum_{i=1}^{n}\varepsilon_i\varphi_i\left(a_i(\theta)\right)-\varphi_{n+1}\left(a_{n+1}(\theta)\right)\right\}\right]$$

$$=\mathbb{E}_{\varepsilon_1,\varepsilon_2,\cdots,\varepsilon_n}\left[\sup_{\theta,\theta'\in\Theta}\left\{\frac{b(\theta)+b(\theta')}{2}+\sum_{i=1}^{n}\varepsilon_i\frac{\varphi_i\left(a_i(\theta)\right)+\varphi_i\left(a_i(\theta')\right)}{2}\right.\right.$$

$$\left.\left.+\frac{\varphi_{n+1}\left(a_{n+1}(\theta)\right)-\varphi_{n+1}\left(a_{n+1}(\theta')\right)}{2}\right\}\right].$$

关于 (θ,θ') 和 (θ',θ) 取上确界, 根据 Lipschitz-连续性有

$$\mathbb{E}_{\varepsilon_1,\varepsilon_2,\cdots,\varepsilon_n}\left[\sup_{\theta,\theta'\in\Theta}\left\{\frac{b(\theta)+b(\theta')}{2}+\sum_{i=1}^{n}\varepsilon_i\frac{\varphi_i\left(a_i(\theta)\right)+\varphi_i\left(a_i(\theta')\right)}{2}\right.\right.$$

$$\left.\left.+\frac{\left|\varphi_{n+1}\left(a_{n+1}(\theta)\right)-\varphi_{n+1}\left(a_{n+1}(\theta')\right)\right|}{2}\right\}\right]$$

$$\leqslant\mathbb{E}_{\varepsilon_1,\varepsilon_2,\cdots,\varepsilon_n}\left[\sup_{\theta,\theta'\in\Theta}\left\{\frac{b(\theta)+b(\theta')}{2}+\sum_{i=1}^{n}\varepsilon_i\frac{\varphi_i\left(a_i(\theta)\right)+\varphi_i\left(a_i(\theta')\right)}{2}+\frac{\left|a_{n+1}(\theta)-a_{n+1}(\theta')\right|}{2}\right\}\right],$$

对 φ_{n+1} 按上述方式计算, 得到上述最后一个表达式等于

$$\mathbb{E}_{\varepsilon_1,\varepsilon_2,\cdots,\varepsilon_n}\mathbb{E}_{\varepsilon_{n+1}}\left[\sup_{\theta\in\Theta}\left\{b(\theta)+\varepsilon_{n+1}a_{n+1}(\theta)+\sum_{i=1}^{n}\varepsilon_i\varphi_i\left(a_i(\theta)\right)\right\}\right]$$

$$\leqslant\mathbb{E}_{\varepsilon_1,\varepsilon_2,\cdots,\varepsilon_n,\varepsilon_{n+1}}\left[\sup_{\theta\in\Theta}\left\{b(\theta)+\varepsilon_{n+1}a_{n+1}(\theta)+\sum_{i=1}^{n}\varepsilon_ia_i(\theta)\right\}\right],$$

由此得到结果. □

可以把上述收缩法则应用于监督学习, 其中对所有 i, $u_i\mapsto l\left(y_i,u_i\right)$ 是几乎确定 G-Lipschitz 连续的 (这对回归或对二分类用凸替代的时候是可行的), 由收缩法则得到

$$\mathbb{E}_\varepsilon\left(\sup_{f\in\mathcal{F}}\frac{1}{n}\sum_{i=1}^{n}\varepsilon_il\left(y_i,f\left(x_i\right)\right)\bigg|\mathcal{D}\right)\leqslant G\cdot\mathbb{E}_\varepsilon\left(\sup_{f\in\mathcal{F}}\frac{1}{n}\sum_{i=1}^{n}\varepsilon_if\left(x_i\right)\bigg|\mathcal{D}\right),$$

从而有

$$R_n(\mathcal{H})\leqslant G\cdot R_n(\mathcal{F}).\tag{2.9}$$

预测函数类的 Rademacher 复杂度控制经验风险的一致偏差. 现在考虑一些简单的例子.

假设 $\mathcal{F} = \{f_\theta(x) = \theta^{\mathrm{T}} \varphi(x), \Omega(\theta) \leqslant D\}$, Ω 是 $\mathbb{R}^d$ 上的范数. $\varPhi \in \mathbb{R}^{n \times d}$ 表示设计矩阵. 关于 ε 和数据取期望, 有

$$R_n(\mathcal{F}) = \mathbb{E}\left[\sup_{\Omega(\theta) \leqslant D} \left\{ \frac{1}{n} \sum_{i=1}^n \varepsilon_i \theta^{\mathrm{T}} \varphi(x_i) \right\}\right] = \mathbb{E}\left[\sup_{\Omega(\theta) \leqslant D} \frac{1}{n} \varepsilon^{\mathrm{T}} \varPhi \theta\right]$$
$$= \frac{D}{n} \mathbb{E}\left[\Omega^*\left(\varPhi^{\mathrm{T}} \varepsilon\right)\right],$$

其中 $\Omega^*(u) = \sup_{\Omega(\theta) \leqslant 1} u^{\mathrm{T}} \theta$ 是 Ω 的对偶范数. 例如, 当 Ω 是 ℓ_p-范数, $p \in [1, \infty)$, 则 Ω^* 是 ℓ_q-范数, 满足 $\frac{1}{p} + \frac{1}{q} = 2$, 如 $\|\cdot\|_2^* = \|\cdot\|_2$, $\|\cdot\|_1^* = \|\cdot\|_\infty$, $\|\cdot\|_\infty^* = \|\cdot\|_1$.

因此计算 Rademacher 复杂度等价于计算范数的期望. 当 $\Omega = \|\cdot\|_2$ 时, 有

$$R_n(\mathcal{F}) = \frac{D}{n} \mathbb{E}\left[\left\|\varPhi^{\mathrm{T}} \varepsilon\right\|_2\right] \leqslant \frac{D}{n} \sqrt{\mathbb{E}\left[\left\|\varPhi^{\mathrm{T}} \varepsilon\right\|_2^2\right]} \quad (\text{詹森 (Jensen) 不等式})$$
$$= \frac{D}{n} \sqrt{\mathbb{E}\left[\operatorname{tr}\left[\varPhi^{\mathrm{T}} \varepsilon \varepsilon^{\mathrm{T}} \varPhi\right]\right]} = \frac{D}{n} \sqrt{\mathbb{E}\left[\operatorname{tr}\left[\varPhi^{\mathrm{T}} \varPhi\right]\right]} \quad (\text{根据} \mathbb{E}\left[\varepsilon \varepsilon^{\mathrm{T}}\right] = I)$$
$$= \frac{D}{n} \sqrt{\sum_{i=1}^n \mathbb{E}\left(\varPhi^{\mathrm{T}} \varPhi\right)_i} = \frac{D}{n} \sqrt{\sum_{i=1}^n \mathbb{E}\|\varphi(x_i)\|_2^2} = \frac{D}{\sqrt{n}} \sqrt{\mathbb{E}\|\varphi(x)\|_2^2}. \tag{2.10}$$

因此得到一个独立于维数的 Rademacher 复杂度.

利用上述所有内容, 我们提出下列的一般结果 (假设损失函数非凸).

命题 2.4 (估计误差)

若损失函数 G-Lipschitz 连续, $\mathcal{F} = \{f_\theta(x) = \theta^{\mathrm{T}} \varphi(x), \|\theta\|_2 \leqslant D\}$, 预测函数为线性函数, 其中 $\mathbb{E}\|\varphi(x)\|_2^2 \leqslant R^2$. 设 $\hat{f} = f_{\hat{\theta}} \in \mathcal{F}$ 是经验风险的最小值, 那么

$$\mathbb{E}[\mathcal{R}(f_{\hat{\theta}})] \leqslant \inf_{\|\theta\|_2 \leqslant D} \left\{ \mathcal{R}(f_\theta) + \frac{2GRD}{\sqrt{n}} \right\}.$$

证明 根据命题 2.2、式 (2.9) 和式 (2.10), 可以得到结果. $\square$

如果假设存在 $\mathbb{R}^d$ 上 $\mathcal{R}(f_\theta)$ 的最小值 θ_*, 逼近误差由 2.2.1 小节的下列偏差控制住 (根据 Cauchy-Schwarz (柯西–施瓦茨) 不等式和詹森不等式):

$$\inf_{\|\theta\|_2 \leqslant D} \mathcal{R}(f_\theta) - \mathcal{R}(f_{\theta_*}) \leqslant G \inf_{\|\theta\|_2 \leqslant D} \mathbb{E}\left[\left|f_\theta(x) - f_{\theta_*}(x)\right|\right]$$
$$= G \inf_{\|\theta\|_2 \leqslant D} \mathbb{E}\left[\left|\varphi(x)^{\mathrm{T}} (\theta - \theta_*)\right|\right]$$
$$\leqslant G \inf_{\|\theta\|_2 \leqslant D} \|\theta - \theta_*\|_2 \mathbb{E}\left[\|\varphi(x)\|_2^2\right] \leqslant GR \inf_{\|\theta\|_2 \leqslant D} \|\theta - \theta_*\|_2,$$

得到

$$\mathbb{E}[\mathcal{R}(f_{\hat{\theta}})] - \mathcal{R}(f_{\theta_*}) \leqslant GR \inf_{\|\theta\|_2 \leqslant D} \|\theta - \theta_*\|_2 + \frac{2GRD}{\sqrt{n}} = GR \left(\|\theta_*\|_2 - D\right)_+ + \frac{2GRD}{\sqrt{n}}.$$

可以看出对于 $D = \|\theta_*\|_2$, 有 $\dfrac{2GR\|\theta_*\|_2}{\sqrt{n}}$, 但这要求知道 $\|\theta_*\|_2$, 而在实际中不可能得到. 如果 D 越大, 则估计误差越大; 如果 D 越小, 则逼近误差会快速出现 (当 n 趋于无穷时, 其值不会变为 0), 导致欠拟合.

在实践中, 相比约束更喜欢通过范数 $\Omega(\theta)$ 惩罚. 虽然在约束或正则化参数时, 对应的解集是相同的, 但超参数更容易找到, 优化更容易. 为简便起见, 本节仅考虑 ℓ_2-范数.

$\hat{\theta}_\lambda$ 表示

$$\widehat{\mathcal{R}}(f_\theta) + \frac{\lambda}{2}\|\theta\|_2^2 \tag{2.11}$$

的最小值. 若损失总是正的, 则 $\dfrac{\lambda}{2}\|\hat{\theta}_\lambda\|_2^2 \leqslant \widehat{\mathcal{R}}(f_{\hat{\theta}_\lambda}) + \dfrac{\lambda}{2}\|\hat{\theta}_\lambda\|_2^2 \leqslant \widehat{\mathcal{R}}(f_0)$, 得到界 $\|\hat{\theta}_\lambda\|_2 = O(1/\sqrt{\lambda})$. 因此, 在上面的界限中 $D = O(1/\sqrt{\lambda})$, 这会导致 $O(1/\sqrt{\lambda n})$ 的偏差, 这不是最优的.

我们由 ℓ_2-范数的强凸性 (这里损失函数是凸的) 得到一个更强的有趣结果.

命题 2.5 (正则化目标的加速)

假设损失函数 G-Lipschitz 连续凸, $\mathcal{F} = \{f_\theta(x) = \theta^{\mathrm{T}}\varphi(x), \theta \in \mathbb{R}^d\}$, 预测函数是线性函数, 几乎确定 $\|\varphi(x)\|_2 \leqslant R$. 设 $\hat{\theta}_\lambda \in \mathbb{R}^d$ 是正则化经验风险的最小值, 则
$$\mathbb{E}\left[\mathcal{R}(f_{\hat{\theta}_\lambda})\right] \leqslant \inf_{\theta \in \mathbb{R}^d}\left\{\mathcal{R}(f_\theta) + \frac{\lambda}{2}\|\theta\|_2^2\right\} + \frac{32G^2R^2}{\lambda n}.$$

证明　设 $\mathcal{R}_\lambda(f_\theta) = \mathcal{R}(f_\theta) + \dfrac{\lambda}{2}\|\theta\|_2^2$, 在 θ^* 到达最小值 $\mathcal{R}_\lambda^* \cdot \varepsilon > 0$, 考虑凸集 $\mathcal{C}_\varepsilon = \{\theta \in \mathbb{R}^d, \mathcal{R}_\lambda(f_\theta) - \mathcal{R}_\lambda^* \leqslant \varepsilon\}$. 如果 $\hat{\theta}_\lambda \notin \mathcal{C}_\varepsilon$, 那么由凸性, 在 $[\theta_\lambda^*, \hat{\theta}_\lambda]$ 中存在 η 满足 $\mathcal{R}_\lambda(f_\eta) - \mathcal{R}_\lambda^* = \mathcal{R}_\lambda(f_\eta) - \mathcal{R}_\lambda(f_{\theta_\lambda^*}) = \varepsilon$, $\widehat{\mathcal{R}}_\lambda(f_\eta) \leqslant \widehat{\mathcal{R}}_\lambda(f_{\theta_\lambda^*})$. 这表明

$$\mathcal{R}_\lambda(f_\eta) - \widehat{\mathcal{R}}_\lambda(f_\eta) + \widehat{\mathcal{R}}_\lambda(f_{\theta_\lambda^*}) - \mathcal{R}_\lambda(f_{\theta_\lambda^*}) = \mathcal{R}_\lambda(f_\eta) - \mathcal{R}_\lambda(f_{\theta_\lambda^*}) + \widehat{\mathcal{R}}_\lambda(f_{\theta_\lambda^*}) - \widehat{\mathcal{R}}_\lambda(f_\eta) \geqslant \varepsilon. \tag{2.12}$$

由强凸性, 对所有 η 有 $\mathcal{R}_\lambda(f_\theta) - \mathcal{R}_\lambda^* \geqslant \dfrac{\lambda}{2}\|\theta - \theta_\lambda^*\|_2^2$, $\mathcal{C}_\varepsilon$ 包含在以 θ_λ^* 为中心, 以 $\sqrt{2\varepsilon/\lambda}$ 为半径的 ℓ_2-球中. 因此, 根据式 (2.12), 得到 $\displaystyle\sup_{\|\eta-\theta_\lambda^*\|_2 \leqslant \sqrt{2\varepsilon/\lambda}}\left\{\mathcal{R}_\lambda(f_\eta) - \mathcal{R}_\lambda(f_{\theta_\lambda^*}) - \left[\widehat{\mathcal{R}}_\lambda(f_\eta) - \widehat{\mathcal{R}}_\lambda(f_{\theta_\lambda^*})\right]\right\} \geqslant \varepsilon.$

$$\mathbb{E}\left[\sup_{\|\eta-\theta_\lambda^*\|_2 \leqslant \sqrt{2\varepsilon/\lambda}}\left\{\mathcal{R}_\lambda(f_\eta) - \mathcal{R}_\lambda(f_{\theta_\lambda^*}) - \left[\widehat{\mathcal{R}}_\lambda(f_\eta) - \widehat{\mathcal{R}}_\lambda(f_{\theta_\lambda^*})\right]\right\}\right]$$

$$\leqslant 2\mathbb{E}\left[\sup_{\|\eta-\theta_\lambda^*\|_2 \leqslant \sqrt{2\varepsilon/\lambda}}\left\{\frac{1}{n}\sum_{i=1}^n \varepsilon_i\left[l\left(y_i, \varphi(x_i)^{\mathrm{T}}\eta\right) - l\left(y_i, \varphi(x_i)^{\mathrm{T}}\theta_\lambda^*\right)\right]\right\}\right] \leqslant 2GR\sqrt{2\varepsilon/\lambda}.$$

进一步, 根据 McDiarmid 不等式,

$$\mathbb{P}\left(\mathcal{R}_\lambda\left(f_\eta\right) - \widehat{\mathcal{R}}_\lambda\left(f_\eta\right) + \widehat{\mathcal{R}}_\lambda\left(f_{\theta_\lambda^*}\right) - \mathcal{R}_\lambda\left(f_{\theta_\lambda^*}\right) \geqslant 2GR\sqrt{2\varepsilon/\lambda} + t\frac{2\frac{GR}{\sqrt{n}}\sqrt{2\varepsilon/\lambda}}{\sqrt{2n}}\right) \leqslant \mathrm{e}^{-t^2}.$$

因此, 如果 $\varepsilon \geqslant 2\frac{GR}{\sqrt{n}}\sqrt{2\varepsilon/\lambda}\left(1 + \frac{t}{\sqrt{2}}\right)$, 即 $\varepsilon \geqslant 8\frac{G^2R^2}{\lambda n}\left(2 + t^2\right)$, 我们有高概率界

$$\mathbb{P}\left(\mathcal{R}_\lambda\left(f_{\hat{\theta}_\lambda}\right) - \mathcal{R}_\lambda^* > \varepsilon\right) \leqslant \mathrm{e}^{-t^2}.$$

通过积分, 得到 $\mathbb{E}\left[\mathcal{R}_\lambda\left(f_{\hat{\theta}_\lambda}\right) - \mathcal{R}_\lambda^*\right] \leqslant \frac{32G^2R^2}{\lambda n}.$ $\qquad\square$

注意我们得到一个 $O\left(R^2/(\lambda n)\right)$ 的加速, 对 n 有更好的依赖关系, 同时也依赖 λ, 这个量在实际中非常小. 将在第 3 章中看到 λ 的经典选择应用在这里, $\lambda \propto \frac{GR}{\sqrt{n}\|\theta_*\|}$, 得到一个慢速率

$$\mathbb{E}\left[\mathcal{R}\left(f_{\hat{\theta}_\lambda}\right)\right] \leqslant \mathcal{R}\left(f_{\theta_*}\right) + O\left(\frac{GR}{\sqrt{n}}\|\theta_*\|_2\right).$$

这与第 3 章的岭回归 (最小二乘回归) 类似, 但这里是对所有 Lipschitz 连续损失, 得到上述结果的正则化总数依赖于未知量 $\|\theta_*\|_2$. 下面, 我们通过范数考虑惩罚的一般情况, 将获得类似的结果, 但超参数不依赖于 $\|\theta_*\|_2$ 的未知范数.

规范惩罚估计 我们现在关注以下目标函数:

$$\widehat{\mathcal{R}}_\lambda(\theta) = \frac{1}{n}\sum_{i=1}^{n} l\left(y_i, \theta^{\mathrm{T}}\varphi(x_i)\right) + \lambda\Omega(\theta),$$

其中假设 $\mathcal{R}_0(\theta) = \mathbb{E}_{p(x,y)}\left[l\left(y, \theta^{\mathrm{T}}\varphi(x)\right)\right]$ 在某个 $\theta_* \in \mathbb{R}^d$ 处被最小化, 并且因为 $\Omega(\theta) \leqslant 2\Omega(\theta_*)$, 函数 $\theta \mapsto l\left(y, \theta^{\mathrm{T}}\varphi(x)\right)$ 是 GR-Lipschitz 在 θ 中连续的, $\Omega^*(\varphi(x)) \leqslant R$ 几乎可以肯定. 我们认为 θ_λ^* 是总体正则化风险的最小值 $\mathcal{R}_\lambda(\theta) = \mathcal{R}(\theta) + \lambda(\theta)$. 它满足 $\Omega(\theta_\lambda^*) \leqslant \Omega(\theta_*)$.

我们用 $\rho_\Omega = \sup\limits_{\Omega^*(z_1), \Omega^*(z_2), \cdots, \Omega^*(z_n) \leqslant 1} \mathbb{E}_\varepsilon \Omega^*\left(\frac{1}{\sqrt{n}}\sum_{i=1}^{n}\varepsilon_i z_i\right)$, 使得线性预测变量集的 Rademacher 复杂度对 $D \leqslant 2\Omega(\theta_*)$, $\Omega(\theta) \leqslant D$, 小于 $\frac{\rho_\Omega GRD}{\sqrt{n}}$.

举个例子, 对 ℓ_2-范数, 有 $\rho_\Omega = 1$, 对 ℓ_1-范数, 有 $\rho_\Omega = \sqrt{2\log_e(2d)}$. 就损失而言, 对于 Logistic 损失, 有 $G = 1$, 而对于平方损失, 模型为 $y = \varphi(x)^{\mathrm{T}}\theta_* + \varepsilon$ 且几乎确定 $|\varepsilon| \leqslant \sigma$, 可以得到 $G = \sigma + 4R\Omega(\theta_*)$.

像前面使用 McDiarmid 不等式, 固定任意满足 $\Omega(\theta_0) \leqslant D$ 的 θ_0, 以大于 $1 - \mathrm{e}^{-t^2}$ 的概率, 对所有 θ, 有 $\Omega(\theta) \leqslant 2\Omega(\theta_*), \mathcal{R}(\theta) - \mathcal{R}(\theta_0) \leqslant \widehat{\mathcal{R}}(\theta) - \widehat{\mathcal{R}}(\theta_0) + \frac{\rho_\Omega GRD}{\sqrt{n}} + t\frac{2GRD\sqrt{2}}{\sqrt{n}}.$

考虑集合 $\mathcal{C}_\varepsilon = \{\theta \in \mathbb{R}^d, \Omega(\theta) \leqslant 2\Omega(\theta_\lambda^*), \mathcal{R}_\lambda(\theta) - \mathcal{R}_\lambda(\theta_\lambda^*) \leqslant \varepsilon\}$. 这是一个凸集, 选择合适的 ε (即饱和约束必须是关于期望风险的约束), 边界为 $\partial\mathcal{C}_\varepsilon = \{\theta \in \mathbb{R}^d, \Omega(\theta) \leqslant 2\Omega(\theta_\lambda^*), \mathcal{R}_\lambda(\theta) - \mathcal{R}_\lambda(\theta_\lambda^*) = \varepsilon\}$. 事实上, 如果 $\Omega(\theta) = 2\Omega(\theta_\lambda^*)$, 那么, 由 θ_λ^* 的最优条件得到 $\Omega^*(\mathcal{R}'(\theta_\lambda^*)) \leqslant \lambda$:

$$\mathcal{R}_\lambda(\theta) - \mathcal{R}_\lambda(\theta_\lambda^*) = \mathcal{R}(\theta) - \mathcal{R}(\theta_\lambda^*) + \lambda\Omega(\theta) - \lambda\Omega(\theta_\lambda^*)$$

$$\geqslant \mathcal{R}'(\theta_\lambda^*)^{\mathrm{T}}(\theta - \theta_\lambda^*) + \lambda\Omega(\theta) - \lambda\Omega(\theta_\lambda^*)$$

$$\geqslant -\Omega^*(\mathcal{R}'(\theta_\lambda^*)) \cdot \Omega(\theta - \theta_\lambda^*) + \lambda\Omega(\theta) - \lambda\Omega(\theta_\lambda^*)$$

$$\geqslant -\lambda\Omega(\theta - \theta_\lambda^*) + \lambda\Omega(\theta) - \lambda\Omega(\theta_\lambda^*)$$

$$\geqslant 2\lambda\Omega(\theta) - 2\lambda\Omega(\theta_\lambda^*)$$

$$= 2\lambda\Omega(\theta_\lambda^*)\Omega(\theta) = 2\Omega(\theta_\lambda^*).$$

因此我们需要要求 $\varepsilon \leqslant 2\Omega(\theta_\lambda^*)$.

现在我们证明以高概率, 有 $\hat{\theta}_\lambda \in \mathcal{C}_\varepsilon$. 如果 $\hat{\theta}_\lambda \notin \mathcal{C}_\varepsilon$, 那么 $\theta_\lambda^* \in \mathcal{C}_\varepsilon$, 在区间 $[\theta_\lambda^*, \hat{\theta}_\lambda]$ 一定存在 θ 落在 $\partial\mathcal{C}_\varepsilon$ 上. 因为风险是凸的, 有 $\widehat{\mathcal{R}}_\lambda(\theta) \leqslant \max\left\{\widehat{\mathcal{R}}_\lambda(\theta_\lambda^*), \widehat{\mathcal{R}}_\lambda(\hat{\theta}_\lambda)\right\} = \widehat{\mathcal{R}}_\lambda(\theta_\lambda^*).$ 所以

$$\widehat{\mathcal{R}}(\theta_\lambda^*) - \widehat{\mathcal{R}}(\theta) - \mathcal{R}(\theta_\lambda^*) + \mathcal{R}(\theta) = \widehat{\mathcal{R}}_\lambda(\theta_\lambda^*) - \widehat{\mathcal{R}}_\lambda(\theta) - \mathcal{R}_\lambda(\theta_\lambda^*) + \mathcal{R}_\lambda(\theta) \geqslant -\mathcal{R}_\lambda(\theta_\lambda^*) + \mathcal{R}_\lambda(\theta) = \varepsilon.$$

因此如果取 $\varepsilon \geqslant \dfrac{\rho_\Omega GRD}{\sqrt{n}} + t\dfrac{2GRD\sqrt{2}}{\sqrt{n}}$, $D = 2\Omega(\theta_\lambda^*)$, 则这个仅以不超过 e^{-t^2} 的概率发生. 从而得到约束 $\varepsilon \geqslant \dfrac{2GR\Omega(\theta_\lambda^*)}{\sqrt{n}}\left(\rho_\Omega + 4t\sqrt{2}\right)$. 因此, 我们可以取 $\lambda = \dfrac{GR}{\sqrt{n}}\left(\rho_\Omega + 4t\sqrt{2}\right)$. 以大于 $1 - \mathrm{e}^{-t^2}$ 的概率有

$$\mathcal{R}_\lambda(\hat{\theta}_\lambda) - \mathcal{R}_\lambda(\theta_\lambda^*) \leqslant 2\lambda\Omega(\theta_\lambda^*) \leqslant 2\lambda\Omega(\theta_*),$$

取 $\delta = \mathrm{e}^{-t^2}$, 以大于 $1 - \delta$ 的概率有

$$\mathcal{R}(\hat{\theta}_\lambda) \leqslant \mathcal{R}(\theta_*) + \Omega(\theta_*)\frac{3GR}{\sqrt{n}}\left(\rho_\Omega + 4\sqrt{2\log_e\frac{1}{\delta}}\right),$$

其中 $\lambda = \dfrac{GR}{\sqrt{n}}\left(\rho_\Omega + 4\sqrt{2\log_e\dfrac{1}{\delta}}\right)$. 我们可以得到一个关于期望的结果. 这里的关键是 λ 的值不依赖于 $\Omega(\theta_*)$.

在本章中, 我们重点介绍了经验风险最小化技术的最简单情况, 即具有独立同分布的数据的回归或二分类. 统计学习理论正在沿着几条路线研究许多更复杂的情况.

(1) **比 $1/\sqrt{n}$ 慢的速率**　在本章中, 主要研究了衰减为 $1/\sqrt{n}$ 的估计误差. 当它与逼近误差 (通过调整范数约束或正则化参数) 进行平衡时, 我们将在第 5 章 (核方法) 和第 7 章 (神经网络) 中获得较慢的速率, 但假设较弱.

(2) **离散输出的更快速率**　在处理二分类或更一般的离散输出时, 可以进行进一步分析, 使用的凸替代和原始损失函数的收敛速度可能不同 (即在阈值化之后, 其中有时可以获得指数率). 这通常是在所谓的 "低噪声" 条件下完成的.

(3) **其他通用学习理论框架**　在本章中, 我们主要关注 Rademacher 复杂度这一工具以获得通用学习界限. 其他框架从不同的数学角度得出类似的界限.

(4) **超越独立观察**　许多统计学习理论处理观察是独立同分布的简化假设, 来自与测试阶

段使用的相同的分布, 这使得本章呈现了相当简单的结果. 介绍处理数据不独立的情况, 在线学习表明许多经典算法确实对这种依赖性具有鲁棒性. 另一个来自统计的途径是对观察之间的依赖性作出一些假设, 最经典的假设是观察序列 $(x_i, y_i)_{i \geqslant 1}$ 形成马尔可夫链, 从而满足 "混合条件".

(5) **训练和测试分布不匹配** 在许多应用场景中, 测试分布可能偏离训练分布. x 的输入分布可能不同, 而给定 x 的 y 的条件分布保持不变, 一个通常称为 "协变量偏移" 的情况, 或者 (x, y) 的整个分布可能发生偏差 (通常称为 "域适应" 的需要). 如果不对这两个分布的接近程度作出假设, 则无法获得任何保证. 为了推导出算法或保证, 已经探索了几种想法, 如重要性重新加权或寻找具有相似测试和训练分布的数据的预测.

(6) **半监督学习** 在许多应用中, 许多未标记的观察值是可用的 (即只有输入 x 可用). 为了利用大量未标记数据, 通常会做出一些假设来展示学习算法的改进, 如 "聚类假设"(同一类中的点倾向于聚集在一起) 或 "低密度分离"(对于分类, 决策边界往往在输入观察很少的区域). 存在许多算法, 如拉普拉斯正则化或判别聚类.

2.4 非渐近分析和渐近统计的关系

在最后一节中, 我们将把本章介绍的非渐近分析与渐近统计的结果联系起来.

为了具体化, 我们假设有一组模型 $\mathcal{F} = \{f_\theta X \to \mathbb{R}, \theta \in \mathbb{R}^d\}$ 由向量 $\theta \in \mathbb{R}^d$ 参数化, 考虑期望风险和经验风险:

$$\mathcal{R}(\theta) = \mathcal{R}(f_\theta) = \mathbb{E}[l(y, f_\theta(x))] \quad \text{且} \quad \widehat{\mathcal{R}}(\theta) = \widehat{\mathcal{R}}(f_\theta) = \frac{1}{n} \sum_{i=1}^n l(y_i, f_\theta(x_i)).$$

我们假设有损失函数 $l : y \times \mathbb{R} \to \mathbb{R}$(例如回归或者分类问题的凸替代), 关于第二变量完全可微.

假设 $\theta_* \in \mathbb{R}^d$ 是 $\mathcal{R}(\theta)$ 的最小值, 黑塞 (Hessian) 矩阵 $\mathcal{R}''(\theta_*)$ 正定 (因为 θ_* 是最小值, 它必须是半正定矩阵, 我们假设了它的可逆性).

设 $\widehat{\theta}_n$ 表示 $\widehat{\mathcal{R}}$ 的最小值. 因为 $\mathcal{R}'(\theta_*) = 0$, 且 $\widehat{\mathcal{R}}'(\theta_*) = \frac{1}{n} \sum_{i=1}^n \frac{\partial l(y, f_\theta(x))}{\partial \theta}$, 由大数定律, $\widehat{\mathcal{R}}'(\theta_*)$ 趋于 $\mathcal{R}'(\theta_*) = 0$(例如, 几乎确定), 并且我们期望 $\widehat{\theta}_n$(由 $\widehat{\mathcal{R}}'(\widehat{\theta}_n) = 0$ 定义) 趋于 θ_*(所有这些陈述可以变得更严格).

那么, $\widehat{\mathcal{R}}'$ 在 θ_* 处泰勒展开, 得到

$$0 = \widehat{\mathcal{R}}'(\widehat{\theta}_n) \approx \widehat{\mathcal{R}}'(\theta_*) + \widehat{\mathcal{R}}''(\theta_*)(\widehat{\theta}_n - \theta_*).$$

由大数定律, 当 n 趋于无穷时, $\widehat{\mathcal{R}}''(\theta_*)$ 趋于 $H(\theta_*) = \mathcal{R}''(\theta_*)$, 并且

$$\widehat{\theta}_n - \theta_* \approx \mathcal{R}''(\theta_*)^{-1} \widehat{\mathcal{R}}'(\theta_*) = H(\theta_*)^{-1} \widehat{\mathcal{R}}'(\theta_*).$$

$\widehat{\mathcal{R}}'(\theta_*)$ 是 n 个独立同分布随机向量的平均, 由中心极限定理可知, 其渐近于高斯变量, 其均值为 0, 且协方差等于 $\frac{1}{n} G(\theta_*) = \frac{1}{n} \mathbb{E}\left[\left(\frac{\partial l(y, f_\theta(x))}{\partial \theta}\right)\left(\frac{\partial l(y, f_\theta(x))}{\partial \theta}\right)^{\mathrm{T}}\bigg|_{\theta=\theta_*}\right]$. 因此, 我们得到 $\widehat{\theta}_n$ 渐近于均值为 θ_*, 协方差等于 $\frac{1}{n} H(\theta_*)^{-1} G(\theta_*) H(\theta_*)^{-1}$ 的高斯变量.

渐近结果有很漂亮的结论:

$$\mathbb{E}\left[\left\|\hat{\theta}_n - \theta_*\right\|_2^2\right] \sim \frac{1}{n}\operatorname{tr}\left[H\left(\theta_*\right)^{-1} G\left(\theta_*\right) H\left(\theta_*\right)^{-1}\right],$$

$$\mathbb{E}\left[\mathcal{R}\left(\hat{\theta}_n\right) - \mathcal{R}\left(\theta_*\right)\right] \sim \frac{1}{n}\operatorname{tr}\left[H\left(\theta_*\right)^{-1} G\left(\theta_*\right)\right].$$

例如, 对于定义很好的线性回归, 可以证明 $G\left(\theta_*\right) = \sigma^2 H\left(\theta_*\right)$, 因此得到速率 $\sigma^2 d/n$.

渐近分析的益处 如上所示, 渐近分析给出了经验风险最小化渐近行为的精确结果. 比起简单地给出期望 $\mathbb{E}\left[\mathcal{R}\left(\hat{\theta}_n\right) - \mathcal{R}\left(\theta_*\right)\right]$ 的上界更好的是, 它给出了 $\hat{\theta}_n$ 的一个极限分布和一个 $O(1/n)$ 阶的更快速率.

此外, 因为我们有了极限, 可以比较各种学习算法之间的极限, 并判断 (渐近) 一种方法优于另一种方法, 这是比较上限无法实现的.

渐近分析的缺陷 这种分析的主要缺点是它是渐近的. 也就是说, n 趋于无穷大, 如果不进行进一步分析, 则无法判断渐近行为何时开始. 有时, 这适用于相当小的 n, 有时适用于大的 n. 可以进行进一步的渐近扩展, 但小样本效应很难表征, 特别是当基础维数 d 变大时.

2.5 练 习

练习 2.1 证明对任意函数 $g: x \to \mathbb{R}$, 函数 a^* 满足 $a^*\left(\mathcal{R}(g) - \mathcal{R}^*\right) \leqslant \mathcal{R}_\Phi(g) - \mathcal{R}_\Phi^*$.

练习 2.2 假设对某个 $\varepsilon \in (0, 1]$, $|2\eta(x) - 1| > \varepsilon$ a.s.. 证明对任意形如 $\Phi(v) = a(v) - v$ 的光滑分类校准凸函数 $\Phi: \mathbb{R} \to \mathbb{R}$ 以及任意 $g: x \to \mathbb{R}$, $\mathcal{R}(g) - \mathcal{R}(g^*) \leqslant \dfrac{\varepsilon}{a^*(\varepsilon)}\left[\mathcal{R}_\Phi(g) - \mathcal{R}_\Phi^*\right]$.

练习 2.3 对 Logistic 损失, 证明以类条件密度 $x|y = 1$ 和 $x|y = -1$ 生成数据, 这些数据是具有相同协方差矩阵的高斯型, 则最小化期望 Logistic 损失的 $g(x)$ 关于 x 是仿射的 (这个模型常称为线性判别分析). 请推广到多类别情形.

练习 2.4 证明对 $\Theta = \{\theta \in \mathbb{R}^d, \|\theta\|_1 \leqslant D\}$, 有

$$\inf_{\theta \in \Theta} \mathcal{R}\left(f_\theta\right) - \inf_{\theta \in \mathbb{R}^d} \mathcal{R}\left(f_\theta\right) \leqslant G\mathbb{E}\left[\|\varphi(x)\|_\infty\right] \left(\|\theta_*\|_1 - D\right)_+.$$

练习 2.5 给出 $\displaystyle\sup_{\|\theta\|_2 \leqslant D} |\mathcal{R}(f) - \widehat{\mathcal{R}}(f)|$ 的精确界.

练习 2.6 证明 (随机变量最大值的证明):

$$\mathbb{E}\left[\mathcal{R}(\hat{f}) - \inf_{f \in \mathcal{F}} \mathcal{R}(f)\right] \leqslant 2\mathbb{E}\left[\sup_{f \in \mathcal{F}} |\widehat{\mathcal{R}}(f) - \mathcal{R}(f)|\right] \leqslant l_\infty \sqrt{\frac{2\log_e(|\mathcal{F}|)}{n}}.$$

练习 2.7 证明 Rademacher 复杂度的如下性质:

(1) 若 $\mathcal{H} \subset \mathcal{H}'$, 则 $R_n(\mathcal{H}) \leqslant R_n(\mathcal{H}')$;

(2) $R_n(\mathcal{H} + \mathcal{H}') \leqslant R_n(\mathcal{H}) + R_n(\mathcal{H}')$;

(3) 若 $\alpha \in \mathbb{R}$, 则 $R_n(\alpha\mathcal{H}) = |\alpha|R_n(\mathcal{H}')$.

(4) $R_n(\mathcal{H}) = R_n(\mathcal{H}$的凸包$)$.

练习 2.8 若 $\mathcal{H}$ 有限, 任意 $h \in \mathcal{H}$, 对几乎所有 z, $|h(z)| \leqslant l_\infty$, 计算 $R_n(\mathcal{H})$ 的一个上界.

✍ **练习 2.9** 函数类 $\mathcal{H}$ 的高斯复杂度定义为 $G_n(\mathcal{H}) = \mathbb{E}_{\varepsilon,\mathcal{D}}\left(\sup_{h \in \mathcal{H}} \frac{1}{n} \sum_{i=1}^{n} \varepsilon_i h(z_i)\right)$, 其中 $\varepsilon \in \mathbb{R}^n$ 是独立于均值为 0, 方差为 1 的高斯随机变量的. 证明

(1) $R_n(\mathcal{H}) \leqslant \sqrt{\dfrac{\pi}{2}} \cdot G_n(\mathcal{H})$;

(2) $G_n(\mathcal{H}) \leqslant 2\sqrt{\log_e n} \cdot R_n(\mathcal{H})$.

✍ **练习 2.10** (ℓ_1-范数) 假设几乎确定 $\|\varphi(x)\|_{\infty} \leqslant R$. 证明 $\mathcal{F} = \left\{f_\theta(x) = \theta^{\mathrm{T}} \varphi(x), \Omega(\theta) \leqslant D\right\}$ 的 Rademacher 复杂度 $R_n(\mathcal{F})$, $\Omega = \|\cdot\|_1$ 被 $RD\sqrt{\dfrac{2\log_e(2d)}{n}}$ 控制住.

✍ **练习 2.11** 设 $p > 1$, q 满足 $\dfrac{1}{p} + \dfrac{1}{q} = 1$. 几乎确定 $\|\phi(x)\|_q \leqslant R$. 证明 $\mathcal{F} = \{f_\theta(x) = \theta^{\mathrm{T}} \phi(x), \Omega(\theta) \leqslant D\}$, $\Omega = \|\cdot\|_p$, 被 $\dfrac{RD}{\sqrt{n}} \dfrac{1}{\sqrt{p-1}}$ 从上限制住 $\left(\text{提示: 取 } p = 1 + \dfrac{1}{\log_e(2d)} \text{ 更新练习 2.10 的结果.}\right)$

✍ **练习 2.12** 考虑损失函数为 1-Lipschitz 连续 (关于第二变量) 的学习问题, 函数类 $f_\theta(x) = \theta^{\mathrm{T}} \phi(x)$, $\|\theta\|_1 \leqslant D$, 且 $\phi : x \to \mathbb{R}^d$, $\|\phi(x)\|_{\infty}$ 几乎确定小于 R. 给定期望风险 $\mathcal{R}(f_\theta)$ 和经验风险 $\widehat{\mathcal{R}}(f_\theta)$. 证明 $\mathbb{E}[\mathcal{R}(f_{\hat\theta})] \leqslant \inf_{\|\theta\|_1 \leqslant D} \mathcal{R}(f_\theta) + 2RD\sqrt{\dfrac{2\log_e(2d)}{n}}$.

✍ **练习 2.13** 将命题 2.3 中的结果扩展到几乎肯定在 ℓ_p-范数中受 R 限制的特征, 以及相对于 ℓ_p-范数强凸的正则化 ψ, 也就是说, 对于所有 $\theta, \eta \in \mathbb{R}^d$, $\psi(\theta) \geqslant \psi(\eta) + \psi'(\eta)^{\mathrm{T}}(\theta - \eta) + \dfrac{\mu}{2}\|\theta - \eta\|_p^2$, 其中 $\psi'(\eta)$ 是 ψ 在 η 处的次梯度.

✍ **练习 2.14** 我们考虑一个学习算法和一个 (x,y) 的分布 p, 满足对于所有 $(x,y) \in X \times Y$ 和在 n 个观察数据集上学习算法的两个输出 $f, f' : x \to y$, 不同于单个观察 $|l(y, f(x)) - l(y, f'(x))| \leqslant \beta_n$, 一个被称为 "一致稳定性" 的假设. 证明输出的期望风险与经验风险之间的预期偏差算法以 β_n 为界. 证明 $\beta_n = \dfrac{2G^2R^2}{\lambda n}$.

第 3 章

线性最小二乘回归

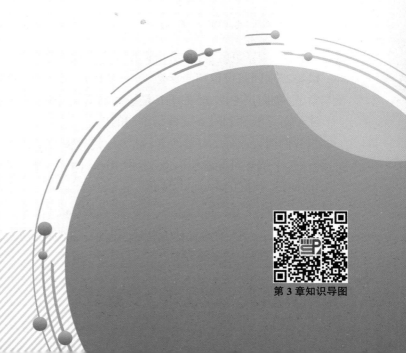

第 3 章知识导图

3.1　线性最小二乘回归的介绍

在本章中, 我们会介绍和分析线性最小二乘回归, 而这一方法可以追溯到 Legendre (勒让德, 1805). 为什么我们要学习最小二乘回归呢? 从 1805 年到现在没有任何进步吗? 有如下几个原因.

(1) 它已经涵盖了学习理论中的很多概念, 比如偏差和方差的权衡, 无正则化问题中整体综合结果对深层维度的依赖性, 以及正则化问题中对参数的依赖性.

(2) 由于它很简洁, 通过它很多结果不需要复杂计算就能得到, 从算法角度和统计分析角度都是这样 (用简单的线性代数得到最简单的结论).

(3) 利用线性特征, 可以扩展到任意非线性预测 (参见第 5 章核方法).

在接下来的章节里, 我们会把这些结果扩展到除最小二乘以外的情况.

3.2　最小二乘的概念

我们回顾一下第 1 章中有监督机器学习的目标: 已知一些输入/输出或特征/响应 (训练数据) 的观测值 $(x_i, y_i) \in X \times Y, i = 1, 2, \cdots, n$, 给定一个新的 $x \in X$, 用满足 $y \approx f(x)$ 的回归函数 f 预测 $y \in Y$ (测试数据). 我们假设 $y = \mathbb{R}$, 且采用平方损失 $l(y, z) = (y - z)^2$, 我们已经从前面的章节知道, 最优的预测器就是 $f^*(x) = \mathbb{E}[y|x]$.

在本章我们考虑的是经验风险最小化. 我们选一族有参数预测函数 $f_\theta : x \to y = \mathbb{R}$, 其中 $\theta \in \Theta$, 要使得如下经验风险最小:

$$\frac{1}{n} \sum_{i=1}^{n} (y_i - f_\theta(x_i))^2,$$

得到估计值 $\hat{\theta} \in \arg\min_{\theta \in \Theta} \frac{1}{n} \sum_{i=1}^{n} (y_i - f_\theta(x_i))^2$. 注意, 在大多数情况下, 贝叶斯预测器 f^* 不属于函数族 $\{f_\theta, \theta \in \Theta\}$, 也就是说, 这个模型是存在模型误差的.

最小二乘回归可以用于函数 f_θ 对参数 θ 非线性的情况下求参数 (例如第 7 章神经网络). 而在本章节, 我们仅考虑 f_θ 关于 θ 是线性的情况, 因此在向量空间中讨论, 方便起见这里考虑 $\mathbb{R}^d$.

注　对 x 线性和对 θ 线性是不同的!

当我们假设 $f_\theta(x)$ 对参数 θ 线性时, 其对输入 x 并不一定线性. 事实上, 如果 x 不是向量空间, 线性这个概念可能都没有意义. 由 Riesz (里斯) 表示定理可知, 对任意的 $x \in X$, 都存在一个 $\mathbb{R}^d$ 中的向量, 我们记为 $\varphi(x)$, 使得

$$f_\theta(x) = \varphi(x)^{\mathrm{T}} \theta.$$

向量 $\varphi(x) \in \mathbb{R}^d$ 通常被称为特征向量, 并且假设已知 (即已经被给定, 可在需要时显式计算). 因此我们考虑最小化如下目标:

$$\widehat{\mathcal{R}} := \frac{1}{n} \sum_{i=1}^{n} (y_i - \varphi(x_i)^{\mathrm{T}} \theta)^2. \tag{3.1}$$

当 $x \subset \mathbb{R}^d$ 时, 我们可以额外假设 f_θ 是一个仿射函数, 即有 $\varphi(x) = \begin{pmatrix} x \\ 1 \end{pmatrix} \in \mathbb{R}^{d+1}$. 其他经典的假设还有 $\varphi(x)$ 由单项式构成 (这样预测函数都是多项式). 我们将在第 5 章展示可以采用无限维特征.

矩阵符号 式 (3.1) 的损失函数可以改写成矩阵形式. 记 $y = (y_1, y_2, \cdots, y_n)^{\mathrm{T}} \in \mathbb{R}^n$ 为输出向量 (有时也称作响应向量), 记 $\Phi \in \mathbb{R}^{n \times d}$ 为输入矩阵, 其每一行表示 $\varphi(x_i)^{\mathrm{T}}$, 这个矩阵被称作设计矩阵或者数据矩阵. 用这些符号表示经验风险:

$$\widehat{\mathcal{R}} = \frac{1}{n} \|y - \Phi\theta\|_2^2, \tag{3.2}$$

其中 $\|\alpha\|_2^2 = \sum_{j=1}^{d} \alpha_j^2$, 表示 α 的 ℓ_2-范数平方.

注 最开始可能会抵触矩阵符号, 但是强烈建议使用矩阵符号, 可以避免写出冗长且易错的公式.

3.3 普通最小二乘估计

假设矩阵 $\Phi \in \mathbb{R}^{n \times d}$ 列满秩, 特别地, 这个问题为超定问题, 我们必须要有 $d \leqslant n$, 即假设 $\Phi^{\mathrm{T}}\Phi \in \mathbb{R}^{d \times d}$ 可逆.

定义 3.1

当 Φ 列满秩时, 式 (3.2) 的最小值唯一, 并称为 OLS (ordinary least square, 普通最小二乘) 估计.

3.3.1 解析解

由于目标函数是二次函数, 梯度将是线性的, 将其归零可以得到解析解.

命题 3.1

当 Φ 列满秩时, OLS 估计存在且唯一. 其值为

$$\hat{\theta} = (\Phi^{\mathrm{T}}\Phi)^{-1}\Phi^{\mathrm{T}}y.$$

用 $\hat{\Sigma} := \frac{1}{n}\Phi^{\mathrm{T}}\Phi \in \mathbb{R}^{d \times d}$ 表示 (非中心[①]) 经验协方差矩阵; 我们可以得到 $\hat{\theta} = \frac{1}{n}\hat{\Sigma}^{-1}\Phi^{\mathrm{T}}y$.

[①] 中心协方差矩阵为 $\frac{1}{n}\sum_{i=1}^{n}[\varphi(x_i) - \hat{\mu}][\varphi(x_i) - \hat{\mu}]^{\mathrm{T}}$, 其中 $\hat{\mu} = \frac{1}{n}\sum_{i=1}^{n}\varphi(x_i) \in \mathbb{R}^d$ 表示经验均值, 而我们在这里考虑的是 $\hat{\Sigma} = \frac{1}{n}\sum_{i=1}^{n}\varphi(x_i)\varphi(x_i)^{\mathrm{T}}$.

证明 由于函数 $\widehat{\mathcal{R}}$ 是强制且连续的, 它一定至少有一个最小值点. 进一步地, 由于它可微, 所以最小值点 $\hat{\theta}$ 一定满足 $\widehat{\mathcal{R}}'(\hat{\theta}) = 0$. 对所有的 $\theta \in \mathbb{R}^d$ 开平方并求导得到

$$\widehat{\mathcal{R}}(\theta) = \frac{1}{n}(\|y\|_2^2 - 2\theta^{\mathrm{T}}\Phi^{\mathrm{T}}y + \theta^{\mathrm{T}}\Phi^{\mathrm{T}}\Phi\theta) \quad \text{且} \quad \widehat{\mathcal{R}}'(\theta) = \frac{2}{n}(\Phi^{\mathrm{T}}\Phi\theta - \Phi^{\mathrm{T}}y).$$

由条件 $\widehat{\mathcal{R}}'(\hat{\theta}) = 0$ 得到标准方程组:

$$\Phi^{\mathrm{T}}\Phi\hat{\theta} = \Phi^{\mathrm{T}}y.$$

而这个标准方程组有唯一的解 $\hat{\theta} = (\Phi^{\mathrm{T}}\Phi)^{-1}\Phi^{\mathrm{T}}y$. 因此得到 $\widehat{\mathcal{R}}$ 有唯一的最小值点且有解析解.

另外一种证明最小值点唯一性的方法是通过 $\widehat{\mathcal{R}}''(\theta) = 2\widehat{\Sigma}$ 可逆对任意的 $\theta \in \mathbb{R}^d$ 成立, 来说明 $\widehat{\mathcal{R}}$ 有强凸性 (强凸性会在第 6 章讲到). □

注 一些读者可能会考虑导数中的因子 2 如何处理, 我们将会在优化相关的章节里加上一个因子 $\frac{1}{2}$ 来让导数表达式更简洁 (参见第 6 章).

3.3.2 几何解释

命题 3.2

预测向量 $\Phi\hat{\theta} = \Phi(\Phi^{\mathrm{T}}\Phi)^{-1}\Phi^{\mathrm{T}}y$ 是 $y \in \mathbb{R}^n$ 在 $\mathrm{im}(\Phi) \subset \mathbb{R}^n$, 也就是 Φ 的列空间上的投影.

证明 我们先证明 $P := \Phi(\Phi^{\mathrm{T}}\Phi)^{-1}\Phi^{\mathrm{T}} \in \mathbb{R}^{n \times n}$ 是 $\mathrm{im}(\Phi)$ 上的正交投影. 对任意的 $a \in \mathbb{R}^d$, 都有 $P\Phi a = \Phi(\Phi^{\mathrm{T}}\Phi)^{-1}\Phi^{\mathrm{T}}\Phi a = \Phi a$, 所以对任意的 $u \in \mathrm{im}(\Phi)$ 都有 $Pu = u$. 另外, 由于 $(\mathrm{im}(\Phi))^{\perp} = \mathrm{null}(\Phi^{\mathrm{T}})$, 对于任意的 $u' \in (\mathrm{im}(\Phi))^{\perp}$, 都有 $P^{\mathrm{T}}u' = 0$. 这些特征说明 P 是 $\mathrm{im}(\Phi)$ 上的正交投影. □

因此, 如图 3.1 我们可以把 OLS 估计得到的过程对应为以下两步:

(1) 计算 y 在 Φ 的像空间上的投影 $\bar{y}$;

(2) 解线性方程组 $\Phi\theta = \bar{y}$ 得到唯一解.

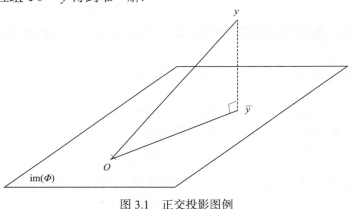

图 3.1 正交投影图例

尽管封闭解 $\hat{\theta} = (\Phi^{\mathrm{T}}\Phi)^{-1}\Phi^{\mathrm{T}}y$ 在分析上很方便, 但是在实际操作时, 求 $\Phi^{\mathrm{T}}\Phi$ 的逆有时会不稳定, 而且当 d 很大时计算量大. 通常计算时会使用以下几个方法.

QR 分解 QR 分解把矩阵 Φ 分解为 $\Phi = QR$, 其中 $Q \in \mathbb{R}^{n \times d}$ 满足列正交, $R \in \mathbb{R}^{d \times d}$ 是一

个上三角阵 (QR 分解参见参考文献 (Golub and Van Loan, 2013)). 一次 QR 分解的计算量比计算一个矩阵的逆要少而且更稳定. 分解之后我们会得到 $\Phi^T\Phi = R^TR$, 所以 R 是 $\Phi^T\Phi$ 的楚列斯基 (Cholesky) 因子. 然后就有

$$(\Phi^T\Phi)\hat\theta = \Phi^Ty \Leftrightarrow R^TQ^TQR\hat\theta = R^TQ^Ty \Leftrightarrow R^TR\hat\theta = R^TQ^Ty \Leftrightarrow R\hat\theta = Q^Ty.$$

剩下只需要解一个三角线性方程组了. 以上算法的时间复杂度在 $O(d^3)$. 这里也可以使用共轭梯度法 (算法参见参考文献 (Golub and Van Loan, 2013)).

梯度下降 我们可以完全绕过矩阵分解以及矩阵求逆. 梯度下降用来求 $\widehat{\mathcal{R}}$ 的近似最小值点, 先取一个初始值 $\theta_0 \in \mathbb{R}^d$, 然后沿着反梯度方向迭代寻找最小值点

$$\theta_t = \theta_{t-1} - \gamma\widehat{\mathcal{R}}'(\theta_{t-1}), \quad \forall t \geqslant 1,$$

其中 $\gamma > 0$ 表示步长. 当迭代收敛时, 它会逼近 OLS 估计, 因为不动点满足 $\widehat{\mathcal{R}}'(\theta) = 0$. 我们会在第 6 章详细讨论梯度下降, 而这样计算的时间复杂度会与 d 呈线性关系.

我们现在证明 OLS 估计的一些理论保证. 这里 OLS 的分析分为两种模型.

(1) 随机设定. 在这个设定下, 输入和输出均为随机. 这是经典监督学习的设定, 目的是对未看到的数据有泛化性. 因为这种情况较为复杂, 我们会在讨论完固定设定之后再来讨论.

(2) 固定设定. 在这个设定下, 我们假设输入数据 $(x_1, x_2, \cdots, x_n)$ 不随机, 而我们关注的只是在这些输入点上预测误差较小. 或者, 也可以把它看作是输入分布 p_x 为 $(x_1, x_2, \cdots, x_n)$ 的经验分布的预测问题. 我们的目标是最小化固定设定下的风险误差函数 (因此 Φ 也是确定的)

$$\mathcal{R}(\theta) = \mathbb{E}_y\left[\frac{1}{n}\sum_{i=1}^n (y_i - \varphi(x_i)^T\theta)^2\right] = \mathbb{E}_y\left[\frac{1}{n}\|y - \Phi\theta\|_2^2\right]. \tag{3.3}$$

这一假设下可以使用基础线性代数进行完整的分析. 它在某些情况下是合理的, 例如, 当输入沿固定网格等距分布时就合理, 但这在其他情况下只是一个简化的假设. 它也可以理解为学习的是最优向量 $\Phi\theta_* \in \mathbb{R}^n$, 而不是学习得到从 x 到 $\mathbb{R}$ 的函数.

在固定设定中, 没有尝试去推广到未看到的输入点 $x \in X$, 我们希望的是很好地估计重新采样的标签向量 y. 式 (3.3) 中的风险误差函数通常被称为样本内误差.

我们先在固定设定下进行讨论, 会自然地得到著名的速率 $\sigma^2 d/n$.

与极大似然估计的关系 如果在固定设定下我们做一个更强的假设, 假设噪声是高斯分布的且均值为 0, 方差为 σ^2, 即 $\varepsilon_i = y_i - \varphi(x_i)^T\theta_* \sim N(0, \sigma^2)$, 那么 θ_* 的 OLS 估计会和极大似然估计一致 (其中 Φ 假设是固定的). 事实上, 用独立性和正态分布概率密度公式可以得到 y 的概率密度为

$$p(y|\theta, \sigma^2) = \prod_{i=1}^n \frac{1}{\sqrt{2\pi\sigma^2}}\exp(-(y_i - \varphi(x_i)^T\theta)^2/(2\sigma^2)),$$

取对数再去掉常数, 极大似然估计 $(\tilde\theta, \tilde\sigma^2)$ 会使下式的值最小

$$\frac{1}{2\sigma^2}\sum_{i=1}^n (y_i - \varphi(x_i)^T\theta)^2 + \frac{n}{2}\log_e(\sigma^2).$$

我们立刻可以看到 $\tilde\theta = \hat\theta$, 即 OLS 估计与极大似然估计一致.

注 尽管在高斯模型假设下的极大似然估计展示了一个有趣的思考方法, 但是接下来的分析不需要高斯模型.

3.4 固 定 设 定

我们现在假设 Φ 是确定的, 且和上文一样我们假设 $\hat{\Sigma}$. 任何理论保证都需要对数据的生成作一些假设. 这里作出如下假设.

(1) 存在一个向量 $\theta_* \in \mathbb{R}^d$, 使得输入和输出对 $i \in \{1, 2, \cdots, n\}$ 满足以下关系

$$y_i = \varphi(x_i)^{\mathrm{T}} \theta_* + \varepsilon_i. \tag{3.4}$$

(2) 所有的 $\varepsilon_i, i \in \{1, 2, \cdots, n\}$ 都独立, 且期望为 $\mathbb{E}[\varepsilon_i] = 0$, 方差为 $\mathbb{E}[\varepsilon_i^2] = \sigma^2$.

向量 $\varepsilon \in \mathbb{R}^n$ 解释输出中未观测到的因素或噪声产生的变量. 前面的同方差假设是为了简单起见, 让后面的边界限制 $\sigma^2 d/n$ 是个等式, 如果没有此假设, 那么需要一些缩放方法来进行推导, 只能得到不等式的结果. 注意到如果是为了证明模型表现的上界, 我们可以只假设 $\mathbb{E}[\varepsilon_i^2] \leqslant \sigma^2$, 对每个 $i \in \{1, 2, \cdots, n\}$. 而这个噪声的方差 σ^2 就是 y_i 和 $\varphi(x_i)^{\mathrm{T}} \theta_*$ 的期望平方误差.

注 在式 (3.4) 中, 我们假设模型是无误的, 即目标函数确实是 $\varphi(x)$ 的线性函数. 一般来说, 由于模型本身有误, 会产生额外的逼近误差 (参见第 2 章).

$\mathcal{R}(\theta) = \mathbb{E}_y[\frac{1}{n} \|y - \Phi\theta\|_2^2]$ 在 $\mathbb{R}^d$ 上的最小值记为 $\mathcal{R}^*$, 接下来的命题会说明最小值会在 θ_* 取到, 而且最小值等于 σ^2.

命题 3.3 (固定设定下 OLS 估计的风险分解)

> 在线性模型和固定设定下, 对任意的 $\theta \in \mathbb{R}^d$, 我们都有 $\mathcal{R}^* = \sigma^2$ 而且
>
> $$\mathcal{R}(\theta) - \mathcal{R}^* = \|\theta - \theta_*\|_{\hat{\Sigma}}^2,$$
>
> 其中 $\hat{\Sigma} := \frac{1}{n} \Phi^{\mathrm{T}} \Phi$ 表示输入数据的协方差矩阵且有 $\|\theta\|_{\hat{\Sigma}}^2 := \theta^{\mathrm{T}} \hat{\Sigma} \theta$. 如果 $\hat{\theta}$ 是一个随机变量的话 (比如说是 θ_*), 那么
>
> $$\mathbb{E}[\mathcal{R}(\hat{\theta})] - \mathcal{R}^* = \underbrace{\|\mathbb{E}[\hat{\theta}] - \theta_*\|_{\hat{\Sigma}}^2}_{\text{偏差}} + \underbrace{\mathbb{E}[\|\hat{\theta} - \mathbb{E}[\hat{\theta}]\|_{\hat{\Sigma}}^2]}_{\text{方差}}.$$

证明 通过 $y = \Phi\theta_* + \varepsilon$, $\mathbb{E}[\varepsilon] = 0$, $\mathbb{E}[\|\varepsilon\|_2^2] = n\sigma^2$, 有

$$\mathcal{R}(\theta) = \mathbb{E}_\varepsilon \left[\frac{1}{n} \|y - \Phi\theta\|_2^2 \right] = \mathbb{E}_\varepsilon \left[\frac{1}{n} \|\Phi\theta_* + \varepsilon - \Phi\theta\|_2^2 \right]$$

$$= \frac{1}{n} \mathbb{E}_\varepsilon [\|\Phi(\theta_* - \theta)\|_2^2 + \|\varepsilon\|_2^2 + 2[\Phi(\theta_* - \theta)]^{\mathrm{T}} \varepsilon]$$

$$= \sigma^2 + \frac{1}{n} (\theta - \theta_*)^{\mathrm{T}} \Phi^{\mathrm{T}} \Phi (\theta - \theta_*).$$

因为 $\hat{\Sigma} = \frac{1}{n} \Phi^{\mathrm{T}} \Phi$ 可逆, 这说明 θ_* 是 $\mathcal{R}(\theta)$ 的全局唯一最小值点, 最小值 $\mathcal{R}^*$ 等于 σ^2. 这证明了命

题前半部分.

如果 θ 是随机的, 我们写出偏差/方差分解:

$$\mathbb{E}[\mathcal{R}(\hat{\theta})] - \mathcal{R}^* = \mathbb{E}[\|\hat{\theta} - \mathbb{E}[\hat{\theta}] + \mathbb{E}[\hat{\theta}] - \theta_*\|_{\hat{\Sigma}}^2]$$

$$= \mathbb{E}[\|\hat{\theta} - \mathbb{E}[\hat{\theta}]\|_{\hat{\Sigma}}^2] + 2\mathbb{E}[(\hat{\theta} - \mathbb{E}[\hat{\theta}])^T\hat{\Sigma}(\mathbb{E}[\hat{\theta}] - \theta_*)] + \mathbb{E}[\|\mathbb{E}[\hat{\theta}] - \theta_*\|_{\hat{\Sigma}}^2]$$

$$= \mathbb{E}[\|\hat{\theta} - \mathbb{E}[\hat{\theta}]\|_{\hat{\Sigma}}^2] + 0 + \|\mathbb{E}[\hat{\theta}] - \theta_*\|_{\hat{\Sigma}}^2,$$

(注意到这也只是向量方差的简单应用, 即 $\mathbb{E}\|z - a\|_M^2 = \|\mathbb{E}[z] - a\|_M^2 + \mathbb{E}\|z - \mathbb{E}[a]\|_M^2$, 其中 $a = \theta_*$, $M = \hat{\Sigma}$, $z = \hat{\theta}$.) 请注意 $\|\cdot\|_{\hat{\Sigma}}$ 这个量被叫做 Mahalanobis (马哈拉诺比斯) 距离范数 (只要 $\hat{\Sigma}$ 是正定的, 它就是一个范数). 它是由输入数据诱导的参数空间上的范数. □

我们现在分析 OLS 估计的性质, 已经得到 OLS 估计的解析式为 $\hat{\theta} = (\Phi^T\Phi)^{-1}\Phi^T y = \hat{\Sigma}^{-1}\left(\frac{1}{n}\Phi^T y\right)$, 模型为 $y = \Phi\theta_* + \varepsilon$. 唯一的随机性来自 ε, 因此我们需要对 ε 计算线性和二次形式的期望值.

命题 3.4 (OLS 估计的性质)

OLS 估计值 $\hat{\theta}$ 有以下性质:

(1) 它是无偏的, 即 $\mathbb{E}[\hat{\theta}] = \theta_*$;

(2) 它的方差为 $\mathrm{var}(\hat{\theta}) = \mathbb{E}[(\hat{\theta} - \theta_*)(\hat{\theta} - \theta_*)^T] = \frac{\sigma^2}{n}\hat{\Sigma}^{-1}$, 其中 $\hat{\Sigma}^{-1}$ 通常称为精度矩阵.

证明

(1) 因为 $\mathbb{E}[y] = \Phi\theta_*$, 我们直接可得 $\mathbb{E}[\hat{\theta}] = (\Phi^T\Phi)^{-1}\Phi^T\Phi\theta_* = \theta_*$;

(2) 由于 $\hat{\theta} - \theta_* = (\Phi^T\Phi)^{-1}\Phi^T(\Phi\theta_* + \varepsilon) - \theta_* = (\Phi^T\Phi)^{-1}\Phi^T\varepsilon$. 因此由 $\mathbb{E}[\varepsilon\varepsilon^T] = \sigma^2 I$ 可得

$$\mathrm{var}(\hat{\theta}) = \mathbb{E}[(\Phi^T\Phi)^{-1}\Phi^T\varepsilon\varepsilon^T\Phi(\Phi^T\Phi)^{-1}] = \sigma^2(\Phi^T\Phi)^{-1}(\Phi^T\Phi)(\Phi^T\Phi)^{-1} = \sigma^2(\Phi^T\Phi)^{-1}.$$

于是得到结果 $\frac{\sigma^2}{n}\hat{\Sigma}^{-1}$. □

我们现在可以把方差的表达式代回风险表达式中.

命题 3.5 (OLS 估计的超额风险)

OLS 估计的超额风险为

$$\mathbb{E}[\mathcal{R}(\hat{\theta})] - \mathcal{R}^* = \frac{\sigma^2 d}{n}. \tag{3.5}$$

证明 请注意只有当我们在固定设定时才会对 ε 取期望. 用命题 3.3 中的风险分解和 $\mathbb{E}[\hat{\theta}] = \sigma_*$, 可以得到

$$\mathbb{E}[\mathcal{R}(\hat{\theta})] - \mathcal{R}^* = \mathbb{E}\|\hat{\theta} - \theta_*\|_{\hat{\Sigma}}^2.$$

我们有 $\mathbb{E}[\mathcal{R}(\hat{\theta})] - \mathcal{R}^* = \mathrm{tr}\left[\mathrm{var}(\hat{\theta})\hat{\Sigma}\right] = \mathrm{tr}[\frac{\sigma^2}{n}\hat{\Sigma}^{-1}\hat{\Sigma}] = \frac{\sigma^2}{n}\mathrm{tr}(I) = \frac{\sigma^2 d}{n}$. □

我们还可以给出一个更直接的证明. 用同一性 $\hat{\theta} - \theta_* = (\Phi^T\Phi)^{-1}\Phi^T\varepsilon$, 我们可以得到

$$\mathbb{E}[\mathcal{R}(\hat{\theta})] - \mathcal{R}^* = \mathbb{E}\|(\Phi^T\Phi)^{-1}\Phi^T\varepsilon\|_{\hat{\Sigma}}^2$$

$$= \frac{1}{n}\mathbb{E}[\varepsilon^{\mathrm{T}}\varPhi(\varPhi^{\mathrm{T}}\varPhi)^{-1}\varPhi^{\mathrm{T}}\varPhi(\varPhi^{\mathrm{T}}\varPhi)^{-1}\varPhi^{\mathrm{T}}\varepsilon] = \frac{1}{n}\mathbb{E}[\varepsilon^{\mathrm{T}}\varPhi(\varPhi^{\mathrm{T}}\varPhi)^{-1}\varPhi^{\mathrm{T}}\varepsilon]$$

$$= \frac{1}{n}\mathbb{E}[\varepsilon^{\mathrm{T}}P\varepsilon] = \frac{1}{n}\mathbb{E}[\mathrm{tr}(P\varepsilon\varepsilon^{\mathrm{T}})] = \frac{\sigma^2}{n}\mathrm{tr}(P) = \frac{\sigma^2 d}{n}.$$

这里我们利用了 $P = \varPhi(\varPhi^{\mathrm{T}}\varPhi)^{-1}\varPhi^{\mathrm{T}}$ 为 $\mathrm{im}(\varPhi)$ 上的正交投影, 而 $\mathrm{im}(\varPhi)$ 为 d 维空间.

我们可以观察得到以下一些结论.

注 在固定设定下, 对 ε 求期望出现了两次: ①在 θ 的风险定义式 (3.3) 中; ②在式 (3.5) 中对数据取期望时.

期望训练误差是 $\dfrac{n-d}{n}\sigma^2 = \sigma^2 - \dfrac{d}{n}\sigma^2$, 而期望测试误差是 $\sigma^2 + \dfrac{d}{n}\sigma^2$. 我们因此可以看到在最小二乘背景下训练误差会比 (期望上) 测试误差少 $2\sigma^2 d/n$, 这刻画了过拟合的程度. 因此这个差可以在选择模型时作为参考.

在固定设定下, OLS 会得到一个无偏估计, 超额风险为 $\sigma^2 d/n$.

(1) 积极意义, 数学理论分析很简单, 而且我们会在 3.6 节说明这样得到的收敛速度是最优的.

(2) 消极意义, 要让超额风险小于 σ^2, 我们需要 $\dfrac{d}{n}$ 较小, 这就排除了那些 n 和 d 很接近的高维问题情况 (先不谈 $n < d$ 或 $n \ll d$ 的问题). 正则化会解决这个问题 (本章的岭回归或第 4 章的 ℓ_1-范数正则化).

(3) 这只针对固定设定. 我们接下来会考虑随机设定, 这在数学上会有些复杂, 主要是有 $\hat{\varSigma}^{-1}$ 的存在不能被消掉 (这也导致了 $\hat{\varSigma}^{-1}\varSigma$ 的出现).

3.5 岭 回 归

高维下的最小二乘 当 d/n 接近 1 时, 我们本质上就是在记录观测值 y_i(比如说当 $d = n$, $\varPhi$ 是一个可逆方阵, $\theta = \varPhi^{-1}y$ 会得到 $y = \varPhi\theta$, 也就是 OLS 会得到一个完美的拟合, 也就是说对未观测到的数据泛化能力很差). 而当 $d > n$ 时, $\varPhi^{\mathrm{T}}\varPhi$ 不可逆, 常规方程组有解空间. 而上述这些 OLS 在高维的表现都不尽如人意.

存在一些方法来解决这些问题. 最常见的一种就是正则化最小二乘目标, 可以在经验风险上加惩罚项 $\|\theta\|_1$ (ℓ_1-惩罚也就是 Lasso (拉索) 回归, 参见第 4 章) 或者 $\|\theta\|_2^2$(岭回归, 参见本章以及第 5 章).

定义 3.2 (岭回归)

令正则化系数为 $\lambda > 0$, 定义岭回归估计 $\hat{\theta}_\lambda$ 是下式的最小值点:

$$\min_{\theta \in \mathbb{R}^d} \frac{1}{n}\|y - \varPhi\theta\|_2^2 + \lambda\|\theta\|_2^2.$$

岭回归估计可以得到解析解, 而且也不再需要 $\varPhi^{\mathrm{T}}\varPhi$ 可逆.

命题 3.6

记 $\hat{\Sigma} = \dfrac{1}{n}\Phi^{\mathrm T}\Phi \in \mathbb{R}^{d\times d}$，则 $\hat{\theta}_\lambda = \dfrac{1}{n}(\hat{\Sigma}+\lambda I)^{-1}\Phi^{\mathrm T}y$.

证明　类似命题 3.1 的证明，我们可以计算得出目标函数的导数为 $\dfrac{2}{n}(\Phi^{\mathrm T}\Phi\theta - \Phi^{\mathrm T}y) + 2\lambda\theta$. 令导数等于 0 即可得到估计值. 注意到当 $\lambda > 0$ 时这个线性系统总是有唯一的解，与 $\hat{\Sigma}$ 是否可逆无关. □

对于 OLS 估计量，我们接下来可以分析该估计量在线性模型和固定设定假设下的统计性质. 关于随机设定和潜在的无限维特征情况的分析，请参阅第 5 章.

命题 3.7

在线性模型假设下 (对固定设定)，岭回归估计 $\hat{\theta}_\lambda = \dfrac{1}{n}(\hat{\Sigma}+\lambda I)^{-1}\Phi^{\mathrm T}y$ 有如下超额风险

$$\mathbb{E}[\mathcal{R}(\hat{\theta}_\lambda)] - \mathcal{R}^* = \lambda^2\theta_*^{\mathrm T}(\hat{\Sigma}+\lambda I)^{-2}\hat{\Sigma}\theta_* + \frac{\sigma^2}{n}\mathrm{tr}[\hat{\Sigma}^2(\hat{\Sigma}+\lambda I)^{-2}].$$

证明　我们用命题 3.3 中的风险分解得到偏差项 B 和方差项 V. 因为

$$\mathbb{E}[\hat{\theta}_\lambda] = \frac{1}{n}(\hat{\Sigma}+\lambda I)^{-1}\Phi^{\mathrm T}\Phi\theta_* = (\hat{\Sigma}+\lambda I)^{-1}\hat{\Sigma}\theta_* = \theta_* - \lambda(\hat{\Sigma}+\lambda I)^{-1}\theta_*,$$

可以得到

$$B = \|\mathbb{E}[\hat{\theta}_\lambda] - \theta_*\|_{\hat{\Sigma}}^2$$
$$= \lambda^2\theta_*^{\mathrm T}(\hat{\Sigma}+\lambda I)^{-2}\hat{\Sigma}\theta_*.$$

对于方差项，由 $\mathbb{E}[\varepsilon\varepsilon^{\mathrm T}] = \sigma^2 I$ 可得

$$V = \mathbb{E}[\|\hat{\theta}_\lambda - \mathbb{E}[\hat{\theta}_\lambda]\|_{\hat{\Sigma}}^2] = \mathbb{E}\left[\left\|\frac{1}{n}(\hat{\Sigma}+\lambda I)^{-1}\Phi^{\mathrm T}\varepsilon\right\|_{\hat{\Sigma}}^2\right]$$
$$= \mathbb{E}\left[\frac{1}{n^2}\mathrm{tr}(\varepsilon^{\mathrm T}\Phi(\hat{\Sigma}+\lambda I)^{-1}\hat{\Sigma}(\hat{\Sigma}+\lambda I)^{-1}\Phi^{\mathrm T}\varepsilon)\right]$$
$$= \mathbb{E}\left[\frac{1}{n^2}\mathrm{tr}(\Phi^{\mathrm T}\varepsilon\varepsilon^{\mathrm T}\Phi(\hat{\Sigma}+\lambda I)^{-1}\hat{\Sigma}(\hat{\Sigma}+\lambda I)^{-1})\right]$$
$$= \frac{\sigma^2}{n}\mathrm{tr}(\hat{\Sigma}(\hat{\Sigma}+\lambda I)^{-1}\hat{\Sigma}(\hat{\Sigma}+\lambda I)^{-1}).$$

将偏差项 B 和方差项 V 相加即可得到命题结论. □

我们观察上述结果可得以下结论.

(1) 以上结果也是一个偏差/方差分解.

(2) 偏差随 λ 增大而增大，当 $\lambda = 0$ 且 $\hat{\Sigma}$ 可逆时偏差为 0；而当 λ 趋向无穷大时，偏差趋近于 $\theta_*^{\mathrm T}\hat{\Sigma}\theta_*$. 它与 n 独立，在风险分解中作为逼近误差.

(3) 方差随 λ 增大而减小，当 $\lambda = 0$ 且 $\hat{\Sigma}$ 可逆时方差为 $\sigma^2 d/n$；而当 λ 趋向无穷大时，方差

趋近于 0. 它依赖于 n 的大小, 在风险分解中作为估计误差.

(4) $\text{tr}[\hat{\Sigma}^2(\hat{\Sigma} + \lambda I)^{-2}]$ 这个量被称作 "自由度", 一般作为隐式参数. 它可以被表示为 $\sum_{j=1}^{d} \dfrac{\lambda_j^2}{(\lambda_j + \lambda)^2}$, 其中 $(\lambda_j)_{j \in \{1,2,\cdots,d\}}$ 是 $\hat{\Sigma}$ 的特征值. 这个量在第 5 章的核方法分析中非常重要.

(5) 当 OLS 估计存在时, 随着 λ 趋向 0, 岭回归估计也趋向于 OLS 估计.

(6) 在大多数情况下, $\lambda = 0$ 不是最佳选择, 即有偏估计 (偏差大小可控) 比无偏估计更好. 换句话说, 有偏估计的均方误差最小.

基于风险的表达式, 我们可以调整正则化参数 λ 以获得一个可能比 OLS 估计 (对应于 $\lambda = 0$ 和超额风险 $\sigma^2 d/n$) 更好的界限.

命题 3.8 (正则化参数的选择)

选取 $\lambda^* = \dfrac{\sigma \text{tr}(\hat{\Sigma})^{1/2}}{\|\theta_*\|_2 \sqrt{n}}$, 有

$$\mathbb{E}[\mathcal{R}(\hat{\theta}_{\lambda^*})] - \mathcal{R}^* \leqslant \frac{\sigma \text{tr}(\hat{\Sigma})^{1/2} \|\theta_*\|_2}{\sqrt{n}}.$$

证明　由矩阵 $(\hat{\Sigma} + \lambda I)^{-2} \lambda \hat{\Sigma}$ 的特征值都小于 $1/2$ (这是 $(\mu + \lambda)^{-2} \mu \lambda \leqslant 1/2 \Leftrightarrow (\mu + \lambda)^2 \geqslant 2\lambda\mu$ 的简单推论, 这对任何 $\hat{\Sigma}$ 的特征值 μ 都成立) 可得

$$B = \lambda^2 \theta_*^{\mathrm{T}} (\hat{\Sigma} + \lambda I)^{-2} \hat{\Sigma} \theta_* = \lambda \theta_*^{\mathrm{T}} (\hat{\Sigma} + \lambda I)^{-2} \lambda \hat{\Sigma} \theta_* \leqslant \frac{\lambda}{2} \|\theta_*\|_2^2.$$

类似地, 有

$$V = \frac{\sigma^2}{n} \text{tr}[\hat{\Sigma}^2 (\hat{\Sigma} + \lambda I)^{-2}] = \frac{\sigma^2}{\lambda n} \text{tr}[\hat{\Sigma}(\hat{\Sigma} + \lambda I)^{-2} \lambda \hat{\Sigma}] \leqslant \frac{\sigma^2 \text{tr} \hat{\Sigma}}{2\lambda n},$$

代入 λ^* 的值即可得到结论[1], 这样可以得到 $B + V$ 的最小上界.　$\square$

我们可以观察得到如下一些结论.

(1) 如果令 $R = \max\limits_{i \in \{1,2,\cdots n\}} \|\varphi(x_i)\|_2$, 那么可以得到

$$\text{tr}(\hat{\Sigma}) = \sum_{j=1}^{d} \hat{\Sigma}_{jj} = \frac{1}{n} \sum_{i=1}^{n} \sum_{j=1}^{d} \varphi(x_i)_j^2 = \frac{1}{n} \|\varphi(x_i)\|_2^2 \leqslant R^2.$$

因此在超额风险界限中, 维数 d 不造成任何影响, 甚至可以为无穷 (但是保证 R 和 $\|\theta_*\|_2$ 有限), 这种界限我们称为自由维度界限 (详见第 5 章). (注: 参数的数量并不是衡量一种训练方法泛化能力的唯一标准.)

(2) 相比于 OLS 估计的界限, 我们可以看到随着 n 变大, 收敛到 0 的速度变慢了 (从 n^{-1} 到 $n^{-1/2}$), 但是对噪声的依赖更小 (从 σ^2 到 σ), 可能较大的数收敛更快, 而可能较小的数收敛较慢, 这种情况会在本书里多次出现. (注: 参考 n 和常数大小, 最快收敛的结果不一定最好.)

(3) 上述 λ^* 的值包括了我们实际上通常不知道的量 (比如 σ 和 θ), 但是这还是说明了存在

---

[1] 我们这里使用了以下性质: 对任意向量 μ 和任意半正定矩阵 A, $\mu^{\mathrm{T}} M \mu \leqslant \|\mu\|_2^2 \cdot \lambda_{\max}(M)$ 且 $\text{tr}(AM) \leqslant \text{tr}(A) \cdot \lambda_{\max}(M)$.

优秀的 λ 的选择 (如 1.1 节所述, 可以通过交叉验证找到).

(4) 注意到这里选择的 $\lambda^* = \dfrac{\sigma \mathrm{tr}(\hat{\Sigma})^{1/2}}{\|\theta_*\|_2 \sqrt{n}}$ 是为了最小化上界 $\dfrac{\lambda}{2}\|\theta_*\|_2^2 + \dfrac{\sigma^2 \mathrm{tr}\hat{\Sigma}}{2\lambda n}$, 因此它并不是使期望风险最小的选择.

(5) 我们可以通过基本的量纲分析, 检查各种公式的齐次性. 我们使用方括号表示取单位. 首先有 $[\lambda] \times [\theta]^2 = [y^2] = [\sigma^2]$, 因为 $\lambda\|\theta\|_2^2$ 和 y^2 出现在同一目标函数中. 接下来, 我们有 $[y] = [\sigma] = [\varphi][\theta]$, 因而得到 $[\lambda] = [\varphi]^2$. 而上述得到的 λ 的值的量纲为 $\dfrac{[\varphi] \times [\sigma]}{[\theta]}$, 这确实与 $[\varphi]^2$ 相等. 类似的我们可以验证偏差和方差量纲正确.

实际操作中 λ 的选择　正则量 λ 是一个超参数的例子, 超参数这个术语广泛代指影响机器学习算法性能的那些参量, 而且训练者自行选择. 虽然机器学习理论经常提供关于如何最好地选择超参数的指导参考和定性理解, 但它们的精确数值取决于那些难以得到甚至估计的量. 所以在实践中, 我们通常采用验证和交叉验证.

3.6　估 计 下 界

为了在固定设定中得到一个下界, 我们将只考虑高斯噪声, 即 ε 具有均值为 0, 协方差矩阵为 $\sigma^2 I$ 的联合高斯分布 (增加一个额外的假设只是使下界变小). 我们这里采用文献 (Mourtada, 2022) 概述的优雅而简单的证明.

模型中唯一不确定的就是 θ_*. 为了表明对 θ_* 的依赖, 我们记 $\mathcal{R}_{\theta_*}(\theta) - \mathcal{R}^*$ 为超额风险 (在之前的章节也用 $\mathcal{R}_p$ 来标明对 p 的依赖), 其大小等于

$$\mathcal{R}_{\theta_*}(\theta) - \mathcal{R}^* = \|\theta - \theta_*\|_{\hat{\Sigma}}^2.$$

我们的目标就是求出下式的下界

$$\sup_{\theta_* \in \mathbb{R}^d} \mathbb{E}_{\varepsilon \sim N(0,\sigma^2 I)} \mathcal{R}_{\theta_*}(\mathcal{A}(\Phi\theta_* + \varepsilon)) - \mathcal{R}^*,$$

要从 $\mathbb{R}^n$ 映射到 $\mathbb{R}^d$ 的所有的函数 $\mathcal{A}$ 中找下界 (这些函数可以是与已知量如 Φ 有关的函数). 事实上, 这个算法把 $y = \Phi\theta_* + \varepsilon \in \mathbb{R}^n$ 作为输入, 输出 $\mathbb{R}^d$ 中的一个参数向量.

这里的主要思想是训练算法贝叶斯分析中的经典方法, 是用关于 θ_* 的某个概率的期望来确定上确界的下限, 在贝叶斯统计中称为先验分布. 也就是说, 对于任意算法/估计器 $\mathcal{A}$, 我们有

$$\sup_{\theta_* \in \mathbb{R}^d} \mathbb{E}_{\varepsilon \sim N(0,\sigma^2 I)} \mathcal{R}_{\theta_*}(\mathcal{A}(\Phi\theta_* + \varepsilon)) \geqslant \mathbb{E}_{\theta_* \sim N\left(0, \frac{\sigma^2}{\lambda n} I\right)} \mathbb{E}_{\varepsilon \sim N(0,\sigma^2 I)} \mathcal{R}_{\theta_*}(\mathcal{A}(\Phi\theta_* + \varepsilon)). \tag{3.6}$$

在这里, 我们选择均值为 0, 协方差矩阵为 $\dfrac{\sigma^2}{\lambda n} I$ 的正态分布作为先验分布, 这样可以得到显式解析式进行下一步计算.

利用超额风险的表达式 ($\sigma^2 = \mathcal{R}^*$), 我们得到了下限

$$\mathbb{E}_{\theta_* \sim N\left(0, \frac{\sigma^2}{\lambda n} I\right)} \mathbb{E}_{\varepsilon \sim N(0,\sigma^2 I)} \|\mathcal{A}(\Phi\theta_* + \varepsilon) - \theta_*\|_{\hat{\Sigma}}^2 - \sigma^2.$$

现在我们需要对 $\mathcal{A}$ 求上式的最小值. 由于 θ_* 是随机的, 我们现在就得到了 (θ_*, ε) 的联合高斯分

布.$(\theta_*, y) = (\theta_*, \Phi\theta_* + \varepsilon)$ 的联合分布也是高斯分布, 均值为 0, 协方差矩阵为

$$
\begin{pmatrix} \dfrac{\sigma^2}{\lambda n} I & \dfrac{\sigma^2}{\lambda n} \Phi^{\mathrm{T}} \\[3mm] \dfrac{\sigma^2}{\lambda n} \Phi & \dfrac{\sigma^2}{\lambda n} \Phi\Phi^{\mathrm{T}} + \sigma^2 I \end{pmatrix} = \frac{\sigma^2}{\lambda n} \begin{pmatrix} I & \Phi^{\mathrm{T}} \\ \Phi & \Phi\Phi^{\mathrm{T}} + n\lambda I \end{pmatrix}.
$$

我们需要使用类似于第 1 章中计算贝叶斯预测器用到的操作, 该操作可以通过对 y 求条件期望来实现

$$
\mathbb{E}_{\theta_* \sim N\left(0, \frac{\sigma^2}{\lambda n} I\right)} \mathbb{E}_{\varepsilon \sim N(0, \sigma^2 I)} \left\| \mathcal{A}\left(\Phi\theta_* + \varepsilon\right) - \theta_* \right\|_{\widehat{\Sigma}}^2 = \mathbb{E}_{(\theta_*, y)} \left\| \mathcal{A}(y) - \theta_* \right\|_{\widehat{\Sigma}}^2
$$

$$
= \int_{\mathbb{R}^n} \left(\int_{\mathbb{R}^d} \left\| \mathcal{A}(y) - \theta_* \right\|_{\widehat{\Sigma}}^2 \, \mathrm{d}p\left(\theta_* \mid y\right) \right) \mathrm{d}p(y).
$$

因此, 对于每个 y, 最优的 $\mathcal{A}(y)$ 必须最小化 $\int_{\mathbb{R}^d} \left\| \mathcal{A}(y) - \theta_* \right\|_{\widehat{\Sigma}}^2 \, \mathrm{d}p\left(\theta_* \mid y\right)$, 得到的就是给定 y 条件下 θ_* 的后验均值. 事实上, 使得期望平方误差最小的向量就是期望值 (就像我们在前面章节用来计算回归的贝叶斯预测器一样), 这里应用在分布 $p\left(\theta_* \mid y\right)$ 上.

由于 (θ_*, y) 的联合分布是已知参数的高斯分布, 我们可以使用高斯向量条件期望的经典结果 (见附录 A.1 节), 但我们也可以使用高斯向量的性质, 即给定 y 的后验均值等于给定 y 的后验众数, 也就是说, 它可以通过对于 θ_* 最大化对数似然 $\log_e p(\theta_*, y)$ 得到. 忽略常数再利用 ε 和 θ_* 的独立性, 这个对数似然为

$$
-\frac{1}{2\sigma^2} \|\varepsilon\|^2 - \frac{\lambda n}{2\sigma^2} \|\theta_*\|_2^2 = -\frac{1}{2\sigma^2} \|y - \Phi\theta_*\|^2 - \frac{\lambda n}{2\sigma^2} \|\theta_*\|_2^2.
$$

而这个就是岭回归的损失函数 (在相差符号或常量的意义下). 因此, 有 $\mathcal{A}^*(y) = (\Phi^{\mathrm{T}}\Phi + n\lambda I)^{-1} \Phi^{\mathrm{T}} y$, 上式就是岭回归估计量 $\hat{\theta}_\lambda$, 我们可以计算一致最优风险:

$$
\inf_{\mathcal{A}} \sup_{\theta_* \in \mathbb{R}^d} \mathbb{E}_{\varepsilon \sim N(0, \sigma^2 I)} \mathcal{R}_{\theta_*}\left(\mathcal{A}\left(\Phi\theta_* + \varepsilon\right)\right) - \mathcal{R}^*
$$

$$
\geqslant \inf_{\mathcal{A}} \mathbb{E}_{\theta_* \sim N\left(0, \frac{\sigma^2}{\lambda n} I\right)} \mathbb{E}_{\varepsilon \sim N(0, \sigma^2 I)} \mathcal{R}_{\theta_*}\left(\mathcal{A}\left(\Phi\theta_* + \varepsilon\right)\right) - \mathcal{R}^* \quad \text{(根据式 (3.6))}
$$

$$
= \mathbb{E}_{\theta_* \sim N\left(0, \frac{\sigma^2}{\lambda n} I\right)} \mathbb{E}_{\varepsilon \sim N(0, \sigma^2 I)} \mathcal{R}_{\theta_*}\left(\mathcal{A}^*\left(\Phi\theta_* + \varepsilon\right)\right) - \mathcal{R}^* \quad \text{(取上述得到的最优取值)}
$$

$$
= \mathbb{E}_{\theta_* \sim N\left(0, \frac{\sigma^2}{\lambda n} I\right)} \mathbb{E}_{\varepsilon \sim N(0, \sigma^2 I)} \left\| \mathcal{A}^*\left(\Phi\theta_* + \varepsilon\right) - \theta_* \right\|_{\widehat{\Sigma}}^2 \quad \text{(根据风险表达式)}
$$

$$
= \mathbb{E}_{\theta_* \sim N\left(0, \frac{\sigma^2}{\lambda n} I\right)} \mathbb{E}_{\varepsilon \sim N(0, \sigma^2 I)} \left\| \left(\Phi^{\mathrm{T}}\Phi + n\lambda I\right)^{-1} \Phi^{\mathrm{T}} \left(\Phi\theta_* + \varepsilon\right) - \theta_* \right\|_{\widehat{\Sigma}}^2 \quad \text{(根据解析表达式)}
$$

$$
= \mathbb{E}_{\theta_* \sim N\left(0, \frac{\sigma^2}{\lambda n} I\right)} \mathbb{E}_{\varepsilon \sim N(0, \sigma^2 I)} \left\| \left(\Phi^{\mathrm{T}}\Phi + n\lambda I\right)^{-1} \Phi^{\mathrm{T}} \varepsilon - n\lambda \left(\Phi^{\mathrm{T}}\Phi + n\lambda I\right)^{-1} \theta_* \right\|_{\widehat{\Sigma}}^2
$$

$$
= \mathbb{E}_{\theta_* \sim N\left(0, \frac{\sigma^2}{\lambda n} I\right)} \left\| -n\lambda \left(\Phi^{\mathrm{T}}\Phi + n\lambda I\right)^{-1} \theta_* \right\|_{\widehat{\Sigma}}^2 + \mathbb{E}_{\varepsilon \sim N(0, \sigma^2 I)} \left\| \left(\Phi^{\mathrm{T}}\Phi + n\lambda I\right)^{-1} \Phi^{\mathrm{T}} \varepsilon \right\|_{\widehat{\Sigma}}^2 \quad \text{(由独立性可得)}
$$

$$
= \frac{\sigma^2}{n\lambda} (n\lambda)^2 \frac{1}{n^2} \operatorname{tr}\left[\left(\widehat{\Sigma} + \lambda I\right)^{-2} \widehat{\Sigma}\right] + \frac{\sigma^2}{n} \operatorname{tr}\left[\left(\widehat{\Sigma} + \lambda I\right)^{-2} \widehat{\Sigma}^2\right]
$$

$$
= \frac{\sigma^2}{n} \operatorname{tr}\left[\left(\widehat{\Sigma} + \lambda I\right)^{-1} \widehat{\Sigma}\right].
$$

最后的表达式会随着 λ 趋向 0 而趋向于 $\frac{\sigma^2}{n}\operatorname{tr}(I) = \frac{\sigma^2 d}{n}$. 这就说明

$$\inf_{\mathcal{A}} \sup_{\theta_* \in \mathbb{R}^d} \mathbb{E}_{\varepsilon \sim N(0,\sigma^2 I)} \mathcal{R}_{\theta_*}\left(\mathcal{A}\left(\Phi\theta_* + \varepsilon\right)\right) - \mathcal{R}^* \geqslant \frac{\sigma^2 d}{n}.$$

这为我们提供了一个测试误差的下界, 它与从 OLS 估计得到的上界完全一样. 在通常的非最小二乘情况下, 这样的结果很难得到.

3.7　随机设定下的分析

在本节, 我们考虑常规随机设定, 即 x 和 y 都被认为是随机的, 并且假设每对 (x_i, y_i) 独立同分布, 在 $X \times Y$ 上的联合概率分布为 p. 我们的目标是要证明, 在固定设定下得到的界限 $\frac{\sigma^2 d}{n}$ 在随机设定下仍然有效. 从固定设定转到随机设定, 我们将对于联合分布 p 作出以下假设.

(1) 存在一个向量 $\theta_* \in \mathbb{R}^d$, 使得输入和输出对 $i \in \{1, 2, \cdots, n\}$ 满足以下关系

$$y_i = \varphi(x_i)^{\mathrm{T}} \theta_* + \varepsilon_i.$$

(2) 噪声分布 $\varepsilon_i \in \mathbb{R}$ 与 x_i 独立, 且 $\mathbb{E}[\varepsilon_i] = 0$, 方差为 $\mathbb{E}[\varepsilon_i^2] = \sigma^2$ (同样对所有 i 都成立, 和前面的观测值一样, 是独立同分布的).

根据上面的假设, 有 $\mathbb{E}[y_i \mid x_i] = \varphi(x_i)^{\mathrm{T}} \theta_*$, 因此, 我们进行经验风险最小化时, 我们的函数族包括了贝叶斯最优预测器 (这种通常称为无误的模型). 风险表达式也很简单.

命题 3.9 (随机设定下 OLS 估计的超额风险)

在上述线性模型下, 对任何的 $\theta \in \mathbb{R}^d$, 超额风险为

$$\mathcal{R}(\theta) - \mathcal{R}^* = \|\theta - \theta_*\|_{\Sigma}^2,$$

其中 $\Sigma := \mathbb{E}\left[\varphi(x)\varphi(x)^{\mathrm{T}}\right]$ 为 (非中心化的) 协方差矩阵, 且有 $\mathcal{R}^* = \sigma^2$.

证明　对于从与 (x_i, y_i), $i = 1, 2, \cdots, n$ 相同分布中取样得到的一组样本 (x_0, y_0) 和相应的噪声变量 ε_0, 有

$$\mathcal{R}(\theta) = \mathbb{E}\left[\left(y_0 - \theta^{\mathrm{T}}\varphi(x_0)\right)^2\right] = \mathbb{E}\left[\left(\varphi(x_0)^{\mathrm{T}}\theta_* + \varepsilon_0 - \theta^{\mathrm{T}}\varphi(x_0)\right)^2\right]$$

$$= \mathbb{E}\left[\left(\varphi(x_0)^{\mathrm{T}}\theta_* - \theta^{\mathrm{T}}\varphi(x_0)\right)^2\right] + \mathbb{E}\left[\varepsilon_0^2\right] = (\theta - \theta_*)^{\mathrm{T}}\Sigma(\theta - \theta_*) + \sigma^2,$$

这样就可以得到上述结论. □

注意到和固定设定下结果的唯一区别就是将 $\widehat{\Sigma}$ 替换成了 Σ. 我们现在可以阐述 OLS 估计的风险大小了.

命题 3.10

在上述线性模型下, 假设 $\widehat{\Sigma}$ 可逆, 那么 OLS 估计的超额风险为

$$\frac{\sigma^2}{n}\mathbb{E}\left[\operatorname{tr}\left(\Sigma\widehat{\Sigma}^{-1}\right)\right].$$

证明　由于 OLS 估计值 $\hat{\theta} = \frac{1}{n}\widehat{\Sigma}^{-1}\Phi^{\mathrm{T}}y = \frac{1}{n}\widehat{\Sigma}^{-1}\Phi^{\mathrm{T}}(\Phi\theta_* + \varepsilon) = \theta_* + \frac{1}{n}\widehat{\Sigma}^{-1}\Phi^{\mathrm{T}}\varepsilon$, 可以得到

$$
\begin{aligned}
\mathbb{E}[\mathcal{R}(\hat{\theta})] - \mathcal{R}^* &= \mathbb{E}\left[\left(\frac{1}{n}\widehat{\Sigma}^{-1}\Phi^{\mathrm{T}}\varepsilon\right)^{\mathrm{T}}\Sigma\left(\frac{1}{n}\widehat{\Sigma}^{-1}\Phi^{\mathrm{T}}\varepsilon\right)\right] \\
&= \mathbb{E}\left[\mathrm{tr}\left(\Sigma\left(\frac{1}{n}\widehat{\Sigma}^{-1}\Phi^{\mathrm{T}}\varepsilon\right)\left(\frac{1}{n}\widehat{\Sigma}^{-1}\Phi^{\mathrm{T}}\varepsilon\right)^{\mathrm{T}}\right)\right] = \frac{1}{n^2}\mathbb{E}\left[\mathrm{tr}\left(\Sigma\widehat{\Sigma}^{-1}\Phi^{\mathrm{T}}\varepsilon\varepsilon^{\mathrm{T}}\Phi\widehat{\Sigma}^{-1}\right)\right] \\
&= \frac{1}{n^2}\mathbb{E}\left[\mathrm{tr}\left(\Sigma\widehat{\Sigma}^{-1}\Phi^{\mathrm{T}}\mathbb{E}\left[\varepsilon\varepsilon^{\mathrm{T}}\right]\Phi\widehat{\Sigma}^{-1}\right)\right] = \frac{\sigma^2}{n^2}\mathbb{E}\left[\mathrm{tr}\left(\Sigma\widehat{\Sigma}^{-1}\Phi^{\mathrm{T}}\Phi\widehat{\Sigma}^{-1}\right)\right] \\
&= \frac{\sigma^2}{n}\mathbb{E}\left[\mathrm{tr}\left(\Sigma\widehat{\Sigma}^{-1}\right)\right].
\end{aligned}
$$

$\square$

因此, 为了计算 OLS 估计的超额风险, 我们需要计算 $\mathbb{E}\left[\mathrm{tr}\left(\Sigma\widehat{\Sigma}^{-1}\right)\right]$. 其中一个困难点在于矩阵 $\widehat{\Sigma}$ 可能不可逆. 于是我们给定一些简单假设 (例如, $\varphi(x)$ 在 $\mathbb{R}^d$ 上都有严格正的密度), 加上 $n > d$, 可得 $\widehat{\Sigma}$ 几乎一定可逆, 但是它最小的特征值可能很小. 所以需要额外的假设来控制特征值 (见 (Mourtada, 2022) 第三节).

3.7.1　高斯设定

如果我们假设 $\varphi(x)$ 是以均值为 0, 协方差矩阵为 Σ 的正态分布, 可以令一个标准正态分布 $z = \Sigma^{-1/2}\varphi(x)$ (即均值为 0 且协方差为单位阵), 就可以直接计算期望. 利用相应的归一化矩阵 $Z \in \mathbb{R}^{n\times d}$, 只需计算 $\mathbb{E}\left[\mathrm{tr}\left(\Sigma\widehat{\Sigma}^{-1}\right)\right] = n\mathbb{E}\left[\mathrm{tr}\left(Z^{\mathrm{T}}Z\right)^{-1}\right]$, 更多细节参见 (Breiman and Freedman, 1983). 注意到 $\mathbb{E}\left[Z^{\mathrm{T}}Z\right] = nI$, 加上正定矩阵函数 $M \mapsto \mathrm{tr}\left(M^{-1}\right)$ 的凸性, 再利用詹森不等式, 可以得到 $\mathbb{E}\left[\mathrm{tr}\left(Z^{\mathrm{T}}Z\right)^{-1}\right] \geqslant \dfrac{d}{n}$ (这里没有使用高斯假设). 然而这样的方向并不正确, 使用詹森不等式会经常导向这样的错误方向.

事实证明对于高斯分布, 矩阵 $\left(Z^{\mathrm{T}}Z\right)^{-1}$ 有一个特定的分布, 称为逆 Wishart (威沙特) 分布, 它的期望可以显式得到 $\mathbb{E}\left[\left(Z^{\mathrm{T}}Z\right)^{-1}\right] = \dfrac{1}{n-d-1}I$. 因此如果有 $n > d+1$, 我们可以得到 $\mathbb{E}\left[\mathrm{tr}\left(Z^{\mathrm{T}}Z\right)^{-1}\right] = \dfrac{d}{n-d-1}$, 所以可以得到超额风险为

$$
\frac{\sigma^2 d}{n-d-1} = \frac{\sigma^2 d}{n}\frac{1}{1-(d+1)/n}.
$$

注意到对于高斯设定, 超额风险完全等于上面的表达式, 而在本书后面章节, 我们只考虑上界.

总的来说, 我们可以看到在高斯设定下, 我们对超额风险有一个明确的非渐近边界, 它会随着 n 趋于无穷大时趋向 $\sigma^2 d/n$.

3.7.2　一般设定

最后这一小节比较有技巧性, 我们展示如何避免高斯设定. 主要思想是证明在较高的概率下矩阵 $\Sigma^{-1/2}\widehat{\Sigma}\Sigma^{-1/2}$ 的最小特征值会比 $1-t$ 大, $t \in (0,1)$. 由于超额风险是 $\frac{\sigma^2}{n}\operatorname{tr}\left(\Sigma\widehat{\Sigma}^{-1}\right)$ 的期望, 这立刻说明在较高概率下超额风险会小于 $\frac{\sigma^2 d}{n}\frac{1}{1-t}$. 为了得到这样的结果, 我们需要更精确的集中不等式.

矩阵集中不等式　我们会用 Bernstein (伯恩斯坦) 界限, 这一不等式将在附录 A.2 节讨论.

命题 3.11 (矩阵 Bernstein 界限)

已知 n 个独立对称的矩阵 $M_i \in \mathbb{R}^{d\times d}$, 使得对所有的 $i \in \{1,2,\cdots,n\}$, $\mathbb{E}[M_i]=0$, $\lambda_{\max}(M_i) \leqslant b$ 几乎必然成立. 那么对所有的 $t \geqslant 0$,

$$\mathbb{P}\left(\lambda_{\max}\left(\frac{1}{n}\sum_{i=1}^n M_i\right) \geqslant t\right) \leqslant d\cdot\exp\left(-\frac{nt^2/2}{\tau^2+bt/3}\right),$$

其中 $\tau^2 = \lambda_{\max}\left(\frac{1}{n}\sum_{i=1}^n \mathbb{E}[M_i^2]\right)$.

缩放协方差矩阵的应用　我们现在可以证明下面的命题, 它将引入一个额外的假设, 给出在较高概率下超额风险的界限.

命题 3.12

给定 $\Sigma = \mathbb{E}\left[\varphi(x)\varphi(x)^{\mathrm{T}}\right] \in \mathbb{R}^{d\times d}$, 以及独立同分布的观测值 $\varphi(x_1),\varphi(x_2),\cdots,\varphi(x_n)$, 假设对某个 $\rho>0$,

$$\mathbb{E}\left[\varphi(x)^{\mathrm{T}}\Sigma^{-1}\varphi(x)\varphi(x)\varphi(x)^{\mathrm{T}}\right] \leqslant \rho d\Sigma. \tag{3.7}$$

对于 $\delta \in (0,1)$ 如果有 $n \geqslant 8\rho d\log_{\mathrm{e}}\frac{d}{\delta}$, 那么会以高于 $1-\delta$ 的概率有下式成立:

$$\Sigma^{-1/2}\widehat{\Sigma}\Sigma^{-1/2} \geqslant \frac{1}{4}I. \tag{3.8}$$

在给出证明前, 注意到从前面的讨论可以得到, 令 $t=3/4$, 式 (3.8) 中得到的超额风险界限小于 $\frac{\sigma^2 d}{n}\frac{1}{1-t} = 4\frac{\sigma^2 d}{n}$. 当然这个界限仅仅在 $n \geqslant d$ 时才有意义. 对于式 (3.7) 中的额外假设, 可以如下理解: 我们考虑随机向量 $z = \Sigma^{-1/2}\varphi(x) \in \mathbb{R}^d$, 其满足 $\mathbb{E}\left[zz^{\mathrm{T}}\right]=I$ 和 $\mathbb{E}\left[\|z\|_2^2\right]=d$. 那么式 (3.7) 中的假设等价于

$$\lambda_{\max}\left(\mathbb{E}\left[\|z\|^2 zz^{\mathrm{T}}\right]\right) \leqslant \rho d.$$

一个充分条件是 $\|z\|_2^2 \leqslant \rho d$ 几乎必然成立, 即 $\varphi(x)^{\mathrm{T}}\Sigma^{-1}\varphi(x) \leqslant \rho d$. 更进一步地, 作为练习可以尝试证明当 z 为 0 均值高斯分布时, $\rho=(1+2/d)$. 相似的结果会在第 5.6 节得到.

证明　我们考虑随机对称矩阵 $M_i = I - z_i z_i^{\mathrm{T}}$, 其中 $\mathbb{E}[M_i]=0$, $\lambda_{\max}(M_i) \leqslant 1$ 几乎必然成立,

$\mathbb{E}\left[M_i^2\right] = \mathbb{E}\left[\|z_i\|^2 z_i z_i^{\mathrm{T}}\right] - I$ 的最大特征值小于 ρd. 因此, 对于任意 $t \geqslant 0$, 利用命题 3.11 可得

$$\mathbb{P}\left(\lambda_{\max}\left(I - \frac{1}{n}Z^{\mathrm{T}}Z\right) \geqslant t\right) \leqslant d \cdot \exp\left(-\frac{nt^2/2}{\rho d + t/3}\right).$$

所以如果 t 满足 $\dfrac{nt^2}{2\rho d + 2t/3} \geqslant \log_e \dfrac{d}{\delta}$, 那么以高于 $1 - \delta$ 的概率有 $I - \Sigma^{-1/2}\widehat{\Sigma}\Sigma^{-1/2} \leqslant tI$, 即得到所需结果 $\Sigma^{-1/2}\widehat{\Sigma}\Sigma^{-1/2} \geqslant (1 - t)I$.

对 $t \geqslant \sqrt{\dfrac{2\rho d}{n}\log_e \dfrac{d}{\delta}} + \dfrac{2}{3n}\log_e \dfrac{d}{\delta}$ 的取值都是有可能的, 但是只有当 $t < 1$ 时才有意义, 而且我们只考虑 $t = \dfrac{3}{4}$. 因此可以直接使 $\dfrac{2}{3n}\log_e \dfrac{d}{\delta} < 1/4$ 和 $\sqrt{\dfrac{2\rho d}{n}\log_e \dfrac{d}{\delta}} < 1/2$ 成立, 这等价于 $n \geqslant \dfrac{8}{3}\log_e \dfrac{d}{\delta}$ 和 $n \geqslant 8\rho d \log_e \dfrac{d}{\delta}$ 成立. 由于给定了 $\rho \geqslant 1$, 所以只需要第二个不等式成立. $\qquad\square$

3.8 练 习

- **练习 3.1** 在以上的高斯模型中, 计算 $\tilde{\sigma}^2, \sigma^2$ 的极大似然估计.

- **练习 3.2** 证明经验期望风险 $\mathbb{E}[\widehat{\mathcal{R}}(\hat{\theta})] = \dfrac{n-d}{n}\sigma^2$. 特别地, 当 $n > d$ 时, 推出 $\dfrac{\|Y - \Phi\hat{\theta}\|_2^2}{n-d}$ 是噪声方差 σ^2 的一个无偏估计.

- **练习 3.3 一般噪声** 我们考虑固定设定下的回归模型 $y = \Phi\theta_* + \varepsilon$, 其中 ε 的均值为 0 且协方差矩阵为 C (不再是 $\sigma^2 I$). 证明 OLS 估计的超额风险等于 $\dfrac{1}{n}\mathrm{tr}[\Phi(\Phi^{\mathrm{T}}\Phi)^{-1}\Phi^{\mathrm{T}}C]$.

- **练习 3.4 多元回归** 我们假设 $Y = \mathbb{R}^k$ 和多元回归模型 $y = \theta_*^{\mathrm{T}}\varphi(x) + \varepsilon \in \mathbb{R}^k$, 其中 $\theta_* \in \mathbb{R}^{d\times k}$, ε 的均值为 0, 协方差矩阵为 $C \in \mathbb{R}^{k\times k}$. 在固定设定下设计矩阵为 $\Phi \in \mathbb{R}^{n\times d}$, 响应矩阵为 $Y \in \mathbb{R}^{n\times k}$, 推导出 OLS 估计和它的超额风险.

- **练习 3.5** 证明上面命题中的估计量可以写成 $\hat{\theta}_\lambda = (\Phi^{\mathrm{T}}\Phi + n\lambda I)^{-1}\Phi^{\mathrm{T}}y = \Phi^{\mathrm{T}}(\Phi\Phi^{\mathrm{T}} + n\lambda I)^{-1}y$. 思考这样改写在计算上有什么好处.

- **练习 3.6** 计算在 $\theta^{\mathrm{T}}\Lambda\theta$ 正则化下, 得到的估计的期望风险, 其中 $\Lambda \in \mathbb{R}^{d\times d}$ 是一个正定阵.

- **练习 3.7*** 我们现在考虑缺一维估计, 即扔掉一维 i 的剩下的量的估计值 $\theta_\lambda^{-i} \in \mathbb{R}^d$, 对每个 $i \in \{1, 2, \cdots, n\}$, 由最小化 $\dfrac{1}{n}\sum_{j \neq i}(y_i - \theta^{\mathrm{T}}\varphi(x_j))^2 + \lambda\|\theta\|_2^2$ 得到. 已知矩阵 $H = \Phi(\Phi^{\mathrm{T}}\Phi + n\lambda I)^{-1}\Phi^{\mathrm{T}} \in \mathbb{R}^{n\times n}$ 和它的对角 $h = \mathrm{diag}(H) \in \mathbb{R}^n$, 请证明

$$\frac{1}{n}\sum_{i=1}^n (y_i - \varphi(x_i)^{\mathrm{T}}\theta_\lambda^{-i})^2 = \frac{1}{n}\|(I - \mathrm{diag}(H))^{-1}(I - H)^{\mathrm{T}}y\|_2^2.$$

- **练习 3.8** 证明在随机设定以及命题 3.10 的假设下, 岭回归估计模型的超额风险为

$$\mathbb{E}\left[\mathcal{R}\left(\hat{\theta}_\lambda\right)\right] - \mathcal{R}^* = \lambda^2 \mathbb{E}\left[\theta_*^{\mathrm{T}}(\widehat{\Sigma} + \lambda I)^{-1}\Sigma(\widehat{\Sigma} + \lambda I)^{-1}\theta_* + \frac{\sigma^2}{n}\mathrm{tr}\left[(\widehat{\Sigma} + \lambda I)^{-2}\widehat{\Sigma}\Sigma\right]\right].$$

第4章

稀 疏 方 法

第 4 章知识导图

4.1 稀疏方法的介绍

在前面的章节中, 我们已经看到了在以下两种情况下输入空间 X 的维数对监督学习方法泛化性能的重要影响.

(1) 当目标函数 f^* 仅假设在 $x = \mathbb{R}^d$ 上是 Lipschitz-连续时, 我们看到 k 近邻、Nadaraya-Watson 估计以及正定核方法 (第 5 章) 的超额风险均与 $n^{-2/(d+2)}$ 成比例;

(2) 当目标函数关于某些特征 $\varphi(x) \in \mathbb{R}^d$ 成线性时, 非正则最小二乘的超额风险与 d/n 成比例.

在这两种情况下, 当 d 很大时 (当然在线性情况下要大得多), 通常不能有效地进行模型训练学习.

为了提高这些速率, 本书使用了两种技巧. 第一种是正则化, 比如使用 ℓ_2-范数正则化可以得到与维数无关的界限, 虽然在最坏的情况下不能优于上面的界限, 但是通常可以适用到额外的正则性 (详见第 3 章和第 5 章). 本章我们考虑另一种技巧, 叫做变量选取, 目的是得到一个只依赖于少量变量的预测器. 关键难点在于要选择的变量并不提前知道.

事实上, 变量选择主要用于以下两个情况:

(1) 原始特征集已经很大了 (例如网络文本数据);

(2) 给定输入 $x \in X$, 构建了一个大维度特征向量 $\varphi(x)$, 其中添加了一些可能有助于预测结果的特征, 但我们预计其中只有一小部分是相关的.

注 如果没有好的预测器和较少量的活动变量, 那么这些方法就不能表现得更好.

线性变量选择 在本章中, 我们关注线性方法, 假设特征向量为 $\varphi(x) \in \mathbb{R}^d$, 目的是关于 $\theta \in \mathbb{R}^d$ 最小化

$$\mathbb{E}\left[l\left(y, \varphi(x)^{\mathrm{T}}\theta\right)\right],$$

其中 $l : y \times \mathbb{R} \to \mathbb{R}$ 为损失函数. 我们将考虑两种变量选择技巧, 即使用 $\|\theta\|_0$ (θ 中的非零元个数) 和 ℓ_1-范数惩罚. 更多请参阅 4.3 节.

关注最小二乘 这两种类型的惩罚可以应用于所有的损失, 但在本章中, 为了简单起见我们将主要考虑平方损失. 并且在大多数情况下, 考虑固定设定 (参见 3.4 节中的经典设置), 并假设我们有 n 个观测值 $(x_i, y_i) \in X \times Y$, 使得存在 $\theta_* \in \mathbb{R}^d$, 对于 $i \in \{1, 2, \cdots, n\}$,

$$y_i = \varphi(x_i)^{\mathrm{T}}\theta_* + \varepsilon_i,$$

其中假设 x_i 是确定的, ε_i 的均值为 0, 方差为 σ^2 (我们还假设 x_i 与 ε_i 独立, 有时会加入更强的设定, 比如几乎必然有界或符合高斯分布). 接下来的目标是找到 $\theta_* \in \mathbb{R}^d$, 使得

$$\frac{1}{n}\|\Phi(\theta - \theta_*)\|_2^2 = (\theta - \theta_*)^{\mathrm{T}}\widehat{\Sigma}(\theta - \theta_*)$$

尽可能地小, 其中 $\Phi \in \mathbb{R}^{n \times d}$ 为设计矩阵, $\widehat{\Sigma} = \frac{1}{n}\Phi^{\mathrm{T}}\Phi$ 为非中心经验协方差矩阵. 从第 3 章我们可以知道, 对于 OLS 估计量, 这种超额风险小于 $\sigma^2 d/n$. 如果我们对 θ_* 不作任何假设, 这就是可能得到最佳性能的估计. 本章我们假设 θ_* 是稀疏的, 也就是说, 它只有少数的分量是非零的, 或者

说, $\|\theta_*\|_0 = k$ 相对于 d 来说是很小的.

在本章, 我们考虑一个更精细的证明技巧, 这个技巧可以扩展到约束版本的最小二乘 (第 3 章中的方法依赖于估计量的解析表达式, 而在约束条件下或正则条件下几乎不可能得到, 除了岭回归等少量情况). 我们记 $\hat{\theta}$ 是 $\frac{1}{n}\|y - \Phi\theta\|_2^2$ (在约束 $\theta \in \Theta$ 下的最小化点), 其中 Θ 为 $\mathbb{R}^d$ 的子集. 如果 $\theta_* \in \Theta$, 那么有

$$\|y - \Phi\hat{\theta}\|_2^2 \leqslant \|y - \Phi\theta_*\|_2^2.$$

通过展开 $y = \Phi\theta_* + \varepsilon$, 可以得到

$$\left\|\varepsilon - \Phi\left(\hat{\theta} - \theta_*\right)\right\|_2^2 \leqslant \|\varepsilon\|_2^2.$$

再展开范数可得

$$\|\varepsilon\|_2^2 - 2\varepsilon^{\mathsf{T}}\Phi\left(\hat{\theta} - \theta_*\right) + \left\|\Phi\left(\hat{\theta} - \theta_*\right)\right\|_2^2 \leqslant \|\varepsilon\|_2^2.$$

因此有

$$\left\|\Phi\left(\hat{\theta} - \theta_*\right)\right\|_2^2 \leqslant 2\varepsilon^{\mathsf{T}}\Phi\left(\hat{\theta} - \theta_*\right).$$

可以改写为

$$\left\|\Phi\left(\hat{\theta} - \theta_*\right)\right\|_2^2 \leqslant 2\left\|\Phi\left(\hat{\theta} - \theta_*\right)\right\|_2 \cdot \varepsilon^{\mathsf{T}}\left(\frac{\Phi\left(\hat{\theta} - \theta_*\right)}{\left\|\Phi\left(\hat{\theta} - \theta_*\right)\right\|_2}\right).$$

由于 $\hat{\theta}$ 也出现在上式的右侧, 所以上式比较难处理. 我们可以像第 2 章求估计误差上界时一样, 对 $\theta \in \Theta$ 求最大值:

$$\left\|\Phi\left(\hat{\theta} - \theta_*\right)\right\|_2^2 \leqslant 2\left\|\Phi\left(\hat{\theta} - \theta_*\right)\right\|_2 \cdot \sup_{\theta \in \Theta}\varepsilon^{\mathsf{T}}\left(\frac{\Phi\left(\theta - \theta_*\right)}{\left\|\Phi\left(\theta - \theta_*\right)\right\|_2}\right).$$

这样 $\hat{\theta}$ 就从右侧消失了. 最后, 得到

$$\left\|\Phi\left(\hat{\theta} - \theta_*\right)\right\|_2^2 \leqslant 4\sup_{\theta \in \Theta}\left[\varepsilon^{\mathsf{T}}\left(\frac{\Phi\left(\theta - \theta_*\right)}{\left\|\Phi\left(\theta - \theta_*\right)\right\|_2}\right)\right]^2. \tag{4.1}$$

这个不等式几乎必然成立, 我们可以对 ε 求期望来得到界限. 因此在本章我们会计算 ε 的二次形式的最大值的期望. 举个例子, 令 $\Theta = \mathbb{R}^d$, $z = \dfrac{\Phi\left(\theta - \theta_*\right)}{\left\|\Phi\left(\theta - \theta_*\right)\right\|_2}$, $\Pi_\Phi = \Pi_{\mathrm{im}(\Phi)}$ 是象空间 $\mathrm{im}(\Phi)$ 上的正交投影 ($\mathrm{im}(\Phi)$ 的维数为 $\mathrm{rank}(\Phi)$), 则

$$\mathbb{E}\left[\left\|\Phi\left(\hat{\theta} - \theta_*\right)\right\|_2^2\right] \leqslant 4\mathbb{E}\left[\sup_{z \in \mathrm{im}(\Phi), \|z\|_2 = 1}\left[\varepsilon^{\mathsf{T}}z\right]^2\right]$$

简单的几何论证如图 4.1 所示. 可以得到

$$\sup_{z \in \mathrm{im}(\Phi), \|z\|_2 = 1}\left[\varepsilon^{\mathsf{T}}z\right]^2 = \sup_{z \in \mathrm{im}(\Phi), \|z\|_2 = 1}\left[(\Pi_\Phi\varepsilon)^{\mathsf{T}}z\right]^2 = \|\Pi_\Phi\varepsilon\|_2^2,$$

也就是

$$\mathbb{E}\left[\left\|\Phi\left(\hat{\theta} - \theta_*\right)\right\|_2^2\right] \leqslant 4\mathbb{E}\left[\|\Pi_\Phi\varepsilon\|_2^2\right] = 4\sigma^2\mathbb{E}\,\mathrm{tr}\left(\Pi_\Phi^2\right) = 4\sigma^2\,\mathrm{rank}(\Phi).$$

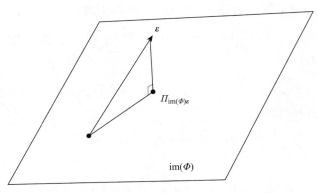

图 4.1　正交投影图例

因此我们得到了 4 倍于第 3 章中的超额风险, 但是优点是这个结论可以扩展到复杂情况. 这种推理还可以通过在噪声 ε 上添加一些假设来获得高概率下的误差界. 最后, 这个结论也可以扩展到带惩罚的问题 (详见 4.2.2 节).

我们从两个小概率引理开始.

引理 4.1

如果 $z \in \mathbb{R}^n$ 的分布是均值为 0, 协方差矩阵为 $\sigma^2 I$ 的高斯分布, 那么当 $s < \dfrac{1}{2\sigma^2}$ 时,
$$\mathbb{E}\left[e^{s\|z\|_2^2}\right] = \left(1 - 2\sigma^2 s\right)^{-n/2}.$$

证明　对于 $\sigma = 1$ (可以扩展到其他任意 σ), 而且 $s < 1/2$ (利用 z 中元素互相独立) 有

$$\mathbb{E}\left[e^{s\|z\|_2^2}\right] = \mathbb{E}\left[e^{s\sum\limits_{i=1}^{n} z_i^2}\right] = \prod_{i=1}^{n} \mathbb{E}\left[e^{sz_i^2}\right] = \frac{1}{(2\pi)^{n/2}} \prod_{i=1}^{n} \int_{-\infty}^{\infty} e^{\left(s - \frac{1}{2}\right)z_i^2} \mathrm{d}z_i$$

$$= \frac{1}{(2\pi)^{n/2}} \prod_{i=1}^{n} \sqrt{2\pi}(1 - 2s)^{-1/2} = (1 - 2s)^{-n/2}.$$

引理 4.2

令 $u_1, u_2, \cdots, u_m$ 为 m 个潜在相关的随机变量, 且 $s > 0$, 那么 $\mathbb{E}\left[\max\{u_1, u_2, \cdots, u_m\}\right] \leqslant \dfrac{1}{s} \log_e \left(\sum\limits_{i=1}^{m} \mathbb{E}\left[e^{su_i}\right]\right).$

证明　由附录 A.2 节中的论证, 对任意的 $s > 0$, 有

$$\mathbb{E}\left[\max\{u_1, u_2, \cdots, u_m\}\right] \leqslant \frac{1}{s} \log_e \left(\mathbb{E}\left[e^{s\max\{u_1, u_2, \cdots, u_m\}}\right]\right) \leqslant \frac{1}{s} \log_e \left(\mathbb{E}\left[\max\{e^{su_1}, e^{su_2}, \cdots, e^{su_m}\}\right]\right).$$

因此原式小于 $\dfrac{1}{s} \log_e \left(\sum\limits_{i=1}^{m} \mathbb{E}\left[e^{su_i}\right]\right).$

以上两个引理合起来可以得到高斯随机变量二次范数的上界: 如果 $z_1, z_2, \cdots, z_m \in \mathbb{R}^n$ 是 0 均值高斯随机向量且潜在相关, 但是 z_i 的协方差矩阵特征值均小于 σ^2, 有 $s = \dfrac{1}{4\sigma^2}$, 再利用引理 4.1, $\mathbb{E}\left[\mathrm{e}^{s\|z\|_2^2}\right] \leqslant 2^{n/2}$, 再由引理 4.2,

$$\mathbb{E}\left[\max\left\{\|z_1\|_2^2, \|z_2\|_2^2, \cdots, \|z_m\|_2^2\right\}\right] \leqslant 4\sigma^2 \log_e\left(m2^{n/2}\right) = 2n\sigma^2 \log_e(2) + 4\sigma^2 \log_e(m).$$

将它与最大值的每个参数的期望相比较, 小于 $\sigma^2 n$. 我们得到了与 $\sigma^2 \log_e(m)$ 成比例的附加因子. 这将适用于 $m \propto d^k$, 导致基于 ℓ_0-惩罚的方法中多了一项 $\sigma^2 k \log_e(d)$, 其中 d^k 这一项来自下面的引理.

引理 4.3

> 如果 $d > 0, k \in \{1, 2, \cdots, d\}$, 那么 $\log_e \begin{pmatrix} d \\ k \end{pmatrix} \leqslant k \left(1 + \log_e \dfrac{d}{k}\right)$.

证明 对 k 递归, 显然不等式对 $k = 1$ 成立, 如果有 $\log_e \begin{pmatrix} d \\ k \end{pmatrix} \leqslant k \left(1 + \log_e \dfrac{d}{k}\right)$ 成立, 那么

$$\begin{pmatrix} d \\ k \end{pmatrix} = \begin{pmatrix} d \\ k-1 \end{pmatrix} \frac{d-k+1}{k} \leqslant \left(\frac{\mathrm{e}d}{k-1}\right)^{k-1} \frac{d}{k} \leqslant \left(\frac{\mathrm{e}d}{k}\right)^{k-1} \left(1 + \frac{1}{k-1}\right)^{k-1} \frac{d}{k} \leqslant \left(\frac{\mathrm{e}d}{k}\right)^{k-1} \frac{\mathrm{e}d}{k} = \left(\frac{\mathrm{e}d}{k}\right)^{k},$$

其中利用了 $\alpha > 0, \left(1 + \dfrac{1}{\alpha}\right)^{\alpha} = \exp(\alpha \log_e(1 + 1/\alpha)) \geqslant \exp(1) = \mathrm{e}.$ □

我们现在考虑两种变量选择的框架: 一种基于 ℓ_0-惩罚; 另一种基于 ℓ_1-惩罚.

4.2 ℓ_0-惩罚变量选择

在本节我们假设目标向量 θ_* 有 k 个非零元素, 即 $\|\theta_*\|_0 \leqslant k$. 我们记 $A = \mathrm{supp}(\theta_*)$ 为 θ_* 的支撑集, 即包含那些使 $(\theta_*)_j \neq 0$ 的 j 的 $\{1, 2, \cdots, d\}$ 的子集. 我们有 $|A| \leqslant k$.

自适应的代价 如果我们已知集合 A, 那么我们可以对设计矩阵 $\Phi_A \in \mathbb{R}^{n \times |A|}$ 进行最小二乘运算, 其中 Φ_B 表示通过只保留来自 B 的列而获得的 Φ 的子矩阵, 其超额风险与 $\sigma^2 k/n$ 成正比. 因此, 只要 k 比 n 小, 我们就可以正确地估计 θ_*, 而不取决于 d 的大小, 即使 d 取值很大也没有影响.

然而我们并没有 A 的信息, 我们必须要估计它. 我们会看到这将得到一个额外的因子 $\log_e \begin{pmatrix} d \\ k \end{pmatrix} \leqslant \log_e d$, 这是由于 k 个变量的模型有很多.

4.2.1 假设 k 已知

我们首先假设基数 k 是预先已知的, 为了简单起见, 我们考虑高斯噪声 (这也可以扩展到次高斯噪声, 参见下面的命题).

命题 4.1 (已知 k-模型选择)

假设 $y = \Phi\theta_* + \varepsilon$, $\varepsilon \in \mathbb{R}^n$ 为各元素独立且均值为 0, 方差为 σ^2 的高斯向量, 其中 $\|\theta_*\|_0 \leqslant k$, $k \leqslant d/2$. 令 $\hat{\theta}$ 为约束 $\|\theta_*\|_0 \leqslant k$ 下 $\|y - \Phi\theta\|_2^2$ 的最小值点. 那么固定设定下超额风险的上界为

$$\mathbb{E}\left[\left(\hat{\theta} - \theta_*\right)^{\mathrm{T}} \hat{\Sigma} \left(\hat{\theta} - \theta_*\right)\right] = \mathbb{E}\left[\frac{1}{n}\left\|\Phi\left(\hat{\theta} - \theta_*\right)\right\|_2^2\right] \leqslant 32\sigma^2 \frac{k}{n}\left(\log_e\left(\frac{d}{k}\right) + 1\right).$$

证明 由式 (4.1) 开始, 我们可以知道对任意的 θ 使得 $\|\theta\|_* \leqslant k$, 有 $\|\theta - \theta_*\|_0 \leqslant 2k$, 因此根据 4.1 节中的界限技巧再以支撑集分类有

$$\left\|\Phi\left(\hat{\theta} - \theta_*\right)\right\|_2^2 \leqslant 4 \sup_{\theta \in \mathbb{R}^d, \|\theta\|_0 \leqslant k}\left[\varepsilon^{\mathrm{T}}\left(\frac{\Phi(\theta - \theta_*)}{\|\Phi(\theta - \theta_*)\|_2}\right)\right]^2 \quad \text{(式 (4.1))}$$

$$\leqslant 4 \sup_{\theta \in \mathbb{R}^d, \|\theta - \theta_*\|_0 \leqslant 2k}\left[\varepsilon^{\mathrm{T}}\left(\frac{\Phi(\theta - \theta_*)}{\|\Phi(\theta - \theta_*)\|_2}\right)\right]^2 \quad \text{(根据以上讨论可得)}$$

$$= 4 \sup_{B \subset \{1,2,\cdots,d\}, |B| \leqslant 2k} \sup_{\mathrm{supp}(\theta - \theta_*) \subseteq B}\left[\varepsilon^{\mathrm{T}}\left(\frac{\Phi(\theta - \theta_*)}{\|\Phi(\theta - \theta_*)\|_2}\right)\right]^2.$$

再用和式 (4.1) 一样的论证可以得到

$$\left\|\Phi\left(\hat{\theta} - \theta_*\right)\right\|_2^2 \leqslant 4 \sup_{B \subset \{1,2,\cdots,d\}, |B| \leqslant 2k} \sup_{z \in \mathrm{im}(\Phi_B), \|z\|_2 = 1}\left[\varepsilon^{\mathrm{T}} z\right]^2$$

$$\leqslant 4 \sup_{B \subset \{1,2,\cdots,d\}, |B| \leqslant 2k}\left\|\Pi_{\Phi_B}\varepsilon\right\|^2 \leqslant 4 \sup_{B \subset \{1,2,\cdots,d\}, |B| = 2k}\left\|\Pi_{\Phi_B}\varepsilon\right\|^2,$$

因为 $\left\|\Pi_{\Phi_B}\varepsilon\right\|^2$ 在 B 中非增.

随机变量 $\left\|\Pi_{\Phi_B}\varepsilon\right\|^2$ 的期望小于 $2k$, 已知有 $\dbinom{d}{2k} \leqslant \left(\dfrac{ed}{2k}\right)^{2k}$ 个 B, 基数为 $2k$ (由引理 4.3 可以得到), 再由集中不等式我们可以期望仅花费 $\log_e\left(\dfrac{ed}{2k}\right)^{2k} \approx k\log_e\dfrac{d}{k}$ 的代价. 我们将以上推理正式化.

事实上, $\Pi_{\Phi_B}\varepsilon$ 为正态分布, 有维数为 $|B| \leqslant 2k$ 的各向同性协方差矩阵, 因此, 由引理 4.1 得到的 $s\sigma^2 < 1/2$, 有

$$\mathbb{E}\left[e^{s\left\|\Pi_{\Phi_B}\varepsilon\right\|^2}\right] \leqslant \left(1 - 2\sigma^2 s\right)^{-k}.$$

因此, 令 $s = 1/(4\sigma^2)$, 这样 $\left(1 - 2\sigma^2 s\right)^{-k} = 2^k$, 那么从引理 4.2 可以得到

$$\mathbb{E}\left[\left\|\Phi\left(\hat{\theta} - \theta_*\right)\right\|_2^2\right] \leqslant 16\sigma^2 \log_e\left(\dbinom{d}{2k} 2^k\right)$$

$$\leqslant 16\sigma^2 \log_e\left(\left(\frac{ed}{2k}\right)^{2k} 2^k\right) = 16\sigma^2\left(2k\log_e\left(\frac{d}{k}\right) + (2 - \log_e 2)k\right).$$

因此可以得到结论. □

观察可得以下结论:

(1) 该结果可以扩展到高斯噪声之外, 即对于所有次高斯 ε_i 也成立, 其中 $\mathbb{E}\left[e^{s\varepsilon_i}\right] \leqslant e^{s^2\tau^2}$ 对于所有 $s > 0$ (对于某些 $\tau > 0$), 或等价的 $\mathbb{P}(|\varepsilon_i| > t) = O\left(e^{-ct^2}\right)$ 对于某些 $c > 0$;

(2) 这一结果没法被任何算法改善.

算法 在算法方面, 为了得到精确的最小值, 基本上所有大小为 k 的子集都必须考察, 其代价与 $O(d^k)$ 成正比, 所以当 k 变大时, 这是一个需要解决的问题. 确实有两种简单的算法, 但是只有对于 ℓ_1-正则化可以用快速方法时, 才有理论保证 (见 4.3.2 节和文献 (Zhang, 2009)).

(1) **贪婪算法** 从空集开始, 一个一个寻找添加变量以最大限度地降低最终成本. 这通常被称作正交匹配追踪.

(2) **迭代排序** 从 θ_0 开始, 迭代算法在第 t 轮的迭代如下; 损失函数 $\frac{1}{n}\|y - \Phi\theta\|_2^2$ 的上界为 (基于二次损失的 $\lambda_{\max}\left(\frac{1}{n}\Phi^{\mathrm{T}}\Phi\right)$-光滑性, 见第 5 章):

$$\frac{1}{n}\|y - \Phi\theta_{t-1}\|_2^2 - \frac{2}{n}(y - \Phi\theta_{t-1})^{\mathrm{T}}\Phi(\theta - \theta_{t-1}) + \lambda_{\max}\left(\frac{1}{n}\Phi^{\mathrm{T}}\Phi\right)\|\theta - \theta_{t-1}\|_2^2.$$

再在 $\|\theta\| \leqslant k$ 的条件下得到 θ_t. 这一步通过对 $\theta_{t-1} + \dfrac{1}{\lambda_{\max}\left(\frac{1}{n}\Phi^{\mathrm{T}}\Phi\right)}\dfrac{1}{n}\Phi^{\mathrm{T}}(y - \Phi\theta_{t-1})$ 计算无约束优化完成, 再对结果选出最大的 k 个元素即可得到.

4.2.2 估计 k

在实际中, 不考虑计算成本, 我们还需考虑估计 k. 一个经典想法是考虑惩罚最小二乘, 最小化:

$$\frac{1}{n}\|y - \Phi\theta\|_2^2 + \lambda\|\theta\|_0. \tag{4.2}$$

这是一个已知很难解决的问题, 因为需要考察所有 2^d 个子集. 但是对于一个好的 λ, 这会得到和 λ 已知时 (几乎) 相同的性能.

命题 4.2 (ℓ_0-惩罚-模型选择)

假设 $y = \Phi\theta_* + \varepsilon$, $\varepsilon \in \mathbb{R}^n$ 为各元素独立且均值为 0, 方差为 σ^2 的高斯向量, 其中 $\|\theta_*\|_0 \leqslant k$. 令 $\hat{\theta}$ 为式 (4.2) 的最小值点. 那么, 对于 $\lambda = \dfrac{8\sigma^2}{n}\log_e(2d)$, 有

$$\mathbb{E}\left[\frac{1}{n}\left\|\Phi(\hat{\theta} - \theta_*)\right\|_2^2\right] \leqslant \frac{16k\sigma^2}{n}[2 + \log_e(d)] + \frac{16\sigma^2}{n}.$$

证明 我们用和 4.1 节中相同的证明技巧. 由 $\hat{\theta}$ 的最优性可以得到

$$\|y - \Phi\hat{\theta}\|_2^2 + n\lambda\|\hat{\theta}\|_0 \leqslant \|y - \Phi\theta_*\|_2^2 + n\lambda\|\theta_*\|_0,$$

利用不等式 $2ab \leqslant 2a^2 + \frac{1}{2}b^2$ 得到

$$\left\| \Phi\left(\hat{\theta} - \theta_*\right) \right\|_2^2 \leqslant 2 \left\| \Phi\left(\hat{\theta} - \theta_*\right) \right\|_2 \cdot \varepsilon^{\mathrm{T}} \left(\frac{\Phi\left(\hat{\theta} - \theta_*\right)}{\left\| \Phi\left(\hat{\theta} - \theta_*\right) \right\|_2} \right) + n\lambda \left\| \theta_* \right\|_0 - n\lambda \|\hat{\theta}\|_0$$

$$\leqslant 2 \left(\varepsilon^{\mathrm{T}} \left(\frac{\Phi\left(\hat{\theta} - \theta_*\right)}{\left\| \Phi\left(\hat{\theta} - \theta_*\right) \right\|_2} \right) \right)^2 + \frac{1}{2} \left\| \Phi\left(\hat{\theta} - \theta_*\right) \right\|_2^2 + n\lambda \left\| \theta_* \right\|_0 - n\lambda \|\hat{\theta}\|_0,$$

再对 $\theta \in \mathbb{R}^d$ 取最大值得到

$$\left\| \Phi\left(\hat{\theta} - \theta_*\right) \right\|_2^2 \leqslant \sup_{\theta \in \mathbb{R}^d} \left\{ 4 \left(\varepsilon^{\mathrm{T}} \left(\frac{\Phi\left(\hat{\theta} - \theta_*\right)}{\left\| \Phi\left(\hat{\theta} - \theta_*\right) \right\|_2} \right) \right)^2 + 2n\lambda \left\| \theta_* \right\|_0 - 2n\lambda \|\hat{\theta}\|_0 \right\}.$$

在这里分步取最大值, 如 $\displaystyle\sup_{\theta \in \mathbb{R}^d} = \sup_{k' \in \{1,2,\cdots,d\}} \sup_{|B|=k'} \sup_{\mathrm{supp}(\theta) \subseteq B}$, 即用和命题 4.1 一样的推导 ($A$ 为 θ_* 的支撑集):

$$\mathbb{E}\left[\left\| \Phi\left(\hat{\theta} - \theta_*\right) \right\|_2^2 \right]$$

$$\leqslant \mathbb{E}\left[\sup_{k' \in \{1,2,\cdots,d\}} \sup_{|B|=k'} \sup_{\mathrm{supp}(\theta) \subseteq B} \left\{ 4 \left(\varepsilon^{\mathrm{T}} \left(\frac{\Phi\left(\hat{\theta} - \theta_*\right)}{\left\| \Phi\left(\hat{\theta} - \theta_*\right) \right\|_2} \right) \right)^2 + 2n\lambda \left\| \theta_* \right\|_0 - 2n\lambda k' \right\} \right]$$

$$\leqslant 2n\lambda \left\| \theta_* \right\|_0 + 4\mathbb{E}\left[\sup_{k' \in \{1,2,\cdots,d\}} \sup_{|B|=k'} \left\{ \left\| \Pi_{\Phi_{A \cup B}} \varepsilon \right\|^2 - \frac{n\lambda}{2} k' \right\} \right].$$

因此得到了与 4.2.1 节中相同的论证 (基于 4.1 节中的概率引理), 再令引理 4.2 中的 $s = \frac{1}{4\sigma^2}$, 可得

$$\mathbb{E}\left[\left\| \Phi\left(\hat{\theta} - \theta_*\right) \right\|_2^2 \right]$$

$$\leqslant 2n\lambda \left\| \theta_* \right\|_0 + 16\sigma^2 \log_{\mathrm{e}} \left(\sum_{k'=1}^{d} \binom{d}{k'} 2^{k' + \|\theta_*\|_0} \exp\left(-\frac{n\lambda k'}{8\sigma^2} \right) \right)$$

$$\leqslant 2n\lambda \left\| \theta_* \right\|_0 + 16\sigma^2 \left\| \theta_* \right\|_0 \log_{\mathrm{e}} 2 + 16\sigma^2 \log_{\mathrm{e}} \left(\sum_{k'=1}^{d} \binom{d}{k'} \exp\left(k' \left(\log_{\mathrm{e}} 2 - \frac{n\lambda}{8\sigma^2} \right) \right) \right)$$

$$\leqslant \left(2n\lambda + 16\sigma^2 \log_{\mathrm{e}} 2 \right) \left\| \theta_* \right\|_0 + 16\sigma^2 d \log_{\mathrm{e}} \left(1 + \exp\left(\log_{\mathrm{e}} 2 - \frac{n\lambda}{8\sigma^2} \right) \right).$$

因此, 由 $-\log_{\mathrm{e}} d = \log_{\mathrm{e}} 2 - \frac{n\lambda}{8\sigma^2}$, 即 $\lambda = \frac{8\sigma^2}{n} \log_{\mathrm{e}}(2d)$, 得到

$$\mathbb{E}\left[\left\| \Phi\left(\hat{\theta} - \theta_*\right) \right\|_2^2 \right] \leqslant \left(2n\lambda + 16\sigma^2 \log_{\mathrm{e}} 2 \right) \left\| \theta_* \right\|_0 + 16\sigma^2 \leqslant 16\sigma^2 \left((\log_{\mathrm{e}} d + 2) \left\| \theta_* \right\|_0 + 1 \right).$$

即得到结论. $\qquad\square$

我们可以观察到以下结论.

(1) 与 $\|\theta\|_0 \log_{\mathrm{e}} d$ 成比例的惩罚项通常被称作 "BIC 惩罚项".

(2) 注意到我们需要提前知道 σ^2, 这在实际问题中是一个需要考虑的问题. 更多细节见文献 (Giraud et al., 2012).

(3) 最重要的三方面为: ①这个误差界不需要 $\boldsymbol{\Phi}$ 的任何假设; ②我们观察到一个比较好的高维表现, 就是 d 只以 $\dfrac{\log_e d}{n}$ 的形式出现; ③只有指数时间复杂度的算法才能有理论保证地解决这个问题 (见如下算法).

算法　对于有惩罚项的情况, 可以在 4.2.1 小节的两个算法基础上扩展.

(1) 向前向后算法使函数最小化　从空集 $B = \varnothing$ 开始, 在算法的每一步, 都尝试正向算法 (向 B 中增加一个节点) 和逆向算法 (从 B 中移除一个节点), 而且只有在降低总体代价函数时才执行这一步. 细节参见文献 (Zhang, 2011).

(2) 硬阈值迭代　相比于约束情况, 最小化:

$$\frac{1}{n} \|y - \boldsymbol{\Phi}\theta_{t-1}\|_2^2 - \frac{2}{n}(y - \boldsymbol{\Phi}\theta_{t-1})^{\mathrm{T}}\boldsymbol{\Phi}(\theta - \theta_{t-1}) + \lambda_{\max}\left(\frac{1}{n}\boldsymbol{\Phi}^{\mathrm{T}}\boldsymbol{\Phi}\right)\|\theta - \theta_{t-1}\|_2^2 + \lambda\|\theta\|_0.$$

上式也可以以解析形式进行计算 (通过硬阈值迭代), 即 $\theta_t = \theta_{t-1} + \dfrac{1}{\lambda_{\max}(\boldsymbol{\Phi}^{\mathrm{T}}\boldsymbol{\Phi})}\boldsymbol{\Phi}^{\mathrm{T}}(y - \boldsymbol{\Phi}\theta_{t-1})$, 所有的元素 $(\theta_t)_j$ 如果满足 $\left|(\theta_t)_j\right|^2 \geqslant \dfrac{\lambda}{\frac{1}{n}\lambda_{\max}(\boldsymbol{\Phi}^{\mathrm{T}}\boldsymbol{\Phi})}$, 则保持不变, 其他的都归零. 事实上, 对一维问题 $|\theta - y|^2 + \lambda 1_{\theta\neq 0}$, 若 $|y|^2 \leqslant \lambda$, 最小值点为 $\theta_\lambda^*(y) = 0$, 否则 $\theta_\lambda^*(y) = y$ (图 4.2).

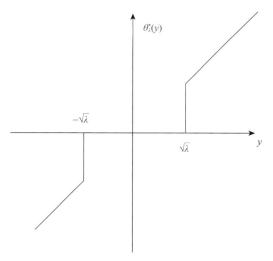

图 4.2　一维情形下 $\theta_\lambda^*(y)$ 随 y 变化时的取值

这被称为 "硬阈值迭代"(而对于 ℓ_1-范数, 这会变成软阈值迭代), 因为一个组件要么保持不变, 要么被设置为零, 导致了不连续的表现. 更多分析参见文献 (Blumensath and Davies, 2009).

4.3　ℓ_1-正则化的高维估计

我们现在对 ℓ_0-惩罚考虑一个计算效率更高的替代方案, 即采用 ℓ_1-惩罚, 最小化平方损失:

$$\frac{1}{2n}\|y - \Phi\theta\|_2^2 + \lambda\|\theta\|_1. \tag{4.3}$$

这是一个凸优化问题, 可以应用第 6 章中的算法 (参见下面的实例). 它通常被称为 Lasso (拉索) 问题, 即最小绝对收缩选择算子.

稀疏诱导效应　不同于岭回归中使用的平方 ℓ_2-范数, ℓ_1-范数是不可微的, 而且它的不可微性并不局限于 $\theta = 0$, 而是发生在许多其他点. 为了了解这一点, 我们可以看看 ℓ_1-范数球和 ℓ_2-范数球的不同几何形状. 这与我们限制范数的值而不是用它作为惩罚项的情况直接相关.

如图 4.3 所示, 我们用水平集表示潜在损失函数, 当水平集与约束集 "相切" 时, 就得到受 ℓ_1-约束的损失最小化的解. 在右边部分, 最小值点在远离轴的点上获得, 但在左边部分, 却是在 ℓ_1-球的一个角上实现的, 这是 θ 的一个分量等于零的点. 这样的角落是有吸引力的, 因此通常会导致稀疏解.

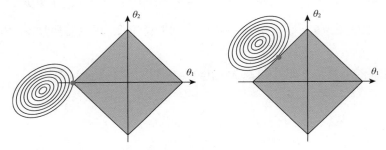

图 4.3　稀疏诱导效应

一维问题　另一种理解稀疏诱导效应的方法是考虑一维问题:

$$\min_{\theta \in \mathbb{R}} F(\theta) = \frac{1}{2}(y - \theta)^2 + \lambda|\theta|.$$

由于 F 是强凸的, 它有一个唯一的极小值 $\theta_\lambda^*(y)$. 对于 $\lambda = 0$ (无正则化), 有 $\theta_\lambda^*(y) = y$, 而对于 $\lambda > 0$, 通过计算在 0 处的左右导数 (作为练习), 可以得出 $|y| \leqslant \lambda = 0$ 时, $\theta_\lambda^*(y) = 0$; $y > \lambda$ 时, $\theta_\lambda^*(y) = y - \lambda$, 以及 $y < -\lambda$ 时, $\theta_\lambda^*(y) = y + \lambda$. 这些可以合并为 $\theta_\lambda^*(y) = \max\{|y| - \lambda, 0\} \operatorname{sign}(y)$, 如图 4.4 所示. 这被称为软阈值迭代 (这将对后面的近端方法很有用).

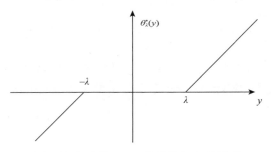

图 4.4　极小值 $\theta_\lambda^*(y)$ 的取值与 y 的关系

注意到最小值要么为 0, 要么向 0 收缩.

优化算法 我们可以把第 5 章的算法应用到式 (4.3).

软阈值迭代 我们可以把近端方法用于目标函数 $F(\theta) = \frac{1}{2n}\|y - \Phi\theta\|_2^2$, 得到 $F(\theta) + \lambda\|\theta\|_1$, 其中 $F'(\theta) = -\frac{1}{n}\Phi^{\mathrm{T}}(y - \Phi\theta)$. 一般 (非加速) 近端方法迭代公式为

$$\theta_t = \arg\min_{\theta \in \mathbb{R}^d} F(\theta_{t-1}) + F'(\theta_{t-1})^{\mathrm{T}}(\theta - \theta_{t-1}) + \frac{L}{2}\|\theta - \theta_{t-1}\|_2^2 + \lambda\|\theta\|_1,$$

其中 $L = \lambda_{\max}\left(\frac{1}{n}\Phi^{\mathrm{T}}\Phi\right)$. 所以可以得到 $(\theta_t)_j = \max\{|(\eta_t)_j| - \lambda, 0\}\operatorname{sign}((\eta_t)_j)$, 其中 $\eta_t = \theta_{t-1} - \frac{1}{L}F'(\theta_{t-1})$. 这个简单算法可以被加速. 收敛速度取决于 $\frac{1}{n}\Phi^{\mathrm{T}}\Phi$ 的可逆性 (如果可逆, 我们可以得到 t 的指数级收敛速度, 否则就只有 $O(1/t)$).

坐标下降 尽管 ℓ_1-范数不可微, 但还是可以用坐标下降法 (因为 ℓ_1-范数是可分的). 每一轮迭代我们都考虑一个坐标来更新 (随机选取或循环选取均可), 然后对这个坐标进行最优化, 而这是一个一维问题, 可以得到解析解. 而这个方法的收敛性质与近端梯度法很相似.

η-技巧 ℓ_1-范数不可微也可以用以下恒等式来处理:

$$|\theta_j| = \inf_{\eta_j > 0} \frac{\theta_j^2}{2\eta_j} + \frac{\eta_j}{2},$$

其中最小值在 $\eta_j = |\theta_j|$ 处得到.

因此可以将式 (4.3) 改写为

$$\inf_{\theta \in \mathbb{R}^d} \frac{1}{2n}\|y - \Phi\theta\|_2^2 + \lambda\|\theta\|_1 = \inf_{\eta \in \mathbb{R}_+^d} \inf_{\theta \in \mathbb{R}^d} \frac{1}{2n}\|y - \Phi\theta\|_2^2 + \frac{\lambda}{2}\sum_{j=1}^d \frac{\theta_j^2}{2\eta_j} + \frac{\lambda}{2}\sum_{j=1}^d \eta_j.$$

然后可以使用交替优化算法:

(1) 当 θ 固定时对 η 进行优化可以得到解析解 $\eta_j = |\theta_j|$;

(2) 当 η 固定时对 θ 进行优化是一个二次优化问题, 可以用线性系统求解[①].

最优化条件 为了研究式 (4.3) 定义的估计量, 通常需要描述某个 θ 何时是最优的或不是最优的, 即推导出最优化条件.

由于目标函数 $H(\theta) = F(\theta) + \lambda\|\theta\|_1$ 不可微, 我们需要导数为零以外的判断标准. 导数仅观察 d 个方向 (即沿着坐标轴), 然而在非光滑情况下, 我们需要关注所有方向, 即对所有的 $\Delta \in \mathbb{R}^d$, 我们都需要方向导数:

$$\partial H(\theta, \Delta) = \lim_{\varepsilon \to 0} \frac{1}{\varepsilon}[H(\theta + \varepsilon\Delta) - H(\theta)]$$

非负, 即对所有方向都会增加. 当 H 在 θ 处可微时, 有 $\partial H(\theta, \Delta) = H'(\theta)^{\mathrm{T}}\Delta$, 这时导数对所有 Δ 都为正数等价于 $H'(\theta) = 0$.

对于 $H(\theta) = F(\theta) + \lambda\|\theta\|_1$, 有

---

① 更多细节参见 https://francisbach.com/the-%ce%b7-trick-or-the-effectiveness-of-reweighted-least-sq .

$$\partial H(\theta, \Delta) = F'(\theta)^{\mathrm{T}} \Delta + \lambda \sum_{j, \theta_j \neq 0} \mathrm{sign}\,(\theta_j)\, \Delta_j + \lambda \sum_{j, \theta_j = 0} |\Delta_j|.$$

上式可以对 $\Delta_j, j = 1, 2, \cdots, d$ 分解, 它对所有 j 都非负, 当且仅当所有依赖于 Δ_j 的项都非负.

当 $\theta_j \neq 0$ 时, 要求 $F'(\theta)_j + \lambda\,\mathrm{sign}\,(\theta_j) = 0$; 当 $\theta_j = 0$ 时, 需要使 $F'(\theta)_j \Delta_j + \lambda |\Delta_j| \geqslant 0$ 对所有的 Δ_j 都成立, 这与 $|F'(\theta)_j| \leqslant \lambda$ 等价. 这就产生了一组条件:

$$\begin{cases} F'(\theta)_j + \lambda\,\mathrm{sign}\,(\theta_j) = 0, & \forall j \in \{1, 2, \cdots, d\} \text{使得} \theta_j \neq 0, \\ |F'(\theta)_j| \leqslant \lambda, & \forall j \in \{1, 2, \cdots, d\} \text{使得} \theta_j = 0. \end{cases}$$

同伦算法 简单起见, 我们假设 $\Phi^{\mathrm{T}}\Phi$ 可逆, 这样最小值点 $\theta(\lambda)$ 就是唯一的, 给定 θ 某个符号, 最优化条件在 λ 上都是凸的, 从而定义了 λ 上的一个区间, 区间上的符号都是不变的. 给定符号后, 解 $\theta(\lambda)$ 在 λ 上是仿射的, 因而得到 λ 上的分段仿射函数.

如果我们知道 λ 的断点和符号, 那么我们就可以计算所有 λ 的所有解. 这就是式 (4.3) 的同伦算法的来源, 该算法从较大的 λ 开始, 通过逐个计算断点来构建解的路径.

4.3.1 慢速率

我们首先考虑基于一些简单工具的分析, 没有对设计矩阵 Φ 作假设. 我们将会看到可以处理 d 很大的高维推理问题, 但逼近速率只能达到 $1/\sqrt{n}$ 而不是 $1/n$, 因此称作 "慢速率".

我们用一个通用范数 $\Omega : \mathbb{R}^d \to \mathbb{R}$ 来作为惩罚项, 其对偶范数为 $\Omega^*(z) = \sup\limits_{\Omega(\theta) \leqslant 1} z^{\mathrm{T}}\theta$. 我们定义 $\hat{\theta}$ 为下式的最小值点:

$$\frac{1}{2n} \|y - \Phi\theta\|_2^2 + \lambda\Omega(\theta). \tag{4.4}$$

接下来我们引入一个引理, 用来描述两种情况下的超额风险: ① λ 足够大; ② 通常情况下.

引理 4.4

令 $\hat{\theta}$ 为式 (4.4) 的一个最小值点.

(1) 如果 $\Omega^*(\Phi^{\mathrm{T}}\varepsilon) \leqslant \dfrac{n\lambda}{2}$, 那么有 $\Omega(\hat{\theta}) \leqslant 3\Omega(\theta_*)$ 以及 $\dfrac{1}{n}\left\|\Phi(\hat{\theta} - \theta_*)\right\|_2^2 \leqslant 3\lambda\Omega(\theta_*)$;

(2) 在通常情况下, $\dfrac{1}{n}\left\|\Phi(\hat{\theta} - \theta_*)\right\|_2^2 \leqslant \dfrac{4}{n}\|\varepsilon\|_2^2 + 4\lambda\Omega(\theta_*)$.

证明 和 4.1 节中一样, 由 $\hat{\theta}$ 的最优性可以得到

$$\left\|\Phi(\hat{\theta} - \theta_*)\right\|_2^2 \leqslant 2\varepsilon^{\mathrm{T}}\Phi(\hat{\theta} - \theta_*) + 2n\lambda\Omega(\theta_*) - 2n\lambda\Omega(\hat{\theta}).$$

那么, 由对偶范数 $\Omega^*(z) = \sup\limits_{\Omega(\theta) \leqslant 1} z^{\mathrm{T}}\theta$ 和假设 $\Omega^*(\Phi^{\mathrm{T}}\varepsilon) \leqslant \dfrac{n\lambda}{2}$, 再根据三角不等式可得

$$\begin{aligned} \left\|\Phi(\hat{\theta} - \theta_*)\right\|_2^2 &\leqslant 2\Omega^*(\Phi^{\mathrm{T}}\varepsilon)\Omega(\hat{\theta} - \theta_*) + 2n\lambda\Omega(\theta_*) - 2n\lambda\Omega(\hat{\theta}) \\ &\leqslant n\lambda\Omega(\hat{\theta} - \theta_*) + 2n\lambda\Omega(\theta_*) - 2n\lambda\Omega(\hat{\theta}) \\ &\leqslant n\lambda\Omega(\hat{\theta}) + n\lambda\Omega(\theta_*) + 2n\lambda\Omega(\theta_*) - 2n\lambda\Omega(\hat{\theta}) \\ &\leqslant 3n\lambda\Omega(\theta_*) - n\lambda\Omega(\hat{\theta}). \end{aligned}$$

上式说明 $\Omega(\hat{\theta}) \leqslant 3\Omega(\theta_*)$ 以及 $\frac{1}{n}\left\|\Phi(\hat{\theta}-\theta_*)\right\|_2^2 \leqslant 3\lambda\Omega(\theta_*)$.

对于通常情形的界限, 有

$$\left\|\Phi(\hat{\theta}-\theta_*)\right\|_2^2 \leqslant 2\|\varepsilon\|_2 \left\|\Phi(\hat{\theta}-\theta_*)\right\|_2 + 2n\lambda\Omega(\theta_*).$$

再用 $2ab \leqslant \frac{1}{2}a^2 + 2b^2$, 得到

$$\left\|\Phi(\hat{\theta}-\theta_*)\right\|_2^2 \leqslant \frac{1}{2}\left\|\Phi(\hat{\theta}-\theta_*)\right\|_2^2 + 2\|\varepsilon\|_2^2 + 2n\lambda\Omega(\theta_*).$$

即可得到结论. □

我们现在运用上面这个引理来计算 Lasso 问题的超额风险, 即令 $\Omega = \|\cdot\|_1$, $\Omega^*(\Phi^{\mathrm{T}}\varepsilon) = \|\Phi^{\mathrm{T}}\varepsilon\|_\infty$. 关键在于 $\|\Phi^{\mathrm{T}}\varepsilon\|_\infty$ 是 $2d$ 个与 $\sqrt{n}$ 成比例值的最大值, 由附录 A.2 节可得, 最大值与 $\sqrt{n\log_e d}$ 成比例, 所以我们再利用上述引理中 λ 大于 $\sqrt{\frac{\log_e d}{n}}$ 的情况. 我们记 $\|\widehat{\Sigma}\|_\infty$ 为 $\widehat{\Sigma}$ 各元素中绝对值最大的元素.

命题 4.3 (Lasso-慢速率收敛)

假设 $y = \Phi\theta_* + \varepsilon$, 其中 $\varepsilon \in \mathbb{R}^n$ 为均值为 0, 方差为 σ^2 互相独立的元素组成的高斯向量. 令 $\hat{\theta}$ 为式 (4.3) 的最小值点, 那么对于 $\lambda = \frac{2\sigma}{\sqrt{n}}\sqrt{2\|\widehat{\Sigma}\|_\infty}\sqrt{\log_e(2d) + \log_e\frac{1}{\delta}}$, 以高于 $1-\delta$ 的概率有

$$\frac{1}{n}\left\|\Phi(\hat{\theta}-\theta_*)\right\|_2^2 \leqslant 3\|\theta_*\|_1 \cdot \frac{2\sigma}{\sqrt{n}}\sqrt{2\|\widehat{\Sigma}\|_\infty}\sqrt{\log_e(2d) + \log_e\frac{1}{\delta}}.$$

证明 对每个 j, 随机变量 $(\Phi^{\mathrm{T}}\varepsilon)_j$ 为高斯分布, 均值为 0, 且方差为 $n\sigma^2\widehat{\Sigma}_{jj}$. 因此由标准高斯变量 z 的性质 $\mathbb{P}(|z| \geqslant t) \leqslant 2\exp(-t^2/2)$ 可知

$$\mathbb{P}\left(\|\Phi^{\mathrm{T}}\varepsilon\|_\infty > \frac{n\lambda}{2}\right) \leqslant \sum_{j=1}^d \mathbb{P}\left(|\Phi^{\mathrm{T}}\varepsilon|_j > \frac{n\lambda}{2}\right) \leqslant 2\sum_{j=1}^d \exp\left(\frac{-n\lambda^2}{8\sigma^2\widehat{\Sigma}_{jj}}\right) \leqslant 2d\exp\left(\frac{-n\lambda^2}{8\sigma^2\|\widehat{\Sigma}\|_\infty}\right) = \delta.$$

因此以高于 $1-\delta$ 的概率, 我们应用引理 4.4 的第一部分, 因而有目标误差小于 $3\lambda\|\theta_*\|_1$. □

我们已经观察到一些高维的表现, 出现的是项 $\sqrt{\frac{\log_e d}{n}}$, 其中 n 比 d 大得多 (当然我们假设 θ_* 是稀疏的, 所以 $\|\theta_*\|_1$ 不随着 d 变大而变大). 注意到期望正则化参数的取值与未知噪声的方差有关. 一个被叫做 "平方根 Lasso" 的简单技巧可以通过最小化 $\frac{1}{\sqrt{n}}\|y - \Phi\theta\|_2 + \lambda\|\theta\|_1$ 来避免对噪声方差的依赖.

4.3.2 快速率

我们现在考虑在哪种情况下, 可以得到与 $\sigma^2\frac{k\log_e d}{n}$ 成比例的逼近速度, 即与 ℓ_0-惩罚相同

的速度, 但是使用简单的算法. 而这将需要对设计矩阵 Φ 进行很强的假设.

我们从一个简单 (但是很重要) 的引理出发, 从 θ_* 的支撑集 A 的角度来描述式 (4.3) 的解.

引理 4.5

令 $\hat{\theta}$ 为式 (4.4) 的最小值点. 假设 $\left\|\Phi^{\mathrm{T}}\varepsilon\right\|_{\infty} \leqslant \dfrac{n\lambda}{2}$, 若 $\Delta = \hat{\theta} - \theta_*$, 那么有 $\left\|\Delta_{A^c}\right\|_1 \leqslant 3\left\|\Delta_A\right\|_1$ 和 $\left\|\Phi\Delta\right\|_2^2 \leqslant 3n\lambda\left\|\Delta_A\right\|_1$.

证明　像引理 4.4 中证明一样, 有

$$\left\|\Phi\Delta\right\|_2^2 \leqslant 2\varepsilon^{\mathrm{T}}\Phi\Delta + 2n\lambda\left\|\theta_*\right\|_1 - 2n\lambda\left\|\hat{\theta}\right\|_1.$$

根据假设 $\left\|\Phi^{\mathrm{T}}\varepsilon\right\|_{\infty} \leqslant \dfrac{n\lambda}{2}$,

$$\left\|\Phi\Delta\right\|_2^2 \leqslant 2\left\|\Phi^{\mathrm{T}}\varepsilon\right\|_{\infty}\left\|\Delta\right\|_1 + 2n\lambda\left\|\theta_*\right\|_1 - 2n\lambda\left\|\hat{\theta}\right\|_1,$$

$$\left\|\Phi\Delta\right\|_2^2 \leqslant n\lambda\left\|\Delta\right\|_1 + 2n\lambda\left\|\theta_*\right\|_1 - 2n\lambda\left\|\hat{\theta}\right\|_1.$$

然后根据 ℓ_1-范数的可分解性以及三角不等式:

$$\left\|\theta_*\right\|_1 - \left\|\hat{\theta}\right\|_1 = \left\|(\theta_*)_A\right\|_1 - \left\|\theta_* + \Delta\right\|_1 = \left\|(\theta_*)_A\right\|_1 - \left\|(\theta_* + \Delta)_A\right\|_1 - \left\|\Delta_{A^c}\right\|_1 \leqslant \left\|\Delta_A\right\|_1 - \left\|\Delta_{A^c}\right\|_1,$$

得到

$$\left\|\Phi\Delta\right\|_2^2 \leqslant n\lambda\left\|\Delta\right\|_1 + 2n\lambda\left(\left\|\theta_*\right\|_1 - \left\|\hat{\theta}\right\|_1\right) \leqslant n\lambda\left\|\Delta\right\|_1 + 2n\lambda\left(\left\|\Delta_A\right\|_1 - \left\|\Delta_{A^c}\right\|_1\right)$$

$$\leqslant n\lambda\left(\left\|\Delta_A\right\|_1 + \left\|\Delta_{A^c}\right\|_1\right) + 2n\lambda\left(\left\|\Delta_A\right\|_1 - \left\|\Delta_{A^c}\right\|_1\right) = 3n\lambda\left\|\Delta_A\right\|_1 - n\lambda\left\|\Delta_{A^c}\right\|_1.$$

因而可得到所需结论. □

可以再加上一个额外的假设使证明继续下去, 存在 $k > 0$, 使得

$$\frac{1}{n}\left\|\Phi\Delta\right\|_2^2 \geqslant k\left\|\Delta_A\right\|_2^2. \tag{4.5}$$

上式对所有满足条件 $\left\|\Delta_{A^c}\right\|_1 \leqslant 3\left\|\Delta_A\right\|_1$ 的 Δ 成立. 这被叫做 "REP (restricted eigenvalue property, 约束特征值性)", 因为如果 $\dfrac{1}{n}\Phi^{\mathrm{T}}\Phi$ 的最小特征值大于 k, 则满足该条件 (但是只在 $n \geqslant d$ 时才有可能). 该假设的意义在 4.3.3 节会讨论.

由此可得到如下命题.

命题 4.4 (Lasso-快速率逼近)

假设 $y = \Phi\theta_* + \varepsilon$, 其中 $\varepsilon \in \mathbb{R}^n$ 为均值为 0, 方差为 σ^2 的相互独立的元素组成的高斯向量. 令 $\hat{\theta}$ 为式 (4.3) 的最小值点, 那么对于 $\lambda = \dfrac{2\sigma}{\sqrt{n}}\sqrt{2\|\widehat{\Sigma}\|_{\infty}}\sqrt{\log_e(2d) + \log_e\dfrac{1}{\delta}}$, 如果式 (4.5) 成立, 那么以高于 $1 - \delta$ 的概率有

$$\mathbb{E}\left[\frac{1}{n}\left\|\Phi\left(\hat{\theta} - \theta_*\right)\right\|_2^2\right] \leqslant \frac{72|A|\sigma^2}{n}\frac{\|\widehat{\Sigma}\|_{\infty}}{k}\left(\log_e(2d) + \log_e\frac{1}{\delta}\right).$$

证明　当 λ 足够大时, 应用引理 4.5 和式 (4.5) 得到

$$\|\Delta_A\|_1 \leqslant |A|^{1/2}\|\Delta_A\|_2 \leqslant \frac{|A|^{1/2}}{\sqrt{nk}}\|\Phi\Delta\|_2 \leqslant \frac{|A|^{1/2}}{\sqrt{nk}}\sqrt{3n\lambda\|\Delta_A\|_1}.$$

因而得到 $\|\Delta_A\|_1 \leqslant \dfrac{3|A|\lambda}{k}$. 再代入上式可得 $\dfrac{1}{n}\|\Phi\Delta\|_2^2 \leqslant \dfrac{9|A|\lambda^2}{k}$, 继而得到所需结果.   □

逼近速率的主要部分与 $\sigma^2\dfrac{k\log_e d}{n}$ 成比例, 这是个快速率逼近, 但是依赖于一个很强的假设.

4.3.3 互相关条件

可以得到快速率逼近的条件有很多: 它们都假设预测器之间有较低相关性, 但这事实上很少出现 (特别地, 如果两个特征相等, 那就一定不满足).

REP 条件 最直接的条件就是 REP 条件, 即式 (4.5), 在基数小于 k 的未知集合 A 上取最大值

$$\inf_{|A|\leqslant k}\ \inf_{\|\Delta_{A^c}\|_1\leqslant 3\|\Delta_A\|_1}\frac{\|\Phi\Delta\|_2^2}{n\|\Delta_A\|_2^2} \geqslant k > 0. \tag{4.6}$$

互不相干条件 一个更简单但是更弱的条件就是互不相干条件

$$\sup_{i\neq j}\left|\widehat{\Sigma}_{ij}\right| \leqslant \frac{\min\limits_{j\in\{1,2,\cdots,d\}}\widehat{\Sigma}_{jj}}{14k}. \tag{4.7}$$

这表明所有的相关系数都很小.

这个条件比 REP 条件弱. 事实上, 展开可得

$$\|\Phi\Delta\|_2^2 = \|\Phi_A\Delta_A + \Phi_{A^c}\Delta_{A^c}\|_2^2 = \|\Phi_A\Delta_A\|_2^2 + 2\Delta_A^{\mathrm{T}}\Phi_A^{\mathrm{T}}\Phi_{A^c}\Delta_{A^c} + \|\Phi_{A^c}\Delta_{A^c}\|_2^2$$
$$\geqslant \|\Phi_A\Delta_A\|_2^2 + 2\Delta_A^{\mathrm{T}}\Phi_A^{\mathrm{T}}\Phi_{A^c}\Delta_{A^c}.$$

更进一步, 有

$$\Delta_A^{\mathrm{T}}\widehat{\Sigma}_{AA}\Delta_A = \Delta_A^{\mathrm{T}}\mathrm{Diag}\left(\mathrm{Diag}\left(\widehat{\Sigma}_{AA}\right)\right)\Delta_A + \Delta_A^{\mathrm{T}}\left(\widehat{\Sigma}_{AA}-\mathrm{Diag}\left(\mathrm{Diag}\left(\widehat{\Sigma}_{AA}\right)\right)\right)\Delta_A$$
$$\geqslant \min_{j\in\{1,2,\cdots,d\}}\widehat{\Sigma}_{jj}\left(\|\Delta_A\|_2^2 - \frac{1}{14k}\|\Delta_A\|_1^2\right)$$

和

$$\left|\Delta_A^{\mathrm{T}}\Phi_A^{\mathrm{T}}\Phi_{A^c}\Delta_{A^c}\right| \leqslant \frac{\min\limits_{j\in\{1,2,\cdots,d\}}\widehat{\Sigma}_{jj}}{14k}\|\Delta_{A^c}\|_1\|\Delta_A\|_1 \leqslant \frac{3\min\limits_{j\in\{1,2,\cdots,d\}}\widehat{\Sigma}_{jj}}{14k}\|\Delta_A\|_1^2.$$

这可以得到

$$\frac{1}{n}\|\Phi\Delta\|_2^2 \geqslant \min_{j\in\{1,2,\cdots,d\}}\widehat{\Sigma}_{jj}\left(\|\Delta_A\|_2^2 - \frac{7}{14k}\|\Delta_A\|_1^2\right) \geqslant \min_{j\in\{1,2,\cdots,d\}}\widehat{\Sigma}_{jj}\left(\|\Delta_A\|_2^2 - \frac{7k}{14k}\|\Delta_A\|_2^2\right) = k\|\Delta_A\|_2^2,$$

其中 $k = \min\limits_{j\in\{1,2,\cdots,d\}}\widehat{\Sigma}_{jj}/2$, 因而得到式 (4.6) 中的 REP 条件.

约束等距性 较早期的一个条件是约束等距性: 对于矩阵维数小于 $2k$ 的 $\widehat{\Sigma}$ 的子矩阵和足

够小的 δ, 它们的特征值均在 $1-\delta$ 和 $1+\delta$ 之间.

高斯设定 上面的条件显然不是平凡的 (即如果 k 足够大, 可能不存在合适的矩阵有 n 和 d 这样的大小). 为了我们的结果是非平凡的, 需要 $\dfrac{k \log_{\mathrm{e}} d}{n}$ 小, 但不是太小. 我们在本段中说明但不证明: 当从高斯分布采样时, 上述假设是满足的. 这是解决随机设定问题的第一步.

> **定理 4.1 (Wainwright, 2019)**
>
> 如果从均值为 0, 协方差矩阵为 Σ 的高斯分布中取样得到 $\varphi(x)$, 那么以高于 $1 - \dfrac{\mathrm{e}^{-n/32}}{1 - \mathrm{e}^{-n/32}}$ 的概率有: 只要 $\dfrac{k \log_{\mathrm{e}} d}{n} \leqslant \dfrac{1}{3200} \dfrac{\lambda_{\min}(\Sigma)}{\|\Sigma\|_\infty}$, 则有 REP 性质成立, 其中 $k = \dfrac{1}{16} \lambda_{\min}(\Sigma)$.

模型选择和非表征条件 鉴于 Lasso 问题的目标是对变量进行选择, 很自然地研究它找 θ_* 的支撑集的能力, 即非零变量的集合. 事实证明, 它还依赖于设计矩阵上的条件, 这些条件比 REP 条件更强, 被称为 "非表征条件", 且对于在 n、d 和 k 之间具有相似大小比例的高斯随机矩阵也有效.

注 算法和理论工具类似于 "压缩感知", 其中设计矩阵表示一组测量值, 可以由操作者选择. 在这样的背景下, 从独立同分布的高斯分布中取样是合理的. 但根据机器学习和统计, 设计矩阵的数据在真实得来的情况下, 通常相关性很强.

4.3.4 随机设定

本节我们将研究在随机设定下的 Lasso 问题. 对于 $1/\sqrt{n}$ 的慢速率逼近, 我们可以用 2.3 节来得到和固定设定下一样的慢速逼近. 在本节, 我们只讨论快速率逼近.

我们现在考虑模型无误的 Lasso 情形, 其中期望风险等于 $\mathcal{R}(\theta) = \dfrac{\sigma^2}{2} + \dfrac{1}{2} (\theta - \theta_*)^{\mathrm{T}} \Sigma (\theta - \theta_*)$, 并假设 $\lambda_{\min}(\Sigma) \geqslant \mu \geqslant 0$, 即期望风险为 μ-强凸的 (不是经验期望).

假设 $y_i = \varphi(x_i)^{\mathrm{T}} \theta_* + \varepsilon_i$, 记 $\Phi \in \mathbb{R}^{n \times d}$ 为设计矩阵, 记 $\varepsilon \in \mathbb{R}^n$ 为噪声向量, 且假设噪声向量互相独立且为次高斯分布. 因此有

$$\widehat{\mathcal{R}}(\theta) = \frac{1}{2n} \|\Phi(\theta - \theta_*) - \varepsilon\|_2^2 = \frac{1}{2} (\theta - \theta_*)^{\mathrm{T}} \hat{\Sigma} (\theta - \theta_*) - (\theta - \theta_*)^{\mathrm{T}} \left(\frac{1}{n} \Phi^{\mathrm{T}} \varepsilon \right) + \frac{1}{2n} \|\varepsilon\|_2^2, \quad (4.8)$$

其中 $\hat{\Sigma} = \dfrac{1}{n} \sum\limits_{i=1}^{n} \varphi(x_i) \varphi(x_i)^{\mathrm{T}} = \dfrac{1}{n} \Phi^{\mathrm{T}} \Phi \in \mathbb{R}^{d \times d}$ 为经验非中心化协方差矩阵.

需要 $\left\| \dfrac{1}{n} \Phi^{\mathrm{T}} \varepsilon \right\|_\infty = \left\| \dfrac{1}{n} \sum\limits_{i=1}^{n} \varepsilon_i \varphi(x_i) \right\|_\infty$ 足够小以及 $\|\hat{\Sigma} - \Sigma\|_\infty$ 也足够小. 假设 ε 是常数为 σ^2 的次高斯变量, 且有 $\|\varphi(x)\|_\infty \leqslant R$ 几乎必然成立, 利用附录 A.2 节的结论, 有

$$\mathbb{P} \left(\left\| \frac{1}{n} \Phi^{\mathrm{T}} \varepsilon \right\|_\infty \geqslant \frac{\sigma R t}{\sqrt{n}} \right) \leqslant 2d \exp\left(-t^2/2\right) \quad \text{且} \quad \mathbb{P} \left(\|\hat{\Sigma} - \Sigma\|_\infty \geqslant \frac{R^2 t}{\sqrt{n}} \right) \leqslant 2d(d+1)/2 \exp\left(-t^2/2\right).$$

因此上式中至少有一个满足的概率小于 $d(d+3) \exp\left(-t^2/2\right) \leqslant 4d^2 \exp\left(-t^2/2\right)$.

假设 $\left\|\dfrac{1}{n}\varPhi^{\mathrm{T}}\varepsilon\right\|_{\infty} \leqslant \dfrac{\sigma R t}{\sqrt{n}}$ 和 $\|\hat{\varSigma}-\varSigma\|_{\infty} \leqslant \dfrac{R^2 t}{\sqrt{n}}$ 会以至少 $1-4d^2\exp\left(-t^2/2\right)$ 的概率发生. 由引理 4.5可知, 如果 $\lambda \geqslant 2\left\|\dfrac{1}{n}\varPhi^{\mathrm{T}}\varepsilon\right\|_{\infty}$, 由 $\hat{\varDelta}=\hat{\theta}_\lambda-\theta_*$, 以及 A 为 θ_* 的支撑集可得

$$\left\|\hat{\varDelta}_{A^c}\right\|_1 \leqslant 3\left\|\hat{\varDelta}_A\right\|_1 \quad \text{且} \quad \|\hat{\theta}_\lambda\|_1 \leqslant 3\|\theta_*\|_1.$$

令 $v = \mathcal{R}\left(\hat{\theta}_\lambda\right) - \mathcal{R}(\theta_*)$, 有

$$v \leqslant \mathcal{R}\left(\hat{\theta}_\lambda\right) - \mathcal{R}(\theta_*) - \widehat{\mathcal{R}}_\lambda\left(\hat{\theta}_\lambda\right) + \widehat{\mathcal{R}}_\lambda(\theta_*) \quad (\text{由于 } \hat{\theta}_\lambda \text{ 使 } \widehat{\mathcal{R}}_\lambda \text{ 最小})$$

$$= \mathcal{R}\left(\hat{\theta}_\lambda\right) - \mathcal{R}(\theta_*) - \widehat{\mathcal{R}}\left(\hat{\theta}_\lambda\right) + \widehat{\mathcal{R}}(\theta_*) + \lambda\|\theta_*\|_1 - \lambda\|\hat{\theta}_\lambda\|_1 \quad (\text{由 } \widehat{\mathcal{R}}_\lambda \text{ 的定义})$$

$$= \frac{1}{2}\hat{\varDelta}^{\mathrm{T}}(H-\hat{H})\hat{\varDelta} + \hat{\varDelta}^{\mathrm{T}}\left(\frac{1}{n}\varPhi^{\mathrm{T}}\varepsilon\right) + \lambda\|\theta_*\|_1 - \lambda\|\hat{\theta}_\lambda\|_1 \quad (\text{式 } (4.8))$$

$$\leqslant \frac{1}{2}\|\hat{\varSigma}-\varSigma\|_{\infty} \cdot \|\hat{\varDelta}\|_1^2 + \left\|\frac{1}{n}\varPhi^{\mathrm{T}}\varepsilon\right\|_{\infty} \cdot \|\hat{\varDelta}\|_1 + \lambda\|\hat{\varDelta}\|_1 \quad (\text{由范数不等式})$$

$$\leqslant \frac{\sigma R t}{\sqrt{n}} \cdot \|\hat{\varDelta}\|_1 + \frac{R^2 t}{2\sqrt{n}} \cdot \|\hat{\varDelta}\|_1^2 + \lambda\|\hat{\varDelta}\|_1. \quad (\text{由假设})$$

此外, 由于 $\lambda_{\min}(\varSigma) \geqslant \mu$, $v = \mathcal{R}\left(\hat{\theta}_\lambda\right) - \mathcal{R}(\theta_*) \geqslant \dfrac{\mu}{2}\|\hat{\varDelta}\|_2^2 \geqslant \dfrac{\mu}{2|A|}\left\|\hat{\varDelta}_A\right\|_1^2$, 可以得到 $\|\hat{\varDelta}\|_1 \leqslant 4\left\|\hat{\varDelta}_A\right\|_1 \leqslant 4\sqrt{\dfrac{2|A|v}{\mu}}$. 也可以得到 $\|\hat{\varDelta}\|_1 \leqslant \|\theta_*\|_1 + \|\hat{\theta}_\lambda\|_1 \leqslant \|\theta_*\|_1 + 3\|\theta_*\|_1 \leqslant 4\|\theta_*\|_1$.

结合 $\lambda = \dfrac{2\sigma R t}{\sqrt{n}}$, 得到两个不等式:

$$v \leqslant \frac{3\sigma R t}{\sqrt{n}} \cdot \|\hat{\varDelta}\|_1 + \frac{R^2 t}{2\sqrt{n}} \cdot \|\hat{\varDelta}\|_1^2 \quad \text{和} \quad \|\hat{\varDelta}\|_1 \leqslant 4\sqrt{\frac{2|A|v}{\mu}}. \tag{4.9}$$

如果 $1 \geqslant \dfrac{32 R^2 t}{\sqrt{n}}\dfrac{|A|}{\mu}$, 那么式 (4.9) 中第一个不等式中的最后一项小于 $\dfrac{v}{2}$, 而且有 $\dfrac{v}{2} \leqslant \dfrac{3\sigma R t}{\sqrt{n}} \cdot 4\sqrt{\dfrac{2|A|v}{\mu}}$, 即 $\sqrt{v} \leqslant \dfrac{24\sigma R t}{\sqrt{n}}\sqrt{\dfrac{2|A|}{\mu}}$. 再由 $\lambda = \dfrac{2\sigma R}{\sqrt{n}}t = \dfrac{2\sigma R}{\sqrt{n}}\sqrt{2\log_e \dfrac{4d^2}{\delta}}$, 可得以高于 $1-\delta$ 的概率下, 有

$$\mathcal{R}\left(\hat{\theta}_\lambda\right) - \mathcal{R}(\theta_*) \leqslant 2304 \cdot \frac{R^2}{\mu}\frac{\sigma^2|A|}{n}\log_e \frac{4d^2}{\delta}.$$

4.4 扩 展

稀疏方法比 ℓ_1-范数更通用, 并且可以通过多种方式进行扩展.

(1) 群体惩罚 在许多情况下, $\{1,2,\cdots,d\}$ 被划分为 m 个子集 $A_1, A_2, \cdots, A_m$, 目的是考虑 "组稀疏性", 也就是说, 如果我们在组 A_i 中选择一个变量, 那么整个组都应该被选中. 这种行为可以通过惩罚 $\displaystyle\sum_{i=1}^m \|\theta_{A_i}\|_2$ 或者 $\displaystyle\sum_{i=1}^m \|\theta_{A_i}\|_{\infty}$ 得到. 当输出 y 是多维时 (例如在多元回归或多类别

分类中), 会特别使用这种方法来选择与所有输出相关的变量.

(2) **结构化稀疏性**   当有其他类型的先验知识时, 对于所选变量也可以倾向于其他特定的模式, 如块、树等.

(3) **核范数**   当学习目标是矩阵时, 稀疏性的一种自然形式是矩阵具有低秩. 这可以通过惩罚矩阵的奇异值的和来实现, 这是一种称为核范数或迹范数的范数.

(4) **多核学习**   当群体的维数为无穷大时, 可以扩展群体惩罚, 并且用第 5 章定义的 RKHS (reproducing kernel Hilbert space, 再生核希尔伯特空间) 范数代替 ℓ_2-范数. 这就得到了一个从数据中学习核矩阵的工具.

(5) **弹性网络**   通常, 当 ℓ_1-范数 (稀疏性) 和 ℓ_2-范数的平方 (强凸性) 的限制都需要时, 我们可以将两者相加, 这被称为 "弹性网络" 惩罚. 这会得到一个强凸优化问题, 而这类问题在数值上表现更好.

(6) **凹惩罚与去偏**   为了获得稀疏性诱导效果, ℓ_1-范数中的惩罚必须非常大, 例如 $1/\sqrt{n}$ 大小, 但是这样一旦选择了支撑集, 通常会在估计中产生很大的偏差. 关于 Lasso 问题的去偏, 有几种方法, 一种优秀的方法是使用 "凹" 惩罚. 也就是说, 我们使用 $\sum_{i=1}^{d} a\left(|\theta_i|\right)$, 其中 a 是 $\mathbb{R}^+$ 上的凹的增函数, 例如, 对于 $\alpha \in (0,1)$, $a(u) = u^\alpha$. 这得到了一个非凸优化问题, 而迭代加权 ℓ_1-最小化提供了一个自然的算法.

4.5   练   习

练习 4.1*   采用惩罚项 $\|\theta\|_0 \log_e \dfrac{d}{\|\theta_0\|}$, 证明可以得到与已知 k 时相同的界限.

练习 4.2*   在命题 4.3 相同的假设下, 选择正则化参数为 $\lambda = 4\sigma\sqrt{\dfrac{\log_e(dn)}{n}}\sqrt{\|\widehat{\Sigma}\|_\infty}$, 证明如下期望的界限:

$$\mathbb{E}\left[\frac{1}{n}\left\|\Phi\left(\hat{\theta} - \theta_*\right)\right\|_2^2\right] \leqslant 32\sigma\sqrt{\frac{\log_e(dn)}{n}}\sqrt{\|\widehat{\Sigma}\|_\infty}\,\|\theta_*\|_1 + \frac{32}{n}\sigma^2$$

练习 4.3*   使用第 2 章的 Rademacher 复杂度, 证明具有 Lipschitz-连续性损失的 ℓ_1-约束优化问题也有类似慢速率逼近性质.

练习 4.4*   我们考虑随机设定下的 Lasso 问题 (平方损失), 假设 $\|\varphi(x)\|_\infty \leqslant R$, $y = \varphi(x)^\mathsf{T}\theta_* + \varepsilon$ 和 $|\varepsilon| \leqslant \sigma$ 几乎必然成立, 对于某个 $\theta_* \in \mathbb{R}^d$. 对超额风险给出一个类似于命题 4.3 的结论 (使用引理 4.4 中相似的技巧). 也可以参见 2.3 节.

练习 4.5**   在与命题 4.4 相同的假设下, 选择正则化系数 $\lambda = 4\sigma\sqrt{\dfrac{\log_e(dn)}{n}}\sqrt{\|\widehat{\Sigma}\|_\infty}$, 证明:

$$\mathbb{E}\left[\frac{1}{n}\left\|\Phi\left(\hat{\theta} - \theta_*\right)\right\|_2^2\right] \leqslant \frac{144|A|\sigma^2\|\widehat{\Sigma}\|_\infty}{k}\frac{\log_e(dn)}{n} + \frac{24}{n}\sigma^2 + \frac{32}{dn^2}\|\theta_*\|_1\sigma\sqrt{\frac{\log_e(dn)}{n}}\sqrt{\|\widehat{\Sigma}\|_\infty}.$$

练习 4.6**   如果从均值为 0, 协方差矩阵为 Σ 的高斯分布中取样得到 $\varphi(x)$, 那么以较大的概率,

当 n 大于常数倍的 $k^2 \dfrac{\log_e d}{n}$ 时, 式 (4.7) 中的互不相干条件成立.

练习 4.7 承接上面证明中的符号, 证明如果 $\mu = 0$, 从式 (4.9) 可以得到慢速率逼近结果 $\mathcal{R}\left(\hat{\theta}_\lambda\right) -$ $\mathcal{R}\left(\theta_*\right) \leqslant \dfrac{4R\left\|\theta_*\right\|_1}{\sqrt{n}}\left(3\sigma + 2R\left\|\theta_*\right\|_1\right)\sqrt{2\log_e \dfrac{4d^2}{\delta}}$.

练习 4.8 假设设计矩阵 Φ 为正交的, 计算 $\dfrac{1}{2n}\|y - \Phi\theta\|_2^2 + \lambda \sum\limits_{i=1}^{m}\left\|\theta_{A_i}\right\|_2$ 的最小值.

练习 4.9 考虑 d 个集合 $A_i = \{1, 2, \cdots, i\}$ (有交集) 和相应范数 $\sum\limits_{i=1}^{d}\left\|\theta_{A_i}\right\|_2$. 证明带有这种范数的惩罚项倾向于选择 $\{i+1, i+2, \cdots, d\}$ 这种形式的非零项分布.

练习 4.10 计算 $\dfrac{1}{2n}\|Y - \Theta\|_F^2 + \lambda\|\Theta\|_*$ 的最小值, 其中 $\|M\|_F$ 表示 Frobenius (弗洛比尼斯) 范数, $\|M\|_*$ 表示核范数.

第 5 章

核　方　法

第 5 章知识导图

5.1 核方法的介绍

在本章中, 我们学习线性模型的经验误差最小化, 即预测函数 $f_\theta : X \to \mathbb{R}$ 关于参数 θ 是线性的, 即 f_θ 有如下形式, $f_\theta(x) = \langle \theta, \varphi(x) \rangle_H, \varphi : X \to H, H$ 是一个希尔伯特空间 (本质上是无限维的欧氏空间), $\theta \in H$. 在不会出现混淆的情况下, 本章中我们通常使用 $\langle \theta, \varphi(x) \rangle$ 来代替 $\langle \theta, \varphi(x) \rangle_H$.

本章与 OLS 估计的主要不同在于: ① 不局限于平方损失 (但是许多相同的概念都发挥了作用, 特别是在岭回归的分析中); ② 我们明确允许了无限维的模型. 核函数 ($k(x,y) = \langle \varphi(x), \varphi(y) \rangle_H$) 的概念将会变得更加丰富.

对无限维线性方法的研究是非常重要的, 有如下几点原因.

(1) 对有限维但输入维度非常大的线性模型需要无限维分析中的工具.

(2) 核方法可以导出简单并且稳定的算法, 具有理论上的保证以及对目标函数平滑度的稳定性 (和局部平均技术相反). 它们可以应用于高维情况, 有较好的实际表现 (注意在计算机视觉以及自然语言处理等领域里许多监督学习问题, 它们不再达到最先进的水平, 目前神经网络有更好的表现).

(3) 当输入观测值不是向量时, 它们也可以很容易被应用.

(4) 它们对于理解其他模型例如神经网络是有意义的.

5.2 表 示 定 理

最初处理无限维的模型看似是不可能的, 因为无法实现无限维的算法. 在本节中, 我们将展示核函数如何在低维算法中扮演重要角色.

作为动机, 我们考虑机器学习中线性模型的优化问题. 对数据 $(x_i, y_i) \in X \times Y, i = 1, 2, \cdots, n$:

$$\min_{\theta \in H} \frac{1}{n} \sum_{i=1}^{n} l(y_i, \langle \varphi(x_i), \theta \rangle) + \frac{\lambda}{2} \|\theta\|^2. \tag{5.1}$$

假设损失函数 l 是 $Y \times \mathbb{R} \to \mathbb{R}$, 不是 $Y \times Y \to \mathbb{R}$.

式 (5.1) 中的目标函数的重要性质是它接收输入观测值 $x_1, x_2, \cdots, x_n \in X$, 计算点积 $\langle \theta, \varphi(x_i) \rangle$, $i = 1, 2, \cdots, n$, 再使用希尔伯特范数 $\|\theta\|$ 进行惩罚. 下面的定理很重要, 并且有一个简单的证明.

定理 5.1 (表示定理)

令 $\varphi : X \to H, (x_1, x_2, \cdots, x_n) \in X^n$, 假设函数 $\Psi : \mathbb{R}^{n+1} \to \mathbb{R}$ 对于最后一个变量严格递增, 那么 $\Psi(\langle \theta, \varphi(x_1) \rangle, \langle \theta, \varphi(x_2) \rangle, \cdots, \langle \theta, \varphi(x_n) \rangle, \|\theta\|^2)$ 的下确界可以通过以下形式的向量 θ 来获得

$$\theta = \sum_{i=1}^{n} \alpha_i \varphi(x_i), \quad \alpha \in \mathbb{R}^n.$$

证明 令 $\theta \in H, H_{\mathcal{D}} = \left\{ \sum_{i=1}^{n} \alpha_i \varphi(x_i), \alpha \in \mathbb{R}^n \right\} \subset H$. 由于 H 是一个希尔伯特空间, 可以找到

$\theta_{\mathcal{D}} \in H_{\mathcal{D}}, \theta_{\perp} \in H_{\mathcal{D}}^{\perp}$ 使 $\theta = \theta_{\mathcal{D}} + \theta_{\perp}$, 并且 $\forall i \in \{1, 2, \cdots, n\}, \langle \theta, \varphi(x_i) \rangle = \langle \theta_{\mathcal{D}}, \varphi(x_i) \rangle + \langle \theta_{\perp}, \varphi(x_i) \rangle$, $\langle \theta_{\perp}, \varphi(x_i) \rangle = 0$. 又有 $\|\theta\|^2 = \|\theta_{\mathcal{D}}\|^2 + \|\theta_{\perp}\|^2$, 因此

$$\Psi\left(\langle \theta, \varphi(x_1) \rangle, \langle \theta, \varphi(x_2) \rangle, \cdots, \langle \theta, \varphi(x_n) \rangle, \|\theta\|^2\right)$$
$$= \Psi\left(\langle \theta_{\mathcal{D}}, \varphi(x_1) \rangle, \langle \theta, \varphi(x_2) \rangle, \cdots, \langle \theta_{\mathcal{D}}, \varphi(x_n) \rangle, \|\theta_{\mathcal{D}}\|^2 + \|\theta_{\perp}\|^2\right)$$
$$\geqslant \Psi\left(\langle \theta_{\mathcal{D}}, \varphi(x_1) \rangle, \langle \theta, \varphi(x_2) \rangle, \cdots, \langle \theta_{\mathcal{D}}, \varphi(x_n) \rangle, \|\theta_{\mathcal{D}}\|^2\right).$$

等号成立当且仅当 $\theta_{\perp} = 0$ (因为 Ψ 对最后一个变量严格递增). 因此

$$\inf_{\theta \in H} \Psi(\langle \theta, \varphi(x_1) \rangle, \langle \theta, \varphi(x_2) \rangle, \cdots, \langle \theta, \varphi(x_n) \rangle, \|\theta\|^2)$$
$$= \inf_{\theta \in H_{\mathcal{D}}} \Psi(\langle \theta, \varphi(x_1) \rangle, \langle \theta, \varphi(x_2) \rangle, \cdots, \langle \theta, \varphi(x_n) \rangle, \|\theta\|^2).$$

说明式 (5.1) 取下确界的 θ 可以在 $H_{\mathcal{D}}$ 中取得, 即可以找到 α, 使 $\theta = \sum_{i=1}^{n} \alpha_i \varphi(x_i)$. □

推论 5.1 (监督学习中的表示定理)

$\forall \lambda > 0, \frac{1}{n} \sum_{i=1}^{n} l(y_i, \langle \theta, \varphi(x_i) \rangle) + \frac{\lambda}{2} \|\theta\|^2$ 可达下确界, 其中限制 $\theta = \sum_{i=1}^{n} \alpha_i \varphi(x_i), \alpha \in \mathbb{R}^n$.

需要注意到, 这里没有对损失函数 l 作任何假设, 特别是没有任何凸性的要求.

给定推论 5.1 后, 我们可以重新表述学习问题. 定义**核函数** k 用于特征向量之间的点积:

$$k(x, x') = \langle \varphi(x), \varphi(x') \rangle.$$

则可以得到

$$\forall j \in \{1, 2, \cdots, n\}, \quad \langle \theta, \varphi(x_j) \rangle = \sum_{i=1}^{n} \alpha_i k(x_i, x_j) = (K\alpha)_j,$$

其中 $K \in \mathbb{R}^{n \times n}$ 是**核矩阵**, $K_{ij} = \langle \varphi(x_i), \varphi(x_j) \rangle = k(x_i, x_j)$, 则

$$\|\theta\|^2 = \sum_{i=1}^{n} \sum_{j=1}^{n} \alpha_i \alpha_j \langle \varphi(x_i), \varphi(x_j) \rangle = \sum_{i=1}^{n} \sum_{j=1}^{n} \alpha_i \alpha_j K_{ij} = \alpha^{\mathrm{T}} K \alpha.$$

可以得到

$$\inf_{\theta \in H} \frac{1}{n} \sum_{i=1}^{n} l(y_i, \langle \theta, \varphi(x_i) \rangle) + \frac{\lambda}{2} \|\theta\|^2 = \inf_{\alpha \in \mathbb{R}^n} \frac{1}{n} \sum_{i=1}^{n} l(y_i, (K\alpha)_i) + \frac{\lambda}{2} \alpha^{\mathrm{T}} K \alpha. \tag{5.2}$$

对测试数据 $x \in X, f(x) = \sum_{i=1}^{n} \alpha_i k(x, x_i)$.

因此无论 H 的维度是多少, 输入观测值都最终归结到了核矩阵和核函数中, 并且不再需要显式计算特征向量 $\varphi(x)$. 这就是**核技巧**. 这种核技巧允许:

(1) 可以用 $\mathbb{R}^n$ 来代替搜索空间 H, 当 H 的维度相当大时有用处;

(2) 将表示问题 (在 X 上核的设计) 和算法的设计以及它们的分析 (仅用到核矩阵 K) 分隔开, 这样就可以为许多数据类型定义多样的内核.

最小范数插值 表示定理可以延拓到插值估计器中, 证明基本相同.

命题 5.1

给定 $x_1, x_2, \cdots, x_n \in X$, $y \in \mathbb{R}^n$, 存在至少一个 $\theta \in H$ 使得 $y_i = \langle \theta, \varphi(x_i) \rangle$, 对所有的 $i \in \{1, 2, \cdots, n\}$ 都成立. 对所有满足上述关系的 $\theta \in H$, 其中范数最小的一个可以被表示为 $\theta = \sum_{i=1}^{n} \alpha_i \varphi(x_i)$, $\alpha \in \mathbb{R}^n$, 且 $y = K\alpha$ 成立 (即这个系统必存在一个解).

5.3 核

在上一节中, 我们已经介绍了核函数 $k : X \times X \to \mathbb{R}$ 是由点积 $k(x, x') = \langle \varphi(x), \varphi(x') \rangle$ 得到的. 相关的核矩阵是由点积构成的矩阵 (常被称为格拉姆 (Gram) 矩阵), 因此它是对称半正定的, 即它所有的特征值都是非负的, 即 $\forall \alpha \in \mathbb{R}^n$, $\alpha^T K \alpha \geqslant 0$. 事实证明, 这个简单的性质足以说明特征函数的存在.

如果 $H = \mathbb{R}^d$, Φ 是特征矩阵, 它的第 i 行表示 $\varphi(x_i)$, 那么 $K = \Phi\Phi^T$ 是核矩阵, $\frac{1}{n}\Phi^T\Phi$ 是经验协方差矩阵.

定义 5.1

函数 $k : X \times X \to \mathbb{R}$ 是一个正定核当且仅当对应的所有的核矩阵都是对称半正定的.

下列重要的定理提供了一个构造性证明. 注意在集合 X 上没有作任何假设.

定理 5.2

k 是一个正定核当且仅当存在一个希尔伯特空间 H 和一个函数 $\varphi : X \to H$, 使得 $\forall x$、$x' \in X k(x, x') = \langle \varphi(x), \varphi(x') \rangle_H$.

证明 首先假设 $k(x, x') = \langle \varphi(x), \varphi(x') \rangle_H$. 对任意 $\alpha \in \mathbb{R}^n$, $x_1, x_2, \cdots, x_n \in X$, 有

$$\alpha^T K \alpha = \sum_{i,j=1}^{n} \alpha_i \alpha_j \langle \varphi(x_i), \varphi(x_j) \rangle_H = \left\| \sum_{i=1}^{n} \alpha_i \varphi(x_i) \right\|_H^2 \geqslant 0.$$

因此 k 是一个正定核. 下面证明必要性, 考虑一个正定核, 将用点积构造一个从 X 到 $\mathbb{R}$ 的函数空间. 定义集合 $H' \subset \mathbb{R}^X$ 为核函数的线性组合 $\sum_{i=1}^{n} \alpha_i k(\cdot, x_i)$, n 个点以及 $\alpha \in \mathbb{R}^n$ 任意选取. 在这个向量空间上可以定义点积

$$\left\langle \sum_{i=1}^{n} \alpha_i k(\cdot, x_i), \sum_{j=1}^{m} \beta_j k(\cdot, x_j') \right\rangle = \sum_{i=1}^{n} \sum_{j=1}^{m} \alpha_i \beta_j k(x_i, x_j'). \tag{5.3}$$

它在 $H' \times H'$ 上是一个良定义的函数, 它的值不依赖于核函数线性组合的选择表示. 如果定义 $f = \sum_{i=1}^{n} \alpha_i k(\cdot, x_i)$, 那么这个点积结果等于 $\sum_{j=1}^{m} \beta_j f(x_j')$, 只依赖于 f 的值, 和它的表示无关 (点积右侧的函数有类似的结果).

该点积是双线性的, 并且当应用于同一函数时总是非负的 (当 $\alpha = \beta$ 并且 x_i 和 x_j 相同时, 因为 k 的正定性会得到一个正数). 并且满足两个性质: 对任意 $f \in H'$, x、$x' \in X$,

$$\langle k(\cdot, x), f \rangle = f(x), \quad \langle k(\cdot, x), k(\cdot, x') \rangle = k(x, x').$$

这些被称为再生特性, 对应于特征图的显式构造, 即 $\varphi(x) = k(\cdot, x)$. □

H' 被称为 "准希尔伯特空间", H' 只定义了内积, 但不是完备的. 可以通过完备化变成希尔伯特空间 H, 同样具备相同的再生特性.

我们得到如下结论.

(1) H 是特征空间, φ 是从输入空间 X 到特征空间 H 的特征映射.

(2) 不需要对输入空间 X 做假设, 也不需要关于 k 的任何正则性假设. 在同构的意义下, 特征映射和特征空间是唯一的. 我们构造的特定函数空间称为**再生核希尔伯特空间**, 它和 H 相关联, 即 $\varphi(x) = k(\cdot, x)$.

(3) 对恒等式 $\langle k(\cdot, x), f \rangle = f(x)$ 的直观解释是: 函数求值实际是和另一个函数的点积 (实际上是另一个表征). 如果 $L_2(\mathbb{R}^d)$ 是一个再生核希尔伯特空间, 意味着存在函数 $k: X \times X \to \mathbb{R}$ 使得 $\int_{\mathbb{R}^d} k(x, x') f(x') \mathrm{d}x' = f(x)$. 换句话说, $k(x, x')\mathrm{d}x'$ 将是 x 处的狄拉克测度, 这是不可能的 (因为狄拉克测度相对于勒贝格测度没有密度). 因此, $L_2(\mathbb{R}^d)$ 是希尔伯特空间, 而不是再生核希尔伯特空间.

(4) 给定一个正定核 k, 我们可以将其关联到一些特征映射 φ 使 $k(x, y) = \langle \varphi(x), \varphi(y) \rangle_H$, 也可以关联到 X 上的具有范数的函数空间, 例如上面的再生核希尔伯特空间, 或者所有具备形式 $f_\theta(x) = \langle \theta, \varphi(x) \rangle_H$ 的函数, 以及正则项 $\|\theta\|_H^2$. 这两个是等价的.

从现在开始, 我们通过符号 $f \in H$ 来表示希尔伯特空间 H 中的元素以强调我们正在考虑从 X 到 $\mathbb{R}$ 的函数空间的事实. 在后面优化算法中将使用 $\langle \theta, \varphi(x) \rangle_H$ 来代替 $f(x)$.

因此一个正定核定义了一个特征映射和一个函数空间. 这个特征映射有时候容易找到, 但有时难找到. 在下面的章节中, 我们将关注主要的例子并描述相关的函数空间以及相应的范数.

我们接下来关注构建核的不同方法. 可以从特征向量出发导出线性核, 从核和显式的特征映射出发导出多项式核, 从范数出发导出 $[0, 1]$ 上的平移不变核, 从没有显式特征的核出发导出 $\mathbb{R}^d$ 上的平移不变核.

线性核和多项式核 我们从 $X = \mathbb{R}^d$ 上最常见的内核开始, 对于这些内核较容易找到特征映射.

线性核 定义 $k(x, x') = x^{\mathrm{T}} x'$. 它对应于线性函数 $f_\theta(x) = \theta^{\mathrm{T}} x$, 带有惩罚项 $\|\theta\|^2$. 当输入数据

的维数 d 较大且数据非常稀疏时, 例如在文本处理中, 内核技巧很有用, 点积 $x^\mathrm{T}x'$ 可以在 $O(d)$ 的时间内计算完成.

多项式核 对正整数 $r, k(x, x') = (x^\mathrm{T}x')^r$ 可以被展开为

$$k(x, x') = \left(\sum_{i=1}^{d} x_i x_i'\right)^r = \sum_{\alpha_1+\alpha_2+\cdots+\alpha_d=r} \binom{r}{\alpha_1, \alpha_2, \cdots, \alpha_d} \frac{(x_1 x_1')^{\alpha_1}, (x_1 x_1')^{\alpha_2}, \cdots (x_d x_d')^{\alpha_d}}{(x_1^{\alpha_1} x_2^{\alpha_2} \cdots x_d^{\alpha_d})((x_1')^{\alpha_1} (x_2')^{\alpha_2} \cdots (x_d')^{\alpha_d})}.$$

这里求和是在所有的非负整数向量 $(\alpha_1, \alpha_2, \cdots, \alpha_d)$ 上进行. 我们可以得到一个显式的特征映射

$$\varphi(x) = \left(\binom{r}{\alpha_1, \alpha_2, \cdots, \alpha_d}^{\frac{1}{2}} x_1^{\alpha_1}, x_2^{\alpha_2} \cdots x_d^{\alpha_d}\right)_{\alpha_1+\alpha_2+\cdots+\alpha_d=r}.$$

函数集是 $\mathbb{R}^d$ 上的齐次多项式集合, 维度为 $\binom{d+r-1}{r}$. 当 d 和 r 增长时, 特征空间的维数随着 d^r 的增长而增长, 不需要显式表示出特征空间. 但很难解释相关的范数 (惩罚多项式的系数), 因为单个高阶系数的微小变化可能导致显著变化.

[0,1] 区间上的平移不变核 我们考虑 $X = [0, 1]$, 核函数为 $k(x, x') = q(x - x'), q : [0, 1] \to \mathbb{R}$ 为周期为 1 的函数. 下面将展示它们是如何从函数傅里叶系数的惩罚中产生的. 将使用这样一个事实: 周期为 1 的复值平方可积函数可以使用傅里叶级数展开, 即 $q(x) = \sum_{m \in \mathbb{Z}} \mathrm{e}^{2im\pi x} \hat{q}_m$,

$\hat{q}_m = \int_0^1 q(x) \mathrm{e}^{-2im\pi x} \mathrm{d}x \in \mathbb{C}, m \in \mathbb{Z}$. 函数 q 是实值的当且仅当对任意 $m \in \mathbb{Z}$, $\hat{q}_{-m} = \hat{q}_m^*$ ($\hat{q}_m$ 的共轭).

推导平移不变核相关结果可以从核开始, 也可以从相关的平方范数开始. 本节中从平方范数开始, 而在下一节从核开始.

将周期为 1 的函数 f 分解为傅里叶级数 $f(x) = \sum_{m \in \mathbb{Z}} \mathrm{e}^{2im\pi x} \hat{f}_m$. 考虑惩罚项

$$\sum_{m \in \mathbb{Z}} c_m |\hat{f}_m|^2, \quad c \in \mathbb{R}_+^\mathbb{Z}.$$

这个惩罚项可以通过特征映射和 $\mathbb{C}^\mathbb{Z}$ 上的 ℓ_2-范数解释. 事实上, 它对应于特征向量 $\varphi(x)_m = \frac{\mathrm{e}^{-2im\pi x}}{\sqrt{c_m}}, \theta \in \mathbb{C}^\mathbb{Z}$. 则 $\theta_m = \hat{f}_m \sqrt{c_m}$, 那么 $f = \langle \theta, \varphi(x) \rangle$ 并且 $\sum_{m \in \mathbb{Z}} |\theta_m|^2$ 等价于范数 $\sum_{m \in \mathbb{Z}} c_m |\hat{f}_m|^2$.

因此, 对应的核是

$$k(x, x') = \sum_{m \in \mathbb{Z}} \varphi(x)_m \varphi(x')_m^* = \sum_{m \in \mathbb{Z}} \frac{\mathrm{e}^{2im\pi x}}{\sqrt{c_m}} \frac{\mathrm{e}^{-2im\pi x'}}{\sqrt{c_m}} = \sum_{m \in \mathbb{Z}} \frac{1}{c_m} \mathrm{e}^{2im\pi(x-x')},$$

可以看作是 $q(x - x')$ 的形式, 这里 q 是周期为 1 的函数.

上面的内容说明只要 c_m 是严格正的, 对任意 $m \in \mathbb{Z}$, 并且 $\sum_{m \in \mathbb{Z}} \frac{1}{c_m}$ 是有限的, 任何形式为

$\sum\limits_{m\in\mathbb{Z}} c_m|\hat{f}_m|^2$ 的惩罚项都定义了一个再生核希尔伯特空间的平方范数. 那么这个核函数的形式为 $k(x, y) = q(x - y)$, q 是周期为 1 的函数, 因此对应的傅里叶级数具有非负的实值 $\hat{q}_m = c_m^{-1}$. 所有这样的核都是正定的.

导数惩罚 对于基于 c 的某些惩罚, 它与导数惩罚有着自然的联系, 因为如果 f 是 s 次可导函数且导数是平方可积的, 那么 $f^{(s)}(x) = \sum\limits_{m\in\mathbb{Z}} (2im\pi)^s e^{2im\pi x}\hat{f}_m$, 所以成立:

$$\int_0^1 |f^{(s)}(x)|^2 dx = (2\pi)^{2s}\sum_{m\in\mathbb{Z}} m^{2s}|\hat{f}_m|^2.$$

在本章中我们将考虑对导数进行惩罚, 导出 $[0, 1]$ 上的索伯列夫空间. 下面给出几个例子.

伯努利多项式 我们考虑 $c_0 = 1$, $c_m = m^{2s}$ $(m \neq 0)$, 对应的范数为

$$\|f\|_H^2 = \frac{1}{(2\pi)^{2s}}\int_0^1 |f^{(s)}(x)|^2 dx + \left(\int_0^1 f(x) dx\right)^2,$$

对应的核为

$$k(x, x') = \sum_{m\in\mathbb{Z}} c_m^{-1} e^{2im\pi(x-x')} = 1 + \sum_{m\geqslant 1}\frac{2\cos[2\pi m(x-x')]}{m^{2s}}.$$

为了得到对 q 的简洁的显式表达, 注意到如果定义 $\{x\} = x - [x] \in [0, 1)$, 那么函数 $x \mapsto \{x\}$ 的第 m 个傅里叶系数为 $\int_0^1 e^{-2im\pi x}x dx = \frac{i}{2m\pi}$. 类似地, $\{x\}$ 的 s 次方具有 m 阶傅里叶系数, 该系数是 m^{-1} 的 s 阶多项式.

对于 $s = 1$, 我们有 $k(x, x') = 1 + 2\sum\limits_{m\geqslant 1} m^{-2} = 1 + \frac{\pi^2}{3}$; 还可以利用傅里叶级数展开

$$\{t\} = \frac{1}{2} - \frac{1}{2\pi}\sum_{m\geqslant 1}\frac{2\sin[2\pi mt]}{m},$$

再积分可以得到

$$k(x, x') = 2\pi^2\{x - x'\} - 2\pi^2\{x - x'\} + \frac{\pi^2}{3} + 1 = q(x - x').$$

对于 $s \geqslant 1$, k 的显式表达式为 $k(x, x') = 1 + (-1)^{s-1}\frac{(2\pi)^{2s}}{(2s)!}B_{2s}(\{x - x'\})$, B_{2s} 是第 $2s$ 个伯努利多项式. 由此我们可以验证上面的计算, 因为 $B_2(t) = t^2 - t + \frac{1}{6}$.

周期指数核 我们可以考虑 $c_m = 1 + \alpha^2|m|^2$, 同样有一个显式公式, 惩罚项为 $\|f\|_H^2 = \frac{\alpha^2}{(2\pi)^2}\int_0^1 |f^{(s)}(x)|^2 dx + \int_0^1 |f(x)|^2 dx$.

这些核主要因为它们的简单和显式的特征映射被使用, 比下面最常用的核更简单 (与索伯列夫空间有类似的关联). 还要注意, 对于 $[0, 1]$ 上的均匀分布, 傅里叶基将是协方差算子的正交本征基, 本征值为 c_m^{-1}.

我们已经看到了对于核 $q(x-x')$, q 的傅里叶级数为 $\hat{q}_m$, 则对应的范数为 $\sum\limits_{m\in\mathbb{Z}}\dfrac{|\hat{f}_m|^2}{\hat{q}_m}$. 下面将这个拓展到傅里叶变换中 (而不是傅里叶级数).

$\mathbb{R}^d$ 上的平移不变核 考虑 $X=\mathbb{R}^d$, 如果一个核是 $k(x,x')=q(x-x')$, $q:\mathbb{R}^d\to\mathbb{R}$ 这样的形式, 我们称之为平移不变, 因为它们通过向两个自变量添加相同的常数而保持不变. 下面的定理给出了获得正定核的条件.

定理 5.3

核 k 是正定的当且仅当 q 是一个非负 Borel (博雷尔) 测度的傅里叶变换. 因此, 如果 $q\in L^1(\mathrm{d}x)$, 以及它的傅里叶变换只有非负实值, 则 k 是正定的.

证明 我们只需要后半部分的结论, 因此这里只证明 $q\in L^1(\mathrm{d}x)$, 以及它的傅里叶变换只有非负实值时, k 是正定的. 因为 q 是可积的, $\hat{q}(\omega)=\displaystyle\int_{\mathbb{R}^d}\mathrm{e}^{-\mathrm{i}\omega^{\mathrm{T}}x}q(x)\mathrm{d}x$ 在 $\mathbb{R}^d$ 上有定义且是连续的. 通过傅里叶逆变换公式:

$$q(x-x')=\frac{1}{(2\pi)^d}\int_{\mathbb{R}^d}\hat{q}(\omega)\mathrm{e}^{\mathrm{i}(x-x')^{\mathrm{T}}\omega}\mathrm{d}\omega.$$

令 $x_1,x_2,\cdots,x_n\in\mathbb{R}^d$, $\alpha_1,\alpha_2,\cdots,\alpha_n\in\mathbb{R}$, 则

$$
\begin{aligned}
\sum_{s,j=1}^{n}\alpha_s\alpha_j k\left(x_s,x_j\right)&=\sum_{s,j=1}^{n}\alpha_s\alpha_j q\left(x_s-x_j\right)=\frac{1}{(2\pi)^d}\sum_{s,j=1}^{n}\alpha_s\alpha_j\int_{\mathbb{R}^d}\mathrm{e}^{\mathrm{i}\omega^{\mathrm{T}}(x_s-x_j)}\hat{q}(\omega)\mathrm{d}\omega\\
&=\frac{1}{(2\pi)^d}\int_{\mathbb{R}^d}\left(\sum_{s,j=1}^{n}\alpha_s\alpha_j\mathrm{e}^{\mathrm{i}\omega^{\mathrm{T}}x_s}\left(\mathrm{e}^{\mathrm{i}\omega^{\mathrm{T}}x_j}\right)^*\right)\hat{q}(\omega)\mathrm{d}\omega\\
&=\frac{1}{(2\pi)^d}\int_{\mathbb{R}^d}\left|\sum_{s=1}^{n}\alpha_s\mathrm{e}^{\mathrm{i}\omega^{\mathrm{T}}x_s}\right|^2\hat{q}(\omega)\mathrm{d}\omega\geqslant 0,
\end{aligned}
$$

证明了核的正定性. $\qquad\square$

对应范数的构建 下面是一个直观 (非严格) 的推理: 如果 $q\in L^1(\mathrm{d}x)$, 那么 $\hat{q}(\omega)$ 存在并且有如下的显式表示:

$$k(x,x')=\frac{1}{(2\pi)^d}\int_{\mathbb{R}^d}\sqrt{\hat{q}(\omega)}\mathrm{e}^{\mathrm{i}\omega^{\mathrm{T}}x}\left(\sqrt{\hat{q}(\omega)}\mathrm{e}^{\mathrm{i}\omega^{\mathrm{T}}x'}\right)^*\mathrm{d}\omega=\int_{\mathbb{R}^d}\varphi(x)_{\omega}\varphi(x')_{\omega}^*\mathrm{d}\omega,$$

其中 $\varphi(x)_{\omega}=\dfrac{1}{(2\pi)^{d/2}}\hat{f}(\omega)\mathrm{e}^{\mathrm{i}\omega^{\mathrm{T}}x}$. 如果考虑 $f(x)=\displaystyle\int_{\mathbb{R}^d}\varphi(x)_{\omega}\theta_{\omega}\mathrm{d}\omega=\langle\varphi(x),\theta\rangle$, 那么 $\theta_{\omega}=\dfrac{1}{(2\pi)^{d/2}}\hat{f}(\omega)/\sqrt{\hat{q}(\omega)}$, θ 的平方范数为 $\dfrac{1}{(2\pi)^d}\displaystyle\int_{\mathbb{R}^d}\dfrac{|\hat{f}(\omega)|^2}{\hat{q}(\omega)}\mathrm{d}\omega$, 其中 $\hat{f}$ 是 f 的傅里叶变换. 因此, 函数 $f\in H$ 的范数为

$$\|f\|_H^2=\frac{1}{(2\pi)^d}\int_{\mathbb{R}^d}\frac{|\hat{f}(\omega)|^2}{\hat{q}(\omega)}\mathrm{d}\omega.$$

注意和 $[0, 1]$ 区间上的核函数惩罚的相似性.

与导数的关联　当 f 的偏导存在时, $\dfrac{\partial f}{\partial x_j}$ 等于 $\mathrm{i}\omega_j$ 乘上 f 的傅里叶变换. 导出

$$\frac{1}{(2\pi)^d} \int_{\mathbb{R}^d} |\omega_j|^2 |\hat{f}(\omega)|^2 \mathrm{d}\omega = \int_{\mathbb{R}^d} \left|\frac{\partial f(x)}{\partial x_j}\right|^2 \mathrm{d}x,$$

从而拓展到高阶导数中:

$$\frac{1}{(2\pi)^d} \int_{\mathbb{R}^d} |\omega_1^{\alpha_1}\omega_2^{\alpha_2}\cdots\omega_d^{\alpha_d}|^2 |\hat{f}(\omega)|^2 \mathrm{d}\omega = \int_{\mathbb{R}^d} \left|\frac{\partial^\alpha f(x)}{\partial x_1^{\alpha_1}\partial x_2^{\alpha_2}\cdots\partial x_d^{\alpha_d}}\right|^2 \mathrm{d}x.$$

依靠上述的等式关系, 可以通过将 $\hat{q}(\omega)^{-1}$ 作单项式展开从而计算 f 的范数. 下面考虑几个经典例子.

指数核　核的 q 函数为 $q(x-x') = \exp(-\alpha\|x-x'\|_2)$, 对应的傅里叶变换为 $\hat{q}(\omega) = 2^d\pi^{(d-1)/2}$ $\Gamma((d+1)/2)\dfrac{\alpha}{(\alpha^2+\|\omega\|_2^2)^{(d+1)/2}}$. 因此, $\hat{q}(\omega)^{-1}$ 是单项式的和, 观察阶数可以发现相应的再生核希尔伯特空间上的范数 (即核定义的 $\mathbb{R}^d$ 上的函数空间的范数) 是对所有阶数为 $(d+1/2)$ 的导数的惩罚项, 这是一个索伯列夫空间.

特别地, 当 $d=1$ 时, 有 $\hat{q}(\omega) = \dfrac{2\alpha}{\alpha^2+\omega^2}$, 因此

$$\|f\|_H^2 = \frac{1}{2\pi}\int_{\mathbb{R}} \frac{|\hat{f}(\omega)|^2}{\hat{q}(\omega)}\mathrm{d}\omega = \frac{\alpha}{2}\frac{1}{2\pi}\int_{\mathbb{R}} |\hat{f}(\omega)|^2\mathrm{d}\omega + \frac{1}{2\alpha}\frac{1}{2\pi}\int_{\mathbb{R}} |\omega\hat{f}(\omega)|^2\mathrm{d}\omega$$

$$= \frac{\alpha}{2}\int_{\mathbb{R}} |f(x)|^2\mathrm{d}x + \frac{1}{2\alpha}\int_{\mathbb{R}} |f'(x)|^2\mathrm{d}x.$$

高斯核　这个核的 q 函数定义为 $q(x-x') = \exp(-\alpha\|x-x'\|_2^2)$, 对应的傅里叶变换为 $\hat{q}(\omega) = \left(\dfrac{\pi}{\alpha}\right)^{d/2}\exp(-\|\omega\|_2^2/(4\alpha))$. 通过将 $\hat{q}(\omega)^{-1}$ 展开成幂级数 $\hat{q}(\omega)^{-1} = \left(\dfrac{\pi}{\alpha}\right)^{d/2}\displaystyle\sum_{s=0}^{\infty}\dfrac{\|\omega\|_2^{2s}}{(4\alpha)^s s!}$, 这个对应于一个再生核希尔伯特空间的范数, 对所有的导数进行惩罚. 注意到这个关联的再生核希尔伯特空间的所有成员都是无限可微的, 因此比来自指数核的函数要更加平滑 (这里的再生核希尔伯特空间要更小一些).

Matern (马特恩) 核　还可以定义一列核使得 $\hat{q}(\omega)$ 和 $(\alpha^2+\|\omega\|_2^2)^{-s}$ 成比例, 其中 $s > d/2$, 这样可以确保傅里叶变换的可积性. 这些 Matern 核对应于 s 阶的索伯列夫空间, 并且可以以封闭形式计算. 一个关键事实是, 要成为再生核希尔伯特空间, 索伯列夫空间需要在 d 增长时具有更高阶的导数, 特别是, 只有一阶导数 $(s=1)$ 会导出一个 d 为 1 的再生核希尔伯特空间, $s=0$ 永远不会.

对于 $s = \dfrac{d+3}{2}$, 有 $k(x,x') \propto (1+\sqrt{3}\alpha\|x-x'\|_2)\exp(-\sqrt{3}\alpha\|x-x'\|_2)$; 对于 $s = \dfrac{d+5}{2}$, 有 $k(x,x') \propto (1+\sqrt{5}\alpha\|x-x'\|_2 + \dfrac{5}{3}\alpha^2\|x-x'\|_2^2)\exp(-\sqrt{5}\alpha\|x-x'\|_2)$. 一般的 s 也可以产生闭式公式 (通过贝塞尔函数).

对于下面所有的核函数, 集合 H 在 $L_2(\mathbb{R}^d)$ 中是稠密的, 即 $L_2(\mathbb{R}^d)$ 中所有的函数都是可以被 H 中函数逼近的. 5.5 节中将对此进行量化.

再生核希尔伯特空间中成员的例子 下面在 $[-1,1]$ 中随机采样了 n 个点 $x_1, x_2, \cdots, x_n$,再随机选取 $y_1, y_2, \cdots, y_n$,寻找函数 $f \in H$ 使得 $f(x_i) = y_i$,并且 f 有最小的范数.

由表示定理,可以写出

$$f(x) = \sum_{i=1}^{n} \alpha_i k(x, x_i),$$

并且 $K\alpha = y$,因此 $y = K^{-1}\alpha$.

补充部分 虽然核方法的理论分析主要集中在 $\mathbb{R}^d$ 上的核及其与目标函数的可微性质的联系,但是核方法可以应用于处理各种输入数据类型的各种问题.下面给出经典示例.

(1) 给定集合 V 的子集组成的集合,例如,定义为 $k(A, B) = \dfrac{|A \cap B|}{|A \cup B|}$ 的核是正定核.

(2) 文本文档/网页: 使用通常的 "单词包" 假设,通过考虑 "单词" 的词汇表 (可以是一组字母、单个原始单词或一组单词或字母) 来表示文本文档或网页,并计算该单词在相应文档中的出现次数.这给出了一个典型的高维特征向量 $\varphi(x)$ (维数为词汇表的大小).在这一特征上使用线性函数提供了对此类数据类型的廉价和稳定的预测 (可以获得考虑到词序的更好的模型,例如神经网络,代价是显著更多的计算资源).

(3) 序列: 给定一些有限字母集 A,考虑在 A 中长度任意的有限序列集合 X.一个经典的无限维特征空间由 X 本身索引,对于 $y \in X$, $\varphi(x)_y$ 等于 1 当且仅当 y 是 x 的子序列 (也可以计算 y 在 x 中出现的次数,或者可以添加一个与 y 相关的权重,例如,惩罚更长的子序列).这个核具有无限维特征空间,但对于两个序列 x 和 x',可以枚举 x 和 x' 的所有子序列并在多项式时间内进行比较.这些核在生物信息学中有很多应用.同样的技术可以拓展到更一般的组合对象,如树、图.

(4) 图像: 在 2010 年左右神经网络通过使用大量数据取代之前,许多内核被设计用于图像,通常采用 "词袋" 假设,这提供了平移不变性.关键在于如何将其视为 "单词",即图像中某些局部模式的存在,以及在这个假设下的区域.

5.4 算　　法

在这一节,我们简要介绍算法旨在解决下述问题:

$$\min_{f \in H} \frac{1}{n} \sum_{i=1}^{n} l(y_i, f(x_i)) + \frac{\lambda}{2} \|f\|_H^2. \tag{5.4}$$

l 相对于它的第二个变量是凸的.假设对所有的 $i \in \{1, 2, \cdots, n\}$, $k(x_i, x_i) = \|\varphi(x_i)\|^2 \leqslant R^2$.

表示定理 我们可以直接应用表示定理,尝试解决问题

$$\min_{\alpha \in \mathbb{R}^n} \frac{1}{n} \sum_{i=1}^{n} l(y_i, (K\alpha)_i) + \frac{\lambda}{2} \alpha^{\mathsf{T}} K\alpha.$$

这是一个凸优化问题,因为 l 是假设对于第二个变量是凸的, K 是半正定的.

在平方损失 (岭回归) 的特殊情况下,就导出了

$$\min_{\alpha \in \mathbb{R}^n} \frac{1}{2n} \|y - K\alpha\|_2^2 + \frac{\lambda}{2} \alpha^\mathrm{T} K\alpha,$$

将梯度设为 0, 就得到 $(K^2 + n\lambda K)\alpha = Ky$, 它的解为 $\alpha = (K + n\alpha I)^{-1} y$.

然而, 一般来说 (对于平方损失), 这是一个病态优化问题, 因为 K 通常具有非常小的特征值 (稍后将详细介绍), 并且当损失平滑时, 黑塞矩阵为 $\frac{1}{n} K \operatorname{diag}(h) K + \lambda K$, $h \in \mathbb{R}^n$ 是 l 的二阶导数向量, 因此这里黑塞矩阵是病态的.

一个更好的选择是首先计算 K 的平方根, $K = \Phi \Phi^\mathrm{T}$, $\Phi \in \mathbb{R}^{n \times m}$, m 为 K 的阶数, 要求解以下问题:

$$\min_{\beta \in \mathbb{R}^m} \frac{1}{n} \sum_{i=1}^{n} l(y_i, (\Psi\beta)_i) + \frac{\lambda}{2} \|\beta\|_2^2,$$

其中 $\beta = \Psi^\mathrm{T} \alpha$. 注意到这个可以与一个显式的特征空间表示相关 (即 Ψ 的每一行对应着相应的数据点在 $\mathbb{R}^n$ 中的特征). 对于岭回归, 目标函数的黑塞矩阵为 $\frac{1}{n} \Psi^\mathrm{T} \Psi + \lambda I$, 这是良定义的, 它的最小特征值比 λ 要大, 因此直接被正则化控制.

有几种方式可以用来计算 K 的平方根 (通过楚列斯基分解或者奇异值分解), 运行时间 $O(m^2 n)$.

列采样 平方根的近似是一个非常有用的工具, 在各种算法中, 当 $K \approx K(V, I) K(I, I)^{-1} K(I, V)$ 时, 可以通过 K 中的部分元素来估计 K. $K(A, B)$ 为抽取 K 中的元素构成 K 的子阵, 其中 $A \subset \{1, 2, \cdots, n\}$ 为子阵对应 K 中的行数, $B \subset \{1, 2, \cdots, n\}$ 为子阵对应 K 中的列数, $V = \{1, 2, \cdots, n\}$. 看下面这个例子, 令 $I = \{1, 2, \cdots, m\}$, 对核矩阵进行划分.

这对应于近似平方根 $\Psi = K(V, I) K(I, I)^{-1/2} \in \mathbb{R}^{n \times m}$, $m = |I|$, 这可以在 $O(m^2 n)$ 内的时间计算出来 (不需要计算整个核矩阵). 这样算法的复杂度是 $O(m^2 n)$ 而不是 $O(n^3)$ (当使用矩阵求逆进行岭回归时, 对于更快的算法见下文), 因此与 n 是线性关系.

这种近似技术被称为 "Nyström 近似", 可以在随机选择列时进行分析.

随机特征 有些有特殊形式的核可以导出特定的近似方式, 即

$$k(x, x') = \int_V \varphi(x, v) \varphi(x', v) \mathrm{d}\mu(v),$$

μ 是一些空间 V 上的概率分布, $\varphi(x, v) \in \mathbb{R}$. 然后通过经验平均值来近似期望:

$$\hat{k}(x, x') = \frac{1}{m} \sum_{i=1}^{m} \varphi(x, v_i) \varphi(x', v_i),$$

v_i 是从 μ 中独立同分布采样的. 我们可以使用一个显式的特征表示 $\varphi(x) = \left(\frac{1}{\sqrt{m}} (x, v_i) \right)_{i \in \{1, 2, \cdots, m\}}$, 求解

$$\min_{\beta \in \mathbb{R}^m} \frac{1}{n} \sum_{i=1}^{n} l(y_i, \hat{\varphi}(x_i)^\mathrm{T} \beta) + \frac{\lambda}{2} \|\beta\|_2^2.$$

为了让这种近似方式有意义, 随机特征的个数 m 需要明显小于 n, 这在实践中通常是足

够的.

注 降维必须是独立于输入数据执行的 (即在观察数据之前选择随机特征函数 $\varphi(\cdot, v_i)$), 而不是进行列采样, 列采样是一种依赖于数据的降维方案.

两个经典例子如下所示.

(1) **平移不变核** $k(x,y) = q(x-y) = \dfrac{1}{(2\pi)^d} \displaystyle\int_{\mathbb{R}^d} \hat{q}(\omega) \mathrm{e}^{\mathrm{i}\omega^{\mathrm{T}}(x-y)} \mathrm{d}\omega$, $\varphi(x,\omega)$ 可以取 $\sqrt{q(0)} \mathrm{e}^{\mathrm{i}\omega^{\mathrm{T}} x} \in \mathbb{C}$, ω 是从密度为 $\dfrac{1}{(2\pi)^d} \dfrac{\hat{q}(\omega)}{q(0)}$ 的分布中采样的, 这是一个针对高斯核的高斯分布. 也可以利用 $\sqrt{2} \cos(\omega^{\mathrm{T}} x + b)$ 在 $[0, 2\pi]$ 中均匀采样 b 次来使用一个实数特征 (代替复数).

(2) **随机权重的神经网络** 我们可以从一个期望开始, 其中采样的特征是经典的. $\varphi(x,v) = \sigma(v^{\mathrm{T}} x)$, 其中 σ 是 $\mathbb{R} \to \mathbb{R}$ 的函数, 例如 σ 可为 ReLU 函数, 即 $\sigma(\alpha) = \max\{0, \alpha\}$, v 是在球体上进行均匀采样得到, 我们有 $k(x, x') = \dfrac{\|x\|_2 \|x'\|_2}{2(d+1)\pi} [(\pi - \eta)\cos\eta + \sin\eta]$ (证明留作练习), 其中 $\cos\eta = \dfrac{x^{\mathrm{T}} x'}{\|x\|_2 \|x'\|_2}$. 因此我们可以把一个具有大量隐藏神经元的并且输入权重是随机、没有优化过的神经网络看作一个核方法.

对偶算法 对于接下来的两个算法, 我们回到 $f(x) = \langle \varphi(x), \theta \rangle$, $\theta \in H$, 这样会更方便. 为了解决 $\min\limits_{\theta \in H} \dfrac{1}{n} \sum\limits_{i=1}^{n} l(y_i, \langle \varphi(x_i), \theta \rangle) + \dfrac{\lambda}{2} \|\theta\|^2$, 其中损失函数对于第二个变量是凸的. 通过以下方式可以导出该问题的拉格朗日对偶. 首先将该问题重新表述为约束问题

$$\min_{\theta \in H} \frac{1}{n} \sum_{i=1}^{n} l(y_i, \langle \varphi(x_i), \theta \rangle) + \frac{\lambda}{2} \|\theta\|^2 = \min_{\theta \in H, u \in \mathbb{R}^n} \frac{1}{n} \sum_{i=1}^{n} l(y_i, u_i) + \frac{\lambda}{2} \|\theta\|^2$$

使得 $\forall i \in \{1, 2, \cdots, n\}$, $\langle \varphi(x_i), \theta \rangle = u_i$ 成立.

根据拉格朗日对偶性, 该问题等价于 (为方便起见, 在 α_i 前面乘上 λ)

$$\max_{\alpha \in \mathbb{R}^n} \min_{\theta \in H, u \in \mathbb{R}^n} \frac{1}{n} \sum_{i=1}^{n} l(y_i, u_i) + \frac{\lambda}{2} \|\theta\|^2 + \lambda \sum_{i=1}^{n} \alpha_i (u_i - \langle \varphi(x_i), \theta \rangle)$$

$$= \max_{\alpha \in \mathbb{R}^n} \left\{ \frac{1}{n} \sum_{i=1}^{n} \min_{u_i \in \mathbb{R}^n} \{l(y_i, u_i) + n\lambda \alpha_i u_i\} + \min_{\theta \in H} \left\{ \frac{\lambda}{2} \|\theta\|^2 - \lambda \sum_{i=1}^{n} \alpha_i \langle \varphi(x_i), \theta \rangle \right\} \right\}$$

$$= \max_{\alpha \in \mathbb{R}^n} \frac{1}{n} \sum_{i=1}^{n} \min_{u_i \in \mathbb{R}} \{l(y_i, u_i) + n\lambda \alpha_i u_i\} - \frac{1}{2\lambda} \left\| \sum_{i=1}^{n} \alpha_i \varphi(x_i) \right\|^2 \quad \left(\theta = \sum_{i=1}^{n} \alpha_i \varphi(x_i) \right)$$

$$= \max_{\alpha \in \mathbb{R}^n} \frac{1}{n} \sum_{i=1}^{n} \min_{u_i \in \mathbb{R}} \{l(y_i, u_i) + n\lambda \alpha_i u_i\} - \frac{1}{2\lambda} \alpha^{\mathrm{T}} K \alpha,$$

其中 $\theta = \sum\limits_{i=1}^{n} \alpha_i \varphi(x_i)$ 为最优点. 因为函数 $\alpha_i \mapsto \min\limits_{u_i \in \mathbb{R}} \{l(y_i, u_i) + n\lambda \alpha_i u_i\}$ 是凹的 (作为仿射函数的极小值), 这是一个凹最大化问题.

注意到和表示定理的相似性 (存在 $\alpha \in \mathbb{R}^n$ 使得 $\theta = \sum_{i=1}^{n} \alpha_i \varphi(x_i)$) 和不同性 (一个是最小化问题, 另一个是最大化问题). 并且, 当损失函数平滑时, 可以证明函数 $\alpha_i \mapsto \min_{u_i \in \mathbb{R}} \{l(y_i, u_i) + n\lambda \alpha_i u_i\}$ 是一个强凹函数, 因此优化起来相对简单 (相关的条件数更小).

随机梯度下降　当最小化一个期望

$$\min_{\theta \in H} \mathbb{E}[l(y, \langle \varphi(x), \theta \rangle)] + \frac{\lambda}{2}\|\theta\|^2.$$

随机梯度下降算法可以导出迭代算法

$$\theta_t = \theta_{t-1} - \gamma_t [l'(y_t, \langle \varphi(x_t), \theta_{t-1} \rangle)\varphi(x_t) + \lambda \theta_{t-1}],$$

(x_t, y_t) 是服从定义该期望的分布的独立同分布样本, l' 是对第二个变量的偏导.

当初始化 $\theta_0 = 0$ 时, θ_t 是所有 $\varphi(x_i), i = 1, 2, \cdots, t$ 的线性组合, 因此可得

$$\theta_t = \sum_{i=1}^{t} \alpha_i^{(t)} \varphi(x_i).$$

$\alpha^{(0)} = 0, \alpha$ 的迭代公式为

$$\forall i \in \{1, 2, \cdots, t-1\}, \quad \alpha_i^{(t)} = (1 - \gamma_t \lambda)\alpha_i^{(t-1)},$$

$$\alpha_t^{(t)} = -\gamma_t l' \left(y_t, \sum_{i=1}^{t-1} \alpha_i^{(t-1)} \right) k(x_t, x_i).$$

t 次迭代要进行 $O(t^2)$ 次核计算. 更准确地说, 如果损失函数是 G-Lipschitz 连续的, 那么对于 $F(\theta) = \mathbb{E}[l(y, \langle \varphi(x), \theta \rangle)] + \frac{\lambda}{2}\|\theta\|^2$, 可以得到对于平均迭代参数 $\bar{\theta}_t$,

$$\mathbb{E}[F(\bar{\theta}_t)] - \inf_{\theta \in H} F(\theta) \leqslant \frac{G^2 R^2}{\lambda t}.$$

当 $t = n$, 进行单步迭代时, $F(\theta)$ 表示正则化期望风险, 我们可以得到一个泛化边界从而导出 $\mathbb{E}[\mathcal{R}(f_{\bar{\theta}_t})] \leqslant \frac{G^2 R^2}{\lambda n} + \inf_{f \in H}\{\mathcal{R}(f) + \frac{\lambda}{2}\|f\|_H^2\}$. 这些界限与 5.5 节中的界限 (假设可用正则化经验风险最小值) 类似.

线性算法的 "核心化"　除了监督学习之外, 许多无监督学习算法都可以被 "核心化", 如主成分分析、K 均值或典型相关分析. 这些算法只能使用观测值之间的点积矩阵, 可以在特征变换 $\varphi: X \to H$ 之后应用, 并且仅使用核函数 $k(x, x') = \langle \varphi(x), \varphi(x') \rangle$ 隐式运行.

5.5　Lipschitz 连续的损失函数

在这一节中, 我们考虑一个 G-Lipschitz 连续的损失函数, 考虑一个带约束的问题, 解为 $\hat{f}_D^{(c)}$:

$$\min_{f \in H} \frac{1}{n} \sum_{i=1}^{n} l(y_i, f(x_i)), \|f\|_H \leqslant D,$$

以及下面的这个正则化问题, 它的唯一解为 $\hat{f}_\lambda^{(r)}$:

$$\min_{f \in H} \frac{1}{n} \sum_{i=1}^{n} l(y_i, f(x_i)) + \frac{\lambda}{2} \|f\|_H^2.$$

我们用 $\mathcal{R}(f) = \mathbb{E}[l(y, f(x))]$ 来表示期望风险, f^* 表示 $\mathcal{R}(f)$ 取得最小值的一个点 (假设是平方可积的). 假设 $k(x, x) \leqslant R^2$ 几乎总是成立.

我们可以首先将超额风险和 $f - f^*$ 的 ℓ_2-范数相关联,

$$\mathcal{R}(f) - \mathcal{R}(f^*) \leqslant \mathbb{E}[|l(y, f(x)) - l(y, f^*(x))|] \leqslant G\mathbb{E}[|f(x) - f^*(x)|]$$

$$\leqslant G\sqrt{\mathbb{E}[|f(x) - f^*(x)|^2]} = G\|f - f^*\|_{\ell_2(p)},$$

即超额风险被 $f - f^*$ 的 $\ell_2(p)$-范数所控制. 对于 $X = \mathbb{R}^d$, 相对于勒贝格测度具有有界密度的概率测度, 我们已经证明了 $\|f\|_{\ell_2(p)} \leqslant \left\|\dfrac{\mathrm{d}p}{\mathrm{d}x}\right\|_\infty^{1/2} \|f\|_{L_2(\mathbb{R}^d)}$, 所以可以使用 $G\left\|\dfrac{\mathrm{d}p}{\mathrm{d}x}\right\|_\infty^{1/2} \|f - f^*\|_{L_2(\mathbb{R}^d)}$ 来代替 $G\|f - f^*\|_{\ell_2(p)}$.

风险分解 **带约束问题** 基于 Rademacher 复杂度, 我们可以得出估计误差的上界被 $\dfrac{2GDR}{\sqrt{n}}$ 限制, 从而得出

$$\mathbb{E}[\mathcal{R}(\hat{f}_D^{(c)})] - \mathcal{R}(f^*) \leqslant \frac{2GDR}{\sqrt{n}} + G\inf_{\|f\|_H \leqslant D} \|f - f^*\|_{\ell_2(p)}$$

(第一项是估计误差, 第二项是逼近误差).

为了找到最优的 D (为了平衡估计误差和逼近误差), 我们可以使用拉格朗日对偶性 (下面引入对偶参数 $G\sqrt{\mu}$) 来最小化关于 D 的界限

$$\inf_{D \geqslant 0} \frac{2GRD}{\sqrt{n}} + G\inf_{\|f\|_H \leqslant D} \|f - f^*\|_{\ell_2(p)}$$

$$= \inf_{D \geqslant 0} \frac{2GRD}{\sqrt{n}} + G\sup_{\mu \geqslant 0} \inf_{f \in H} \|f - f^*\|_{\ell_2(p)} + G\sqrt{\mu}(\|f\|_H - D)$$

$$\leqslant \sup_{\mu \geqslant 0} \inf_{D \geqslant 0} GD\left[\frac{2R}{\sqrt{n}} - \sqrt{\mu}\right] + 2G\sqrt{\inf_{f \in H}\{\|f - f^*\|_{\ell_2(p)}^2 + \mu\|f\|_H^2\}}$$

$$= 2\sup_{\mu \geqslant 0} G\sqrt{\inf_{f \in H}\{\|f - f^*\|_{\ell_2(p)}^2 + \mu\|f\|_H^2\}}$$

$$\leqslant 2G\sqrt{\inf_{f \in H}\{\|f - f^*\|_{\ell_2(p)}^2 + \frac{4R^2}{n}\|f\|_H^2\}}\mu^* = \frac{4R^2}{n}.$$

注意到 $\mu^* = 4R^2$ 是先验的而不是用于算法的正则化参数, 该算法将导致我们在下面描述的速率. 从这样的 μ^* 出发, 还有对应的最优的 f, D 的值为 $\|f\|_H$ (为实现该边界的一个好的正则化参数和 $1/\sqrt{n}$ 成比例).

总之, 我们需要了解当 λ 趋于 0 时,

$$A(\lambda, f^*) = \inf_{f \in H}\{\|f - f^*\|_H^2\}$$

是如何趋于 0 的. 可能出现下面几种情况.

(1) 如果目标函数 $f^* \in H$, 那么 $A(\lambda, f^*) = \lambda \|f^*\|_H^2$, 因此 $A(\lambda, f^*)$ 是 $O(\lambda)$ 趋于 0. 这个是最好的情况, 要求目标函数足够规则 (至少在 $X = \mathbb{R}^d$ 中 $d/2$ 阶可导). 那么使用 $\lambda = 4R^2/n$, 总体的超额风险为 $O(1/\sqrt{n})$ 趋于 0.

(2) 目标函数 $f^* \notin H$, 但是可以通过 H 中的元素在 $\ell_2(p)$ 范数下进行逼近. 换句话说, 使用 $\ell_2(p)$ 范数, f^* 在 H 的闭包中. 这种情况下, 随着 λ 趋于 0, $A(\lambda, f^*)$ 趋于 0, 但是如果没有进一步的假设, 就没有显式的速率保证.

(3) 用 $\Pi_{\bar{H}}$ 表示 f^* 在 H 闭包上的 $\ell_2(p)$ 中的正交投影, $A(\lambda, f^*) = A(\lambda, \Pi_{\bar{H}}(f^*)) + \|f^* - \Pi_{\bar{H}}(f^*)\|_{\ell_2(p)}^2$, 由于选择的函数空间不够大, 这里有不可缩小的误差.

正则化问题　对于正则化问题, 我们可以使用第 2 章中的定理中的边界

$$\mathbb{E}[\mathcal{R}(\hat{f}_\lambda^{(r)})] - \mathcal{R}(f^*) \leqslant \frac{32G^2R^2}{\lambda n} + \inf_{f \in H} \left\{ G\|f - f^*\|_{\ell_2(p)} + \frac{\lambda}{2}\|f\|_H^2 \right\}.$$

我们现在可以对于 λ 来最小化这个边界, 令 $\lambda^* = \dfrac{8RG}{\sqrt{n}}$ 来达到这个边界

$$G \inf_{f \in H} \left\{ \|f - f^*\|_{\ell_2(p)} + \frac{8R}{\sqrt{n}}\|f\|_H \right\} \leqslant 2G \sqrt{\inf_{f \in H} \left\{ \|f - f^*\|_{\ell_2(p)}^2 + \frac{64R^2}{n}\|f\|_H^2 \right\}}.$$

这个边界与约束问题的边界相同, 但适用于实践中更常用的优化问题.

平移不变核在 $\mathbb{R}^d$ 上的逼近误差　首先分析平移不变核的逼近误差. 给定分布 $\mathrm{d}p(x)$, 目标是计算

$$A(\lambda, f^*) = \inf_{f \in H} \|f - f^*\|_{\ell_2(p)}^2 + \lambda\|f\|_H^2,$$

这里 f^* 是目标函数, 假设是平方可积的. 如果对于任意固定的 f^*, 当 λ 趋于 0 时, $A(\lambda, f^*)$ 也趋于 0, 那么基于核的监督学习导出了普遍一致的算法.

假设 $\|f - f^*\|_{\ell_2(p)}^2 \leqslant C\|f - f^*\|_{L_2(\mathbb{R}^d)}^2$ (这里 $\mathrm{d}p/\mathrm{d}x$ 是 p 的密度). 此外为了简单起见, 我们假设 $\|f^*\|_{L_2(\mathbb{R}^d)}$ 是有限的 (即 f^* 不允许在无穷处发散). 我们现在给出一个边界

$$\widetilde{A}(\lambda, f^*) = \inf_{f \in H} \|f - f^*\|_{L_2(\mathbb{R}^d)}^2 + \lambda\|f\|_H^2.$$

记住 $A(\lambda, f^*) \leqslant C\widetilde{A}(\lambda/C, f^*)$. 如果 $f^* \in H$ (最佳情况), 那么 $\widetilde{A}(\lambda, f^*) = \lambda\|f\|_H^2$.

显式近似　对于平移不变核的范数 $\|\cdot\|_H$, 我们已经有了一个显式的公式 $\|f\|_H^2 = \dfrac{1}{(2\pi)^d} \int_{\mathbb{R}^d} \dfrac{|\hat{f}(\omega)|^2}{\hat{q}(\omega)} \mathrm{d}\omega$, 因此

$$\widetilde{A}(\lambda, f^*) = \inf_{\hat{f} \in L_2(\mathbb{R}^d)} \frac{1}{(2\pi)^d} \int_{\mathbb{R}^d} \left[|\hat{f}(\omega) - \hat{f}^*(\omega)|^2 + \lambda \frac{|\hat{f}(\omega)|^2}{\hat{q}(\omega)} \right] \mathrm{d}\omega.$$

这里可以对每个 ω 独立执行优化, 这是一个二次问题. 设相对于 $\hat{f}(\omega)$ 的导数为 0 导出 $0 = 2(\hat{f}(\omega) - \hat{f}^*(\omega)) + 2\lambda \dfrac{\hat{f}(\omega)}{\hat{q}(\omega)}$, 因此 $\hat{f}_\lambda(\omega) = \dfrac{\hat{f}^*(\omega)}{1 + \lambda\hat{q}(\omega)^{-1}}$. 就目标函数而言, 得到

$$\widetilde{A}(\lambda, f^*) = \frac{1}{(2\pi)^d} \int_{\mathbb{R}^d} \left[|\hat{f}^*(\omega)|^2 \left(1 - \frac{1}{1 + \lambda \hat{q}(\omega)^{-1}} \right) \right] \mathrm{d}\omega = \frac{1}{(2\pi)^d} \int_{\mathbb{R}^d} \left[|\hat{f}^*(\omega)|^2 \frac{\lambda}{\hat{q}(\omega) + \lambda} \right] \mathrm{d}\omega.$$

当 λ 趋于 0 时, 可以看到对每一个 ω, $\hat{f}_\lambda(\omega)$ 趋于 $\hat{f}(\omega)$. 根据控制收敛定理, 当 λ 趋于 0 时, $\widetilde{A}(\lambda, f^*)$ 趋于 0.

如果没有进一步的假设, 就不可能得到收敛速度. 然而, 当假设 f^* 具有一些正则性质时, 这是有可能的.

索伯列夫空间　如果假设

$$\frac{1}{(2\pi)^d} \int_{\mathbb{R}^d} (1 + \|\omega\|_2^2)^t |\hat{f}^*(\omega)|^2 \mathrm{d}\omega < +\infty, \tag{5.5}$$

对某些 $t > 0$ 成立, 即 f^* 的平方可积的偏导数可以达到 t 阶, 那么可以得到新的边界

$$\widetilde{A}(\lambda, f^*) \leqslant \frac{1}{(2\pi)^d} \int_{\mathbb{R}^d} (1 + \|\omega\|_2^2)^t |\hat{f}^*(\omega)|^2 \mathrm{d}\omega \times \sup_{\omega \in \mathbb{R}^d} \left\{ \frac{\lambda}{\hat{q}(\omega) + \lambda} \frac{1}{(1 + \|\omega\|_2^2)^t} \right\}.$$

如果现在假设 $\hat{q}(\omega) \propto (1 + \|\omega\|_2^2)^{-s}$ (Matern 核), $s > d/2$ 得到一个再生核希尔伯特空间, 那么当 $t \geqslant s$, $f^* \in H$, 可得 $\widetilde{A}(\lambda, f^*) = \lambda \|f^*\|_H^2$. 如果 $t < s$, f^* 不在再生核希尔伯特空间中, 那么我们得到一个边界, 和以下的式子成比例 (使用 $a + b \geqslant \frac{t}{s} a + (1 - \frac{t}{s})b \geqslant a^{t/s} b^{1-t/s}$)

$$\sup_{\omega \in \mathbb{R}^d} \left\{ \frac{\lambda}{\hat{q}(\omega) + \lambda} \frac{1}{(1 + \|\omega\|_2^2)^t} \right\} \leqslant \sup_{\omega \in \mathbb{R}^d} \left\{ \frac{\lambda}{\hat{q}(\omega)^{t/s} \lambda^{1-t/s}} \frac{1}{(1 + \|\omega\|_2^2)^t} \right\} = O(\lambda^{t/s}).$$

若对 f^* 的假设不变, 试对高斯核找到一个 $\widetilde{A}(\lambda, f^*)$ 的上界.

因此, 对于 Lipschitz 连续的损失函数和满足式 (5.5) 的目标函数, 当 $t \leqslant s$ 时, 我们得到一个

$$\sqrt{\widetilde{A}(R^2/n, f^*)} = O \left(\frac{1}{n^{t/(2s)}} \right)$$

阶的期望额外风险.

例如, 当 $t = 1$ 时, 即假设仅有一阶导数是平方可积的, 那么对于 $s = d/2 + 1/2$ (指数核), 我们得到 $O \left(\frac{1}{n^{1/(d+1)}} \right)$ 的收敛速率, 与使用局部平均技术获得的速率相似 (注意这里我们设置损失函数是 Lipschitz 连续, 这会导致更差的速率). 所以核方法无法逃脱维数的魔咒 (这是无法避免的). 然而, 通过适当选择正则化参数, 可以从目标函数的额外平滑性中获益: 在非常有利的情况下, 当 $f^* \in H$, 即 $t \geqslant s$ 时, 我们获得了一个和维数无关的速率 $1/\sqrt{n}$. 在中间的情况下, 速率介于两者之间. 这就是为什么核方法可以适应目标函数的平滑度.

近似边界　在一些分析设置中, 需要用最小可能的 RKHS 范数的元素 f 来近似某些 f^*, 并且 $\|f - f^*\| \leqslant \varepsilon$, 这可以按如下方式进行.

$A(\lambda, f^*) = \int_{f \in H} \{ \|f - f^*\|_{\ell_2(p)}^2 + \lambda \|f\|_H^2 \}$ 的一个具有形式 $c\lambda^\alpha$ 的边界导出如下的边界

$$\inf_{f \in H} \|f\|_H^2 \quad \text{s.t.} \quad \|f - f^*\|_{\ell_2(p)} \leqslant \varepsilon$$

$$= \inf_{f \in H} \sup_{\mu \geqslant 0} \|f\|_H^2 + \mu(\|f - f^*\|_{\ell_2(p)}^2 - \varepsilon^2)$$

$$= \sup_{\mu \geqslant 0} \mu A(\mu^{-1}, f^*) - \mu \varepsilon^2 \leqslant \sup_{\mu \geqslant 0} \mu c \mu^{-\alpha} - \mu \varepsilon^2.$$

那么最优的 μ 可以导出 $(1 - \alpha)c\mu^{-\alpha} = \varepsilon^2$, 导出了一个近似边界, 该边界和 $\varepsilon^{2(1-1/\alpha)} = \varepsilon^{-2(1-\alpha)/\alpha}$ 成比例.

像之前一样令 $\alpha = t/s$, 得到一个 RKHS 范数, 和 $\varepsilon^{-(1-\alpha)/\alpha}$ 成比例, 从而得到一个比 $\|f - f^*\|_{L_2(\mathbb{R}^d)}$ 小的误差. 因此当 $t = 1$ (目标函数的一阶导数) 和 $s > d/2$ (对于索伯列夫核) 时, 我们得到一个范数, 范数的阶数为 $\varepsilon^{-(1/\alpha-1)} = \varepsilon^{-(s-1)} \geqslant \varepsilon^{-d/2+1}$, 这也将导致维数爆炸, 是形成维数魔咒的另一种方式.

5.6　岭回归的理论分析

在本节中, 我们为内核方法中使用的岭回归提供了更精细的结果, 主要存在三个困难:

(1) 我们从固定设定转向随机设定, 这将需要更精细的概率参数来关联总体和经验协方差算子;

(2) 我们需要进入无限维度, 就符号而言, 这意味着不使用矩阵的转置, 而是使用点积, 这是一个小修改;

(3) 对于 $\theta \in H$ 参数化的线性函数的期望风险, 达到下确界的可能不是 H 中的元素, 而是 H 在 $\ell_2(p)$ 中的闭包中的元素, 这一点很重要, 因为这需要使用一个可能更大的函数集, 所以需要更加小心.

作为线性估计器的核岭回归　我们考虑 n 个独立同分布的观测值 $(x_i, y_i) \in X \times \mathbb{R}$, 旨在最小化

$$\frac{1}{n} \sum_{i=1}^{n} (y_i - f(x_i))^2 + \lambda \|f\|_H^2.$$

岭回归估计器是一个 "线性" 估计器, 线性依赖于响应向量 (通常在 x 中是非线性的). 实际上, 使用表示定理可知, 估计器是 $f(x) = \sum_{i=1}^{n} \alpha_i k(x, x_i)$, $\alpha \in \mathbb{R}^n$ 定义为 $\alpha = (K + n\lambda I)^{-1} y$, 这里 $K \in \mathbb{R}^{n \times n}$ 是核矩阵. 那么我们可以得到

$$f(x) = \sum_{i=1}^{n} \hat{\omega}_i(x) y_i,$$

这里 $\hat{\omega}(x) = (K + n\lambda I)^{-1} q(x) \in \mathbb{R}^n$, $q(x) \in \mathbb{R}^n$ 定义为 $q_i(x) = k(x, x_i)$. 平滑矩阵 H 定义为 $H = K(K + n\lambda I)^{-1}$.

和局部平均的主要差别在于: ①权重之和不等于 1, 即 $\sum_{i=1}^{n} \hat{\omega}_i(x)$ 和 1 不同; ②权重没有限制为非负. 第一个差异可以通过中心化消除, 第二个差别更加基础: 允许权重为负从而得到平滑性, 但局部平均方法不行.

方差和偏差分解　对固定设定有限维情况的额外分析　在第 3 章中, 考虑了固定设定下的

岭回归 (假设输入数据是确定的) 和一个有限维特征空间 H, 得到了岭回归估计函数 $\hat{\theta}_\lambda$ 的超额风险的精确表示, 假设 $y_i = \langle \theta_*, \varphi(x_i) \rangle \varepsilon_i$, ε_i 和 x_i 无关, $\mathbb{E}[\varepsilon_i^2] = \sigma^2$,

$$\mathbb{E}[(\hat{\theta}_\lambda - \theta_*)^\mathrm{T} \widehat{\Sigma}(\hat{\theta}_\lambda - \theta_*)] = \lambda^2 \theta_*^\mathrm{T} (\widehat{\Sigma} + \lambda I)^{-2} \widehat{\Sigma} \theta_* + \frac{\sigma^2}{n} \mathrm{tr}[\widehat{\Sigma}^2 (\widehat{\Sigma} + \lambda I)^{-2}]. \tag{5.6}$$

对于随机设定的假设 (是机器学习通常的设定), 我们首先需要获得经验风险的值. 并且, 为了应用于无限维的 H, 其中最小化的元素可能有无穷范数, 因此我们需要替换矩阵表示的方法.

模型假设 假设对一些目标函数 $f^* \in \ell_2(p)$,

$$y_i = f^*(x_i) + \varepsilon_i.$$

为了简单起见, 假设 $\mathbb{E}(\varepsilon_i | x_i) = 0$, $\mathbb{E}(\varepsilon_i^2 | x_i) \leqslant \sigma^2$ 几乎处处成立, 这样 $f^*(x) = \mathbb{E}[y|x]$ 是 $y|x$ 的条件期望.

注意目标函数 f^* 可能不在 H 中, 所有的点积结果将始终在 H 中, 但对于范数, 我们将指定相应的空间.

我们因此考虑优化问题

$$\min_{f \in H} \frac{1}{n} \sum_{i=1}^{n} (y_i - f(x_i))^2 + \lambda \|f\|_H^2. \tag{5.7}$$

注意核方法的理论分析通常不涉及从表示定理获得的参数 $\alpha \in \mathbb{R}^n$.

有从 H 到 H 的自共轭算子 $\widehat{\Sigma} = \frac{1}{n} \sum_{i=1}^{n} \varphi(x_i) \otimes \varphi(x_i)$, 一个代价函数等于

$$\frac{1}{n} \sum_{i=1}^{n} y_i^2 + \langle f, \widehat{\Sigma} f \rangle - 2 \left\langle \frac{1}{n} \sum_{i=1}^{n} y_i \varphi(x_i), f \right\rangle + \lambda \langle f, f \rangle.$$

导出满足式 (5.7) 的

$$\hat{f}_\lambda = (\widehat{\Sigma} + \lambda I)^{-1} \frac{1}{n} \sum_{i=1}^{n} \sum_{i=1}^{n} y_i \varphi(x_i) = (\widehat{\Sigma} + \lambda I)^{-1} \frac{1}{n} \sum_{i=1}^{n} f^*(x_i) \varphi(x_i) + (\widehat{\Sigma} + \lambda I)^{-1} \frac{1}{n} \sum_{i=1}^{n} \varepsilon_i \varphi(x_i).$$

现在计算超额风险, 它等于 $\mathbb{E}[\|\hat{f}_{\lambda - f^*}\|_{\ell_2(p)}^2]$, 利用 $\mathbb{E}(\varepsilon_i | x_i) = 0$, 有

$$\mathbb{E}[\|\hat{f}_\lambda - f^*\|_{\ell_2(p)}^2]$$
$$= \mathbb{E}\left[\left\| (\widehat{\Sigma} + \lambda I)^{-1} \frac{1}{n} \sum_{i=1}^{n} \sum_{i=1}^{n} \varepsilon_i \varphi(x_i) \right\|_{\ell_2(p)}^2 \right] + \mathbb{E}\left[\left\| (\widehat{\Sigma} + \lambda I)^{-1} \frac{1}{n} \sum_{i=1}^{n} f^*(x_i) \varphi(x_i) - f^* \right\|_{\ell_2(p)}^2 \right].$$

第一项是通常的方差项 (这取决于最优预测之上的噪声); 而第二项是偏差项 (这依赖于目标函数的正则性). 在给出概率的验证之前, 我们先给出了这两项的简化上界. 在非中心经验协方差算子 $\widehat{\Sigma} = \frac{1}{n} \sum_{i=1}^{n} \varphi(x_i) \otimes \varphi(x_i)$ 的基础上, 我们将需要它的期望, 即协方差算子 (从 H 到 H)

$$\sum = \mathbb{E}[\varphi(x) \otimes \varphi(x)].$$

对于 x_i 的相应分布. 一个关联 RKHS 范数和 $\ell_2(p)$ 范数的重要性质是: 对于 $g \in H$,

$$\|g\|_{\ell_2(p)}^2 = \int_X \langle g(x) \rangle^2 \mathrm{d}p(x) = \int_X \langle g, \varphi(x) \rangle^2 \mathrm{d}p(x)$$

$$= \int_X \langle g, \varphi(x) \otimes \varphi(x)g \rangle \mathrm{d}p(x) = \langle g, \Sigma g \rangle = \|\Sigma^{1/2}g\|_H^2. \tag{5.8}$$

方差项　方差为 $\mathbb{E}\left[\left\|(\widehat{\Sigma} + \lambda I)^{-1} \dfrac{1}{n} \sum\limits_{i=1}^{n} \varepsilon_i \varphi(x_i)\right\|_{\ell_2(p)}^2\right]$，方差项有如下的上界 (首先使用变量

ε 的独立性和零均值). 下面, 我们使用对称矩阵的性质: $A \leqslant 0, B \leqslant C$, 则有 $\mathrm{tr}[AB] = \mathrm{tr}[AC]$:

$$\mathbb{E}\left[\left\|(\widehat{\Sigma} + \lambda I)^{-1} \frac{1}{n} \sum_{i=1}^{n} \varepsilon_i \varphi(x_i)\right\|_{\ell_2(p)}^2\right]$$

$$= \frac{1}{n^2} \sum_{i=1}^{n} \mathbb{E}\left[\mathrm{tr}\left((\widehat{\Sigma} + \lambda I)^{-1} \sum (\widehat{\Sigma} + \lambda I)^{-1} \varepsilon_i^2 \varphi(x_i) \otimes \varphi(x_i)\right)\right]$$

$$\leqslant \frac{\sigma^2}{n} \mathbb{E}\left[\mathrm{tr}\left((\widehat{\Sigma} + \lambda I)^{-1} \Sigma (\widehat{\Sigma} + \lambda I)^{-1} \widehat{\Sigma}\right)\right]$$

$$\leqslant \frac{\sigma^2}{n} \mathbb{E}\left[\mathrm{tr}\left((\widehat{\Sigma} + \lambda I)^{-1} \Sigma\right)\right]. \tag{5.9}$$

这是稍后我们将用来进行约束的主要的表达式.

偏差项　我们首先假设 $f^* \in H$, 即模型是良定义的. 然后可以写出 $f^*(x_i) = \langle f^*, \varphi(x_i) \rangle$ (这有可能是因为 $f^* \in H$), 这个偏差项等于

$$\mathbb{E}\left[\left\|(\widehat{\Sigma} + \lambda I)^{-1} \frac{1}{n} \sum_{i=1}^{n} f^*(x_i) \varphi(x_i) - f^*\right\|_{\ell_2(p)}^2\right]$$

$$= \mathbb{E}\left[\left\|(\widehat{\Sigma} + \lambda I)^{-1} \frac{1}{n} \sum_{i=1}^{n} \langle f^*, \varphi(x_i) \rangle \varphi(x_i) - f^*\right\|_{\ell_2(p)}^2\right]$$

$$= \mathbb{E}\left[\left\|(\widehat{\Sigma} + \lambda I)^{-1} \widehat{\Sigma} f^* - f^*\right\|_{\ell_2(p)}^2\right]$$

$$= \mathbb{E}\left[\left\|\lambda \Sigma^{1/2} (\widehat{\Sigma} + \lambda I)^{-1} f^*\right\|_H^2\right] = \lambda^2 \mathbb{E}\left[\langle f^*, (\widehat{\Sigma} + \lambda I)^{-1} \Sigma (\widehat{\Sigma} + \lambda I)^{-1} f^* \rangle\right].$$

这是稍后我们将用来进行约束的主要的表达式.

超额风险的上界　如下述命题展示.

命题 5.2

　　当 $f^* \in H$ 时, 岭回归估计函数的超额风险的上限为

$$\mathbb{E}\left[\|\hat{f}_\lambda - f^*\|_{\ell_2(p)}^2\right] \leqslant \frac{\sigma^2}{n} \mathbb{E}\left[\mathrm{tr}\left((\widehat{\Sigma} + \lambda I)^{-1} \Sigma\right)\right] + \lambda^2 \mathbb{E}\left[\langle f^*, (\widehat{\Sigma} + \lambda I)^{-1} \Sigma (\widehat{\Sigma} + \lambda I)^{-1} f^* \rangle\right].$$

$$\tag{5.10}$$

得到上述期望方差和期望偏差的表达式后, 我们注意到, 经验协方差算子和期望协方差算子都出现了, 并且用期望协方差算子代替经验协方差算子很重要. 利用额外的乘法因子, 这是有可能的, 我们接下来会讨论这一点. 然后我们将分别得到这两项的上界并说明如何平衡它们来得到更好的学习边界.

关联经验协方差算子和总体协方差算子 我们通过以下处理期望的引理, 导出了经验协方差算子 $\widehat{\Sigma}$ 和总体协方差算子 Σ 之间的简单关系.

引理 5.1

假设独立同分布的数据 $x_1, x_2, \cdots, x_n \in X$, 有界映射 $\|\varphi(x)\|_H \leqslant R, \forall x \in X$; 可以得到, 对任意 $g \in H$:

$$\mathbb{E}\left[\operatorname{tr}\left((\widehat{\Sigma} + \lambda I)^{-1}\Sigma\right)\right] \leqslant \left(1 + \frac{R^2}{\lambda n}\right)\operatorname{tr}\left((\Sigma + \lambda I)^{-1}\Sigma\right), \tag{5.11}$$

$$\mathbb{E}\left[\langle g, (\widehat{\Sigma} + \lambda I)^{-1}\Sigma(\widehat{\Sigma} + \lambda I)^{-1}g\rangle\right] \leqslant \lambda^{-1}\left(1 + \frac{R^2}{\lambda n}\right)^2 \langle g, (\Sigma + \lambda I)^{-1}\Sigma g\rangle. \tag{5.12}$$

证明 主要思想是引入来自同一分布的第 $n+1$ 个观测值, 令 $\Sigma = \mathbb{E}[\varphi(x_{n+1}) \otimes \varphi(x_{n+1})]$, 再依据观测值都是 "可交换" 的这一事实, 即它们可以在不改变它们的联合分布的情况下排列.

令 $C = \sum\limits_{i=1}^{n+1} \varphi(x_i) \otimes \varphi(x_i)$, 再利用矩阵逆的引理, 得

$$(C + n\lambda I)^{-1}\varphi(x_{n+1}) = \left(n\widehat{\Sigma} + n\lambda I + \varphi(x_{n+1}) \otimes \varphi(x_{n+1})\right)^{-1}\varphi(x_{n+1})$$

$$= \frac{1}{1 + \langle \varphi(x_{n+1}), (n\widehat{\Sigma} + n\lambda I)^{-1}\varphi(x_{n+1})\rangle}(n\widehat{\Sigma} + n\lambda I)^{-1}\varphi(x_{n+1}).$$

最后使用 $c = \langle \varphi(x_{n+1}), (n\widehat{\Sigma} + n\lambda I)^{-1}\varphi(x_{n+1})\rangle \leqslant \dfrac{R^2}{\lambda n}$. 为了证明式 (5.11), 考虑

$$\mathbb{E}\left[\operatorname{tr}\left((\widehat{\Sigma} + \lambda I)^{-1}\Sigma\right)\right] = \mathbb{E}\left[\langle \varphi(x_{n+1}), (\widehat{\Sigma} + \lambda I)^{-1}\varphi(x_{n+1})\rangle\right]$$

$$= n(1 + c)\mathbb{E}\left[\langle \varphi(x_{n+1}), (C + n\lambda I)^{-1}\varphi(x_{n+1})\rangle\right]$$

$$\leqslant \left(1 + \frac{R^2}{\lambda n}\right)\mathbb{E}\left[\langle \varphi(x_{n+1}), (C + n\lambda I)^{-1}\varphi(x_{n+1})\rangle\right].$$

再利用变量 $(x_1, x_2, \cdots, x_{n+1})$ 是可交换的, 可得

$$\mathbb{E}\left[\operatorname{tr}\left((\widehat{\Sigma} + \lambda I)^{-1}\Sigma\right)\right]$$

$$\leqslant \left(1 + \frac{R^2}{\lambda n}\right)\frac{1}{n+1}\sum_{i=1}^{n+1}\mathbb{E}\left[\langle \varphi(x_i), (C + n\lambda I)^{-1}\varphi(x_i)\rangle\right] \quad \left(C = \sum_{i=1}^{n+1}\varphi(x_i) \otimes \varphi(x_i)\right)$$

$$= \left(1 + \frac{R^2}{\lambda n}\right)\frac{1}{n+1}\mathbb{E}\left[\operatorname{tr}\left(C(C + n\lambda I)^{-1}\right)\right]$$

$$\leqslant \left(1 + \frac{R^2}{\lambda n}\right)\frac{1}{n+1}\left[\operatorname{tr}\left(\mathbb{E}[C](\mathbb{E}[C] + n\lambda I)^{-1}\right)\right] \quad (\text{詹森不等式})$$

$$= \left(1 + \frac{R^2}{\lambda n}\right) \frac{1}{n+1} \text{tr}\left((n+1)\,\Sigma\,((n+1)\,\Sigma + n\lambda I)^{-1}\right)$$

$$\leqslant \left(1 + \frac{R^2}{\lambda n}\right) \text{tr}\left((\Sigma + \lambda I)^{-1}\,\Sigma\right).$$

为了证明式 (5.12), 使用同样的方法, 即

$$\mathbb{E}\left[(\widehat{\Sigma} + \lambda I)^{-1}\Sigma(\widehat{\Sigma} + \lambda I)^{-1}\right] = \mathbb{E}\left[(\widehat{\Sigma} + \lambda I)^{-1}\varphi(x_n) \otimes \varphi(x_n)(\widehat{\Sigma} + \lambda I)^{-1}\right]$$

$$= n^2(1 + c^2)\left[(C + n\lambda I)^{-1}\varphi(x_{n+1}) \otimes \left[(C + n\lambda I)^{-1}\varphi(x_{n+1})\right],$$

可以导出

$$\mathbb{E}\left[\langle g, (\widehat{\Sigma} + \lambda I)^{-1}\Sigma(\widehat{\Sigma} + \lambda I)^{-1}g\rangle\right]$$

$$= n^2\mathbb{E}\left[(1 + c)^2\langle(C + n\lambda I)^{-1}\varphi(x_{n+1}), g\rangle^2\right]$$

$$\leqslant n^2\left(1 + \frac{R^2}{\lambda n}\right)^2 \mathbb{E}\left[\langle(C + \lambda I)^{-1}\varphi(x_{n+1}), g\rangle^2\right]$$

$$= \frac{n^2}{n+1}\left(1 + \frac{R^2}{\lambda n}\right)^2 \mathbb{E}\left[\langle g, (C + n\lambda I)^{-1}C(C + n\lambda I)^{-1}g\rangle\right]$$

$$\leqslant \frac{1}{\lambda}\frac{n}{n+1}\left(1 + \frac{R^2}{\lambda n}\right)^2 \mathbb{E}\left[\langle g, C(C + n\lambda I)^{-1}g\rangle\right]$$

$$\leqslant \frac{1}{\lambda}\frac{n}{n+1}\left(1 + \frac{R^2}{\lambda n}\right)^2 \langle g, \mathbb{E}[C](\mathbb{E}[C] + n\lambda I)^{-1}g\rangle \quad (\text{詹森不等式})$$

$$= \frac{1}{\lambda}n\left(1 + \frac{R^2}{\lambda n}\right)^2 \langle g, \Sigma((n+1)\Sigma + n\lambda I)^{-1}g\rangle$$

$$\leqslant \lambda^{-1}\left(1 + \frac{R^2}{\lambda n}\right)^2 \langle g, (\Sigma + \lambda I)^{-1}\Sigma g\rangle.$$

$\square$

对良定义问题的分析　在这一节中, 假设 $f^* \in H$. 我们对于超额风险有如下结论.

命题 5.3 (确定模型的核岭回归)

假设有独立同分布的数据 $(x_i, y_i) \in X \times \mathbb{R}$, 对于 $i = 1, 2, \cdots, n$, 且 $y_i = f^*(x_i) + \varepsilon_i$, $\mathbb{E}(\varepsilon_i|x_i) = 0$, $\mathbb{E}(\varepsilon_i^2|x_i) \leqslant \sigma^2$, $f^* \in H$. 假设 $\|\varphi(x)\|_H \leqslant R$. 则可得

$$\mathbb{E}\left[\|f - f^*\|_{\ell_2(p)}^2\right] \leqslant \frac{\sigma^2}{n}\left(1 + \frac{R^2}{\lambda n}\right)\text{tr}\left((\Sigma + \lambda I)^{-1}\Sigma\right) + \lambda\left(1 + \frac{R^2}{\lambda n}\right)\langle f^*, (\Sigma + \lambda I)^{-1}\Sigma f^*\rangle.$$

$$(5.13)$$

这与式 (5.6) 形成对比: 我们获得了一个相似的结果, 仅用 Σ 代替了 $\widehat{\Sigma}$, 但是具有一些额外的乘法参数, 若 $R^2/(\lambda n)$ 较小, 则该乘法参数接近于 1.

在分析最后一个命题并平衡偏差和方差之前, 我们将展示如何将其应用于不确定模型的情况.

对良定义问题的额外分析　在式 (5.13) 中, 唯一可能需要 $f^* \in H$ 的是偏差项 $\lambda\langle f^*, (\Sigma +$

$\lambda I)^{-1}\Sigma f^*$). 拓展到所有可能的函数 f^* 上的关键是下面这个简单引理.

引理 5.2

给定协方差算子 Σ, 任意函数 $f^* \in H$, 那么

$$\lambda \langle f^*, (\Sigma + \lambda I)^{-1}\Sigma f^* \rangle = \inf_{f \in H}\{\|f - f^*\|^2_{\ell_2(p)} + \lambda\|f\|^2_H\}.$$

证明 该优化问题等价为 $\inf_{f \in H}\{\|\Sigma^{1/2}(f - f^*)\|^2_H + \lambda\|f\|^2_H\}$, 解为 $f = (\Sigma + \lambda I)^{-1}\Sigma f^*$, 把这个值放到目标函数中可以得到结果. □

我们现在考虑两个情况, 可以导出一个偏差项, 该偏差项小于

$$\left(1 + \frac{R^2}{\lambda n}\right)^2 \inf_{f \in H}\{\|f - f^*\|^2_{\ell_2(p)} + \lambda\|f\|^2_H\}. \tag{5.14}$$

依赖于目标函数 f^* 在 $\ell_2(p)$ 中相对于 H 的闭包的分解.

目标函数在 H 的闭包中 通过极限的方法, 可以将式 (5.3) 中偏差项的表达式延伸到一般情况的 $f^* \in \ell_2(p)$, 成立式 (5.14), 当 f^* 在 $\ell_2(p)$ 里面 H 的闭包中 (因为闭包中所有的函数可以被 H 中函数逼近). 对于 $\mathbb{R}^d$ 中的平移不变核 (在 $L_2(\mathbb{R}^d)$ 中稠密), 这将允许估计任何目标函数. 当 f^* 不在 H 的闭包中时, 我们还将在下面给出一个更一般的结果.

一般情况 如果 f^* 不在 H 的闭包中, 令 f^*_H 为 f^* 在 H 的闭包上的投影. 因为 $f \in H$, $\|f - f^*\|^2_{\ell_2(p)} = \|f - f^*_H\|^2_{\ell_2(p)} + \|f^*_H - f^*\|^2_{\ell_2(p)}$, 可以得到偏差项的上界:

$$\|f^*_H - f^*\|^2_{\ell_2(p)} + \left(1 + \frac{R^2}{\lambda n}\right)^2 \inf_{f \in H}\{\|f - f^*_H\|^2_{\ell_2(p)} + \lambda\|f\|^2_H\} \leqslant (1 + \frac{R^2}{\lambda n})^2 \inf_{f \in H}\{\|f - f^*\|^2_{\ell_2(p)} + \lambda\|f\|^2_H\}. \tag{5.15}$$

所以, 式 (5.14) 在所有情况都成立.

最终结果 结合以上两种情况, 我们现在可以说明在不确定情况下核岭回归的上界.

命题 5.4 (不确定模型的核岭回归)

假设独立同分布的数据 $(x_i, y_i) \in X \times \mathbb{R}$, 对 $i = 1, 2, \cdots, n$, $y_i = f^*(x_i) + \varepsilon_i$, $\mathbb{E}(\varepsilon_i | x_i) = 0$, $\mathbb{E}(\varepsilon_i^2 | x_i) \leqslant \sigma^2$, $f^* \in H$. 假设 $\|\varphi(x)\|_H \leqslant R$. 可得

$$\mathbb{E}\left[\|f - f^*\|^2_{\ell_2(p)}\right] \leqslant \frac{\sigma^2}{n}\left(1 + \frac{R^2}{\lambda n}\right) \text{tr}\left((\Sigma + \lambda I)^{-1}\Sigma\right) + \left(1 + \frac{R^2}{\lambda n}\right)^2 \inf_{f \in H}\{\|f - f^*\|^2_{\ell_2(p)} + \lambda\|f\|^2_H\}. \tag{5.16}$$

平衡偏差和方差 我们现在来平衡期望额外风险上界的偏差项和方差项, 即

$$\frac{\sigma^2}{n}\left(1 + \frac{R^2}{\lambda n}\right) \text{tr}\left((\Sigma + \lambda I)^{-1}\Sigma\right) + \left(1 + \frac{R^2}{\lambda n}\right)^2 \inf_{f \in H}\{\|f - f^*\|^2_{\ell_2(p)} + \lambda\|f\|^2_H\}.$$

在本节中, 我们假设 $X = \mathbb{R}^d$, 目标函数是一个 t 阶 ($t > 0$) 的索伯列夫核, 则对应的再生核希尔伯特空间是一个 s 阶 ($s > d/2$) 的索伯列夫空间.

我们在 5.5 节中已经知道偏差项的阶数为 $\left(1+\dfrac{R^2}{\lambda n}\right)^2 \lambda^{t/s}$, 当 $s \geqslant t$ 时, 对于方差项, 我们需要研究"自由度".

自由度 定义为 $\operatorname{tr}\left[\Sigma(\Sigma+\lambda I)^{-1}\right]$, 随着 λ 增大而减小, 当 $\lambda = 0$ 时自由度为 $+\infty$; 当 $\lambda = +\infty$ 时, 自由度为 0. 如果知道协方差算子的特征值 $(\lambda_m)_{m\geqslant 0}$ 满足

$$\lambda_m \leqslant C(m+1)^{-\alpha},$$

且 $\alpha > 1$, 那么则有

$$\operatorname{tr}\left[\Sigma(\Sigma+\lambda I)^{-1}\right] = \sum_{m\geqslant 0} \frac{\lambda_m}{\lambda_m + \lambda} \leqslant \sum_{m\geqslant 0} \frac{1}{1 + \lambda C^{-1}(m+1)^\alpha} \leqslant \int_0^\infty \frac{1}{1 + \lambda C^{-1} t^\alpha} \mathrm{d}t$$

$$\leqslant \int_0^\infty \lambda^{-1/\alpha} C^{1/\alpha} \frac{1}{\alpha} u^{1/\alpha - 1} \frac{\mathrm{d}u}{1+u} \qquad (u = \lambda C^{-1} t^\alpha)$$

$$\leqslant O(\lambda^{-1/\alpha}).$$

这表明如果输入的分布关于勒贝格测度有有界的密度, 那么对于挑选的索伯列夫空间, 有 $\alpha = 2s/d$.

平衡方差项和偏差项 (索伯列夫空间) 我们需要平衡 $\lambda^{t/s}$ 和 $\dfrac{d}{n}\lambda^{-1/\alpha}$, 得到最优的 λ, λ 与 $n^{-(1/\alpha+t/s)^{-1}}$ 成比例, 和一个与 $1/n^{\alpha t/(\alpha+s)}$ 成正比的比率. 经过我们的分析, 这个比率可以实现仅当 $\dfrac{R^2}{\lambda n}$ 是有界的, 即本质上 $\lambda \geqslant R^2/n$, 因此 $\dfrac{1}{\alpha} + \dfrac{t}{s} \geqslant 1$.

对于 $\alpha = 2s/d$, 我们得到比率为 $1/n^{2t/(2t+d)}$, 这个是有效的. 我们可以进行以下讨论:

(1) 除了 $\dfrac{d}{2} + t \geqslant s \geqslant t$ 的限制以外, 在 λ 上优化的速率不取决于核;

(2) 我们获得了某种形式的自适应性, 即速率随着目标函数的正则性而提高, 当 $t = 1$ 时较慢的速率 $1/n^{2/(2+d)}$ (与局部平均方法的速率相同), 该速率仅当 $s \leqslant d/2 + 1$ 和使用指数核时可实现到 $t = s$ 时的速率 $1/n^{2s/(2s+d)}$, 这个速率因为 $s > d/2$ 的限制通常比 $1/\sqrt{n}$ 要好;

(3) 为了允许正则性参数 λ 小于 $1/n$, 需要一些额外假设.

5.7 练 习

◢ **练习 5.1** 两个核的和与乘积依然是核. 它们对应的特征空间和特征映射是什么?

◢ **练习 5.2** 证明核 $k(x, y) = (1 + x^{\mathrm{T}} y)^r$ 对应的特征空间的元素为 $x_1^{\alpha_1} x_2^{\alpha_2} \cdots x_d^{\alpha_d}$, $\alpha_1 + \alpha_2 + \cdots + \alpha_d \leqslant r$. 证明特征空间的维数是 $\dbinom{d+r}{r}$.

◢ **练习 5.3** 证明当 $s = 2$ 时, $k(x, x') = q(x - x')$, $q(t) = 1 - \dfrac{(2\pi)^4}{24}\left(\{t\}^4 - 2\{t\}^3 + \{t\}^2 - \dfrac{1}{30}\right)$.

✐ **练习 5.4** 证明 $k(x, x') = \sum_{m \in Z} \dfrac{e^{2im\pi(x-x')}}{1 + \alpha^2 |m|^2} = q(x - x'), q(t) = \dfrac{\pi}{\alpha} \dfrac{\cosh \dfrac{\pi}{\alpha} \left(1 - 2 \left| \left\{ t + \dfrac{1}{2} \right\} - \dfrac{1}{2} \right| \right)}{\sinh \dfrac{\pi}{\alpha}}$. 提示: 使用柯西剩余公式.

✐ **练习 5.5** 证明列采样对应于用 $\varphi(x_i), i \in I$ 的线性组合去最优逼近 $\varphi(x_j), j \notin I$.

✐ **练习 5.6** 对于岭回归, 计算对偶问题并比较原问题和对偶问题的条件数.

✐ **练习 5.7** 考虑一个包含 n 个观测值 $x_1, x_2, \cdots, x_n$ 的集合 X, 以及一个正定核和特征映射 φ: $X \to H$. 证明经验非中心协方差算子 $\dfrac{1}{n} \sum_{i=1}^{n} \varphi(x_i) \otimes \varphi(x_i)$ 的最大特征向量和 $\sum_{i=1}^{n} \alpha_i \varphi(x_i)$ 成正比, 这里 $\alpha \in \mathbb{R}^n$ 是 $n \times n$ 的核矩阵的最大特征值对应的一个特征向量.

✐ **练习 5.8** 证明 K 均值聚类算法只能使用点积表示.

✐ **练习 5.9** 我们考虑集合 X 上的概率分布 p, 以及正定核 k 和特征映射 $\varphi: X \to H$. 函数 f 和 φ 是线性关系, 想用 $\sum_{i=1}^{n} \alpha_i f(x_i), \alpha_i \in \mathbb{R}^n$ 去逼近 $\int_X f(x) \mathrm{d}p(x)$.

(1) 证明

$$\left| \int_X f(x) \mathrm{d}p(x) - \sum_{i=1}^{n} \alpha_i f(x_i) \right| \leqslant \|f\| \cdot \left\| \int_X \varphi(x) \mathrm{d}p(x) - \sum_{i=1}^{n} \alpha_i \varphi(x_i) \right\|.$$

(2) 用核函数来表示 (1) 中不等式右侧的平方, 并说明对于 $\alpha \in \mathbb{R}^n$, 如何最小化上式.

(3) 证明如果 $x_1, x_2, \cdots, x_n$ 是根据 p 独立同分布采样得到的, $\alpha_i = 1/n$ 对任意的 i, 那么

$$\mathbb{E} \left\| \int_X \varphi(x) \mathrm{d}p(x) - \sum_{i=1}^{n} \alpha_i \varphi(x_i) \right\|^2 \leqslant \frac{1}{n} \mathbb{E}[k(x, x)].$$

✐ **练习 5.10** 我们考虑优化问题 $\dfrac{1}{2n} \|y - \Phi\theta - \eta 1_n\|_2^2 + \dfrac{\lambda}{2} \|\theta\|_2^2$, 这里 $\Phi \in \mathbb{R}^{n \times d}$ 是通过特征映射 φ, 数据点 $x_1, x_2, \cdots, x_b$, 还有 $y \in \mathbb{R}^n$ 得到的设计矩阵. $1_n \in \mathbb{R}^n$ 是全一的向量. 证明最优的 θ 和 η 分别是 $\Phi^T \alpha, \dfrac{1}{n} 1_n^T(y - \Phi\theta)$, 这里 $\alpha = \Pi_n (\Pi_n K \Pi_n + n\lambda I)^{-1} \Pi_n y, \Pi_n = I - \dfrac{1}{n} 1_n 1_n^T$. 证明预测函数 $f(x) = \varphi(x)^T \theta + \eta$ 的形式为 $\sum_{i=1}^{n} \hat{\omega}_i(x) y_i$, 权重和为 1.

✐ **练习 5.11** 对 $[0,1]$ 等间距排列的 $x_1, x_2, \cdots, x_n$ 和 5.3 节中的平移不变核, 计算核矩阵和平滑矩阵的特征值.

✐ **练习 5.12** 证明式 (5.15) 中右边式子是偏差项的上界.

第 6 章

机器学习中优化的介绍

第 6 章知识导图

6.1 机器学习中的优化

在有监督的机器学习中, 假定有在空间 $X \times Y$ 上的随机变量 (x, y) 的成对的 n 个独立同分布的样本 (x_i, y_i), $i = 1, 2, \cdots, n$, 我们的目标是找到一个映射 $f : X \to \mathbb{R}$, 其对未知数据的风险较小

$$\mathcal{R}(f) := \mathbb{E}\left[l(y, f(x))\right],$$

其中 $l : Y \times \mathbb{R} \to \mathbb{R}$ 是一个损失函数. 这种损失 (见第 2 章) 第二部分通常是凸的, 并且一般被认为是一个弱的假设.

在第 2 章中描述的经验风险最小化方法中, 我们在一个参数化的预测器集合上通过最小化经验风险来选择预测器 (例如, $\Omega(\theta) = \|\theta\|_2^2$ 或者 $\Omega(\theta) = \|\theta\|_1$), 这就需要最小化函数

$$F(\theta) := \frac{1}{n} \sum_{i=1}^{n} l(y_i, f_\theta(x_i)) + \Omega(\theta). \tag{6.1}$$

在优化中, 函数 $F : \mathbb{R}^d \to \mathbb{R}$ 称作目标函数. 当它有一个固定的形式 (如在第 3 章中的线性预测器和均方损失) 时, 对于大规模问题, 计算成本就可能会很昂贵. 这时候, 我们就会求助于迭代算法.

迭代算法的准确度　将优化问题解决到高精度, 计算代价高昂, 其目标不是最小化训练目标, 而是在未知数据上的误差.

那么, 在机器学习中哪个准确度是令人满意的呢? 如果算法返回 $\hat{\theta}$, 并且我们定义 $\theta_* \in \arg\min_{\theta} \mathcal{R}(f_\theta)$, 那么就有 2.2 节中的风险分解式 (其中, 由于使用了一组特定的模型 f_θ, $\theta \in \Theta$ 被忽略而导致了逼近误差):

$$\mathcal{R}\left(f_{\hat{\theta}}\right) - \inf_{\theta \in \mathbb{R}^d} \mathcal{R}(f_\theta) = \underbrace{\left\{\mathcal{R}\left(f_{\hat{\theta}}\right) - \widehat{\mathcal{R}}\left(f_{\hat{\theta}}\right)\right\}}_{\text{估计误差}} + \underbrace{\left\{\widehat{\mathcal{R}}\left(f_{\hat{\theta}}\right) - \widehat{\mathcal{R}}\left(f_{\theta_*}\right)\right\}}_{\text{优化误差}} + \underbrace{\left\{\widehat{\mathcal{R}}\left(f_{\theta_*}\right) - \mathcal{R}\left(f_{\theta_*}\right)\right\}}_{\text{逼近误差}}$$

其中, 我们添加了第二项 (优化误差). 因此, 它足以达到估计误差的阶数的优化精度 (参见第 2 章和第 3 章, 一般是 $O(1/\sqrt{n})$ 或者 $O(1/n)$ 阶). 注意对于机器学习, 上述定义的优化误差对应于通过函数值来表征近似解. 虽然这将是本章的一个主要重点, 但我们也考虑其他表现指标.

本章我们将首先关注包括光滑目标函数和非光滑目标函数的最小化, 而不关注机器学习问题 (6.2 节). 然后, 我们将在 6.4 节中研究随机梯度下降, 它可以用来获得在训练风险和测试风险上的界限. 然后, 我们在 6.4 节中简要地介绍方差缩减.

注 1　θ_* 在优化和机器学习方面可能意味着不同的东西: 最小化正则化的经验风险或最小化期望风险. 为了清晰起见, 将使用符号 η_* 来表示经验 (潜在正则化) 的风险, 也就是当我们考虑优化问题或者统计问题时, 使用 θ_* 来表示期望风险的最小化.

注 2　有时候我们会提到要高精度地解决一个问题. 这对应于一个较低的优化误差.

6.2　梯　度　下　降

假设我们想解决的问题是, 对于函数 $F : \mathbb{R}^d \to \mathbb{R}$, 考虑优化问题

$$\min_{\theta \in \mathbb{R}^d} F(\theta).$$

假定我们可以接触到某些 "oracle": k 阶 oracle 对应于访问: $\theta \mapsto (F(\theta), F'(\theta), \cdots, F^{(k)}(\theta))$, 这些都是 k 阶的偏导数. 所有的算法都将其称为 oracle, 因此它们的计算复杂度将直接取决于这个 oracle 的复杂性. 例如, 对于在 $\mathbb{R}^{n \times d}$ 中具有设计矩阵的最小二乘, 计算经验风险的一个梯度成本就是 $O(nd)$.

在本节中, 对于算法和证明, 我们不假设函数 F 是正则化的经验风险, 但这种情况将始终是我们的目标例子. 我们将研究以下的一阶算法.

算法 6.1　(GD (gradient descent, 梯度下降))

选择 $\theta_0 \in \mathbb{R}^d$ 并且对于 $t \geqslant 1$, 令

$$\theta_t = \theta_{t-1} - \gamma_t F'(\theta_{t-1}).\tag{6.2}$$

对于一个良好 (潜在的自适应性) 选择的步长序列 $(\gamma_t)_{t \geqslant 1}$.

对于经验风险最小化的机器学习问题, 计算梯度 $F'(\theta_{t-1})$ 需要计算 $\theta \mapsto l(y_i, f_\theta(x_i))$ 的所有梯度, 并对它们进行平均.

有很多方法可以选择步长 γ_t, 要么是常数, 要么是衰减, 要么是通过线搜索. 在实践中, 使用某种形式的线搜索通常是有利并在大多数应用程序中被实现. 在本章中, 由于我们想关注最简单的算法和证明, 所以我们将关注明确依赖于问题常数, 有时也依赖于迭代数的步长. 当梯度不可用时, 梯度估计可以根据函数值建立. 注意在一般情况下, 有和没有线搜索的收敛速度之间的差异并没有很大的不同.

我们首先从最简单的例子开始, 即二次凸函数, 其中最重要的概念已经出现.

6.2.1　最简单的分析: 普通最小二乘

我们从一个显式分析的例子开始: OLS (参见第 3 章). 令 $\Phi \in \mathbb{R}^{n \times d}$ 为设计矩阵, $y \in \mathbb{R}^n$ 为响应变量. OLS 估计相当于找到一个使得

$$F(\theta) = \frac{1}{2n} \|\Phi\theta - y\|_2^2\tag{6.3}$$

最小的 η_*.

注　与第 3 章相比, 增加了因子 $\frac{1}{2}$ 以获得更好的梯度.

F 的梯度为 $F'(\theta) = \frac{1}{n}\Phi^{\mathrm{T}}(\Phi\theta - y) = \frac{1}{n}\Phi^{\mathrm{T}}\Phi\theta - \frac{1}{n}\Phi^{\mathrm{T}}y$. 因此, 用 $H = \frac{1}{n}\Phi^{\mathrm{T}}\Phi \in \mathbb{R}^{d \times d}$ 表示黑塞矩阵, 最小解 η_* 的特征是

$$H\eta_* = \frac{1}{n}\Phi^{\mathrm{T}}y.$$

因为 $\frac{1}{n}\Phi^{\mathrm{T}}y \in \mathbb{R}^d$ 在 H 的列空间中, 所以总是有一个最小值, 除非 H 是可逆的, 否则最小值不是唯一的. 但是所有的最小解 η_* 都有相同的函数值 $F(\eta_*)$, 从一个简单的精确的泰勒展开式 (并使用 $F'(\eta_*) = 0$), 我们有

$$F(\theta) - F(\eta_*) = F'(\eta_*)^{\mathrm{T}}(\theta - \eta_*) + \frac{1}{2}(\theta - \eta_*)^{\mathrm{T}}H(\theta - \eta_*) = \frac{1}{2}(\theta - \eta_*)^{\mathrm{T}}H(\theta - \eta_*).$$

在接下来的叙述中, 有两个量是重要的: 黑塞矩阵 H 的最大特征值 L 和最小特征值 μ. 由于目标的凸性, 我们有 $0 \leqslant \mu \leqslant L$. 我们用 $\kappa = \frac{L}{\mu} \geqslant 1$ 表示条件数.

注意, 对于 OLS, μ 是非中心化的经验协方差矩阵的最小特征值, 一旦 $d > n$ 它就为零, 在大多数实际情况下, 它非常小. 当添加一个正则化器 $\frac{\lambda}{2}\|\theta\|_2^2$(就像岭回归一样) 时, 那么 $\mu \geqslant \lambda$(但是 λ 通常随着 n 的增加而减少, 通常在 $\frac{1}{\sqrt{n}}$ 和 $\frac{1}{n}$ 之间, 详见第 5 章).

闭式表达式 固定步长 $\gamma_t = \gamma$ 的 GD 的迭代可以以封闭形式计算:

$$\theta_t = \theta_{t-1} - \gamma F'(\theta_{t-1}) = \theta_{t-1} - \gamma\left[\frac{1}{n}\Phi^{\mathrm{T}}(\Phi\theta_{t-1} - y)\right] = \theta_{t-1} - \gamma H(\theta_{t-1} - \eta_*),$$

就有

$$\theta_t - \eta_* = \theta_{t-1} - \eta_* - \gamma H(\theta_{t-1} - \eta_*) = (I - \gamma H)(\theta_{t-1} - \eta_*),$$

也就是说, 我们有一个线性递归, 可以展开递归, 现在再写

$$\theta_t - \eta_* = (I - \gamma H)^t(\theta_0 - \eta_*).$$

我们现在可以看看各种衡量指标:

$$\|\theta_t - \eta_*\|_2^2 = (\theta_0 - \eta_*)^{\mathrm{T}}(I - \gamma H)^{2t}(\theta_0 - \eta_*),$$

$$F(\theta_t) - F(\eta_*) = \frac{1}{2}(\theta_0 - \eta_*)^{\mathrm{T}}(I - \gamma H)^{2t}H(\theta_0 - \eta_*).$$

这两种优化性能度量的不同之处在于, 在基于函数值的度量中存在黑塞矩阵 H.

最小解在距离度量下的收敛性 如果我们希望让 $\|\theta_t - \eta_*\|_2^2$ 趋向于 0, 就需要有一个唯一的最小解 η_*, 因此 H 必须是可逆的, 即 $\mu > 0$. 给定 $\|\theta_t - \eta_*\|_2^2$ 的形式, 我们只需要限制 $(I - \gamma H)^{2t}$ 的特征值范围 (因为对于一个正的半定矩阵 M, 对所有的向量 u, $u^{\mathrm{T}}Mu \leqslant \lambda_{\max}(M)\|u\|_2^2$).

对于 H 的一个特征值 λ, $(I - \gamma H)^{2t}$ 的特征值恰好是 $(1 - \gamma\lambda)^{2t}$(它们都在区间 $[\mu, L]$ 中). 因此, $(I - \gamma H)^{2t}$ 的所有特征值幅度都小于

$$\left(\max_{\lambda \in [\mu, L]}|1 - \gamma\lambda|\right)^{2t}.$$

然后, 我们可以有几种策略来选择步长 γ 的大小.

(1) 最优选择: 可以通过设置 $\gamma = 2/(\mu + L)$ 来检验最小化 $\max_{\lambda \in [\mu, L]}|1 - \gamma\lambda|$ 是否完成, 最优值

等于 $\dfrac{\kappa-1}{\kappa+1}=1-\dfrac{2}{\kappa+1}\in(0,1)$.

(2) 独立于 μ 的选择: 使用更简单 (略小) 的选择 $\gamma=1/L$, 得到 $\max\limits_{\lambda\in[\mu,L]}|1-\gamma\lambda|=\left(1-\dfrac{\mu}{L}\right)=$

$\left(1-\dfrac{1}{\kappa}\right)$, 它只比最优选择的值略大. 请注意, 所有严格小于 $2/L$ 的步长都将导致指数收敛.

举个例子, 对于较弱的选择 $\gamma=1/L$, 有

$$\|\theta_t-\eta_*\|_2^2\leqslant\left(1-\dfrac{1}{\kappa}\right)^{2t}\|\theta_0-\eta_*\|_2^2.$$

这通常被称为指数收敛、几何收敛或线性收敛.

注　"线性" 有时会令人困惑, 它对应的是一些随着迭代次数线性增长的重要数字.

我们可以进一步限制 $\left(1-\dfrac{1}{\kappa}\right)^{2t}\leqslant\exp(-1/\kappa)^{2t}=\exp(-2t/\kappa)$, 因此收敛的特征时间为 κ 阶.

我们会经常计算 $\varepsilon=\exp(-2t/\kappa)\Leftrightarrow t=\dfrac{\kappa}{2}\log_e\dfrac{1}{\varepsilon}$. 因此, 为了一个相对减少平方距离到最优的 ε,

我们最多需要 $t=\dfrac{\kappa}{2}\log_e\dfrac{1}{\varepsilon}$ 次迭代.

对于 $\kappa=+\infty$, 结果仍然是正确的, 但简单地说, 对于所有的最小解 $\|\theta_t-\eta_*\|_2^2\leqslant\|\theta_0-\eta_*\|_2^2$, 这是一个很好的迹象 (算法不远离最小解), 但这不表明任何形式的收敛. 我们将需要使用一个不同的标准.

函数值的收敛　使用与上面相同的步长 $\gamma=1/L$, 并使用 $(I-\gamma H)^{2t}$ 的特征值上界 (均小于 $(1-1/\kappa)^{2t}$), 我们就得到

$$F(\theta_t)-F(\eta_*)\leqslant\left(1-\dfrac{1}{\kappa}\right)^{2t}[F(\theta_0)-F(\eta_*)]\leqslant\exp(-2t/\kappa)[F(\theta_0)-F(\eta_*)].\qquad(6.4)$$

当 $\kappa<\infty$ (即 $\mu>0$) 时, 我们也得到了该准则的线性收敛性, 但当 $\kappa=\infty$ 时, 这是无信息的.

为了得到一个收敛速度, 我们将需要约束 $(I-\gamma H)^{2t}H$ 的特征值, 而不是 $(I-\gamma H)^{2t}$ 的. 关键的区别是, 对于 H 的特征值 λ, 当其接近于零时, $(1-\gamma\lambda)^{2t}$ 没有强烈的收缩效应, 但当它们在界上乘以 λ 时, 它们的计数更小.

可以使这个权衡更精确, 对于 $\gamma\leqslant1/L$,

$$|\lambda(1-\gamma\lambda)^{2t}|\leqslant\lambda\exp(-\gamma\lambda)^{2t}=\lambda\exp(-2t\gamma\lambda)$$

$$=\dfrac{1}{2t\gamma}2t\gamma\lambda\exp(-2t\gamma\lambda)\leqslant\dfrac{1}{2t\gamma}\sup_{\alpha\geqslant0}e^{-\alpha}=\dfrac{1}{2et\gamma}\leqslant\dfrac{1}{4t\gamma},$$

其中我们用到了 $\alpha e^{-\alpha}$ 在 $\mathbb{R}_+$ 上当 $\alpha=1$ 时最大 (因为其导数是 $e^{-\alpha}(1-\alpha)$).

这就导致了

$$F(\theta_t)-F(\eta_*)\leqslant\dfrac{1}{8t\gamma}\|\theta_0-\eta_*\|_2^2.\qquad(6.5)$$

我们可以得出以下观察结果.

(1) 对于可逆的黑塞矩阵, 式 (6.4) 中 $\exp(-2t/\kappa)$ 的收敛结果或者式 (6.5) 中一般的 $1/t$ 都只

是上界! 理解边界和实际性能之间的差距是很好的, 因为这对于二次目标函数是可能的. 对于指数收敛的情况, 最小的特征值 μ 决定了所有特征值的速率. 因此, 如果特征值分布得很好 (或者只有一个特征值非常小), 那么在边界和实际行为之间可能会有相当大的差异. 对于 $1/t$ 的速率, 当 $t\gamma\lambda$ 为 1 阶时, 即当 λ 为 $1/(t\gamma)$ 阶时, 特征值的界很紧. 因此, 为了在实践中看到 $O(1/t)$ 的收敛速度, 我们需要有足够多的小特征值, 并且随着 t 的增长, 我们经常进入局部线性收敛阶段, 其中 H 的最小非零特征值开始作用.

(2) 从错误到迭代次数: 如前所述, 在式 (6.4) 中的界限说明了在 t 步之后, 函数值的次优性的减少是乘以 $\varepsilon = \exp(-2t/\kappa)$ 的. 这可以被重新解释为需要 $t = \dfrac{\kappa}{2}\log_e\dfrac{1}{\varepsilon}$ 次迭代来达到一个相对错误的 ε.

(3) 如果我们可以使用矩阵 Φ 获得矩阵向量积, 那么共轭梯度算法可以以 $\exp(-t/\sqrt{\kappa})$ 或者 $1/t^2$ 使用收敛率. 只访问 F 的梯度 (稍微弱一点), Nesterov (涅斯捷罗夫) 加速 (见 6.2.5 小节) 也会导致相同的收敛速度, 这是最优的 (将在本章后面更细定义).

(4) 上述收敛结果将推广到凸函数 (见 6.2.2 小节), 但直接证明较少. 非凸目标将在 6.2.6 小节中进行讨论.

6.2.2 凸函数和其他性质

我们现在希望在更广泛的背景下分析 GD(以及后来它的随机版本 SGD (stochastic gradient descent, 随机梯度下降)). 我们总是假设有凸性, 尽管当这个假设不成立时, 也会使用这些算法 (有时也可以进行分析). 换句话说, 凸性最常用于分析, 而不是用来定义算法的.

定义 6.1 (凸函数)

> 一个可微函数 $F: \mathbb{R}^d \to \mathbb{R}$ 是凸的, 当且仅当
> $$F(\eta) \geqslant F(\theta) + F'(\theta)^{\mathrm{T}}(\eta - \theta), \quad \forall\eta, \theta \in \mathbb{R}^d. \tag{6.6}$$

这对应于函数 F 在 θ 处的切线之上.

如果 f 是二次微分, 这相当于要求 $F''(x) \geqslant 0, \forall x \in \mathbb{R}^d$, 这里 "$\geqslant$" 表示半正定偏序——$A \geqslant B \Leftrightarrow A - B$ 是正半定.

在本章中我们会多次使用的一个重要结论是, 对于所有的 $\theta \in \mathbb{R}^d$ (并使用 $\eta = \eta_*$)
$$F(\eta_*) \geqslant F(\theta) + F'(\theta)^{\mathrm{T}}(\eta_* - \theta) \quad \Leftrightarrow \quad F(\theta) - F(\eta_*) \leqslant F'(\theta)^{\mathrm{T}}(\theta - \eta_*), \tag{6.7}$$
也就是说, 到函数值最优的距离被梯度函数上界限制住了 (注意它提供了证明 $F'(\theta) = 0$ 意味着 θ 是 F 的全局最小化).

一个更加广泛的关于凸性的定义 (没有梯度) 是: $\forall\theta, \eta \in \mathbb{R}^d, \alpha \in [0, 1]$,
$$F(\alpha\eta + (1-\alpha)\theta) \leqslant \alpha F(\eta) + (1-\alpha)F(\theta).$$
这可以推广到下面经常使用的詹森不等式.

命题 6.1 (詹森不等式)

如果 $F : \mathbb{R}^d \to \mathbb{R}$ 是凸的并且 μ 是一个在 $\mathbb{R}^d$ 上的概率测度, 那么

$$F\left(\int_{\mathbb{R}^d} \theta \mathrm{d}\mu(\theta)\right) \leqslant \int_{\mathbb{R}^d} F(\theta)\mathrm{d}\mu(\theta). \tag{6.8}$$

换句话说, 平均值的图像小于图像的平均值.

凸函数类满足以下稳定性性质 (证明作为一个练习):

(1) 如果 $(F_j)_{j\in\{1,2,\cdots,m\}}$ 是凸的, 并且 $(\alpha_j)_{j\in\{1,2,\cdots,m\}}$ 都是非负的, 那么 $\sum_{j=1}^{m} \alpha_j F_j$ 是凸的;

(2) 如果 $F : \mathbb{R}^d \to \mathbb{R}$ 是凸的, 并且 $A : \mathbb{R}^{d'} \to \mathbb{R}^d$ 是线性的, 那么 $F \circ A : \mathbb{R}^{d'} \to \mathbb{R}$ 是凸的.

经典的机器学习的例子 如果式 (6.1) 中的损失 l 在第二个变量中是凸的, $f_\theta(x)$ 在 θ 中是线性的, Ω 是凸的, 则式 (6.1) 形式的问题是凸的.

来自局部信息的全局最优性 还值得强调以下属性 (直接取自定义).

命题 6.2

假定 $F : \mathbb{R}^d \to \mathbb{R}$ 是凸的和可微的, 那么 $\eta_* \in \mathbb{R}^d$ 是 F 的一个全局最小解当且仅当

$$F'(\eta_*) = 0.$$

这意味着对于凸函数, 我们只需要寻找平稳点. 但这并不是潜在的非凸函数的情况.

这种情况在更高的维数中甚至更加复杂. 请注意, 如果没有凸性假设, 在最坏的情况下, Lipschitz 连续函数的优化将需要维数上的指数时间.

6.2.3 强凸和光滑函数下对梯度下降的分析

对优化算法的分析需要对目标函数进行假设, 就像本节中介绍的那样. 从这些假设中, 导出额外的性质 (典型的不等式), 然后大多数收敛证明寻找一个沿迭代下降的 "Lyapunov (李雅普诺夫) 函数" (有时称为势函数). 更准确地说, 如果 $V : \mathbb{R}^d \to \mathbb{R}_+$ 使得 $V(\theta_t) \leqslant (1-\alpha)V(\theta_{t-1})$, 那么 $V(\theta_{t-1}) \leqslant (1-\alpha)^t V(\theta_0)$, 并且我们得到了线性收敛. 然后重点就是找到适当的 Lyapunov 函数.

我们首先考虑一个允许指数收敛率的假设.

定义 6.2 (强凸性)

一个可微函数 F 被称作 μ-强凸的, $\mu > 0$, 当且仅当

$$F(\eta) \geqslant F(\theta) + F'(\theta)^{\mathrm{T}}(\eta-\theta) + \frac{\mu}{2}\|\eta-\theta\|_2^2, \quad \forall \eta, \theta \in \mathbb{R}^d. \tag{6.9}$$

函数 F 是强凸的, 当且仅当函数 F 严格高于其切线, 且其距离两者重合的距离至少是二次的. 这尤其允许对 F 定义二次下界. 见下文.

对于二次可微函数, 这相当于所有 θ 的 $F''(\theta) \geqslant \mu I$, 即 $F''(\theta)$ 的所有特征值都大于或等于 μ.

通过正则化得到的强凸性 当目标函数 F 是凸的时, 那么 $F + \frac{\mu}{2}\|\cdot\|_2^2$ 是 μ-强凸的 (证明留

作练习). 因此实际上, 在具有线性模型的机器学习问题中, 经验风险是凸的, 强凸性通常来自正则化器 (因此随着 n 的增大 μ 衰减), 导致条件数随着 n 的增长而变化 (通常是 $\sqrt{n}$ 或者 n).

Lojasiewicz 不等式 强凸性意味着 F 允许一个唯一的最小解 η_*, 其特征是 $F'(\eta_*) = 0$. 此外, 这保证了当一个点远非最优 (在函数值中) 时, 梯度很大.

> **引理 6.1 (Lojasiewicz 不等式)**
>
> 如果 F 是可微、μ-强凸的, 唯一最小解为 η_*, 那么有
> $$\|F'(\theta)\|_2^2 \geqslant 2\mu(F(\theta) - F(\eta_*)), \quad \forall \theta \in \mathbb{R}^d.$$

证明 定义 6.2 中的右侧在 η 中是强凸的, 并使用 $\tilde{\eta} = \theta - \dfrac{1}{\mu}F'(\theta)$ 进行最小化. 将这个值代入到界的估计中, 并在左侧取 $\eta = \eta_*$, 得到 $F(\eta_*) \geqslant F(\theta) - \dfrac{1}{\mu}\|F'(\theta)\|_2^2 + \dfrac{1}{2\mu}\|F'(\theta)\|_2^2 = F(\theta) - \dfrac{1}{2\mu}\|F'(\theta)\|_2^2$. 通过移项, 就可以得出结论. □

为了获得指数收敛率, 强凸性通常与光滑性相关联, 我们现在给出定义.

> **定义 6.3 (光滑性)**
>
> 一个可微函数 F 是 L-阶光滑的当且仅当
> $$\|F(\eta) - F(\theta) - F'(\theta)^{\mathrm{T}}(\eta - \theta)\| \leqslant \frac{L}{2}\|\theta - \eta\|^2, \quad \forall \theta, \eta \in \mathbb{R}^d. \tag{6.10}$$

这相当于 F 具有一个 L-Lipschitz 连续梯度, 即 $\|F'(\theta) - F'(\eta)\|_2^2 \leqslant L^2\|\theta - \eta\|_2^2, \forall \theta, \eta \in \mathbb{R}^d$. 对于二次可微函数, 这相当于 $-LI \leqslant F''(\theta) \leqslant LI$.

注意, 当 F 是凸的和 L-光滑的, 有一个二次上界在任何给定点上都是紧的 (强凸性意味着相应的下界).

当一个函数既光滑又强凸时, 用 $\kappa = L/\mu \geqslant 1$ 表示它的条件数. GD 的性能将取决于这个条件数 (见最陡下降, 即具有精确线搜索的 GD): 在小条件数下, 我们得到快速收敛, 而对于大条件数, 我们得到振荡.

在机器学习问题中, 对于线性预测和光滑损失 (平方或 Logistic), 我们有光滑问题. 如果我们使用一个平方的 ℓ_2-正则化器 $\dfrac{\mu}{2}\|\cdot\|_2^2$, 我们得到一个 μ-强凸问题. 注意, 当使用正则化时, 如第 2 章和第 3 章中解释的那样, μ 的值随 n 衰减, 通常在 $1/n$ 到 $1/\sqrt{n}$ 之间, 导致条件数在 $\sqrt{n}$ 和 n 之间.

在这种情况下, 经验风险的 GD 通常被称为 "批" 技术, 因为所有数据点在每次迭代中都被访问.

在定理 6.1 中, 我们证明了 GD 对于这种光滑和强凸问题呈指数收敛.

> **定理 6.1 (对于光滑强凸函数的 GD 的收敛性)**
>
> 设 F 是 L-光滑和 μ-强凸的, 令 $\gamma_t = 1/L$, F 上的 GD 的迭代 $(\theta_t)_{t \geqslant 0}$ 满足
> $$F(\theta_t) - F(\eta_*) \leqslant \left(1 - \frac{1}{\kappa}\right)^t (F(\theta_0) - F(\eta_*)) \leqslant \exp(-t/\kappa)(F(\theta_0) - F(\eta_*)).$$

证明 将式 (6.10) 中的光滑性不等式运用到 θ_{t-1} 和 $\theta_{t-1} - F'(\theta_{t-1})/L$, 有以下下降性质, 令 $\gamma_t = 1/L$,

$$F(\theta_t) = F(\theta_{t-1} - F'(\theta_{t-1})/L) \leqslant F(\theta_{t-1}) + F'(\theta_{t-1})^{\mathrm{T}}(-F'(\theta_{t-1})/L) + \frac{L}{2}\|-F'(\theta_{t-1})/L\|_2^2$$

$$= F(\theta_{t-1}) - \frac{1}{L}\|F'(\theta_{t-1})\|_2^2 + \frac{1}{2L}\|F'(\theta_{t-1})\|_2^2.$$

移项, 得

$$F(\theta_t) - F(\eta_*) \leqslant F(\theta_{t-1}) - F(\eta_*) - \frac{1}{2L}\|F'(\theta_{t-1})\|_2^2.$$

应用引理 6.1, 有

$$F(\theta_t) - F(\eta_*) \leqslant (1 - \mu/L)(F(\theta_{t-1}) - F(\eta_*)) \leqslant \exp(-\mu/L)(F(\theta_{t-1}) - F(\eta_*)).$$

用定义 $\kappa = L/\mu$, 递归可得. □

我们有以下说明.

(1) 如前所述, 我们必须有 $\mu \leqslant L$; 比率 $\kappa := L/\mu$ 被称为条件数. 它是目标函数的一个性质, 可能很难或很容易最小化.

(2) 如果我们只假设函数是光滑的和凸的 (不是强凸的), 那么当最小值存在时, 具有恒定步长 $\gamma = 1/L$ 的 GD 也会收敛, 但在 $O(1/t)$ 中的速度较慢.

(3) 选择步长只需要在光滑常数上的一个上界 L(如果它被高估了, 收敛速度只会略有下降).

(4) 如果更新写作 $(\theta_t - \theta_{t-1})/\gamma = -F'(\theta_{t-1})$, 该算法在光滑假设下, 可以看作是梯度流的离散化

$$\frac{\mathrm{d}}{\mathrm{d}t}\eta(t) = -F'(\eta),$$

其中 $\eta(t\gamma) \approx \theta_t$. 这个类比可以引出一些见解和证明的想法 (详见参考文献 (Scieur et al., 2017)).

(5) 对于这类函数 (凸和光滑), 存在一种可以获得更快速率的一阶方法, 这表明 GD 不是最优的. 然而, 这些改进的算法也有缺点 (缺乏自适应性, 对噪声的不稳定性……). 详见下文.

自适应性 请注意, GD 是自适应于强凸性的: 完全相同的算法同时适用于强凸和凸的情况, 并且这两个边界都适用. 这种自适应在实践中是很重要的, 因为通常在全局最优附近的局部, 强凸性常数收敛到 η_* 处的最小特征值, 它可以非常显著地大于 μ(全局常数).

Fenchel (芬切尔) 共轭 给定一些凸函数 $F: \mathbb{R}^d \to \mathbb{R}$, 一个重要的工具是 Fenchel-Legendre 共轭 F^*, 定义为 $F^*(\alpha) = \sup_{\theta \in \mathbb{R}^d} \alpha^{\mathrm{T}}\theta - F(\theta)$. 特别地, 当允许扩展值函数 (它可能取值 $+\infty$) 时, 我们可以表示定义在凸域上的函数, 并且在简单的正则性条件下, 凸函数的共轭的共轭就是函数本身. 因此, 任何凸函数都可以看作是仿射函数的最大值. 此外, 如果原始函数不是凸的, 那么双共轭通常被称为凸包络, 并且是最紧的凸下界 (这在设计非凸问题的凸松弛时常用). 此外, 在处理凸对偶性时, 使用 Fenchel 共轭法是至关重要的 (我们将在本章中不讨论这个问题).

6.2.4 凸和光滑函数下对梯度下降的分析

为了得到不具有强凸性的 $1/t$ 收敛速度, 我们需要凸光滑函数的额外性质, 有时称为 "共轭顽力". 这是一个我们需要使用不等式来规避迭代缺乏封闭形式的实例.

命题 6.3 (共轭顽力)

如果 F 为 $\mathbb{R}^d$ 上 L-光滑的凸函数, 那么对于所有的 $\theta, \eta \in \mathbb{R}^d$, 都有

$$\frac{1}{L} \|F'(\theta) - F'(\eta)\|_2^2 \leqslant [F'(\theta) - F'(\eta)]^{\mathrm{T}} (\theta - \eta).$$

此外, 有 $F(\theta) \geqslant F(\eta) + F'(\eta)^{\mathrm{T}} (\theta - \eta) + \frac{1}{2L} \|F'(\theta) - F'(\eta)\|_2^2$.

证明　我们将展示第二个不等式, 这也就是第一个不等式通过用 η 和 θ 交换应用它两次, 并对它们求和.

(1) 定义 $H(\theta) = F(\theta) - \theta^{\mathrm{T}} F'(\eta)$. 函数 $H : \mathbb{R}^d \to \mathbb{R}$ 是凸的, 并且在 η 处有全局最小值, 因此 $H'(\theta) = F'(\theta) - F'(\eta)$, 这也就是对 $\theta = \eta$ 为 0. 函数 H 也是 L-光滑的.

(2) 应用光滑性的定义: $H(\eta) \leqslant H(\theta - \frac{1}{L} H'(\theta))$, 小于 $H(\theta) + H'(\theta)^{\mathrm{T}} (-\frac{1}{L} H'(\theta)) + \frac{L}{2} \| - \frac{1}{L} H'(\theta) \|_2^2$, 因此小于 $H(\theta) - \frac{1}{2L} \|H'(\theta)\|_2^2$.

(3) 得到 $F(\eta) - \eta^{\mathrm{T}} F'(\eta) \leqslant F(\theta) - \theta^{\mathrm{T}} F'(\eta) - \frac{1}{2L} \|F'(\theta) - F'(\eta)\|_2^2$, 通过变换项就可以得到期望的不等式. □

我们现在可以说明以下收敛结果的 GD 可能没有强凸性. 在常数之前, 我们得到了与式 (6.5) 中的二次函数相同的速率.

定理 6.2 (对于光滑凸函数的 **GD** 的收敛性)

设 F 是 L-光滑和凸的, 全局最小值在 η_* 上取到. 令 $\gamma_t = 1/L$, F 上的 GD 的迭代 $(\theta_t)_{t \geqslant 0}$ 满足

$$F(\theta_t) - F(\eta_*) \leqslant \frac{L}{2t} \|\theta_0 - \eta_*\|_2^2.$$

证明　我们将选择的 Lyapunov 函数是

$$V_t(\theta_t) = t [F(\theta_t) - F(\eta_*)] + \frac{L}{2} \|\theta_t - \eta_*\|_2^2,$$

并且我们的目标是证明它会随着迭代而衰减. 我们可以把 Lyapunov 函数的差异分为三项:

$$V_t(\theta_t) - V_{t-1}(\theta_{t-1}) = t [F(\theta_t) - F(\theta_{t-1})] + F(\theta_{t-1}) - F(\eta_*) + \frac{L}{2} \|\theta_t - \eta_*\|_2^2 - \frac{L}{2} \|\theta_{t-1} - \eta_*\|_2^2.$$

为了约束住它:

(1) 如定理 6.1 的证明, 用 $F(\theta_t) - F(\theta_{t-1}) \leqslant -\frac{1}{2L} \|F'(\theta_{t-1})\|_2^2$;

(2) 如式 (6.7), 用 $F(\theta_{t-1}) - F(\eta_*) \leqslant F'(\theta_{t-1})^{\mathrm{T}} (\theta_{t-1} - \eta_*)$ 作为一个凸性的结果 (θ_{t-1} 处切线上方的函数);

(3) 通过展开平方, 用 $\frac{L}{2} \|\theta_t - \eta_*\|_2^2 - \frac{L}{2} \|\theta_{t-1} - \eta_*\|_2^2 = -L\gamma (\theta_{t-1} - \eta_*)^{\mathrm{T}} F'(\theta_{t-1}) + \frac{L\gamma^2}{2} \|F'(\theta_{t-1})\|_2^2$.

令步长 $\gamma = 1/L$, 则有

$$V_t(\theta_t) - V_{t-1}(\theta_{t-1}) \leqslant t\left[-\frac{1}{2L}\|F'(\theta_{t-1})\|_2^2\right] + F'(\theta_{t-1})^{\mathrm{T}}(\theta_{t-1} - \eta_*) - L\gamma(\theta_{t-1} - \eta_*)^{\mathrm{T}}F'(\theta_{t-1})$$

$$+ \frac{L\gamma^2}{2}\|F'(\theta_{t-1})\|_2^2$$

$$= -\frac{t-1}{2L}\|F'(\theta_{t-1})\|_2^2 \leqslant 0.$$

这就有

$$t\left[F(\theta_t) - F(\eta_*)\right] \leqslant V_t(\theta_t) \leqslant V_0(\theta_0) = \frac{L}{2}\|\theta_0 - \eta_*\|_2^2.$$

因此, $F(\theta_t) - F(\eta_*) \leqslant \dfrac{L}{2t}\|\theta_0 - \eta_*\|_2^2.$　□

上面的证明是并非偶然的神秘的: Lyapunov 函数的选择一开始似乎是任意的, 但所有的不等式都会导致很好的抵消. 这些证明有时很难设计出来, 可参阅一些有关试图自动化这些证明的有趣工作[①].

▰ **6.2.5　除了梯度下降的额外补充**

虽然 GD 是一个简单的分析与最简单的算法, 但有多个扩展, 我们只会简单地提到.

Nesterov 加速　对于强凸函数, 只要对 GD 进行简单的修改, 就可以获得更好的收敛速度. 该算法如下, 并基于以下迭代更新:

$$\theta_t = \eta_{t-1} - \frac{1}{L}g'(\eta_{t-1}), \tag{6.11}$$

$$\eta_t = \theta_t + \frac{1 - \sqrt{\mu/L}}{1 + \sqrt{\mu/L}}(\theta_t - \theta_{t-1}), \tag{6.12}$$

收敛速度为 $F(\theta_t) - F(\eta_*) \leqslant L\|\theta_0 - \eta_*\|^2(1 - \sqrt{\mu/L})^t \leqslant L\|\theta_0 - \eta_*\|^2(1 - 1/\sqrt{\kappa})^t$, 即收敛时的特征时间从 κ 改善到 $\sqrt{\kappa}$. 如果 κ 很大 (机器学习通常是 $\sqrt{n}$ 或 n 阶), 那么收益是可观的. 在实践中, 这导致了显著的改进. 参见文献 (d'Aspremont et al., 2021) 的详细描述和许多扩展.

对于凸函数, 我们需要依赖 t 外推, 步骤如下:

$$\theta_t = \eta_{t-1} - \frac{1}{L}F'(\eta_{t-1}), \tag{6.13}$$

$$\eta_t = \theta_t + \frac{t-1}{t+2}(\theta_t - \theta_{t-1}), \tag{6.14}$$

这个简单的修改可以追溯到 1983 年的 Nesterov, 并导致了以下收敛速率 $F(\theta_t) - F(\eta_*) \leqslant \dfrac{2L\|\theta_0 - \eta_*\|^2}{(t+1)^2}.$

此外, 已知最后两个速率对于所考虑的问题是最优的: 对于访问梯度并线性组合它们以选择一个新的查询点的算法, 不可能有更好的维数无关速率.

牛顿方法　给定 θ_{t-1}, 牛顿方法最小化 θ_{t-1} 附近的二阶泰勒展开式:

---

① 参见 https://francisbach.com/computer-aided-analyses/.

$$F(\theta_{t-1}) + F'(\theta_{t-1})^{\mathrm{T}}(\theta - \theta_{t-1}) + \frac{1}{2}(\theta - \theta_{t-1})^{\mathrm{T}} F''(\theta_{t-1})^{\mathrm{T}}(\theta - \theta_{t-1}).$$

这导致了 $\theta_t = \theta_{t-1} - F''(\theta_{t-1})^{-1} F'(\theta_{t-1})$, 这是一个昂贵的迭代, 因为求解线性系统的运行时复杂度一般是 $O(d^3)$. 它导致了局部二次收敛: 如果 $\|\theta_{t-1} - \theta_*\|$ 足够小, 对于某个常数 C, 可以证明 $(C\|\theta_t - \theta_*\|) = (C\|\theta_{t-1} - \theta_*\|)^2$. 更多细节见文献 (Boyd and Vandenberghe, 2004), 以及全局收敛的条件, 特别是通过自一致性的使用.

注意, 对于机器学习问题, 与每次迭代的计算复杂度相比, 二次收敛可能是一种过度的方法, 因为损失函数是 n 项的平均值, 自然有一些 $O(1/\sqrt{n})$ 阶的不确定性.

近端梯度下降 许多优化问题被称为 "复合", 即目标函数 F 是一个光滑函数 G 和一个非光滑函数 H(如范数) 的和. 结果表明, 对 GD 的简单修改使得受益于光滑优化的快速收敛速度 (与我们从下一节的次梯度方法中获得的非光滑优化的较慢收敛速度相比).

为此, 我们需要首先将 GD 看作是一种近端方法. 事实上, 人们可能将迭代 $\theta_t = \theta_{t-1} - \frac{1}{L} G'(\theta_{t-1})$ 看作

$$\theta_t = \arg\min_{\theta \in \mathbb{R}^d} G(\theta_{t-1}) + (\theta - \theta_{t-1})^{\mathrm{T}} G'(\theta_{t-1}) + \frac{L}{2}\|\theta - \theta_{t-1}\|_2^2,$$

其中, 对于一个 L-光滑的函数 G, 上面的目标函数是 $G(\theta)$ 的一个上界, 它在 θ_{t-1} 处很紧 (见式 (6.10)).

虽然这种重组公式不会给 GD 带来太多影响, 但我们可以将其扩展到复合问题, 并考虑迭代

$$\theta_t = \arg\min_{\theta \in \mathbb{R}^d} G(\theta_{t-1}) + (\theta - \theta_{t-1})^{\mathrm{T}} G'(\theta_{t-1}) + \frac{L}{2}\|\theta - \theta_{t-1}\|_2^2 + H(\theta),$$

其中 H 是原样的. 结果表明, $G + H$ 的收敛速度与光滑优化相同, 具有潜在的加速度.

关键是要能够计算出上面的步骤, 即相对于 $\frac{L}{2}\|\theta - \eta\|_2^2 + H(\theta)$ 形式的 θ 函数进行最小化. 当 H 是一个凸集的指示函数时 (在集合内等于 0, 否则等于 $+\infty$), 我们得到投影 GD. 当 H 是 ℓ_1-范数, 即 $H = \lambda\|\cdot\|_1$, 这可以证明是软阈值步骤, 对于每个坐标 $\theta_i = (|\eta_i| - \lambda/L)_+ \frac{\eta_i}{|\eta_i|}$(证明作为一个练习). 参见第 4 章中的模型选择和稀疏性诱导规范的应用程序.

6.2.6 非凸目标函数

对于光滑的潜在非凸目标函数, 最好的希望是收敛到一个平稳点 θ, 使 $F'(\theta) = 0$. 下面的证明提供了一个较弱的结果, 即至少有一个迭代有一个较小的梯度. 实际上, 使用与凸情况相同的泰勒展开式 (这仍然有效), 我们得到了

$$F(\theta_t) \leqslant F(\theta_{t-1}) - \frac{1}{2L}\|F'(\theta_{t-1})\|_2^2,$$

然后, 对上式从 1 到 t 之间的所有的不等式求和:

$$\frac{1}{2Lt} \sum_{s=1}^{t} \|F'(\theta_{s-1})\|_2^2 \leqslant \frac{F(\theta_0) - F(\eta_*)}{t}.$$

因此在 $\{0, 1, 2, \cdots, t-1\}$ 中必须有一个 s, 使得 $\|F'(\theta_s)\|_2^2 \leqslant O(1/t)$. 注意, 如果没有进一步的假设, 这并不意味着任何迭代都接近一个平稳点.

6.3　在非光滑问题上的梯度下降方法

我们现在放宽了我们的假设, 除了凸性之外, 只需要 Lipschitz 的连续性. 速率会更慢, 但扩展到随机梯度更容易.

定义 6.4 (Lipschitz 连续函数)

一个函数 $F : \mathbb{R}^d \to \mathbb{R}$ 被称作 B-Lipschitz 连续的当且仅当

$$\|F(\eta) - F(\theta)\| \leqslant B\|\eta - \theta\|_2, \quad \forall \theta, \eta \in \mathbb{R}^d.$$

如果没有额外的假设, 这种设置通常被称为非光滑优化.

从梯度到次梯度　我们可以将非光滑优化应用于不可微的目标函数 (如 2.1 节中的合页损失). 对于凸 Lipschitz 连续目标, 我们可以证明该函数几乎处处都是可微的, 并且在它不可微的点上, 可以将下界切线的斜率集定义为次微分, 并将它的任何元素定义为次梯度. 也就是说, 我们可以将次微分定义为

$$\partial F(\theta) = \{z \in \mathbb{R}^d, \forall \eta \in \mathbb{R}^d, f(\eta) \geqslant f(\eta) + z^{\mathrm{T}}(\eta - \theta)\}.$$

然后, GD 的迭代表示使用任何次梯度 $z \in \partial F(\theta_{t-1})$ 而不是 $F'(\theta_{t-1})$. 该方法被称为次梯度方法 (它不再是一种下降方法, 也就是说, 函数值可能会上升一次).

次梯度法的收敛速度　我们可以证明次梯度下降算法的收敛性, 现在它的步长正在衰减, 并且速度比光滑函数要慢.

定理 6.3 (次梯度法的收敛性)

设 F 是凸的、B-Lipschitz 连续的, η_* 使得 $\|\eta_* - \theta_0\|_2 \leqslant D$ 最小. 通过选择 $\gamma_t = \dfrac{D}{B\sqrt{t}}$, 那么 F 上的 GD 的迭代 $(\theta_t)_{t \geqslant 0}$ 满足

$$\min_{0 \leqslant s \leqslant t-1} F(\theta_s) - F(\eta_*) \leqslant DB \frac{2 + \log_e t}{2\sqrt{t}}. \tag{6.15}$$

证明　我们来看看 θ_t 是如何接近 η_* 的, 也就是说, 我们尝试使用 $\|\theta_t - \eta_*\|_2^2$ 作为 Lyapunov 函数. 有

$$\|\theta_t - \eta_*\|_2^2 = \|\theta_{t-1} - \gamma_t F'(\theta_{t-1}) - \eta_*\|_2^2$$

$$= \|\theta_{t-1} - \eta_*\|_2^2 - 2\gamma_t F'(\theta_{t-1})^{\mathrm{T}}(\theta_{t-1} - \eta_*) + \gamma_t^2 \|F'(\theta_{t-1})\|_2^2.$$

将这与式 (6.7) 中的凸性不等式 $F(\theta_{t-1}) - F(\eta_*) \leqslant F'(\theta_{t-1})^{\mathrm{T}}(\theta_{t-1} - \eta_*)$ 相结合, 利用梯度的有界性 ($\|F'(\theta_{t-1})\|_2^2 \leqslant B^2$), 有

$$\|\theta_t - \eta_*\|_2^2 \leqslant \|\theta_{t-1} - \eta_*\|_2^2 - 2\gamma_t [F(\theta_{t-1}) - F(\eta_*)] + \gamma_t^2 B^2.$$

因此,

$$\gamma_t(F(\theta_{t-1}) - F(\eta_*)) \leqslant \frac{1}{2}(\|\theta_{t-1} - \eta_*\|_2^2 - \|\theta_t - \eta_*\|_2^2) + \frac{1}{2}\gamma_t^2 B^2. \tag{6.16}$$

对这些不等式求和就可以得到结果 (事实上, 对于任何 $\eta_* \in \mathbb{R}^d$, 而不仅仅是最小解),

$$\frac{1}{\sum\limits_{s=1}^{t} \gamma_s} \sum_{s=1}^{t} \gamma_s(F(\theta_{s-1}) - F(\eta_*)) \leqslant \frac{\|\theta_0 - \eta_*\|_2^2}{2\sum\limits_{s=1}^{t} \gamma_s} + B^2 \frac{\sum\limits_{s=1}^{t} \gamma_s^2}{2\sum\limits_{s=1}^{t} \gamma_s}.$$

作为加权平均值, 左侧大于 $\min\limits_{0 \leqslant s \leqslant t-1}(F(\theta_s) - F(\eta_*))$, 也大于 $F(\bar{\theta}_t) - F(\eta_*)$, 其中由詹森不等式,

$$\bar{\theta}_t = \left(\sum_{s=1}^{t} \gamma_s \theta_{s-1}\right) \Big/ \left(\sum_{s=1}^{t} \gamma_s\right).$$

如果 $\sum\limits_{s=1}^{t} \gamma_s$ 趋向于 ∞(以忘记初始条件, 有时称为 "偏差") 并且 $\gamma_t \to 0$(以减少 "方差" 项),

那么上界为 0. 让我们对于某个 $\tau > 0$ 选择 $\gamma_s = \tau/\sqrt{s}$. 通过使用下面的级数积分比较, 得到了这个界

$$\min_{0 \leqslant s \leqslant t-1}(F(\theta_s) - F(\eta_*)) \leqslant \frac{1}{2\sqrt{t}}(D^2\tau + \tau B^2(1 + \log_e t)).$$

令 $\tau = D/B$(这是在 $\log_e t = 0$ 时优化之前的边界提出的), 从而得到结果. 在证明中, 我们使用了以下递减级数积分进行比较

$$\sum_{s=1}^{t} \frac{1}{\sqrt{s}} \geqslant \sum_{s=1}^{t} \frac{1}{\sqrt{t}} = \sqrt{t},$$

并且 $\sum\limits_{s=1}^{t} \frac{1}{s} \leqslant 1 + \sum\limits_{s=2}^{t} \frac{1}{s} \leqslant 1 + \int_1^t \frac{\mathrm{d}s}{s} = 1 + \log_e t.$ □

上述证明方案非常灵活. 它可以按以下方向进行扩展.

(1) 不需要提前知道到最优距离的上限 D, 我们之后用相同的步长 $\gamma_t = \dfrac{D}{B\sqrt{t}}$ 一个比率的

形式 $\dfrac{BD}{2\sqrt{t}}\left(\dfrac{\|\theta_0 - \eta_*\|_2^2}{D^2} + (1 + \log_e t)\right)$ 得到. 此外, 次梯度法的一个稍微修改的版本消除了知道

Lipschitz 常数的需要.

(2) 该算法适用于凸集上的约束最小化, 通过在每次迭代中插入一个投影步骤 (证明, 即使用正交投影的收缩性, 本质上是相同的).

(3) 该算法适用于不可微凸函数和 Lipschitz 目标函数 (使用次梯度, 即任何满足式 (6.6) 而不是 $F'(\theta_t)$ 的向量).

(4) 该算法可以应用于 "非欧几里得几何", 其中我们考虑迭代的边界或具有不同量的梯度, 如布雷格曼发散. 这可以使用 "镜像下降" 下降框架来实现, 例如, 可以用于获得乘法更新.

(5) 通常使用一致平均迭代, 如 $\frac{1}{t}\sum_{s=0}^{t-1}\theta_s$. 收敛率 (不含 $\log_e t$ 因子) 可以使用 Abel (阿贝尔) 求和公式得到.

(6) 具有衰减步长 γ_t 的算法是一种 "随时" 算法, 即可以在任何时间 t 时停止, 然后边界在式 (6.15) 中适用. 当考虑一个恒定的步长 γ 时, 它依赖于用户希望执行的迭代次数 T, 计算通常更容易, T 通常被称为 "视界". 从式 (6.16) 开始, 我们得到界限

$$\frac{1}{T}\sum_{t=1}^{T}F(\theta_{t-1})-F(\theta_*)\leqslant\frac{D^2}{2\gamma T}+\frac{\gamma B^2}{2},$$

其中由 $\gamma=\dfrac{D}{B\sqrt{T}}$ 和 $\dfrac{DB}{\sqrt{T}}$ 的优化速率, 最优 γ 可以得到. 我们得到了对数因子, 但不再有一个任何时间的算法 (因为这个界只适用于时间 T). 这也适用于 6.4 节中的 SGD.

(7) 可以使用随机梯度, 如下文所示 (一种解释是, 次梯度法非常慢, 因此它对有噪声的梯度具有鲁棒性).

6.4　随机梯度下降的收敛率

对于机器学习问题, 其中 $F(\theta)=\frac{1}{n}\sum_{i=1}^{n}l(y_i,f_\theta(x_i))+\Omega(\theta)$, 在每次迭代中, GD 算法需要计算一个 "完整的" 梯度 $F'(\theta_{t-1})$, 这可能是昂贵的, 因为它需要访问整个数据集 (所有 n 对观测). 另一种方法是只计算梯度 $g_t(\theta_{t-1})$ 的无偏随机估计, 即

$$\mathbb{E}\left[g_t(\theta_{t-1})|\theta_{t-1}\right]=F'(\theta_{t-1}). \tag{6.17}$$

这可能会计算得快得多, 特别是通过访问更少的观测.

注 1　请注意, 我们需要对 θ_{t-1} 进行条件处理, 因为 θ_{t-1} 封装了过去的迭代而导致了所有随机性, 并且只要求在时间 t 时的 "新鲜的" 随机性.

注 2　有些令人惊讶的是, 这种无偏性不需要与一个消失的方差耦合: 虽然在梯度中总是有误差, 但使用一个递减的步长将确保收敛. 如果梯度中的噪声不是无偏的, 那么我们只能得到收敛性.

这就导出了以下算法.

算法 6.2 (SGD)

选择一个步长序列 $(\gamma_t)_{t\geqslant0},\theta_0\in\mathbb{R}^d$, 对于 $t\geqslant1$, 令

$$\theta_t=\theta_{t-1}-\gamma_t g_t(\theta_{t-1}),$$

其中 $g_t(\theta_{t-1})$ 满足式 (6.17).

机器学习中的 SGD　有两种方法可以使用 SGD 进行有监督的机器学习.

(1) **经验风险最小化** 如果 $F(\theta) = \dfrac{1}{n} \sum\limits_{i=1}^{n} l(y_i, f_\theta(x_i))$，那么在迭代 t 时，我们可以均匀随机选择 $i(t) \in \{1, 2, \cdots, n\}$ 并将 g_t 定义为 $\theta \mapsto l(y_{i(t)}, f_\theta(x_{i(t)}))$ 的梯度. 这里的随机性来自指数的随机选择.

存在 "小批量" 变量，在每次迭代中，梯度在指数的一个随机子集上平均 (然后减少梯度估计的方差，但我们使用更多的梯度，因此运行时间增加，见练习 6.21). 然后我们收敛到经验风险的最小解 η_*.

这里注意，由于我们用替换来采样，即使是在 n 次迭代中，一个给定的函数也将被选择几次.

(2) **期望风险最小化** 如果 $F(\theta) = \mathbb{E}[l(y, f_\theta(x))]$ 是期望 (不可观察的) 风险，那么在迭代 t 时，我们可以采用一个新的样本 (x_t, y_t) 并将 g_t 定义为 $\theta \mapsto l(y_t, f_\theta(x_t))$ 的梯度，如果交换期望和微分的顺序，将得到无偏性. 这里请注意，为了保持无偏性，只允许一次传递 (否则，这将会破坏它创建的依赖关系)，并且随机性来自观察结果 (x_t, y_t) 本身.

请注意，在实际操作中，多次传递数据 (即多次使用每个观察结果) 会导致更好的性能. 为了避免过拟合，要么在经验风险中添加一个正则化项，要么在 SGD 算法收敛前停止，这也称为 "早期停止" 正则化.

我们可以用后一种方法来研究上述两种情况，即将经验风险作为对数据的经验分布的期望.

注 SGD 不是一种下降方法: 函数值通常上升，但它们 "平均" 下降. 例如，请参见图 6.1 中的说明.

在目标函数的相同假设下，我们现在研究 SGD，并有以下额外的假设:

(1) 无偏梯度: $\mathbb{E}[g_t(\theta_{t-1}) | \theta_{t-1}] = F'(\theta_{t-1})$, $\forall t \geqslant 1$;

(2) 有界梯度: $\|g_t(\theta_{t-1})\|_2^2 \leqslant B^2$, $\forall t \geqslant 1$ 几乎可以肯定.

假设 (2) 可以被其他的正则性条件 (例如，Lipschitz 连续梯度) 取代. 假设 (1) 是至关重要的，通常是通过考虑独立的梯度函数 g_t 来得到的，我们有 $\mathbb{E}[g_t(\cdot)] = F'(\cdot)$. 有关光滑功能的 SGD，请参见练习 6.22.

定理 6.4 (SGD 的收敛性)

假设 F 是凸的、B-Lipschitz 连续的，并有 θ_* 使得 $\|\theta_* - \theta_0\|_2 \leqslant D$ 最小. 假设随机梯度满足假设 (1) 和 (2). 然后，选择 $\gamma_t = (D/B)/\sqrt{t}$，使 F 上 SGD 的迭代 $(\theta_t)_{t \geqslant 0}$ 满足

$$\mathbb{E}[F(\bar{\theta}_t) - F(\theta_*)] \leqslant DB \frac{2 + \log_e t}{2\sqrt{t}},$$

其中 $\bar{\theta}_t = \left(\sum\limits_{s=1}^{t} \gamma_s \theta_{s-1} \right) \Big/ \left(\sum\limits_{s=1}^{t} \gamma_s \right).$

证明 我们遵循于确定性情况下基本相同的证明，在一些妥善选取的地方添加一些期望. 有

$$\mathbb{E}[\|\theta_t - \theta_*\|_2^2] = \mathbb{E}[\|\theta_{t-1} - \gamma_t g_t(\theta_{t-1}) - \theta_*\|_2^2]$$

$$= \mathbb{E}[\|\theta_{t-1} - \theta_*\|_2^2] - 2\gamma_t \mathbb{E}[g_t(\theta_{t-1})^{\mathrm{T}}(\theta_{t-1} - \theta_*)] + \gamma_t^2 \mathbb{E}[\|g_t(\theta_{t-1})\|_2^2].$$

然后，可以计算出中间项的期望为

$$\mathbb{E}\left[g_t(\theta_{t-1})^{\mathrm{T}}(\theta_{t-1}-\theta_*)\right]=\mathbb{E}\left[\mathbb{E}\left[g_t(\theta_{t-1})^{\mathrm{T}}(\theta_{t-1}-\theta_*)|\theta_{t-1}\right]\right]$$
$$=\mathbb{E}\left[\mathbb{E}\left[g_t(\theta_{t-1})|\theta_{t-1}\right]^{\mathrm{T}}(\theta_{t-1}-\theta_*)\right]=\mathbb{E}\left[F'(\theta_{t-1})^{\mathrm{T}}(\theta_{t-1}-\theta_*)\right],$$

其中, 关键地使用了无偏假设 (1). 这就有

$$\mathbb{E}\left[\|\theta_t-\theta_*\|_2^2\right]\leqslant\mathbb{E}\left[\|\theta_{t-1}-\theta_*\|_2^2\right]-2\gamma_t\mathbb{E}\left[F'(\theta_{t-1})^{\mathrm{T}}(\theta_{t-1}-\theta_*)\right]+\gamma_t^2 B^2.$$

因此, 结合式 (6.7) 中的凸性不等式 $F(\theta_{t-1})-F(\theta_*)\leqslant F'(\theta_{t-1})^{\mathrm{T}}(\theta_{t-1}-\theta_*)$, 得到

$$\gamma_t\mathbb{E}\left[F(\theta_{t-1})-F(\theta_*)\right]\leqslant\frac{1}{2}\left(\mathbb{E}\left[\|\theta_{t-1}-\theta_*\|_2^2\right]-\mathbb{E}\left[\|\theta_t-\theta_*\|_2^2\right]\right)+\frac{1}{2}\gamma_t^2 B^2. \tag{6.18}$$

除了期望之外, 这与式 (6.16) 有相同的界限, 所以我们可以在定理 6.3 的证明中得出这样的结论. 用平均迭代来表示我们的界, 因为寻找最佳迭代的成本比计算随机梯度的成本可能要高 (因为我们一般不能计算 F). □

我们可以有以下的结果.

(1) 迭代的平均通常是在一定次数的迭代之后执行的 (例如, 在进行多次传递时传递数据), 这将通过更快地忘记初始条件来加快算法的速度.

(2) 许多作者考虑了该算法的投影版本, 在梯度步骤之后, 我们正交投影到半径为 D 和中心为 θ_0 的球上, 那么, 这个界限就会是完全一样的.

(3) 当应用于单传递 SGD 时, 我们得到的结果是一个泛化界, 即在 n 次迭代后, 我们有一个与 $1/\sqrt{n}$ 成正比的超额风险, 对应于与最佳预测器 F_θ 相比的超额风险. 将这与使用均匀偏差界 (第 2 章) 和非 SGD 的结果进行比较. 结果表明, 有 n 个观测值导致的估计误差与 SGD 得到的泛化界完全相同 (见 2.3 节), 但我们需要在上面添加与 $1/\sqrt{t}$ 成比例的优化误差 (具有相同的常数). 如果 $t=n$, 边界匹配, 也就是说, 我们在经验风险上运行 n 次 GD 迭代. 这导致了使用 SGD 的运行时间复杂度为 $O(tnd)=O(n^2 d)$, 而不是 $O(nd)$, 因此使用 SGD 获得了很大的收益.

注　我们还在比较上限.

(4) 对于这类问题, $O(BD/\sqrt{t})$ 中的界是最优的. 也就是说, 在所有可以查询随机梯度的算法中, 有更好的收敛速度 (至多是一些常数) 是不可能的.

(5) 与确定性的情况相反, 使用光滑度并不会导致明显更好的结果 (见练习 6.22).

SGD 还是经验风险的 GD? 如上所示, 在 SGD 中达到给定精度的迭代次数将比在光滑确定性 GD 中达到的迭代次数更多, 但其复杂度通常要快 n 倍. 因此, 对于高精度, 即 $F(\theta)-F(\eta_*)$ 的低值 (机器学习不需要它), SGD 的迭代次数可能会变得非常大, 所以可以选择确定性的全梯度下降. 然而, 对于低精度和大 n, SGD 是可选择的方法.

6.4.1　强凸问题

我们考虑正则化问题 $G(\theta)=F(\theta)+\frac{\mu}{2}\|\theta\|_2^2$, 采用与上面相同的假设, 并从 $\theta_0=0$ 开始. F 的一个在 θ_{t-1} 处的随机 (次) 梯度为 $g_t(\theta_{t-1})$, 那么 SGD 迭代为

$$\theta_t=\theta_{t-1}-\gamma_t\left[g_t(\theta_{t-1})+\mu\theta_{t-1}\right]. \tag{6.19}$$

我们就获得了一个 $O(1/t)$ 的改进的收敛速率和一个不同的衰减步长.

定理 6.5 (强凸问题在 SGD 中的收敛性)

假设 F 是凸的、B-Lipschitz 连续的, $F + \frac{\mu}{2}\|\cdot\|_2^2$ 有一个 (必要的唯一的) 最小解 η_*. 假设随机梯度满足假设 (1) 和 (2). 然后, 选择 $\gamma_t = 1/(\mu t)$, 式 (6.19) 中 SGD 的迭代 $(\theta_t)_{t \geqslant 0}$ 满足

$$\mathbb{E}\left[G(\bar\theta_t) - G(\theta_*)\right] \leqslant \frac{2B^2(1 + \log_e t)}{\mu t},$$

其中 $\bar\theta_t = \frac{1}{t}\sum_{s=1}^{t}\theta_{s-1}$.

证明 证明的开始本质上与凸问题相同, 这就有

$$\mathbb{E}\left[\|\theta_t - \theta_*\|_2^2\right]$$

$$= \mathbb{E}\left[\|\theta_{t-1} - \gamma_t(g_t(\theta_{t-1}) + \mu\theta_{t-1}) - \theta_*\|_2^2\right]$$

$$= \mathbb{E}\left[\|\theta_{t-1} - \theta_*\|_2^2\right] - 2\gamma_t\mathbb{E}\left[(g_t(\theta_{t-1}) + \mu\theta_{t-1})^{\mathrm{T}}(\theta_{t-1} - \theta_*)\right] + \gamma_t^2\mathbb{E}\left[\|g_t(\theta_{t-1}) + \mu\theta_{t-1}\|_2^2\right].$$

从式 (6.19) 中的迭代过程, 可以看到 $\theta_t = (1 - \gamma_t\mu)\theta_{t-1} + \gamma_t\mu\left[-\frac{1}{\mu}g_t(\theta_{t-1})\right]$ 是一个梯度除以 $-\mu$ 的凸组合, 因此 $\|g_t(\theta_{t-1}) + \mu\theta_{t-1}\|_2$ 总是小于 $4B^2$. 因此

$$\mathbb{E}\left[\|\theta_t - \theta_*\|_2^2\right] \leqslant \mathbb{E}\left[\|\theta_{t-1} - \theta_*\|_2^2\right] - 2\gamma_t\mathbb{E}\left[G'(\theta_{t-1})^{\mathrm{T}}(\theta_{t-1} - \theta_*)\right] + 4\gamma_t^2 B^2.$$

结合强凸不等式 $G(\theta_{t-1}) - G(\theta_*) + \frac{\mu}{2}\|\theta_{t-1} - \theta_*\|_2^2 \leqslant G'(\theta_{t-1})^{\mathrm{T}}(\theta_{t-1} - \theta_*)$ (见式 (6.9)), 就有

$$\gamma_t\mathbb{E}\left[G(\theta_{t-1}) - G(\theta_*)\right] \leqslant \frac{1}{2}((1 - \gamma_t\mu)\mathbb{E}\|\theta_{t-1} - \theta_*\|_2^2) + 2\gamma_t^2 B^2.$$

所以, 使用特定的步长 $\gamma_t = 1/(\mu t)$, 有

$$\mathbb{E}\left[G(\theta_{t-1}) - G(\theta_*)\right] \leqslant \frac{1}{2}((\gamma_t^{-1} - \mu)\mathbb{E}\|\theta_{t-1} - \theta_*\|_2^2 - \gamma_t^{-1}\mathbb{E}\|\theta_t - \theta_*\|_2^2) + 2\gamma_t B^2$$

$$= \frac{1}{2}(\mu(t-1)\mathbb{E}\|\theta_{t-1} - \theta_*\|_2^2 - \mu t\mathbb{E}\|\theta_t - \theta_*\|_2^2) + \frac{2B^2}{\mu t}.$$

因此, 我们得到了一个伸缩和: 对 1 和 t 之间的所有指数进行求和, 并由 $\sum_{s=1}^{t}\frac{1}{s} \leqslant 1 + \log_e t$, 我们得到了期望的结果. $\square$

我们可以得出以下结论.

(1) 对于光滑问题, 可以证明形式 $O(\kappa/t)$ 的类似界. 对于二次问题, 可以使用常数步长进行平均, 从而提高收敛速度.

(2) 对于这类问题, 在 $O(B^2/\mu t)$ 中的界是最优的. 也就是说, 在所有可以查询随机梯度的算法中, 不可能有更好的收敛速度 (高达一些常数) 的.

(3) 对于相同的正则化问题, 我们可以使用与 $DB/\sqrt{t}$ 成比例的步长, 并获得与 $DB/\sqrt{t}$ 成比例的边界, 这看起来比 $B^2/(\mu t)$ 更差, 但实际上当 μ 非常小时可以更好.

(4) 对于自适应性丧失的问题, 步长现在取决于问题的难度 (这不是确定性 GD 的情况). 具体阐述见下面的实验.

实验　我们考虑一个线性预测维数 $d = 40$(输入来自高斯分布, 二进制输出作为一个具有加性高斯噪声的线性函数的符号得到) 的简单的二分类问题, 有 $n = 400$ 次观察, 观察到的 ℓ_2-范数的特征由 R 约束住. 我们考虑 ℓ_2-正则均方合页损失 $\frac{\mu}{2}\|\cdot\|_2^2$(即 2.1 节中的支持向量机). 我们衡量的是多余的训练目标. 我们考虑了 μ 的两个值, 并比较了图 6.1 中的两个步长 $\gamma_t = 1/(R^2\sqrt{t})$ 和 $\gamma_t = 1/(\mu t)$. 我们看到, 对于足够大的 μ, 强凸步长更好, 小 μ 的情况则不一定.

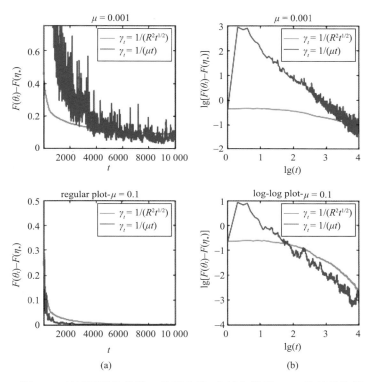

图 6.1　对于正则化参数 μ 的两个值, 支持向量机 SGD 步长的比较

顶部: 大 μ, 底部: 小 μ. 通过在超额训练目标 ((a) 常规图, (b) "log-log" 图) 上的一次运行 (因此是可变性) 来衡量其表现

上面的实验强调了步长等于 $1/(\mu t)$ 的危险. 在实践中, 通常最好使用 $\gamma_t = \dfrac{1}{R^2\sqrt{t} + \mu t}$.

6.4.2　方差缩减

我们考虑一个有限和 $F(\theta) = \dfrac{1}{n}\sum_{i=1}^{n} f_i(\theta)$, 其中每个 f_i 是 R^2-光滑的 (例如 Logistic 特征由 ℓ_2-范数里的 R 限制住), 这就使得 F 是 μ-强凸的 (例如, 通过添加 $\frac{\mu}{2}\|\theta\|_2^2$ 到每个 f_i, 或受益于强大的凸性). 用 $\kappa = R^2/\mu$ 表示问题的条件数 (注意它大于 L/μ, 其中 L 是 F 的光滑常数).

使用 SGD 时, 收敛速度为 $O(\kappa/t)$, 迭代复杂度为 $O(d)$, 而对于 GD, 收敛速度为 $O(\exp(-t/\kappa))$ (见 6.2 节), 但每次迭代的复杂度为 $O(nd)$. 我们现在给出了一个结果, 允许得到指数收敛与迭代复杂度是 $O(d)$.

这种想法是使用一种方差减少的形式, 这是通过保持记忆中过去的梯度来实现的. 用 $z_i^{(t)} \in \mathbb{R}^d$ 表示在 t 时刻存储的梯度 i 的版本.

SAGA 算法结合了早期算法 SAG 和 SVRG, 工作如下: 在每次迭代中, 在 $\{1, 2, \cdots, n\}$ 中均匀随机选择一个索引 $i(t)$, 执行迭代

$$\theta_t = \theta_{t-1} - \gamma \left[f'_{i(t)}(\theta_{t-1}) + \frac{1}{n} \sum_{i=1}^n z_i^{(t-1)} - z_{i(t)}^{(t-1)} \right],$$

$z_{i(t)}^{(t)} = f'_{i(t)}(\theta_{t-1})$ 和其他所有的 $z_i^{(t)}$ 保持不变 (即与 $z_i^{(t-1)}$ 相同). 换句话说, 用随机梯度 $f'_{i(t)}(\theta_{t-1})$ 来更新 $\frac{1}{n} \sum_{i=1}^n z_i^{(t-1)} - z_{i(t)}^{(t-1)}$, 它对 $i(t)$ 的期望为零. 因此, 由于 $f'_{i(t)}(\theta_{t-1})$ 相对于 $i(t)$ 的期望等于全梯度 $F'(\theta)$, 因此更新像常规的 SGD 一样是无偏的. 其目标是减少它的方差.

方差减少背后的想法是, 如果随机变量 $z_{i(t)}^{(t-1)}$ (仅考虑来自 $i(t)$ 的随机性来源) 与 $f'_{i(t)}(\theta_{t-1})$ 正相关, 那么方差就会减小, 并且可以使用更大的步长.

当算法收敛时, $z_i^{(t)}$ 收敛到 $f'_i(\eta_*)$ (最优时的单个梯度), 并且我们将同时证明 θ_t 收敛于 η_*, 对于所有的 i, $z_i^{(t)}$ 基本以相同的速度收敛于 $f'_i(\eta_*)$.

定理 6.6 (SAGA 的收敛性)

如果对于所有的 $i \in \{1, 2, \cdots, n\}$ 在初始点 $\theta_0 \in \mathbb{R}^d$ 初始化 $z_i^{(0)} = f'_i(\theta_0)$, 就有, 对于步长 $\gamma = \frac{1}{4R^2}$:

$$\mathbb{E}\left[\|\theta_t - \eta_*\|_2^2\right] \leqslant \left(1 - \min\left\{\frac{1}{3n}, \frac{3\mu}{16R^2}\right\}\right)^t \left(1 + \frac{n}{4}\right) \|\theta_0 - \eta_*\|_2^2. \tag{6.20}$$

证明 **第 1 步** 首先尝试一个通常的 Lyapunov 函数, 对 $\|z_i^{(t)} - f'_i(\eta_*)\|_2^2$ 作差, 用 $\theta_t = \theta_{t-1} - \gamma \omega_t$ 更新, 其中 $\omega_t = \left[f'_{i(t)}(\theta_{t-1}) + \frac{1}{n} \sum_{i=1}^n z_i^{(t-1)} - z_{i(t)}^{(t-1)} \right]$, $\|\theta_t - \eta_*\|_2^2 = \|\theta_{t-1} - \eta_*\|_2^2 - 2\gamma(\theta_{t-1} - \eta_*)^{\mathrm{T}}\omega_t + \gamma^2 \|\omega_t\|_2^2$, 通过展开平方,

$\mathbb{E}_{i(t)} \|\theta_t - \eta_*\|_2^2$

$= \|\theta_{t-1} - \eta_*\|_2^2 - 2\gamma(\theta_{t-1} - \eta_*)^{\mathrm{T}} F'(\theta_{t-1}) + \gamma^2 \mathbb{E}_{i(t)} \left\| f'_{i(t)}(\theta_{t-1}) + \frac{1}{n} \sum_{i=1}^n z_i^{(t-1)} - z_{i(t)}^{(t-1)} \right\|_2^2$

$\leqslant \|\theta_{t-1} - \eta_*\|_2^2 - 2\gamma(\theta_{t-1} - \eta_*)^{\mathrm{T}} F'(\theta_{t-1}) + 2\gamma^2 \mathbb{E}_{i(t)} \|f'_{i(t)}(\theta_{t-1}) - f'_{i(t)}(\eta_*)\|_2^2$ (用随机梯度的无偏性)

$+ 2\gamma^2 \mathbb{E}_{i(t)} \left\| f'_{i(t)}(\eta_*) - z_{i(t)}^{(t-1)} + \frac{1}{n} \sum_{i=1}^n z_i^{(t-1)} \right\|_2^2$ (用 $\|a + b\|_2^2 \leqslant 2\|a\|_2^2 + 2\|b\|_2^2$).

为了限制住 $\mathbb{E}_{i(t)}\|f'_{i(t)}(\theta_{t-1}) - f'_{i(t)}(\eta_*)\|_2^2$, 我们用所有函数 f_i 的共轭顽力 (见命题 6.3), 就得到

$$\mathbb{E}_{i(t)}\|f'_{i(t)}(\theta_{t-1}) - f'_{i(t)}(\eta_*)\|_2^2 = \frac{1}{n}\sum_{i=1}^n \|f'_i(\theta_{t-1}) - f'_i(\eta_*)\|_2^2$$

$$\leqslant \frac{1}{n}\sum_{i=1}^n R^2 \left[f'_i(\theta_{t-1}) - f'_i(\eta_*)\right]^{\mathrm{T}}(\theta_{t-1} - \theta_*)$$

$$\leqslant R^2 F'(\theta_{t-1})^{\mathrm{T}}(\theta_{t-1} - \eta_*) \quad \left(\text{因为} \sum_{i=1}^n f'_i(\eta_*) = 0\right). \quad (6.21)$$

为了限制住 $\mathbb{E}_{i(t)}\left\|f'_{i(t)}(\eta_*) - z_{i(t)}^{(t-1)} + \frac{1}{n}\sum_{i=1}^n z_i^{(t-1)}\right\|_2^2$, 我们可以仅仅使用 $\mathbb{E}_{i(t)}\|Z - \mathbb{E}_{i(t)}Z\|_2^2 \leqslant \mathbb{E}_{i(t)}\|Z\|_2^2$ 得到

$$\mathbb{E}_{i(t)}\|\theta_t - \eta_*\|_2^2 \leqslant \|\theta_{t-1} - \eta_*\|_2^2 - 2\gamma(\theta_{t-1} - \eta_*)^{\mathrm{T}}F'(\theta_{t-1}) + 2\gamma^2 R^2(\theta_{t-1} - \eta_*)^{\mathrm{T}}F'(\theta_{t-1})$$

$$+ 2\gamma^2 \frac{1}{n}\sum_{i=1}^n \|f'_i(\eta_*) - z_i^{(t-1)}\|_2^2$$

$$\leqslant \|\theta_{t-1} - \eta_*\|_2^2 - 2\gamma(1 - \gamma R^2)(\theta_{t-1} - \eta_*)^{\mathrm{T}}F'(\theta_{t-1}) + 2\frac{\gamma^2}{n}\sum_{i=1}^n \|f'_i(\eta_*) - z_i^{(t-1)}\|_2^2.$$

第 2 步 研究 $\sum_{i=1}^n \|f'_i(\eta_*) - z_i^{(t-1)}\|_2^2$ 在迭代过程中的变化. 根据向量 $z_i^{(t)}$ 更新的定义, 有

$$\sum_{i=1}^n \|f'_i(\eta_*) - z_i^{(t)}\|_2^2 = \sum_{i=1}^n \|f'_i(\eta_*) - z_i^{(t-1)}\|_2^2 - \|f'_{i(t)}(\eta_*) - z_{i(t)}^{(t-1)}\|_2^2 + \|f'_{i(t)}(\eta_*) - f'_{i(t)}(\theta_{t-1})\|_2^2.$$

取其关于 $i(t)$ 的期望, 可得

$$\mathbb{E}_{i(t)}\left[\sum_{i=1}^n \|f'_i(\eta_*) - z_i^{(t)}\|_2^2\right] = \left(1 - \frac{1}{n}\right)\sum_{i=1}^n \|f'_i(\eta_*) - z_i^{(t-1)}\|_2^2 + \frac{1}{n}\sum_{i=1}^n \|f'_i(\eta_*) - f'_i(\theta_{t-1})\|_2^2$$

$$\leqslant \left(1 - \frac{1}{n}\right)\sum_{i=1}^n \|f'_i(\eta_*) - z_i^{(t-1)}\|_2^2 + R^2(\theta_{t-1} - \eta_*)^{\mathrm{T}}F'(\theta_{t-1}),$$

其中, 我们用到了式 (6.21) 中的界限. 因此, 对于一个之后将确定的正数 Δ,

$$\mathbb{E}_{i(t)}\left[\|\theta_t - \eta_*\|_2^2 + \Delta\sum_{i=1}^n \|f'_i(\eta_*) - z_i^{(t)}\|_2^2\right] \leqslant \|\theta_{t-1} - \eta_*\|_2^2 - 2\gamma\left(1 - \gamma R^2 - \frac{R^2\Delta}{2\gamma}\right)(\theta_{t-1} - \eta_*)^{\mathrm{T}}F'(\theta_{t-1})$$

$$+ \left[2\frac{\gamma^2}{n\Delta} + (1 - 1/n)\right]\Delta\sum_{i=1}^n \|f'_i(\eta_*) - z_i^{(t-1)}\|_2^2.$$

由 $\Delta = 3\gamma^2, \gamma = \frac{1}{4R^2}$, 我们就得到了 $1 - \gamma R^2 - \frac{R^2\Delta}{2\gamma} = \frac{3}{8}$ 和 $2\frac{\gamma^2}{n\Delta} = \frac{2}{3n}$. 此外, 利用式子 $(\theta_{t-1} - \eta_*)^{\mathrm{T}}F'(\theta_{t-1}) \geqslant \mu\|\theta_{t-1} - \eta_*\|_2^2$ 作为强凸性的结果, 得到

$$\mathbb{E}_{i(t)}\left[\|\theta_t - \eta_*\|_2^2 + \varDelta \sum_{i=1}^n \|f_i'(\eta_*) - z_i^{(t)}\|_2^2\right]$$

$$\leqslant \left(1 - \min\left\{\frac{1}{3n}, \frac{3\mu}{16R^2}\right\}\right)\left[\|\theta_{t-1} - \eta_*\|_2^2 + \varDelta \sum_{i=1}^n \|f_i'(\eta_*) - z_i^{(t-1)}\|_2^2\right].$$

因此

$$\mathbb{E}\left[\|\theta_t - \eta_*\|_2^2\right] \leqslant \left(1 - \min\left\{\frac{1}{3n}, \frac{3\mu}{16R^2}\right\}\right)^t\left[\|\theta_0 - \eta_*\|_2^2 + \frac{3}{16R^4}\sum_{i=1}^n \|f_i'(\eta_*) - z_i^{(0)}\|_2^2\right].$$

如果用 $z_i^{(0)} = f_i'(\theta_0)$ 初始化, 用每个 f_i 处的 Lipschitz 连续性, 我们就得到了想要的边界, 这就有了 $\left(1 + \frac{3n}{16}\right)\|\theta_0 - \eta_*\|_2^2 \leqslant \left(1 + \frac{n}{4}\right)\|\theta_0 - \eta_*\|_2^2$. 然后就导出了式 (6.20) 的最终界限. $\qquad\square$

我们可以作出以下结论.

(1) 一次迭代后的收缩速率为 $\left(1 - \min\left\{\frac{1}{3n}, \frac{3\mu}{16R^2}\right\}\right)$, 小于 $\exp\left(-\min\left\{\frac{1}{3n}, \frac{3\mu}{16R^2}\right\}\right)$. 因此, 在对数据进行 "有效传递" 后, 即 n 次迭代, 收缩率为 $\exp\left(-\min\left\{\frac{1}{3}, \frac{3\mu n}{16R^2}\right\}\right)$. 这只是一个有效的传递, 因为在有放回地采样 n 个指标后, 并不一定所有子函数都能被抽取到 (还有一些会被看到几次).

为了产生 ε 的收缩效应, 即有 $\|\theta_t - \eta_*\|_2^2 \leqslant \varepsilon\|\theta_0 - \eta_*\|_2^2$, 我们需要有 $\exp\left(-t\min\left\{\frac{1}{3n}, \frac{3\mu}{16R^2}\right\}\right)2n \leqslant \varepsilon$, 相当于 $t \geqslant \max\left\{3n, \frac{16R^2}{3\mu}\right\}\log_e\frac{2n}{\varepsilon}$. 它只要有 $t \geqslant \left(3n + \frac{16R^2}{3\mu}\right)\log_e\frac{2n}{\varepsilon}$ 就足够了, 因此运行时间复杂度等于维数 d 乘以最小数, 即

$$d\left(3n + \frac{16R^2}{3\mu}\right)\log_e\frac{2n}{\varepsilon}.$$

这与步长 $\gamma = 1/R^2$(这是最简单的步长, 易于计算) 的批量 GD 形成对比, 其复杂性是

$$dn\frac{R^2}{\mu}\log_e\frac{1}{\varepsilon}.$$

我们将 n 和条件数 $\kappa = \frac{R^2}{\mu}$ 的乘积替换为一个和, 在 κ 很大时, 这是显著的.

(2) 这些结果的多个扩展是可用的, 如非强凸函数的速率, 对强凸性、近端扩展、加速度的自适应. 同样值得一提的是, 存储过去的梯度的需要可以得到缓解.

(3) 请注意, 这些快速的算法允许获得非常小的优化错误, 并且最好的测试风险通常会在几次 (10 次到 100 次) 通过后获得.

实验 我们考虑 ℓ_2-正则化逻辑回归, 并比较 GD、SGD 和 SAGA, 它们对应的步长都来自理论分析, 有两个值为 n. 我们使用一个简单的二分类问题与线性预测维数 $d = 40$(输入来自高斯分布, 二分类输出作为具有加性高斯噪声的线性函数的符号), 与有两种不同数量的观测值 n

和正则化参数 $\mu = R^2/n$. 见图 6.2 (顶部: 小 n, 底部: 大 n). 我们可以看到, 对于早期的迭代, SGD 比 GD 表现更优, 而对于更多的迭代, GD 速度更快. 这种现象在大量的观察中没有看到, 其中 SGD 总是主导 GD. 在这两种情况下, SAGA 在 50 次有效传递数据后达到机器精度. 还要注意测试数据的更好的性能.

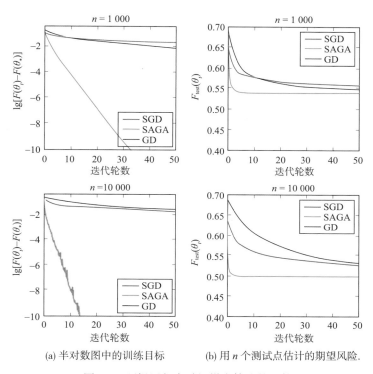

(a) 半对数图中的训练目标　　(b) 用 n 个测试点估计的期望风险.

图 6.2　逻辑回归中随机梯度算法的比较

我们现在可以在下面提供一个收敛速率的总结, 以及在本章中看到的主要速率 (以及一些没有看到的). 我们分离了凸方法和强凸方法、光滑方法和非光滑方法, 以及确定性方法和随机方法. 表 6.1 中, L 是光滑性常数, μ 是强凸性常数, B 是 Lipschitz 常数, D 是初始化时到最优值的距离.

表 6.1

方法	凸	强凸
非光滑	确定性: $BD/\sqrt{t}$	确定性: $B^2/(t\mu)$
	随机: $BD/\sqrt{t}$	随机: $B^2/(t\mu)$
光滑	确定性: LD^2/t^2	确定性: $\exp(-t\sqrt{\mu/L})$
	随机: $LD^2/\sqrt{t}$	随机: $L/(t\mu)$
	有限和: n/t	有限和: $\exp(-\min\{1/n, \mu/L\}t)$

收敛速率通常被写成对单个梯度的多次访问, 以实现 ε 的超额函数值. 这就导出了表 6.2.

表 **6.2**

方法	凸	强凸
非光滑	确定性: $(BD)^2/\varepsilon^2$	确定性: $B^2/(\varepsilon\mu)$
	随机: $(BD)^2/\varepsilon^2$	随机: $B^2/(\varepsilon\mu)$
光滑	确定性: $\sqrt{L}D/\sqrt{\varepsilon}$	确定性: $\exp(-t\sqrt{\mu/L})$
	随机: $(LD^2)^2/\varepsilon^2$	随机: $L/(\varepsilon\mu)$
	有限和: n/ε	有限和: $\max\{n, L/\mu\}\log_e(1/\varepsilon)$

注 就像在书的其余部分一样,我们得到了明确的收敛速度,可以检查所有量的同质性(见下面的练习). 在背景优化中,这可以通过更改 $\alpha \neq 0$ 的变量 $\theta \mapsto \alpha\theta$ 来确保算法是不变的.

6.5 练 习

练习 6.1 令 μ_+ 是 H 的最小非零特征值. 证明 GD 以 $(1 - \mu_+/L)$ 的收敛速率呈线性收敛.

练习 6.2 (精确的线搜索) 对于式 (6.3) 中的二次目标, 表明了式 (6.2) 中的最佳步长

$\gamma_t = \dfrac{\|F'(\theta_{t-1})\|_2^2}{F'(\theta_{t-1})^{\mathrm{T}}HF'(\theta_{t-1})}$. 证明, 当 F 是强凸时, $F(\theta_t) - F(\eta_*) \leqslant \left(\dfrac{\kappa - 1}{\kappa + 1}\right)^2 [F(\theta_{t-1}) - F(\eta_*)]$, 并与恒定步长的 GD 比较速率. 提示: 证明并使用 Kantorovich (坎托罗维奇) 不等式 $\sup\limits_{\|z\|_2=1} z^{\mathrm{T}}$

$Hzz^{\mathrm{T}}H^{-1}z = \dfrac{(L+\mu)^2}{4\mu L}$.

练习 6.3 假设函数 $F : \mathbb{R}^d \to \mathbb{R}$ 是严格凸的, 也就是说, $\forall \theta, \eta \in \mathbb{R}^d$ 满足 $\theta \neq \eta$, 并且 $\alpha \in (0,1), F(\alpha\eta + (1 - \alpha)\theta) \leqslant \alpha F(\eta) + (1 - \alpha)F(\theta)$. 证明式 (6.8) 中的詹森不等式等号成立当且仅当随机变量 θ 几乎处处为常数.

练习 6.4 识别下面描述的 $\mathbb{R}^2$ 中的函数中的所有平稳点.

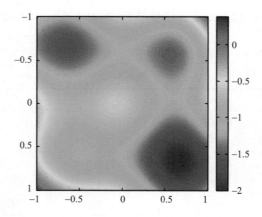

练习 6.5 证明可微函数 $F : \mathbb{R}^d \to \mathbb{R}$ 是 μ-强凸的当且仅当对于所有的 $\theta, \eta \in \mathbb{R}^d$, $\|F'(\theta) - F'(\eta)\|_2 \geqslant \|\theta - \eta\|_2$.

✍ **练习 6.6** 我们考虑在下降方向 $-F'(\theta)$ 与最优 $\eta_* - \theta$ 的偏差之间的角度 α, 由

$$\cos\alpha = \frac{F'(\theta)^{\mathrm{T}}(\theta - \eta_*)}{\|F'(\theta)\| \cdot \|\theta - \eta_*\|_2}$$

定义. 证明对于一个 μ-强凸、L-光滑的二次函数, $\cos\alpha \geqslant \dfrac{2\sqrt{\mu L}}{L + \mu}$ (提示: 证明并使用 Kantorovich

不等式 $\displaystyle\sup_{\|z\|_2=1} z^{\mathrm{T}}Hz z^{\mathrm{T}}H^{-1}z = \frac{(L+\mu)^2}{4\mu L}$). 证明同样的结果在没有 F 是二次假设的情况下是成立

的 (提示: 使用命题 6.3 中函数 $\theta \mapsto F(\theta) - \dfrac{\mu}{2}\|\theta\|_2^2$ 的共轭顽力性质).

✍ **练习 6.7** 计算 ℓ_2-正则化逻辑回归和岭回归的所有常数.

✍ **练习 6.8** 令 F 为 $\mathbb{R}^d$ 上 L-光滑的凸函数. 证明它的 Fenchel 共轭是 $(1/L)$-强凸的.

✍ **练习 6.9** 令 F 为 $\mathbb{R}^d$ 上 L-光滑的凸函数, 并且 F^* 是它的 Fenchel 共轭. 证明对于任意的 $\theta, z \in \mathbb{R}^d$, 有 $F(\theta) + F^*(z) - z^{\mathrm{T}}\theta \geqslant 0$ 当且仅当 $z = F'(\theta)$ (这就是 Fenchel-Young 不等式). 另外再证明 $F(\theta) + F^*(z) - z^{\mathrm{T}}\theta \geqslant \dfrac{1}{2L}\|z - F'(\theta)\|_2^2$.

✍ **练习 6.10** (其他收敛性证明) 考虑一个具有全局最小解 η_* 的 L-光滑凸函数, 以及具有步长 $\gamma_t = 1/L$ 的 GD.

(1) 证明对于所有的 $t \geqslant 1$, $\|\theta_t - \eta_*\|_2^2 \leqslant \|\theta_{t-1} - \eta_*\|_2^2$;

(2) 证明 $F(\theta_t) \leqslant F(\theta_{t-1}) - \dfrac{1}{2L}\|F'(\theta_{t-1})\|_2^2$;

(3) 定义 $\Delta_t = F(\theta_t) - F(\eta_*)$, 证明对于所有的 $t \geqslant 1$, $\Delta_t \leqslant \Delta_{t-1} - \dfrac{1}{2L\|\theta_0 - \eta_*\|_2^2}\Delta_{t-1}$, 结论

$\Delta_t \leqslant \dfrac{2L}{t+4}\|\theta_0 - \eta_*\|_2^2$.

✍ **练习 6.11** 对于式 (6.11) 和式 (6.12) 中的更新, 证明因为 $L(\theta, \eta) = f(\theta) - f(\eta_*) + \dfrac{\mu}{2}\Big\|\eta - \eta_* +$

$\dfrac{1 + \sqrt{\mu/L}}{\sqrt{\mu/L}}(\theta - \eta)\Big\|_2^2$, 那么 $L(\theta_t, \eta_t) \leqslant (1 - \sqrt{\mu/L})L(\theta_{t-1}, \eta_{t-1})$. 证明这意味着一个与 $(1 - \sqrt{\mu/L})^t$

成正比的收敛率.

✍ **练习 6.12** 对于式 (6.13) 和式 (6.14) 中的更新, 证明因为

$$L_t(\theta, \eta) = \left(\frac{t+1}{2}\right)^2 \left[f(\theta) - f(\eta_*) + \frac{L}{2}\Big\|\eta - \eta_* + \frac{t}{2}(\eta - \theta)\Big\|_2^2 \right],$$

所以 $L_t(\theta_t, \eta_t) \leqslant L_{t-1}(\theta_{t-1}, \eta_{t-1})$. 证明这意味着一个与 $\dfrac{1}{t^2}$ 成正比的收敛率.

✍ **练习 6.13** 假设函数 F 是 μ-强凸、二次可微, 并且黑塞矩阵是 Lipschitz 连续的, 即 $\|f''(\theta) - f''(\eta)\|_{\mathrm{op}} \leqslant M\|\theta - \eta\|_2$. 使用带积分余数的泰勒公式, 证明对于使用牛顿方法的迭代, $\|\nabla F(\theta_t)\|_2^2 \leqslant \dfrac{M}{2\mu^2}\|\nabla F(\theta_{t-1})\|_2^2$. 证明这意味着局部二次收敛.

✍ **练习 6.14** 证明如果 F 是可微的, 就相当于假设 $\|F'(\theta)\|_2 \leqslant B, \forall \theta \in \mathbb{R}^d$.

✍ **练习 6.15** ‘ 计算 $\theta \mapsto |\theta|$ 和 $\theta \mapsto (1 - y\theta^{\mathrm{T}}x)_+$ 的次微分.

✍ **练习 6.16** 考虑迭代 $\theta_t = \theta_{t-1} - \dfrac{\gamma_t'}{\|F'(\theta_{t-1})\|_2} F'(\theta_{t-1})$. 证明如果有步长 $\gamma_t' = D/\sqrt{t}$, 就能保证

$$\min_{0 \leqslant s \leqslant t-1} F(\theta_s) - F(\eta_*) \leqslant DB \frac{2 + \log_e t}{2\sqrt{t}}.$$

✍ **练习 6.17** 令 $K \subset \mathbb{R}^d$ 是一个凸的闭集, $\Pi_K(\theta) = \underset{\eta \in K}{\arg\min} \|\eta - \theta\|_2^2$ 是 K 上 θ 的正交投影. 证明函数 Π_K 是收缩性的, 即对于所有的 $\theta, \eta \in \mathbb{R}^d, \|\Pi_K(\theta) - \Pi_K(\eta)\|_2 \leqslant \|\theta - \eta\|_2$. 对于算法 $\theta_t = \Pi_K(\theta_{t-1} - \gamma_t F'(\theta_{t-1}))$, 并且 η_* 是 K 上 F 的最小解, 证明定理 6.3 的保证仍然成立.

✍ **练习 6.18** 令 $F : \mathbb{R}^d \to \mathbb{R}$ 是一个可微函数, 并且 $\psi : \mathbb{R}^d \to \mathbb{R}$ 是一个严格凸函数.

(1) 证明 $F(\theta) + F'(\theta)^{\mathrm{T}}(\eta - \theta) + \dfrac{1}{2\gamma} \|\eta - \theta\|_2^2$ 的最小解等价于 $\eta = \theta - \gamma F'(\theta)$;

(2) 证明由 $D_\psi(\eta, \theta) = \psi(\eta) - \psi(\theta) - \psi'(\theta)^{\mathrm{T}}(\eta - \theta)$ 定义的布雷格曼散度 $D_\psi(\eta, \theta)$ 是非负的, 并且当且仅当 $\eta = \theta$ 时等于 0;

(3) 证明 $F(\theta) + F'(\theta)^{\mathrm{T}}(\eta - \theta) + \dfrac{1}{\gamma} D_\psi(\eta, \theta)$ 的最小解满足 $\psi'(\eta) = \psi'(\theta) - \gamma F'(\theta)$. 证明当 ψ 只定义在一个开凸集 $K \subset \mathbb{R}^d$ 上, 并且梯度 ψ' 是从 K 到 $\mathbb{R}^d$ 的双射时, 同样的结论也成立;

(4) 应用于 $\psi(\theta) = \sum\limits_{i=1}^d \theta_i \log_e \theta_i$.

✍ **练习 6.19** 考虑与练习 6.17 相同的假设, 以及具有正交投影的相同算法. 已知 D 的直径 K, 证明对于平均迭代 $\bar{\theta}_t = \dfrac{1}{t} \sum\limits_{s=0}^{t-1} \theta_s$, 有: $F(\bar{\theta}_t) - F(\theta_*) \leqslant \dfrac{3BD}{2\sqrt{t}}$.

✍ **练习 6.20** 计算 ℓ_2-正则化逻辑回归和支持向量机的所有常数.

✍ **练习 6.21** 考虑 SGD 的小批量版本, 在每次迭代中, 用 θ_{t-1} 处 m 个随机梯度的独立样本的平均值替换 $g_t(\theta_{t-1})$. 推广定理 6.4 的收敛性结果.

✍ **练习 6.22** 考虑独立同分布的凸 L-光滑随机函数 $f_t : \mathbb{R}^d \to \mathbb{R}, t \geqslant 1$, 期望 $F : \mathbb{R}^d \to \mathbb{R}$, 它在 $\theta_* \in \mathbb{R}^d$ 处有一个最小值. 考虑 SGD 递归 $\theta_t = \theta_{t-1} - \gamma_t f_t'(\theta_{t-1})$, 其中 γ_t 是一个确定性的步长序列. 使用共轭顽力 (命题 6.3), 证明

$$\mathbb{E}\left[\|\theta_t - \theta_*\|_2^2\right] \leqslant \mathbb{E}\left[\|\theta_{t-1} - \theta_*\|_2^2\right] - 2\gamma_t(1 - \gamma_t L)\mathbb{E}\left[F'(\theta_{t-1})^{\mathrm{T}}(\theta_{t-1} - \theta_*)\right] + 2\gamma_t^2 \mathbb{E}\left[\|f_t'(\theta_*)\|_2^2\right].$$

拓展定理 6.4 的证明, 得到 $O(1/\sqrt{t})$ 的显式速率.

✍ **练习 6.23** 考虑 $F(\theta) = \dfrac{1}{2}\theta^{\mathrm{T}}H\theta - c^{\mathrm{T}}\theta$ 的最小化, 其中 $H \in \mathbb{R}^{d\times}$ 是正定的 (因此是可逆的). 考虑递归 $\theta_t = \theta_{t-1} - \gamma\left[F'(\theta_{t-1}) + \varepsilon_t\right]$, 其中 ε_t 是独立的, 期望为 0, 协方差矩阵为 C. 计算解释 $\mathbb{E}\left[F(\theta_t) - F(\theta_*)\right]$, 并且提供 $\mathbb{E}\left[F(\bar{\theta}_t) - F(\theta_*)\right]$ 的上界, 其中 $\bar{\theta}_t = \dfrac{1}{t}\sum\limits_{s=0}^{t-1}\theta_s$.

✍ **练习 6.24** 用和定理 6.5 相同的假设, 证明如果步长 $\gamma_t = \dfrac{2}{\mu(t+1)}, \bar{\theta}_t = \dfrac{2}{t(t+1)}\sum\limits_{s=1}^t s\theta_{s-1}$, 有

$$\mathbb{E}\left[G(\bar{\theta}_t) - G(\theta_*)\right] \leqslant \frac{8B^2}{\mu(t+1)}.$$

练习 6.25　用与定理 6.5 相同的假设, 令 $\gamma_t = \dfrac{1}{B^2\sqrt{t} + \mu t}$, 提供一个平均迭代的收敛速度.

练习 6.26　检查本节中所有数量的同质性 (步长和收敛速度).

第7章

神经网络

第 7 章知识导图

7.1 神经网络的介绍

在有监督学习中, 主要研究如何从 n 个观测到的数据点 $(x_i, y_i), i = 1, 2, \cdots, n$ 中学习信息的方法, 其中 $x_i \in X$ (输入域), $y_i \in Y$ (输出域或标签域). 如第 2 章中所说的, 很多方法依赖于最小化一个关于函数 $f : X \to \mathbb{R}$ 的带正则化项的经验风险, 即最小化如下的损失函数:

$$\frac{1}{n} \sum_{i=1}^{n} l(y_i, f(x_i)) + \Omega(f), \tag{7.1}$$

其中 $l : Y \times \mathbb{R} \to \mathbb{R}$ 是一个损失函数, $\Omega(f)$ 是一个正则化项. 一些典型的例子如下所示.

回归: $Y = \mathbb{R}, l(y_i, f(x_i)) = \frac{1}{2}(y_i - f(x_i))^2$.

分类: $Y = -1, 1, l(y_i, f(x_i)) = \Psi(y_i, f(x_i))$, 其中 Ψ 是一个凸函数, 例如, $\Psi(u) = \max\{1 - u, 0\}$ (支持向量机的合页损失函数) 或者 $\Psi(u) = \log_e(1 + \exp(-u))$ (逻辑回归).

到目前为止, 综合其优缺点, 我们考虑以下函数类型.

(1) 含有某些显式特征的线性函数: 给定一个特征映射 $\psi : X \to \mathbb{R}^d$, 我们考虑 $f(x) = \theta^{\mathrm{T}}\varphi(x)$, 参数 $\theta \in \mathbb{R}^d$, 即第 3 章 (最小二乘) 和第 2 章中所分析的. 其优点是易于实现, 因为使用梯度下降算法可以转化为凸优化问题, 具有 $O(nd)$ 的运行时间复杂性, 并且有理论保证. 其缺点是仅适用于显式 (和固定特征空间) 上的线性函数, 因此它们可能会欠拟合数据.

(2) 含有核方法的一些隐式特征的线性函数: 特征映射可以拥有无穷维, 也就是说 $\psi(x) \in H$, 其中 H 是一个希尔伯特空间, 通过一个核 $k(x, y) = \langle \psi(x), \psi(y) \rangle$ 来得到, 如第 5 章中所述. 其优点是非线性的灵活预测, 易于实现, 并可与具有强理论保证的凸优化算法结合使用. 对目标函数的正则性具有适应性. 其缺点是运行时复杂度高达 $O(n^2)$, 对于非光滑目标函数可能仍然存在维数灾难.

本章旨在探索另一类用于非线性预测的函数, 即神经网络. 其具有额外的好处, 例如对 "线性隐变量" 的更强适应性, 同时也有一些潜在的缺点, 例如更难优化等.

7.2 单隐藏层神经网络

我们考虑 $X = \mathbb{R}^d$, 函数集可以写为

$$f(x) = \sum_{j=1}^{m} \eta_j \sigma(w_j^{\mathrm{T}} x + b_j), \tag{7.2}$$

其中 $w_j, b_j, \eta_j \in \mathbb{R}, j = 1, 2, \cdots, m, \sigma$ 是一个激活函数. 同样的结构也适用于 $\eta_j \in \mathbb{R}^k, k > 1$ 的情形, 以处理多分类的任务.

以下是几种典型的激活函数示例:

(1) sigmoid 函数: $\sigma(u) = \dfrac{1}{1 + e^{-u}}$;

(2) 阶梯函数: $\sigma(u) = 1_{u>0}$;

(3) ReLU 函数: $\sigma(u) = (u)_+ = \max\{u, 0\}$;

(4) 双曲正切函数: $\sigma(u) = \tanh(u) = \dfrac{e^u - e^{-u}}{e^u + e^{-u}}$.

函数 f 被定义为 m 个函数 $x \mapsto \sigma(w_j^{\mathrm{T}}x + b_j)$ 的线性组合, 即 "隐藏神经元" 的组合, 常量项 b_j 有时被称为 "偏差", 在统计学的语境下这是不准确的.

不要被 "神经网络" 这个名字及其生物学上的灵感所迷惑. 这种灵感并不构成其在机器学习问题上表现的适当理由.

最后一层的交叉熵损失函数和 sigmoid-激活函数 按照标准做法, 我们不会为最后一层添加非线性; 请注意, 如果我们要使用额外的 sigmoid 激活函数并使用交叉熵损失进行二分类, 那么实际上就是在对输出使用不带激活函数的 Logistic 损失函数.

事实上, 如果我们考虑 $g(x) = \dfrac{1}{1 + \exp(-f(x))} \in [0, 1]$, 并且给定一个输出变量 $y \in \{-1, 1\}$, 那么所谓的 "熵损失" 等于 $-\dfrac{1+y}{2} \log_e g(x) - \dfrac{1-y}{2} \log_e(1 - g(x))$, 可以被改为 $-\log_e\left(\dfrac{1}{1 + \exp(-yf(x))}\right)$, 这就是 2.1 节定义的 Logistic 损失.

神经网络的理论分析 与任何其他基于经验风险最小化的方法一样, 我们需要研究三个经典问题: ①优化误差 (算法在最小化经验风险时的收敛性质); ②估计误差 (有限数据量对预测性能的影响); ③逼近误差 (有限参数数量或参数范数约束的影响).

为了确定参数 $\theta = \{(\eta_j), (w_j), (b_j)\} \in \mathbb{R}^{m(d+2)}$, 需要解决如下的优化问题:

$$\min_{\theta \in \mathbb{R}^{m(d+2)}} \frac{1}{n} \sum_{i=1}^{n} l\left(y_i, \sum_{j=1}^{m} \eta_j \sigma(w_j^{\mathrm{T}}x_i + b_j)\right). \tag{7.3}$$

值得注意的是, 真正的目标是在未知的数据上表现良好, 而优化问题只是达到目的一种手段. 详见第 2 章和第 5 章.

这是一个非凸优化问题, 可以使用第 6 章介绍的 GD 算法, 但无法保证收敛.

虽然 SGD 仍然是一种通常的选择, 但已经观察到一些技巧可以带来更好的稳定性和性能, 如特定的步长衰减策略、动量方法、批次归一化和层归一化等. 但总的来说, 目标函数是非凸的, 理解基于梯度的方法在实践中为何表现良好, 尤其是在较深的网络中, 仍然具有挑战性.

为了研究逼近误差, 我们考虑网络的参数受到约束条件, 即 $\Omega(\theta) \leqslant D$, 其中 Ω 是一个给定的范数, 将在下面进行定义. 然后, 我们可以使用第 2 章 (2.3 节) 中的工具计算我们刚刚定义的相关函数类 $\mathcal{F}$ 的 Rademacher 复杂度.

我们考虑一个 ℓ_1-界, $\|\eta\|_1 \leqslant D_\eta$, 这将成为我们后面几节中讨论近似理论的主要工具.

根据 $\mathcal{F}$ 的 Rademacher 复杂度 $R_n(\mathcal{F})$ 的定义, 包含了对数据 (x_i, y_i), $i = 1, 2, \cdots, n$ (假设为独立同分布) 和独立的 Rademacher 随机变量 $\varepsilon_i \in \{-1, 1\}$ 的期望值.

$$R_n(\mathcal{F}) = \mathbb{E}\left[\sup_{\theta \in \mathbb{R}^{m(d+2)}} \frac{1}{n} \sum_{i=1}^{n} \varepsilon_i l(y_i, f_\theta(x_i))\right]. \tag{7.4}$$

假设损失关于第二个变量的 GL-Lipschitz 连续的 (a.s.), 使用命题 2.3 得到上界

$$R_n(\mathcal{F}) \leqslant G_l \mathbb{E}\left[\sup_{\theta \in \mathbb{R}^{n(4+2)}} \frac{1}{n}\sum_{i=1}^n \varepsilon_i f_\theta(x_i)\right] = G_l \mathbb{E}\left[\sup_{\theta \in \mathbb{R}^{n(4+2)}} \frac{1}{n}\sum_{i=1}^n \sum_{j=1}^m \eta_j \varepsilon_i \sigma(w_j^{\mathrm{T}} x_i + b_j)\right]. \tag{7.5}$$

引入 $s \in \{-1, 1\}$，因此进行最大化推导出绝对值:

$$R_n(\mathcal{F}) \leqslant G_l \mathbb{E}\left[\sup_{(w,b) \in \mathbb{R}^{m(d+1)}} \sup_{s \in \{-1,1\}} \sup_{j \in \{1,2,\cdots,m\}} D_\eta s \frac{1}{n}\sum_{i=1}^n \varepsilon_i \sigma(w_j^{\mathrm{T}} x_i + b_j)\right]. \tag{7.6}$$

假设激活函数 σ 是 G_σ-Lipschitz 连续，再次使用命题 2.3 得到

$$R_n(\mathcal{F}) \leqslant G_l D_\eta G_\sigma \mathbb{E}\left[\sup_{(w,b) \in \mathbb{R}^{n(l+1)}} \sup_{j \in \{1,2,\cdots,m\}} \sup_{s \in \{-1,1\}} s\left\{w_j^{\mathrm{T}}\left(\frac{1}{n}\sum_{i=1}^n \varepsilon_i x_i\right) + b_j\left(\frac{1}{n}\sum_{i=1}^n \varepsilon_i\right)\right\}\right]. \tag{7.7}$$

如果我们假设给定上界 $\Theta(w_j, b_j) \leqslant D_{w,b}$，对每一个 $j \in \{1, 2, \cdots, m\}$，使用常用的对偶范数定义 $\Theta^*(u, v) = \sup\limits_{\Theta(w,b) \leqslant 1}\begin{pmatrix} w \\ b \end{pmatrix}^{\mathrm{T}}\begin{pmatrix} u \\ v \end{pmatrix}$，我们得到

$$R_n(\mathcal{F}) \leqslant G_l D_\eta G_\sigma D_{w,b}\mathbb{E}\left[\Theta^*\left(\frac{1}{n}\sum_{i=1}^n \varepsilon_i x_i, \frac{1}{n}\sum_{i=1}^n \varepsilon_i\right)\right]. \tag{7.8}$$

代入 $\Theta(w, b) = \max\{\|w\|_2, |b|/\sqrt{\mathbb{E}\|x\|_2^2}\}$，以及 $\Theta^*(u, v) = \|u\|_2 + |v|\sqrt{\mathbb{E}\|x\|_2^2}$，再使用詹森不等式 (形式为 $\mathbb{E}[Z] \leqslant \sqrt{\mathbb{E}[Z^2]}$)，我们得到

$$\mathbb{E}\left[\Theta^*\left(\frac{1}{n}\sum_{i=1}^n \varepsilon_i x_i, \frac{1}{n}\sum_{i=1}^n \varepsilon_i\right)\right] = \mathbb{E}\left[\left\|\frac{1}{n}\sum_{i=1}^n \varepsilon_i x_i\right\|_2\right] + \sqrt{\mathbb{E}\|x\|_2^2}\mathbb{E}\left[\left|\frac{1}{n}\sum_{i=1}^n \varepsilon_i\right|\right]$$

$$= \sqrt{\mathbb{E}\left[\left\|\frac{1}{n}\sum_{i=1}^n \varepsilon_i x_i\right\|_2^2\right]} + \sqrt{\mathbb{E}\|x\|_2^2}\sqrt{\mathbb{E}\left[\left|\frac{1}{n}\sum_{i=1}^n \varepsilon_i\right|_2^2\right]}.$$

然后根据所有的 ε_i 的独立性和 0 均值性，我们得到

$$\mathbb{E}\left[\Theta^*\left(\frac{1}{n}\sum_{i=1}^n \varepsilon_i x_i, \frac{1}{n}\sum_{i=1}^n \varepsilon_i\right)\right] \leqslant 2\sqrt{\frac{\mathbb{E}\|x\|_2^2}{n}}. \tag{7.9}$$

因此，我们得到以下命题: 一个与 $1/\sqrt{n}$ 成正比，并且与参数数量无显式依赖的上界.

命题 7.1

令 $\mathcal{F}$ 代表函数类 $(y, x) \mapsto l(y, f(x))$，其中 f 是一个如式 (7.2) 定义的神经网络，并且有限制条件 $\|\eta\|_1 \leqslant D_\eta$，对于所有的 $j \in \{1, 2, \cdots, m\}$ 有 $\max\{\|w_j\|_2, |b_j|/\sqrt{\mathbb{E}\|x\|_2^2}\} \leqslant D_{w,b}$. 若损失函数是 $\dot{G}_l$-Lipschitz 连续的，并且激活函数 σ 是 $\dot{G}_l$-Lipschitz 连续的，那么 Rademacher 复杂度具有上界:

$$R_n(\mathcal{F}) \leqslant 2G_l G_\sigma D_{w,b} D_\eta \frac{\sqrt{\mathbb{E}\|x\|_2^2}}{\sqrt{n}}. \tag{7.10}$$

上面的命题提供了一个神经网络的估计误差的上界, 并且所有具有有界参数的潜在网络上的期望风险和经验风险之间的最大偏差是上述 Rademacher 复杂度的两倍.

对于 ReLU 激活函数, 即其中 $G_\sigma = 1$, 这个结果将与 7.3 节中近似性质的研究相结合.

(1) 参数的数量无关紧要! 重要的是权重的整体范数;

(2) 检查齐次性.

7.3 单隐藏层神经网络的近似性质

如前文所述, 估计误差随 $\frac{\|\eta\|_1}{\sqrt{n}}$ 增长, 且与神经元的数量 m 无关. 本节将解决如下两个重要问题:

(1) 相关逼近误差是多少, 以便我们可以推导出泛化界?

(2) 达到这种行为所需要的神经元数量是多少?

为此, 我们需要理解神经网络所扩张成的函数空间, 以及它们如何与函数的光滑性质相关联. 我们首先建立了其与第 5 章核方法的关联.

在本章中, 我们主要关注 ReLU 激活函数, 并注意到只要 σ 不是一个多项式函数, 就会存在全局的近似结果.

学习特征和核 一个单隐藏层神经网络对应于一个特征向量维数为 m 的线性分类器:

$$\varphi(x)_j = \frac{1}{\sqrt{m}}\sigma(w_j^{\mathrm{T}}x + b_j). \tag{7.11}$$

其参数为 w_j, b_j, 定义核

$$\hat{k}(x, x') = \frac{1}{m}\sum_{j=1}^{m}\sigma(w_j^{\mathrm{T}}x + b_j)\sigma(w_j^{\mathrm{T}}x' + b_j). \tag{7.12}$$

这对应于惩罚输出权重 η_j, $j \in \{1, 2, \cdots, m\}$, 通过 $m\sum_{j=1}^{m}\eta_j^2$, 并保持输入权重 (w_j, b_j), $j = 1, 2, \cdots, m$ 固定. 因此, 神经网络可以被看作是从数据中学习一个特征表示 $\varphi(x)$(含有参数 $\{(w_j), (b_j)\}$), 即等价的是一个核函数.

随机输入权重 对于随机独立和同分布的权值 $w_j \in \mathbb{R}^d$ 和 $b_j \in \mathbb{R}^d$, 当 m 趋于无穷时 (一个通常称为 "过参数化" 的设定), 根据大数定律, 我们得到

$$\hat{k}(x, x') \to k(x, x') = \mathbb{E}\big[\sigma(w^{\mathrm{T}}x + b)\sigma(w^{\mathrm{T}}x' + b)\big]. \tag{7.13}$$

因此, 输入权值是随机的, 而只学习输出权值的无限宽的神经网络实际上是伪装起来的核方法.

在简单的激活函数和权重分布下, 这个核可以在闭合形式下进行计算, 因此第 5 章的算法也许可以满足相同的正则化特性 (这些算法基于凸优化, 因此是有保证的). 请注意, 如 5.4 节所示, 一种常见的对核定义期望的策略是使用随机特征近似 $\hat{k}(x, x')$, 而在这里, 即是显式地使用神经网络表示.

核估计方法对应于输入权值 w_j、b_j 是随机采样并保持不变的情形. 只有输出权值 η_j 被

优化.

RKHS 中函数的积分表示 记 $f(x) = \frac{1}{m} \sum_{i=1}^{m} \tilde{\eta}_j \sigma(w_j^{\mathrm{T}} x + b_j)$, 其中 $\tilde{\eta}_j = m\eta_j$, 则惩罚项变为 $\frac{1}{m} \sum_{j=1}^{m} \tilde{\eta}_j^2$, 并且

$$\frac{1}{m} \sum_{j=1}^{m} \tilde{\eta}_j F(w_j, b_j) \tag{7.14}$$

可以被看作积分 (根据大数定律):

$$\int_{\mathbb{R}^{d+1}} F(w, b) \eta(w, b) \mathrm{d}\tau(w, b), \tag{7.15}$$

其中 $(w, b) \mapsto \eta(w, b)$ 是满足 $\tilde{\eta}_j = \eta(w_j, b_j)$ 的函数, $\mathrm{d}\tau(w, b)$ 是 $\mathbb{R}^{d+1}$ 上的概率测度, 生成权重 (w_j, b_j).

因此, 当 m 趋向于无穷大时, 我们可以将 RKHS 空间内与 $k(x, x') = \int_{\mathbb{R}^{d+1}} \sigma(w^{\mathrm{T}} x + b) \sigma(w^{\mathrm{T}} x' + b) \mathrm{d}\tau(w, b)$ 相关的任意函数 f 表示为

$$f(x) = \int_{\mathbb{R}^{d+1}} \eta(w, b) \sigma(w^{\mathrm{T}} x + b) \mathrm{d}\tau(w, b), \tag{7.16}$$

其中 $\eta : \mathbb{R}^{d+1} \to \mathbb{R}$ 根据最小化下式来确定:

$$\int_{\mathbb{R}^{d+1}} |\eta(w, b)|^2 \mathrm{d}\tau(w, b). \tag{7.17}$$

最小值等于 f 的平方 RKHS 范数.

我们假设 $\mathrm{d}\tau$ 的支撑集是紧的 (有界且闭的). 那么可达到的最小的范数就是 f 的平方 RKHS 范数, 记为 $\gamma_2(f)^2$. 我们将这个 RKHS 空间记为 H_2, 也就是说, 满足 $\gamma_2(f)$ 是有限的 f 的集合.

因为狄拉克测度不是平方可积的, 函数 $x \mapsto \sigma(w^{\mathrm{T}} x + b)$, 即单个神经元通常不在 RKHS 空间内, 它通常是由光滑的函数组成的. 请参见下面的示例.

可以定义另一个函数空间, 其中

$$f(x) = \int_{\mathbb{R}^{d+1}} \eta(w, b) \sigma(w^{\mathrm{T}} x + b) \mathrm{d}\tau(w, b), \tag{7.18}$$

η 可以通过最小化下式来确定:

$$\int_{\mathbb{R}^{d+1}} |\eta(w, b)| \mathrm{d}\tau(w, b), \tag{7.19}$$

$\mathrm{d}\tau(w, b)$ 是 $\mathbb{R}^{d+1}$ 上的概率测度. 这里与上面的平方 RKHS 范数唯一的区别就是我们考虑 η 的 ℓ_1-范数而不是平方 ℓ_2-范数 (关于概率测度 $\mathrm{d}\tau$). 最小可达到的范数是 f 的一个特定范数, 我们记为 $\gamma_1(f)$.

注意: 在通常情况下, η 的下确界是达不到的. 因为我们使用 ℓ_1-范数, 并且测度 $\mathrm{d}\mu(w, b) =$

$\eta(w, b)\mathrm{d}\tau(w, b)$ 可以扩张成所有的具有有限变分 $\int_{\mathbb{R}^{d+1}} |\mathrm{d}\mu(\eta, b)| = \int_{\mathbb{R}^{d+1}} |\eta(w, b)|\mathrm{d}\tau(w, b)$ 的测度 $\mathrm{d}\mu(w, b)$, 可以重写 f 的积分表示:

$$f(x) = \int_{\mathbb{R}^{d+1}} \sigma(w^{\mathrm{T}}x + b)\mathrm{d}\mu(w, b), \tag{7.20}$$

其中 $\mathrm{d}\mu$ 是一个非负的测度, 使得全变分 $\int_{\mathbb{R}^{d+1}} |\mathrm{d}\mu(\eta, b)|$ 最小化. 范数 γ_1 通常被称为变分范数. 我们用 H_1 表示使得 $\gamma_1(f)$ 有限的函数 f 的集合. 我们有如下性质 (有关摘要, 请见表 7.1):

(1) 由于詹森不等式, 我们有 $\gamma_1(f) \geqslant \gamma_2(f)$, 从而 $H_2 \subset H_1$, 即空间 H_1 包含更多的函数;

(2) 由于狄拉克的质量等于 1, 单个神经元函数包含于 H_1 中, 且 γ_1-范数小于 1.

表 7.1 范数 γ_1 和 γ_2 的性质

H_1	H_2
Hilbert(希尔伯特) 空间	Banach(巴拿赫) 空间
$\gamma_2(f)^2 = \inf \int_{\mathbb{R}^{d+1}} \|\eta(w, b)\|^2 \mathrm{d}\tau(w, b),$ 其中 $f(x) = \int_{\mathbb{R}^{d+1}} \eta(w, b)\sigma(w^{\mathrm{T}}x + b)\mathrm{d}\tau(w, b)$	$\gamma_2(f)^2 = \inf \int_{\mathbb{R}^{d+1}} \|\eta(w, b)\|^2 \mathrm{d}\tau(w, b),$ 其中 $f(x) = \int_{\mathbb{R}^{d+1}} \eta(w, b)\sigma(w^{\mathrm{T}}x + b)\mathrm{d}\tau(w, b)$
光滑函数	潜在的非光滑函数
单神经元 $\notin H_2$	单神经元 $\in H_1$

目标 在本节中, 为了更精确地描述函数空间 H_1 和 H_2, 我们将考虑对于满足 $\|x\|_2 \leqslant R$, a.s. 的 R 以及 ReLU 激活函数 $\sigma(u) = \max\{u, 0\} = (u)_+$, 支撑在集合 $\{(w, b), \|w\|_2 = 1, |b| \leqslant R\}$ 上的测度, 这引导出了一个非常简单的分析.

首先, 根据上述假设, 如果 $f(x) = \sum_{j=1}^{m} \eta_j (w_j^{\mathrm{T}}x + b_j)_+$, 对于神经元 $(w_j, b_j) \in \{(w, b), \|w\|_2 = 1, |b| \leqslant R\}$, $j \in \{1, 2, \cdots, m\}$, 有 $\gamma_1(f) \leqslant \|\eta\|_1$, 并且 $\gamma_2(f) = \infty$.

将在本节中展示范数 γ_1 是如何控制近似 H_1 中的函数所需的神经元数量. 我们现在研究哪些函数具有有限的 γ_1-范数, 以及 H_1 之外的函数如何被 H_1 中的函数近似.

ReLU 激活函数是特别的, 并推导出函数 $g : [-R, R] \to \mathbb{R}$ 在区间 $[-R, R]$ 中有简单的近似性质. 我们从分段仿射函数开始, 在给定 ReLU 激活函数的形状时, 应该很容易去近似 (并立即推导出一个普遍的近似结果, 即所有的 "合理的" 函数都可以用分段仿射函数来近似).

分段仿射函数 我们先假设 $g(0) = 0$.

我们考虑在 $[-R, R]$ 上一个连续的分段仿射函数, 节点位于每个 $a_j = \dfrac{j}{m}R$, $j \in [-m, m] \cap \mathbb{Z}$. 因此在 $[a_j, a_{j+1}]$ 上, g 是斜率为 v_j 的仿射映射, $j \in \{-m, m+1\}$.

由于 $g(0) = 0$, 我们可以直接在 $[0, R]$ 上进行近似, 首先拟合区间 $[a_0, a_1] = \left[0, \dfrac{1}{m}\right]$ 上的函数, 即 $\hat{g}_0(x) = v_0(x - a_0)_+$. 对于 $x > a_0$, 该近似函数的斜率为 v_0. 为了在区间 $[a_1, a_2]$ 上进行修正, 并保持 $[a_0, a_1]$ 上的函数不变, 我们考虑 $\hat{g}_1(x) = \hat{g}_0(x) + (v_1 - v_0)(x - a_1)_+$, 此时就得到了在

$[a_0, a_2]$ 上的近似函数. 我们可以递归地考虑对 $j \in \{1, 2, \cdots, m-1\}$ 有

$$\hat{g}_j(x) = \hat{g}_{j-1}(x) + (v_j - v_{j-1})(x - a_j)_+. \tag{7.21}$$

当 $x \in [a_0, a_{j+1}]$ 时它就等于 $g(x)$. 从而我们可以在 $[0, R]$ 上用 $\hat{g}_{m-1}(x)$ 精确地表示 $g(x)$, 而它本身在 $[-R, 0]$ 上的值为 0. 我们有

$$\hat{g}_{m-1}(x) = v_0(x - a_0)_+ + \sum_{j=1}^{m} (v_j - v_{j-1})(x - a_j)_+. \tag{7.22}$$

因此, 根据范数 γ_1 的构造, 我们有 $\gamma_1(\hat{g}_{m-1}) \leqslant |v_0| + \sum_{j=1}^{m-1} |v_j - v_{j-1}|$. 在集合 $[-R, 0]$ 上, 可以得到

相同类型的近似, 且其 γ_1-范数小于 $c|v_{-1}| + \sum_{j=2}^{m} |v_{-j} \doteq v_{-j+1}|$.

由此, 通过相加两个近似, 以及三角不等式, 我们得到

$$\gamma_1(g) \leqslant |v_0| + \sum_{j=1}^{m-1} |v_j - v_{j-1}| + |v_{-1}| + \sum_{j=2}^{m} |v_{-j} - v_{-j+1}|. \tag{7.23}$$

为了考虑没有约束 $g(0) = 0$ 的函数 g, 我们注意到常值函数的范数满足 $\gamma(1) \leqslant \dfrac{1}{R}$. 对于 $x \in [-R, R]$, $2R = (x + R)_+ + (-x + R)_+$, 我们将上述结果应用在 $g(x) - g(0)$(满足 $x = 0$ 时值为 0), 推导出

$$\gamma_1(g) = \frac{|g(0)|}{R} + |v_0| + \sum_{j=1}^{m-1} |v_j - v_{j-1}| + |v_{-1}| + \sum_{j=2}^{m} |v_{-j} - v_{-j+1}|$$

$$\leqslant \frac{|g(0)|}{R} + |v_0 + v_{-1}| + \sum_{j=-m+1}^{m-1} |v_j - v_{j-1}| \quad (\text{使用不等式} |v_0| + |v_{-1}| \leqslant |v_0 + v_{-1}| + |v_0 - v_{-1}|).$$

接下来根据 g 是分段仿射函数, 并且节点在每一个 a_j 上, 可以得到 $v_j = \dfrac{m}{R}\left(g\left(\dfrac{j+1}{m}R\right) - g\left(\dfrac{j}{m}R\right)\right)$, 因此有

$$\gamma_1(g) \leqslant \frac{|g(0)|}{R} + \frac{m}{R}\left|g\left(\frac{R}{m}\right) - g\left(-\frac{R}{m}\right)\right| + \frac{m}{R}\sum_{j=-m+1}^{m-1}\left|g\left(\frac{j+1}{m}R\right) - 2g\left(\frac{j}{m}R\right) + g\left(\frac{j-1}{m}R\right)\right|. \tag{7.24}$$

二次连续可微函数 我们考虑 $[-R, R]$ 上的一个二次可微函数 g, 它是其自身分段插值的极限.

因此, 当 m 趋向于无穷大时, $\dfrac{m}{R}\left|g\left(\dfrac{R}{m}\right) - g\left(-\dfrac{R}{m}\right)\right|$ 趋向于 $2|g'(0)|$, 并且 $\left|g\left(\dfrac{j+1}{m}R\right) - 2g\left(\dfrac{j}{m}R\right) + g\left(\dfrac{j-1}{m}R\right)\right|$ 渐进等价于

$$\left| g\left(\frac{j}{m}R\right) + \frac{R}{m}g'\left(\frac{j}{m}R\right) + \frac{1}{2}\frac{R^2}{m^2}g''\left(\frac{j}{m}R\right) - 2g\left(\frac{j}{m}R\right) + g\left(\frac{j}{m}R\right) - \frac{R}{m}g'\left(\frac{j}{m}R\right) \right.$$
$$\left. + \frac{1}{2}\frac{R^2}{m^2}g''\left(\frac{j}{m}R\right) \right| \sim \left| \frac{R^2}{m^2}g''\left(\frac{j}{m^2}R\right) \right|. \tag{7.25}$$

从而得到

$$\gamma_1(g) < \lim_{m \to +\infty} \sup_{m \to +\infty} \frac{|g(0)|}{R} + 2|g'(0)| + \frac{R}{m}\sum_{j=-m+1}^{m-1}\left|g''\left(\frac{j}{m^2}R\right)\right|. \tag{7.26}$$

这推导出了使用黎曼和积分的近似值:

$$\gamma_1(g) < \frac{|g(0)|}{R} + 2|g'(0)| + \int_{-R}^{R}|g''(x)|\mathrm{d}x. \tag{7.27}$$

为了将非连续的可微函数扩展到 0 处, 可以进一步使用

$$|g'(0)| \leqslant |g'(y)| + \int_0^y |g''(x)|\mathrm{d}x \leqslant |g'(y)| + \int_0^R |g''(x)|\mathrm{d}x \quad (对任意\ y \in [0, R]). \tag{7.28}$$

通过积分得到

$$|g'(0)| \leqslant \frac{1}{R}\int_0^R |g'(y)|\mathrm{d}y + \int_0^R |g''(x)|\mathrm{d}x. \tag{7.29}$$

并且根据对称性有

$$|g'(0)| < \frac{1}{2R}\int_{-R}^R |g'(x)|\mathrm{d}x + \frac{1}{2}\int_{-R}^R |g''(x)|\mathrm{d}x. \tag{7.30}$$

综上, 我们得到了表达式:

$$\gamma_1(g) \leqslant \tilde{\gamma}_1(g) = \frac{|g(0)|}{R} + \frac{1}{R}\int_{-R}^R |g'(x)|\mathrm{d}x + 2\int_{-R}^R |g''(x)|\mathrm{d}x. \tag{7.31}$$

这表明, 如果允许神经元的数量增加, 那么权值的 ℓ_1-范数仍然受上述数量的限制, 以精确地表示函数 g.

这可以推广到几乎处处二次可微, 且具有可积的一阶和二阶导数的连续函数上, 因此 $\tilde{H}_1 \subset H_1$(对应于上面定义的范数 $\tilde{\gamma}_1$). 由于这个空间在 L_2 中是稠密的 (请参见下面关于更高维数的进一步论证), 我们可知神经网络是通用的近似器.

一维的 RKHS 范数 γ_2 在一维的情形下, 令 w 在球面上均匀, 即 $w \in \{-1, 1\}$, 并且令 b 在 $[-R, R]$ 上均匀分布, 我们有如下的核

$$k(x, x') = \frac{1}{4R}\int_{-R}^R \left((x - b)_+(x' - b)_+ + (-x - b)_+(-x' - b)_+\right)\mathrm{d}b. \tag{7.32}$$

使用与本节末尾相同的推理, 我们可以通过分解 f 来得到 $\gamma_2(f)$ 的上界:

$$f(x) = \int_{-R}^R \eta_+(b)(x - b)_+ \frac{\mathrm{d}b}{4R} + \int_{-R}^R \eta_-(b)(-x - b)_+ \frac{\mathrm{d}b}{4R}, \tag{7.33}$$

从而有 $\gamma_2(f)^2 \leqslant \int_{-R}^{R}[\eta_+(b)]^2\dfrac{\mathrm{d}b}{4R} + \int_{-R}^{R}[\eta_-(b)]^2\dfrac{\mathrm{d}b}{4R}$.

通过使用带有积分余项的泰勒展开, 对于 $[-R,R]$ 上满足 $f(0)=f'(0)=0$ 的任意二阶可微函数 f, 我们有

$$f(x) = \int_0^R f''(b)(x-b)_+\mathrm{d}b + \int_0^R f''(-b)(-x-b)_+\mathrm{d}b. \tag{7.34}$$

因此, 对于该函数有 $\gamma_2(f)^2 \leqslant 4R\int_{-R}^R [f''(b)]^2\mathrm{d}b$. 我们现在可以利用

$$\int_{-R}^R \frac{(x-b)_+-(-x-b)_+}{2R}\mathrm{d}b = \int_{-R}^R \frac{(x-b)_+-(b-x)_+}{2R}\mathrm{d}b = \int_{-R}^R \frac{x}{2R}\mathrm{d}b = x \tag{7.35}$$

来得到 $[\gamma_2(x\mapsto x)]^2 \leqslant 4$. 然后再利用

$$\int_{-R}^R [(x-b)_+ + (-x-b)_+]\,\mathrm{d}b = \int_{-R}^x (x-b)\mathrm{d}b + \int_{-R}^x (-x-b)\mathrm{d}b = \frac{(x-R)^2}{2} + \frac{(x+R)^2}{2} = x^2 + R^2 \tag{7.36}$$

来得到 $[\gamma_2(x\mapsto x^2+R^2)]^2 \leqslant 16R^2$.

因此, 再根据 $\tilde{f}(x) = f(x) - f'(0)x - \dfrac{f(0)}{R^2}(x^2+R^2)$, 我们有

$$\begin{aligned}
\gamma_2(f) &= \sqrt{4R\int_{-R}^R [\tilde{f}''(b)]^2\mathrm{d}b} + 2|f'(0)| + \frac{|f(0)|}{R}\\
&= \sqrt{4R\int_{-R}^R |f''(b)-2f(0)/R^2|^2\mathrm{d}b} + 2|f'(0)| + \frac{|f(0)|}{R}\\
&\leqslant \sqrt{4R\int_{-R}^R |f''(b)|^2\mathrm{d}b} + \sqrt{4R\int_{-R}^R |2f(0)/R^2|^2\mathrm{d}b} + 2|f'(0)| + \frac{|f(0)|}{R}\\
&= \sqrt{4R\int_{-R}^R |f''(b)|^2\mathrm{d}b} + 4\sqrt{2}\frac{|f(0)|}{R} + 2|f'(0)| + \frac{|f(0)|}{R}.
\end{aligned}$$

推导出上界:

$$[\gamma_2(g)]^2 \leqslant [\tilde{\gamma}_2(g)]^2 = 36\frac{[f(0)^2]}{R^2} + 16[f'(0)]^2 + 16R\int_{-R}^R [f''(x)]^2\mathrm{d}x. \tag{7.37}$$

其与 $\tilde{\gamma}_1$ 的主要区别在于二阶导数被 ℓ_2-范数惩罚, 而不是 ℓ_1-范数, 当 ℓ_1-范数是有限的时, 这个 ℓ_2-范数可以是无限的. 典型的例子是隐藏神经元函数 $(x-b)_+$. 注意, 我们只推导了 γ_2 的上界, 但也可以导出类似的下界.

RKHS 包含了无限多个隐藏的神经元函数 $(x-b)_+$, 它们没有一个在 RKHS 内部.

这种光滑性惩罚不允许 ReLU 函数成为 RKHS 的一部分. 但是, 这仍然是一个通用的惩罚 (因为具有平方可积二阶导数的函数集在 L_2 中是稠密的).

如果假设 f 在球心为零点且半径为 R 的球上是连续的, 则可在任意处定义傅里叶变换

$$\hat{f}(\omega) = \int_{\mathbb{R}^d} f(x) e^{-i\omega^T x} dx. \tag{7.38}$$

而且我们可以得到

$$f(x) = \frac{1}{(2\pi)^d} \int_{\mathbb{R}^d} \hat{f}(\omega) e^{i\omega^T x} d\omega. \tag{7.39}$$

为了计算 $\gamma_1(f)$ 的一个上界, 对每个 $\omega \in \mathbb{R}^d$, 计算 $\gamma_1(x \mapsto e^{i\omega^T x})$ 的上界就足够了. 这很简单, 因为由式 (7.31) 的表示, 应用在 $g : u \mapsto e^{iu\|\omega\|_2}$ 上, 对 $u \in [-R, R]$,

$$e^{iu\|\omega\|_2} = \int_{-R}^{R} \eta_+(b)(u-b)_+ db + \int_{-R}^{R} \eta_-(b)(-u-b)_+ db. \tag{7.40}$$

又因为 $\int_{-R}^{R} |\eta_+(b)| db + \int_{-R}^{R} |\eta_-(b)| db < \frac{|g(0)|}{R} + \frac{1}{R} \int_{-R}^{R} |g'(x)| dx + 2 \int_{-R}^{R} |g''(x)| dx = \frac{1}{R} + 2\|\omega\|_2 + 4R\|\omega\|_2^2$ (此即式 (7.31) 中定义的范数). 我们可以分解

$$e^{i\omega^T x} = e^{i(x^T \omega/\|\omega\|_2)\|\omega_2\|_2} = \int_{-R}^{R} \eta_+(b)(x^T(\omega/\|\omega\|_2) - b)_+ db + \int_{-R}^{R} \eta_-(b)(x^T(-\omega/\|\omega\|_2) - b)_+ db. \tag{7.41}$$

因此, 我们得到

$$\gamma_1(f) \leqslant \frac{1}{(2\pi)^d} \frac{1}{R} \int_{\mathbb{R}^d} |\hat{f}(\omega)|(1 + 2R^2\|\omega\|_2^2) d\omega. \tag{7.42}$$

给定函数 $f : \mathbb{R}^d \to \mathbb{R}, \int_{\mathbb{R}^d} |\hat{f}(\omega)| d\omega$ 是 f 光滑性的一个度量, 因此 $\gamma_1(f)$ 的有限性会强制 f 和 f 的所有二阶导数都具有这种形式的光滑性.

逼近的精确速度 在本节中, 我们将把空间 H_1 与索伯列夫空间联系起来, 考虑 $s > d/2$ (以确保下面的积分存在), 并使用柯西不等式:

$$\begin{aligned}
\gamma_1(f) &\leqslant \frac{1}{(2\pi)^d} \frac{1}{R} \int_{\mathbb{R}^d} |\hat{f}(\omega)|(1 + 2R^2\|\omega\|_2^2) d\omega \\
&= \frac{1}{(2\pi)^d} \frac{1}{R} \int_{\mathbb{R}^d} |\hat{f}(\omega)|(1 + 2R^2\|\omega\|_2^2)^{1+s/2} \frac{d\omega}{(1 + 2R^2\|\omega\|_2^2)^{s/2}} \\
&\leqslant \frac{1}{(2\pi)^d} \frac{1}{R} \sqrt{\int_{\mathbb{R}^d} |\hat{f}(\omega)|^2(1 + 2R^2\|\omega\|_2^2)^{2+s} d\omega} \sqrt{\int_{\mathbb{R}^d} \frac{d\omega}{(1 + 2R^2\|\omega\|_2^2)^s}}.
\end{aligned}$$

这代表了一个常数乘上 $\sqrt{\int_{\mathbb{R}^d} |\hat{f}(\omega)|^2(1 + 2R^2\|\omega\|_2^2)^{2+s} d\omega}$ 正是本章中的 $s+2$ 次导数的索伯列夫范数 (是一个 RKHS).

因此, 第 5 章中的所有近似性质都适用. 具体的逼近速度见第 5 章. 但是, 请注意, 根据这个推理过程, 如果我们从一个 Lipschitz-连续函数开始, 那么逼近至 $L_2(dx)$-范数 ε 需要一个 γ_1-范数爆炸, 因为 $\varepsilon^{-(s+1)} \geqslant \varepsilon^{-(d/2+1)}$ (如 5.5 节结束处得到的结果). 因此, 在没有特定方向的一般情况下, 使用 H_1 (神经网络) 并不真正比使用核方法 (如 H_2 中的函数) 更有利. 而当线性结构存在时,情况会发生巨大的变化, 我们将在下面进行展示.

对线性结构的适用性 我们考虑一个目标函数 f, 它只依赖于数据的 r 维投影, 即格式为 $f(x) = g(V^{\mathrm{T}}x)$, 其中 $V \in \mathbb{R}^{d \times r}$ 满秩并且所有的特征值都小于 1, $g : \mathbb{R}^r \to \mathbb{R}$. 不失一般性, 我们可以假设 V 是一个旋转矩阵. 那么若 $\gamma_1(g)$ 是有限的, 有

$$g(z) = \int_{\mathbb{R}^{r+1}} (w^{\mathrm{T}}z + b)_+ \mathrm{d}\mu(w, b), \tag{7.43}$$

其中 $\mathrm{d}\mu$ 的支撑集为 $\{(w, b) \in \mathbb{R}^{r+1}, \|w\|_2 = 1, |b| \leqslant R\}$, 并且 $\gamma_1(g) = \int_{\mathbb{R}^{r+1}} |\mathrm{d}\mu(w, b)|$. 接下来我们有

$$f(x) = g(V^{\mathrm{T}}x) = \int_{\mathbb{R}^{r+1}} ((Vw)^{\mathrm{T}}x + b)_+ \mathrm{d}\mu(w, b). \tag{7.44}$$

推导出 $\gamma_1(f) \leqslant \int_{\mathbb{R}^{r+1}} |\mathrm{d}\mu(w, b)| = \gamma_1(g)$(因为 $\|Vw\|_2 = 1$). 因此, g 的近似性质转化为 f 的, 我们只需要付出这些 r 维的代价, 而不是所有的 d 变量, 不需要提前知道 V. 举例来说, ① 如果 g 有大于 $r/2 + 2$ 的平方可积导数, 则 $\gamma_1(g)$ 和 $\gamma_1(f)$ 是有限的; ② 如果 g 是 Lipschitz 连续的, 那么 g 和 f 在 $L_2(\mathrm{d}x)$ 中都可以被一个 γ_1 模为 $\varepsilon^{-(r/2+1)}$ 阶的函数以误差 ε 达到, 因此解决了维数灾难.

给定一个 $\mathbb{R}^d$ 上的测度 $\mathrm{d}\mu$, 以及一个满足 $\gamma_1(g)$ 有限的函数 $g : \mathbb{R}^d \to \mathbb{R}$, 我们想找到一组 m 个神经元 $(w_j, b_j) \in V \subset \mathbb{R}^{d+1}$(这是我们考虑的所有度量的紧支撑), 这样通过如下定义的相关函数

$$f(x) = \sum_{j=1}^{m} \eta_j \sigma(w_j^{\mathrm{T}}x + b_j) \tag{7.45}$$

接近于 g.

如果输入的权值是固定的, 那么估计 $\gamma_1(g)$ 的界转化为估计 $\|\eta\|_1 \leqslant \gamma_1(g)$ 的界. 这些函数 f 的集合是函数 $s_j \gamma_1(g) \sigma(w_j^{\mathrm{T}}x + b_j)$ 的凸包, 其中 $s_j \in \{-1, 1\}$. 因此, 我们面临的问题是将凸包中的一个元素近似为极值点的显式线性组合, 如果可能的话, 用尽可能少的极值点.

在有限维的情形下, Carathéodory (卡拉西奥多里) 定理表明, 这样的极值点的数目可以等于维数, 以得到一个精确的表示. 在无限维的情形下, 我们需要一个近似版本的 Carathéodory 定理. 结果表明, 我们可以创建一个 "假的" 优化问题, 用一个算法从极值点构造一个近似解, 最小化 $\min\limits_{g \in H_1} \|f - g\|_{L_2(\mathrm{d}x)}^2$, 使得 $\gamma_1(f) \leqslant \gamma_1(g)$, 其解是 $f = g$. 这可以通过 Frank-Wolfe (弗兰克-沃尔夫) 算法来实现 (即条件梯度算法).

Frank-Wolfe 算法 因此我们绕道考虑一个定义在希尔伯特空间 H 的算法, K 是一个有界凸集, J 是一个从 H 到 $\mathbb{R}$ 的凸光滑函数, 这样存在一个梯度函数 $J' : H \to H$, 对 H 中的所有元素 f、g:

$$J(g) + \langle J'(g), h - g \rangle_H \leqslant J(f) \leqslant J(g) + \langle J'(g), h - g \rangle_H + \frac{L}{2}\|h - g\|_H^2. \tag{7.46}$$

目标是最小化有界凸集 K 上的函数 J, 其算法只需要通过 "线性最小化" 方法 (即通过最大化线性函数) 来逼近集合 K, 而不是我们在第 6 章中要求的投影方法.

我们考虑以下递归算法, 从一个向量 $f_0 \in K$ 开始:

$$\bar{f}_t \in \arg\min_{f \in K} \langle J'(f_{t-1}), f - f_{t-1} \rangle_H, \tag{7.47}$$

$$f_t = \frac{t-1}{t+1} f_{t-1} + \frac{2}{t+1} \bar{f}_t = f_{t-1} + \frac{2}{t+1}(\bar{f}_t - f_{t-1}), \tag{7.48}$$

$$\bar{f}_t = \arg\min_{f \in K} \{J'(f_{t-1}), f - f_{t-1}\}. \tag{7.49}$$

因为 $\bar{f}_t$ 是通过对有界凸集上的线性函数进行最小化得到的, 所以我们可以将最小解 $\bar{f}_t$ 限制为 K 的极值点, 因此, $\bar{f}_t$ 是 t 个极值点 $\bar{f}_1, \bar{f}_2, \cdots, \bar{f}_t$ 的凸组合 (注意不包含第一个点 f_0). 我们现在证明:

$$J(f_t) - \inf_{f \in K} J(f) \leqslant \frac{2L}{t+1} \mathrm{diam}_H(K)^2. \tag{7.50}$$

收敛速度的证明 这是简单地使用光滑性质得到的

$$J(f_t) \leqslant J(f_{t-1}) + \langle J'(f_{t-1}), f_t - f_{t-1} \rangle_H + \frac{L}{2} \|f_t - f_{t-1}\|_H^2$$

$$= J(f_{t-1}) + \frac{2}{t+1} \langle J'(f_{t-1}), \bar{f}_t - f_{t-1} \rangle_H + \frac{4}{(t+1)^2} \frac{L}{2} \|\bar{f}_t - f_{t-1}\|_H^2$$

$$\leqslant J(f_{t-1}) + \frac{2}{t+1} \min_{f \in \mathbb{K}} \{J'(f_{t-1}), f - f_{t-1}\}_{FC} + \frac{4}{(t+1)^2} \frac{L}{2} \mathrm{diam}_{FC}(K)^2.$$

根据 J 的凸性, 我们有对任意 $f \in K$, $J(f) \geqslant J(f_{t-1}) + \langle J'(f_{t-1}), f - f_{t-1} \rangle_H$, 推出 $\inf_{f \in K} J(f) \geqslant J(f_{t-1}) + \inf_{f \in K} \langle J'(f_{t-1}), f - f_{t-1} \rangle_H$, 因此得到 $J(f_t) - \inf_{f \in K} J(f) < \left[J(f_{t-1}) - \inf_{f \in X} J(f) \right] \frac{t-1}{t+1} + \frac{4}{(t+1)^2} \frac{L}{2}$. $\mathrm{diam}_S(X)^2$, 推出

$$t(t+1) \left[J(f_t) - \inf_{f \in K} J(f) \right] \leqslant (t-1)t \left[J(f_{t-1}) - \inf_{f \in K} J(f) \right] + 2L\mathrm{diam}_G(K)^2$$

$$\leqslant 2Lt\mathrm{diam}_H(K)^2 \quad (\text{通过一个伸缩求和}).$$

因此得到了 $J(f_t) - \inf_{f \in K} J(f) \leqslant \frac{2L}{t+1} \mathrm{diam}_H(K)^2$.

应用于有限数量神经元的近似表示 可以将这个结果应用于 $H = L_2(\mathrm{d}x)$, $J(f) = \|f - g\|_{L_2(\mathrm{d}x)}^2$, 推导出 $L = 2$, 并且 $K = \{f \in L_2(\mathrm{d}x), \gamma_1(f) \leqslant \gamma_1(g)\}$, 其中极值点集合正是单神经元 $s\sigma(w^{\mathrm{T}} \cdot + b)$, 数量级同 $\gamma_1(g)$, 还有额外符号 $s \in \{-1, 1\}$.

因此, 我们得到了 t 步后 f 的 t 个神经元的表示:

$$\|f - g\|_{L_2(\mathrm{d}x)}^2 \leqslant \frac{4L\gamma_1(g)^2}{t+1} \sup_{(w,b) \in K} \|\sigma(w^{\mathrm{T}} \cdot + b)\|_{L_2(\mathrm{d}x)}^2. \tag{7.51}$$

所以, 只要 t 的阶数是 $O([\gamma_1(g)]^2/\varepsilon^2)$, 就能够达到 $\|f - g\|_{L_2(\mathrm{d}x)} \leqslant \varepsilon$. 因此, 范数 $\gamma_1(g)$ 直接通过有限数量的神经元控制函数 g 的近似性质, 并告诉我们一个给定的目标函数应该使用多少神经元.

7.4 拓　　展

全连接的单隐藏层神经网络与实践中的应用仍相距甚远. 实际上, 最先进的性能通常可以通过以下扩展来实现.

加深网络层数　深度神经网络最简单的形式是一个多层全连接的神经网络. 为简单起见, 忽略常量项, 它的形式为 $f(x^{(0)}) = y^{(L)}$, 给定输入 $x^{(0)}$ 和输出 $y^{(L)}$:

$$y^k = (W^{(k)})^{\mathrm{T}} x^{(k-1)},$$
$$x^k = \sigma(y^{(k)}),$$

其中, $W^{(k)}$ 是第 k 层的权值矩阵. 对于这些模型, 如何获得简单而有力的理论结果仍然是一个活跃的研究领域.

卷积神经网络　为了能够处理大规模的数据并提高性能, 利用关于典型数据结构的先验知识来进行处理是很重要的. 例如, 对于信号、图像或视频, 考虑到域的平移不变性 (直到边界现象) 是很重要的. 这是通过约束神经网络的线性部分中的线性算子来遵守某种形式的平移不变性来实现的, 从而使用卷积.

7.5 练　　习

练习 7.1　对 $\Omega(w, b) = \max\{\|w\|_1, |b|/\sup\|x\|_\infty\}$ 给出界, 其中 $\sup\|x\|_\infty$ 代表在所有 x 的分布的支撑集上 $\|x\|_\infty$ 的上确界.

练习 7.2　我们考虑一个 1-Lipschitz 连续的激活函数, 并且递归地定义函数类: $\mathcal{F}_0 = \{x \mapsto \theta^{\mathrm{T}} x, \|\theta\|_2 \leqslant D_0\}$, 对 $i = 1, 2, \cdots, M$, $\mathcal{F}_i = \{x \mapsto \sum_{j=1}^{m_i} \theta_j \sigma(f_j(x)), f_j \in \mathcal{F}_{i-1}, \|\theta\|_1 \leqslant D_i\}$, 对应着 M 层的神经网络. 假设 $\|x\|_2 \leqslant R$, a.s., 通过递归证明 Rademacher 复杂度满足

$$R_n(\mathcal{F}_M) \leqslant 2^M \frac{R}{\sqrt{n}} \prod_{i=0}^{M} D_i.$$

练习 7.3　对于在球面上均匀分布的 $\begin{pmatrix} w \\ b/R \end{pmatrix}$, 以及 ReLU 激活函数, 计算相关核, 其是向量 $\begin{pmatrix} x \\ R \end{pmatrix}$ 和 $\begin{pmatrix} x' \\ R \end{pmatrix}$ 的余弦的函数.

第 8 章

生成对抗网络

第 8 章知识导图

8.1　生成对抗网络的介绍

在本章中, 我们重点研究隐式的生成模型, 这是一种没有显式似然函数的概率模型, 包括 GANs (generative adversarial networks, 生成对抗网络家族). 在本章中, 我们将重点从概率的角度介绍此主题.

为了推导 GANs 的概率公式, 首先需要区分两种类型的概率模型: "**指定概率模型**" 和 "**隐式概率模型**". 指定概率模型, 我们也称为**显式概率模型**, 提供了一个观测随机变量 x 分布的显式参数规范, 指定了一个参数为 θ 的对数似然函数 $\log_e q_\theta(x)$. 到目前为止, 我们在这本书中遇到的大多数模型, 无论它们是 SOTA (state of the arts, 最先进技术) 的分类器、大词汇量序列模型, 还是细粒度的时空模型, 都是这种形式的. 或者, 我们可以指定一个**隐式概率模型**, 它定义了一个直接生成数据的随机过程. 这种模型是解决气候和天气、种群遗传学和生态学问题的自然的方法, 因为对这些系统的机制理解可以用来直接描述生成模型. 我们在图 8.1 中说明了隐式模型和显式模型之间的区别.

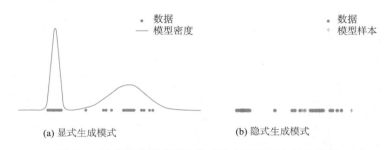

(a) 显式生成模式　　　　　　　　　　(b) 隐式生成模式

图 8.1　显式的生成模型和隐式的生成模型之间的差异

红色散点代表真实数据, 蓝色曲线代表显式模型的密度曲线, 蓝色散点代表隐式模型生成样本. 显式模型直接给出学习到的密度 (有时是未标准化的), 隐式模型只提供可用于从隐含密度生成样本的模拟器

我们在本章中重点关注的隐式生成模型的形式可以表示为一个概率隐变量模型, 类似于 VAEs (variational auto-encodes, 变分自编码器). 隐式生成模型使用一个隐变量 z, 并使用一个关于参数 θ 的确定性函数 G_θ 对其进行转换. 隐式生成模型不包括似然函数或观察模型. 相反, 生成过程在输出空间上定义了一个有效的密度, 它形成了一个有效的似然函数:

$$x = G_\theta(z') \quad z' \sim q(z), \tag{8.1}$$

$$q_\theta(x) = \frac{\partial}{\partial x_1} \cdots \frac{\partial}{\partial x_d} \int_{\{G_\theta(z) \leqslant x\}} q(z)\mathrm{d}z, \tag{8.2}$$

其中 $q(z)$ 是一个隐变量的分布, 提供了外部随机性的来源. 式 (8.2) 是变换密度 $q_\theta(x)$ 的定义, 定义为一个累积分布函数的导数, 因此整合了根据集合 $\{G_\theta(z) \leqslant x\}$ 定义的所有事件的分布 $q(z)$. 当隐变量维数和数据维数相等 ($m = d$) 且函数 $G_\theta(z)$ 可逆或具有容易表征的根时, 我们恢复了概率分布的变换规则. 这种变量属性的转换也用于规范化流. 在扩散模型中, 我们也将噪声转换为数据, 反之亦然, 但这种转换并不是严格可逆的.

我们可以构造更一般和更灵活的隐式生成模型, 其中函数 G 是一个非线性函数并且 $d > m$,

例如, 一个深度网络. 这种模型有时被称为生成网络或生成神经采样器; 它们也可以被视为可微模拟器. 不幸的是, 在这些模型中, 积分是难以处理的, 我们甚至可能无法确定集合 $\{G_\theta(z) \leqslant x\}$. 当然, 对于显式的潜变量模型 (如 VAEs) 来说, 难解性也是一个挑战, 但在 GANs 的情况下, 缺乏似然项使得问题更加困难. 因此, 这个问题被称为无似然推理或基于模拟的推理.

无似然推理也形成了被称为 ABC (approximate Bayesian computation, 近似贝叶斯计算) 的领域的基础. ABC 和 GANs 给我们提供了两种不同的算法框架来学习隐式生成模型. 这两种方法都依赖于一种基于比较真实数据和模拟数据的学习原则. 这种通过比较进行学习的方式实例化了无似然推理的核心原则, 下一节的重点是扩展这个想法. 接下来的部分将重点关注 GANs, 以讲述更详细的基础内容和实践需要[①].

8.2 通过比较进行学习

在本书的大部分内容中, 我们依赖于极大似然原则. 通过极大化似然, 我们有效地最小化模型 q_θ 与未知的真实数据分布 p^* 之间的 KL (Kullback-Leibler, 库尔贝克–莱布勒) 散度. 回顾式 (8.2), 在隐式模型中, 我们无法验证 $q_\theta(x)$, 因此不能使用极大似然进行训练. 由于隐式模型提供了一个抽样过程, 我们转而寻找只使用**模型生成的样本** 的学习原则.

从图 8.2 中可以看出, 隐式模型的学习任务是从两组样本中确定它们的分布是否彼此接近, 并量化它们之间的距离. 我们可以把这看作是一种 "双样本" 或无似然的学习方法. 有很多方法可以做到这一点, 包括使用分布散度或距离的二分类方法、矩方法和其他一些方法.

(a) 距离更远的分布　　　　　　　　(b) 距离更近的分布

图 8.2　隐式生成建模的目标

只测量来自样本的分布之间的距离, 以便区分距离更远的分布和距离更近的分布 (红色散点代表真实数据, 蓝色散点代表模型生成样本)

我们寻找满足以下要求的目标函数 $\mathcal{D}(p^*, q)$:

(1) 为学习数据分布提供保证: $\arg\min\limits_{q} \mathcal{D}(p^*, q) = p^*$;

(2) 只使用数据和模型分布中的样本就能进行评估;

(3) 进行评估的计算成本很低.

许多分布距离和散度满足第一个要求, 因为根据定义, 它们满足以下要求:

$$\mathcal{D}(p^*, q) \geqslant 0; \quad \mathcal{D}(p^*, q) = 0 \iff p^* = q. \tag{8.3}$$

然而, 许多分布距离和散度并不能满足其他两个要求: 它们不能只使用样本来评估, 比如 KL 散度, 或者在计算上难以处理, 比如 Wasserstein (沃瑟斯坦) 距离. 克服这些挑战的主要方法是通过引入一个比较模型来利用优化近似所需的量——通常称为判别器或批评器 D, 使得

---

① 参见 https://poloclub.github.io/ganlab/

$$\mathcal{D}(p^*, q) = \arg \max_D \mathcal{F}(D, p^*, q), \tag{8.4}$$

其中 $\mathcal{F}$ 是一个仅通过样本依赖于 p^* 和 q 的函数. 对于我们讨论的情况, 模型和判别器分别关于参数 θ 和 ϕ 进行参数化; 我们不是对分布或函数进行优化, 而是对参数进行优化. 对于判别器而言, 引出了优化问题

$$\arg \max_\phi \mathcal{F}(D_\phi, p^*, q_\theta) \tag{8.5}$$

对于模型参数 θ, 精确的目标函数 $\mathcal{D}(p^*, q_\theta)$ 被通过使用 D_ϕ 提供的易于处理的近似所取代.

确保 $\mathcal{F}(D_\phi, p^*, q_\theta)$ 可以仅使用模型中的样本和未知数据分布进行估计的一个方便的方法是, 仅在期望中依赖于这两个分布:

$$\mathcal{F}(D_\phi, p^*, q_\theta) = \mathbb{E}_{p^*(x)} f(x, \phi) + \mathbb{E}_{q_\theta(x)} g(x, \phi), \tag{8.6}$$

其中 f 和 g 是实值函数, 其选择将定义 $\mathcal{F}$. 在隐式生成模型的情况下, 这可以根据采样路径 $x = G_\theta(z), z \sim q(z)$ 改写为

$$\mathcal{F}(D_\phi, p^*, q_\theta) = \mathbb{E}_{p^*(x)} f(x, \phi) + \mathbb{E}_{q(z)} g(G_\theta(z), \phi). \tag{8.7}$$

它可以用蒙特卡罗模拟来估计:

$$\mathcal{F}(D_\phi, p^*, q_\theta) \approx \frac{1}{N} \sum_{i=1}^{N} f(\widehat{x}_i, \phi) + \frac{1}{M} \sum_{i=1}^{M} g(G_\theta(\widehat{z}_i), \phi); \quad \widehat{x}_i \sim p^*(x); \quad \widehat{z}_i \sim q(z). \tag{8.8}$$

接下来, 我们将展示如何实例化这些指导原则, 以找到函数 f 和 g, 从而找到可用于训练隐式模型的目标函数 $\mathcal{F}$: 类概率估计、f-散度的边界、IPMs (integral probability metrics, 积分概率度量) 和矩匹配.

比较两种分布 p^* 和 q_θ 的一种方法是计算它们的密度比 $r(x) = \dfrac{p^*(x)}{q_\theta(x)}$. 当且仅当在 q_θ 的支撑集上该比值处处为 1 时, 两个分布是相同的. 由于我们不能评估隐式模型的密度, 根据上述建立的指导原则, 我们必须开发技术来实现从样本中计算密度比.

幸运的是, 我们可以将密度估计转换为一个二分类问题:

$$\frac{p^*(x)}{q_\theta(x)} = \frac{D(x)}{1 - D(x)}, \tag{8.9}$$

其中 $D(x)$ 是判别器 (或批评器), 它被训练来区分来自 p^* 和 q_θ 的样本.

对于参数化的分类问题, 我们可以学习参数为 ϕ 的判别器 $D_\phi(x) \in [0, 1]$. 利用关于概率分类的知识和想法, 我们可以通过最小化任何适当的评分规则来学习参数. 对于我们熟悉的伯努利对数损失 (或二分类交叉熵损失), 得到目标函数:

$$V(q_\theta, p^*) = \arg \max_\phi \mathbb{E}_{p(x|y)p(y)} \left[y \log_e D_\phi(x) + (1 - y) \log_e (1 - D_\phi(x)) \right] \tag{8.10}$$

$$= \arg \max_\phi \mathbb{E}_{p(x|y=1)p(y=1)} \log_e D_\phi(x) + \mathbb{E}_{p(x|y=0)p(y=0)} \log_e (1 - D_\phi(x)) \tag{8.11}$$

$$= \arg \max_\phi \frac{1}{2} \mathbb{E}_{p^*(x)} \log_e D_\phi(x) + \frac{1}{2} \mathbb{E}_{q_\theta(x)} \log_e (1 - D_\phi(x)). \tag{8.12}$$

同样的处理过程可以扩展到伯努利对数损失之外, 扩展到其他用于二分类的适当评分规则, 如表 8.1. 最优判别器 D 为 $\dfrac{p^*(x)}{p^*(x) + q_\theta(x)}$, 因为

$$\frac{p^*(x)}{q_\theta(x)} = \frac{D^*(x)}{1 - D^*(x)} \implies D^*(x) = \frac{p^*(x)}{p^*(x) + q_\theta(x)}. \tag{8.13}$$

表 8.1 在隐式生成模型的基于概率的学习中, 可以被最大化的评分规则

损失	目标函数 ($D := D(x; \phi) \in [0, 1]$)
伯努利损失	$\mathbb{E}_{p^*(x)}[\log_e D] + \mathbb{E}_{q_\theta(x)}[\log_e(1 - D)]$
Brier (布赖尔) 评分	$\mathbb{E}_{p^*(x)}[-(1 - D)^2] + \mathbb{E}_{q_\theta(x)}[-D^2]$
指数损失	$\mathbb{E}_{p^*(x)}\left[\left(-\dfrac{1 - D}{D}\right)^{\frac{1}{2}}\right] + \mathbb{E}_{q_\theta(x)}\left[\left(-\dfrac{D}{1 - D}\right)^{\frac{1}{2}}\right]$
误分类损失	$\mathbb{E}_{p^*(x)}[-\mathbb{I}[D \leqslant 0.5]] + \mathbb{E}_{q_\theta(x)}[-\mathbb{I}[D > 0.5]]$
合页损失	$\mathbb{E}_{p^*(x)}\left[-\max\left(0, 1 - \log_e \dfrac{D}{1 - D}\right)\right] + \mathbb{E}_{q_\theta(x)}\left[-\max\left(0, 1 + \log_e \dfrac{D}{1 - D}\right)\right]$
球形损失	$\mathbb{E}_{p^*(x)}[\alpha D] + \mathbb{E}_{q_\theta(x)}[\alpha(1 - D)]; \quad \alpha = (1 - 2D + 2D^2)^{-\frac{1}{2}}$

通过将最优判别器代入评分规则式 (8.10) 中, 我们可以证明目标函数 V 也可以被解释为最小化 JS (Jensen-Shannon, 詹森–香农) 散度.

$$V^*(q_\theta, p^*) = \frac{1}{2}\mathbb{E}_{p^*(x)}\left[\log_e \frac{p^*(x)}{p^*(x) + q_\theta(x)}\right] + \frac{1}{2}\mathbb{E}_{q_\theta(x)}\left[\log_e\left(1 - \frac{p^*(x)}{p^*(x) + q_\theta(x)}\right)\right] \tag{8.14}$$

$$= \frac{1}{2}\mathbb{E}_{p^*(x)}\left[\log_e \frac{p^*(x)}{\frac{p^*(x) + q_\theta(x)}{2}}\right] + \frac{1}{2}\mathbb{E}_{q_\theta(x)}\left[\log_e\left(\frac{q_\theta(x)}{\frac{p^*(x) + q_\theta(x)}{2}}\right)\right] - \log_e 2 \tag{8.15}$$

$$= \frac{1}{2}D_{\mathrm{KL}}\left(p^* \middle\| \frac{p^* + q_\theta}{2}\right) + \frac{1}{2}D_{\mathrm{KL}}\left(q_\theta \middle\| \frac{p^* + q_\theta}{2}\right) - \log_e 2 \tag{8.16}$$

$$= \mathrm{JSD}(p^*, q_\theta) - \log_e 2, \tag{8.17}$$

其中 JSD 表示 JS 散度 (Jensen-Shannon divergence, 詹森–香农散度):

$$\mathrm{JSD}(p^*, q_\theta) = \frac{1}{2}D_{\mathrm{KL}}\left(p^* \middle\| \frac{p^* + q_\theta}{2}\right) + \frac{1}{2}D_{\mathrm{KL}}\left(q_\theta \middle\| \frac{p^* + q_\theta}{2}\right). \tag{8.18}$$

这就建立了最优二分类和分布散度之间的联系. 通过使用二分类, 我们能够只使用样本来计算分布散度, 这是学习隐式生成模型所需的重要属性; 正如在指导原则中所述, 我们将一个棘手的估计问题: 如何估计 JSD, 变成了一个优化问题: 如何学习可以用来近似散度的分类器.

我们希望训练生成模型的参数 θ, 以使散度最小化:

$$\min_\theta \mathrm{JSD}(p^*, q_\theta) = \min_\theta V^*(q_\theta, p^*) + \log_e 2.$$

$$= \min_\theta \frac{1}{2}\mathbb{E}_{p^*(x)} \log_e D^*(x) + \frac{1}{2}\mathbb{E}_{q_\theta(x)} \log_e(1 - D^*(x)) + \log_e 2.$$

由于我们无法使用最优分类器 D, 而只能使用式 (8.10) 中的优化获得的神经网络近似 D_ϕ, 这导出了一个最小–最大优化问题:

$$\min_\theta \max_\phi \frac{1}{2} \mathbb{E}_{p^*(x)}[\log_e D_\phi(x)] + \frac{1}{2} \mathbb{E}_{q_\theta(x)}[\log_e(1 - D_\phi(x))]. \tag{8.19}$$

通过替换式 (8.19) 中的生成过程式 (8.1), 我们得到了关于隐式生成模型中隐变量 z 的目标函数:

$$\min_\theta \max_\phi \frac{1}{2} \mathbb{E}_{p^*(x)}[\log_e D_\phi(x)] + \frac{1}{2} \mathbb{E}_{q(z)}[\log_e(1 - D_\phi(G_\theta(z)))]. \tag{8.20}$$

这样就推导出了在原始的 GANs 中提出的定义. GANs 背后的核心原则是先训练一个判别器, 此时即一个二分类器, 以近似模型和数据分布之间的距离或散度, 然后再训练生成模型, 以最小化这种散度或距离的近似.

除了使用上述使用的伯努利评分规则外, 其他评分规则也被用来通过最小–最大优化方法来训练生成模型. 对于 Brier 评分规则, 在判别器最优条件下, 可以通过类似的论证证明对应于最小化 Pearson (皮尔逊) χ^2 散度, 推导出 LS-GANs. 合页评分规则已经变得流行起来, 在判别器最优条件下对应于最小化全变分距离.

适当的评分规则和分布散度之间的联系使得在判别器和生成器理想化的条件下, 可以建立上述学习标准的收敛保证性: 由于满足最小化分布散度的正是真实的数据分布 (式 (8.3)), 如果判别器是最优的且生成器有足够的拟合能力, 它将学习出这个真实的数据分布. 然而, 在实践中, 这一假设将不成立, 因为判别器很少是最优的; 我们将在 8.3 节中详细讨论这个问题.

正如我们在 8.1 节中看到的 JS 散度, 我们可以考虑直接使用分布散度的度量来推导隐式模型中的学习方法. 一种一般化的散度称为 f-散度, 定义为

$$\mathcal{D}_f[p^*(x)\|q_\theta(x)] = \int q_\theta(x) f\left(\frac{p^*(x)}{q_\theta(x)}\right) \mathrm{d}x, \tag{8.21}$$

其中 f 是一个满足 $f(1) = 0$ 的凸函数. 通过选择不同的函数 f, 我们可以推导出已知的分布散度, 如 KL 散度、反向 KL 散度、JS 散度和 Pearson χ^2 散度. 我们在表 8.2 中提供了一个概览.

表 8.2　选择不同的函数 f 对应的 f 散度. 最优判别器被写成密度比 $r(x) = \dfrac{p^*(x)}{q_\theta(x)}$ 的函数

散度	f	$f^\dagger$	最佳判别器
KL 散度	$u \log_e u$	e^{u-1}	$1 + \log_e r(x)$
反向 KL 散度	$-\log_e u$	$-1 - \log_e -u$	$-1/r(x)$
JS 散度	$u \log_e u - (u+1) \log_e \dfrac{u+1}{2}$	$-\log_e(2 - e^u)$	$\dfrac{2}{1 + 1/r(x)}$
Pearson χ^2 散度	$(u-1)^2$	$\dfrac{1}{4}u^2 + u$	$\left(\sqrt{r(x)} - 1\right)\sqrt{1/r(x)}$

为了计算式 (8.21), 我们需要计算数据 $p^*(x)$ 和模型 $q_\theta(x)$ 的密度, 而这两者都无法得到. 在 8.1 节中, 我们通过将密度比转换为二分类问题来克服计算密度比的困难. 在本节中, 我们将着眼于考虑 f-散度的下界, 这是一种易于计算的方法, 也被用于变分推理中.

f-散度在凸分析和信息论中有着深刻的理论. 由于式 (8.21) 中的函数 f 是凸的, 我们可以

找到一个在它下方的切线. f-散度的变分公式为

$$\mathcal{D}_f\left[p^*(x)\|q_\theta(x)\right] = \int q_\theta(x) f\left(\frac{p^*(x)}{q_\theta(x)}\right) \mathrm{d}x \tag{8.22}$$

$$= \int q_\theta(x) \sup_{t:X\to\mathbb{R}}\left[t(x)\frac{p^*(x)}{q_\theta(x)} - f^\dagger(t(x))\right]\mathrm{d}x \tag{8.23}$$

$$= \int \sup_{t:X\to\mathbb{R}} p^*(x)t(x) - q_\theta(x)f^\dagger(t(x))\mathrm{d}x \tag{8.24}$$

$$\geqslant \sup_{t\in\mathcal{T}} \mathbb{E}_{p^*(x)}[t(x)] - \mathbb{E}_{q_\theta(x)}[f^\dagger(t(x))]. \tag{8.25}$$

在式 (8.23) 中, 我们使用凸分析的结果, 使用 $f(u)=\sup_t ut - f^\dagger(t)$ 重新表示凸函数 f, 其中 $f^\dagger$ 是函数 f 的凸共轭, t 是我们优化的参数. 因为我们对所有 $x\in X$ 将 f 应用于 $u=\frac{p^*(x)}{q_\theta(x)}$, 我们将参数 t 表达为一个关于 x 的函数 $t(x)$. 最后的不等式来自将从数据域 X 到 $\mathbb{R}$ 上的所有函数上的上界替换为函数族 $\mathcal{T}$ 上的上界 (例如神经网络结构可表达的函数族), 这可能无法得到真正的上界. 函数 t 扮演了判别器的角色.

式 (8.22) 中的最终表达式遵循式 (8.6) 的一般形式: 它是两个期望的差, 这些期望可以通过仅使用样本的蒙特卡罗模拟来计算, 如式 (8.8); 尽管从一个目标函数式 (8.21) 开始, 违背了训练隐式生成模型所需的原则, 但是变分边界允许我们构造一个满足所有需求的近似结果.

利用 f-散度的边界, 我们得到了一个目标函数式 (8.22), 它可以同时学习生成器和判别器的参数. 使用一个参数为 ϕ 的判别器 D 来估计边界, 然后优化生成器的参数 θ, 以最小化由判别器给出的 f-散度的近似 (我们将上面的 t 替换为 D_ϕ, 以保留标准的 GANs 符号):

$$\min_\theta \mathcal{D}_f(p^*,q_\theta) \geqslant \min_\theta \max_\phi \mathbb{E}_{p^*(x)}[D_\phi(x)] - \mathbb{E}_{q_\theta(x)}[f^\dagger(D_\phi(x))] \tag{8.26}$$

$$= \min_\theta \max_\phi \mathbb{E}_{p^*(x)}[D_\phi(x)] - \mathbb{E}_{q(z)}[f^\dagger(D_\phi(G_\theta(z)))]. \tag{8.27}$$

这种训练隐式生成模型的方法推导出了 f-GANs. 值得注意的是, 8.1 节的评分规则和 f-散度的边界之间存在等价性: 对于每个评分规则, 我们可以找到一个 f-散度, 推导出相同的训练准则和相同的最小-最大博弈过程 (式 (8.26)). 掌握 f-散度和适当的评分规则之间的联系的一种直观方法是使用密度比: 在这两种情况下, 最优判别器近似于一个与密度比直接相关的量 (f-散度见表 8.2, 评分规则见式 (8.13)).

相比于 8.1 节那样使用密度比来比较分布, 我们接下来研究它们之间的差异. 由 IPMs 给出了一类一般的差异度量, 其定义为

$$I_{\mathcal{F}}(p^*(x), q_\theta(x)) = \sup_{f\in\mathcal{F}} \left|\mathbb{E}_{p^*(x)}f(x) - \mathbb{E}_{q_\theta(x)}f(x)\right|. \tag{8.28}$$

函数 f 是一个测试或见证函数, 将扮演判别器的角色. 为了使用 IPMs, 我们必须定义一类实值可测函数 $\mathcal{F}$, 其上界是可取的, 这种选择会推导出不同的距离, 就像选择不同的凸函数 f 会推导出不同的 f-散度一样. 积分概率度量是分布之间的距离: 超出了满足分布散度的条件: $\mathcal{D}(p^*,q) \geqslant 0; \mathcal{D}(p^*,q)=0 \iff p^*=q$, 它们还是对称的: $\mathcal{D}(p,q)=\mathcal{D}(q,p)$, 并且满足三角不

等式: $\mathcal{D}(p, q) \leqslant \mathcal{D}(p, r) + \mathcal{D}(r, q)$.

并不是所有函数族都满足建立有效距离 $I_{\mathcal{F}}$ 的条件. 例如, 考虑 $\mathcal{F} = \{z\}$ 的情况, 其中 z 代表函数 $z(x) = 0$, 此时 $\mathcal{F}$ 的选择意味着, 无论选择哪两个分布, 式 (8.28) 中的值都为 0, 不满足只有在两个分布相同的情况下距离才为 0 的要求. 使得 $I_{\mathcal{F}}$ 满足有效分布距离条件的 $\mathcal{F}$ 的一个常见选择是 1-Lipschitz 函数集, 它推导出了 Wasserstein 距离:

$$W_1(p^*(x), q_\theta(x)) = \sup_{f:\|f\|_{\mathrm{Lip}} \leqslant 1} \mathbb{E}_{p^*(x)} f(x) - \mathbb{E}_{q_\theta(x)} f(x). \tag{8.29}$$

我们在图 8.3 (a) 中展示了一个 Wasserstein 判别器的例子. 在大多数情况下, 取在 1-Lipschitz 函数集上的上界是难以得到的, 这再次说明了引入判别器是一个明智之举:

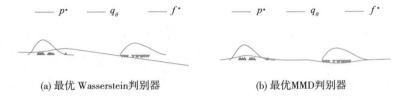

(a) 最优 Wasserstein 判别器　　　　　　(b) 最优 MMD 判别器

图 8.3　IPMs 中的最优判别器

$$W_1(p^*(x), q_\theta(x)) = \sup_{f:\|f\|_{\mathrm{Lip}} \leqslant 1} \left| \mathbb{E}_{p^*(x)} f(x) - \mathbb{E}_{q_\theta(x)} f(x) \right| \tag{8.30}$$

$$\geqslant \max_{\phi:\|D_\phi\|_{\mathrm{Lip}} \leqslant 1} \mathbb{E}_{p^*(x)} D_\phi(x) - \mathbb{E}_{q_\theta(x)} D_\phi(x), \tag{8.31}$$

其中判别器 D_ϕ 必须正则化为 1-Lipschitz 函数 (可以使用通过梯度惩罚或光谱归一化方法的各种 Lipschitz 正则化技术). 就像 f-散度的情况一样, 我们将一个需要使用函数类上界的难以计算的量替换为使用函数类子集得到的边界, 即一个可以用神经网络进行建模的子集.

为了训练一个生成模型, 我们再次引入了一个最小-最大博弈:

$$\min_\theta W_1(p^*(x), q_\theta(x)) \geqslant \min_\theta \max_{\phi:\|D_\phi\|_{\mathrm{Lip}} \leqslant 1} \mathbb{E}_{p^*(x)} D_\phi(x) - \mathbb{E}_{q_\theta(x)} D_\phi(x),$$

这推导出了被广泛使用的 Wasserstein GAN.

如果我们将函数族 $\mathcal{F}$ 替换为 RKHS 函数并伴随 1 范数, 我们得到 MMD (maximum mean discrepancy, 最大平均差):

$$\mathrm{MMD}(p^*(x), q_\theta(x)) = \sup_{f:\|f\|_{\mathrm{RKHS}} = 1} \left| \mathbb{E}_{p^*(x)} f(x) - \mathbb{E}_{q_\theta(x)} f(x) \right|. \tag{8.32}$$

我们在图 8.3 (b) 中展示了一个 MMD 判别器的例子. 通常使用平方 MMD 损失更方便, 可以使用核 k 进行计算:

$$\mathrm{MMD}^2(p^*, q_\theta) = \mathbb{E}_{p^*(x)} \mathbb{E}_{p^*(x')} k(x, x') - 2\mathbb{E}_{p^*(x)} \mathbb{E}_{q_\theta(y)} k(x, y) + \mathbb{E}_{q_\theta(y)} \mathbb{E}_{q_\theta(y')} k(y, y')$$

$$= \mathbb{E}_{p^*(x)} \mathbb{E}_{p^*(x')} k(x, x') - 2\mathbb{E}_{p^*(x)} \mathbb{E}_{q(z)} k(x, G_\theta(z)) + \mathbb{E}_{q(z)} \mathbb{E}_{q(z')} k(G_\theta(z), G_\theta(z')).$$

MMD 可以直接用于学习一个生成模型, 通常称为生成匹配网络:

$$\min_\theta \mathrm{MMD}^2(p^*, q_\theta). \tag{8.33}$$

核的选择很重要. 使用一个固定的或预定义的核, 如径向基函数 (radial basis function, RBF) 核可能不适用于所有的数据模式, 如高维图像. 因此, 我们寻找一种学习特征函数 ζ 的方法, 使得 $k(\zeta(x), \zeta(x'))$ 是一个有效的核; 幸运的是, 对于任何特征核 $k(x, x')$ 和内射函数 ζ, $k(\zeta(x), \zeta(x'))$ 也是一个特征核. 虽然这告诉我们, 我们可以在 MMD 目标函数中使用特征函数, 但它并没有告诉我们如何学习特征. 为了确保学习到的特征对数据分布 $p^*(x)$ 和模型分布 $q_\theta(x)$ 之间的差异敏感, 对核参数进行训练, 使平方 MMD 最大化. 通过学习参数为 ϕ 的投影 ζ, 这再次将问题转化为一个熟悉的最小–最大目标函数:

$$\min \mathrm{MMD}_\zeta{}^2(p^*, q_\theta) = \min_\theta \max \mathbb{E}_{p^*(x)}\mathbb{E}_{p^*(x')}k(\zeta_\phi(x), \zeta_\phi(x')) - 2\mathbb{E}_{p^*(x)}\mathbb{E}_{q_\theta(y)}k(\zeta_\phi(x), \zeta_\phi(y))$$

$$+ \mathbb{E}_{q_\theta(y)}\mathbb{E}_{q_\theta(y')}k(\zeta_\phi(y), \zeta_\phi(y')), \tag{8.34}$$

其中 ζ_ϕ 被正则化为单射, 尽管这个条件有时是可以放宽的. 与 Wasserstein 和 f-散度不同, 式 (8.34) 可以使用蒙特卡罗模拟来计算, 而不需要一个原始目标的下界.

比 IPMs 定义的距离更广泛的是, 对于一组测试统计量, 我们可以定义一个矩匹配标准, 也称为矩方法:

$$\min_\theta \left\| \mathbb{E}_{p^*(x)}s(x) - \mathbb{E}_{q_\theta(x)}s(x) \right\|_2^2, \tag{8.35}$$

其中 $m(\theta) = \mathbb{E}_{q_\theta(x)}s(x)$ 称为矩函数. 统计量 $s(x)$ 的选择是至关重要的, 因为就像分布散度和距离一样, 我们希望确保若目标函数最小化并达到最小值 0, 两个分布是相同的, 即 $p^*(x) = q_\theta(x)$. 同样, 不是所有的函数都满足这个要求, 考虑函数 $s(x) = x$: 简单地匹配两个分布的平均值不足以匹配更高的矩 (如方差). 对于基于似然的模型, 评分函数 $s(x) = \log_e q_\theta(x)$ 满足上述要求, 并推导出一致的估计, 但这个函数 s 对于隐式生成模型是不可用的.

这促使人们去寻找整合隐式模型的矩方法的其他方法. 将数据提升到 RHKS 的特征空间后, 通过匹配两个分布的平均值, MMD 可以看作是一个矩匹配标准. 但矩匹配可以超出 IPMs 的范围: Ravuri 等表明, 可以通过使用 s 作为包含训练过的判别分类器 D_ϕ 的梯度和特征的特征集来学习有用的矩: $s_\phi(x) = [\nabla_\phi D_\phi(x), h_1(x), h_2(x), \cdots, h_n(x)]$, 其中 $h_1(x), h_2(x), \cdots, h_n(x)$ 是学习得到的判别器的隐藏层激活函数. 特征和梯度都是需要的: 梯度 $\nabla_\phi D_\phi(x)$ 需要确保参数 θ 的估计是一致的, 因为矩 $s(x)$ 的数量需要大于参数 θ 的数量, 如果判别器有更多的参数这将保证真; 加入特征 $h_i(x)$ 是因为它们已经被经验证明可以提高性能, 从而展示了选择用于训练隐式模型的测试统计量的重要性.

我们已经看到了如何使用密度比和密度差异来定义隐式生成模型的训练目标. 现在通过比较来探索使用密度比和密度差异进行学习的一些区别, 以及探索利用神经网络等函数类来使用这些目标的近似对这些区别的影响.

使用依赖于密度比的散度 (如 f-散度) 的一个常见缺点是, 当分布 p^* 和 q_θ 没有重叠的支撑集时, 它们的表现不佳. 对于非重叠支撑集, 密度比 $\dfrac{p^*}{q_\theta}$ 在 $p^*(x) > 0$ 和 $q_\theta(x) = 0$ 的区域为无穷, 而在其他区域为 0. 在这种情况下, 不管 θ 的值如何, 有 $D_{\mathrm{KL}}(p^* \parallel q_\theta) = \infty$ 和 $\mathrm{JSD}(p^*, q_\theta) = \log_e 2$. 因此, 当不同模型分布与数据分布没有重叠的支撑集时, f-散度无法区分它们, 如图 8.4(b) 所示. 这与基于差异的方法 (如 IPMs) 相反, 如 Wasserstein 距离和 MMD, 它们通过约束判别器

的范数 (式 (8.29) 和式 (8.32)), 在方法的定义中内含光滑性要求. 我们可以在图 8.3 中看到这些约束的影响: 在具有非重叠支撑集的分布的情况下, Wasserstein 距离和 MMD 都提供了有用的信号.

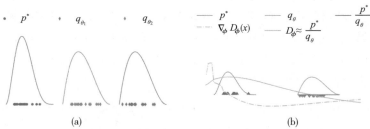

图 8.4 KL 散度不能为在没有重叠支撑集的情况下的分布提供学习信号

(a) KL 散度无法区分具有非重叠支持的分布: $D_{\mathrm{KL}}\left(p^* \parallel q_{\theta_1}\right) = D_{\mathrm{KL}}\left(p^* \parallel q_{\theta_2}\right) = \infty$, 尽管 q_{θ_2} 比 q_{θ_1} 更接近 p^*, 而由学习到的决策曲面给出的光滑近似, 如 MLP 可以做到这一点; (b) 由 KL 散度所使用的密度比 $\frac{p^*}{q_\theta}$ 和由 MLP 给出的光滑估计, 以及它所提供的关于输入变量的梯度

虽然 f-散度的定义依赖于密度比 (式 (8.21)), 但我们已经看到, 为了训练隐式生成模型, 我们使用那些参数化的判别器 D_ϕ 得到散度的近似. 如果用于近似散度的判别器的函数族 (通过界或类概率估计) 只包含光滑的函数, 它将无法模拟从 0 跳跃到无穷的变化剧烈的真实密度比, 而是提供一个光滑的近似. 我们在图 8.4(b) 中展示了一个例子, 其中我们展示了两个没有重叠支撑集的两个分布的密度比, 以及一个由使用式 (8.22) 来训练近似 KL 散度的 MLP (multi-layer perceptron, 多层感知机) 提供的近似. 在这里, MLP 提供的光滑决策面可以用于训练生成模型, 而背后的 KL 散度不能; 学习到的 MLP 提供了如何将分布质量移动到密度更高的区域的梯度信号, 而 KL 散度提供了空间中几乎所有地方的零梯度. 这种近似 f-散度克服非重叠支撑集问题的能力是生成模型训练标准的一个理想特性, 因为它允许模型学习数据分布, 而不用考虑初始化. 因此, 虽然非重叠支撑集的情况提供了 IPMs 和 f-散度之间的一个重要的理论差异, 但它在实践中不那么重要, 因为 f-散度的边界或类概率估计使用光滑的判别器来近似背后的散度.

一些基于密度比和密度差异的方法也有共同之处: 边界同时用于 f-散度 (式 (8.22) 中的变分边界) 和 Wasserstein 距离 (式 (8.30)). 这些分布散度和距离的边界有它们自己的困难: 由于生成器最小化的是潜在的散度或距离的下界, 最小化这个目标并不能保证散度在训练中会减小. 为了说明这一点, 我们可以观察式 (8.26): 它的 RHS (right hand side) 可以任意低而不降低 LHS (left hand side), 即我们希望最小化的散度; 这与用于训练变分自编码器的 KL 散度的变分上界是不同的.

8.3 生成对抗网络推导、训练与收敛性

我们已经研究过了多种学习原则, 它们不需要使用显式似然的方法, 因此可以用来训练隐式模型. 这些学习原则指定了训练标准, 但没有告诉我们如何训练模型或参数化模型. 为了回答这些问题, 我们现在研究训练隐式模型的算法, 其中模型 (判别器和生成器) 都采用深度神经网络; 这推导出了 GANs. 我们介绍如何将学习原理转化为训练 GANs 的损失函数; 如何使用梯度下降来训练模型; 如何改进 GANs 的优化, 以及如何评估 GANs 的收敛性.

在 8.2 节中, 我们讨论了隐式生成模型的几种学习原理: 类概率估计、f-散度的边界、IPMs 和矩匹配. 这些原理可用于构建损失函数来训练生成模型参数 θ 和判别器参数 ϕ. 许多这类目标函数都是通过一个最小–最大格式来使用零和损失: 生成器的目标正是最小化判别器在最大化的同一个函数. 我们可以整理如下:

$$\min \max V(\phi, \theta). \tag{8.36}$$

例如, 我们用伯努利对数损失 (式 (8.19)) 推导原始 GAN 的格式:

$$V(\phi, \theta) = \frac{1}{2}\mathbb{E}_{p^*(x)}[\log_e D_\phi(x)] + \frac{1}{2}\mathbb{E}_{q_\theta(x)}[\log_e(1 - D_\phi(x))]. \tag{8.37}$$

我们讨论的大多数学习原则都推导出零和损失是由于它们的底层结构: 判别器最大化一个量从而来近似散度或距离, 如 f-散度或 IPMs, 然后生成模型去最小化这个近似的散度或距离. 然而, 事实并非如此. 直观地说, 判别器的训练标准需要确保其能够区分真实数据和生成模型输出的样本, 而生成器的损失函数需要确保模型输出的样本与真实数据难以被判别器区分.

为了构造一个非零和的 GAN, 考虑原始的 GAN 中的零和准则 (式 (8.37)), 它是由伯努利评分规则推导出的. 判别器试图通过将真实数据分类为 True(标签 1), 模型样本分类为 False(标签 0) 来区分数据和模型样本, 而生成器的目标是尽量减少判别器将其生成的样本分类为假的概率: $\min_\theta \mathbb{E}_{q_\theta(x)}[\log_e(1 - D_\phi(x))]$. 生成器的一个同样直观的优化目标是最大化判别器将其生成的样本分类为真实样本的概率. 虽然这两者的差异看起来很微妙, 但后者被称为 "非饱和损失", 定义为 $\mathbb{E}_{q_\theta(x)}[-\log_e D_\phi(x)]$, 在训练早期有更好的梯度特性, 如图 8.5 所示: 当生成器表现不佳时, 非饱和损失提供了更强的学习信号 (通过梯度), 判别器可以很容易地从数据中区分其生成的样本, 即 $D(G(z))$ 较低.

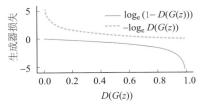
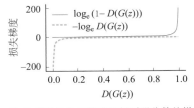

(a) 生成器的损失函数为判别器分数的函数   (b) 生成器损失函数关于判别器分数的梯度

图 8.5 饱和损失函数 $\log_e(1 - D(G(z)))$ 对比非饱和损失函数 $-\log_e D(G(z))$

还有许多其他非零和的 GANs 损失, 包括 LSGAN 公式, 使用合页损失训练的 GANs 和 RelativisticGANs. 因此, 我们可以写出一个 GAN 的通用公式如下:

$$\min_\phi L_D(\phi, \theta); \quad \min_\theta L_G(\phi, \theta). \tag{8.38}$$

如果

$$-L_D(\phi, \theta) = L_G(\phi, \theta) = V(\phi, \theta). \tag{8.39}$$

我们重新回到了零和公式. 尽管偏离了零和结构, 但正如我们将在本节后续中讨论的那样, 优化的嵌套形式仍然存在于一般公式中.

判别器和生成器的损失函数, 记为 L_D 和 L_G, 分别遵循式 (8.6) 中的一般形式, 这使它们可

以用于有效地训练隐式生成模型. 因此, 这里所考虑的大多数损失函数可以写成如下:

$$L_D(\phi, \theta) = \mathbb{E}_{p^*(x)} g(D_\phi(x)) + \mathbb{E}_{q_\theta(x)} h(D_\phi(x)) = \mathbb{E}_{p^*(x)} g(D_\phi(x)) + \mathbb{E}_{q(z)} h(D_\phi(G_\theta(z))), \quad (8.40)$$

$$L_G(\phi, \theta) = \mathbb{E}_{q_\theta(x)} l(D_\phi(x)) = \mathbb{E}_{q(z)} l(D_\phi(G_\theta(z))), \quad (8.41)$$

其中 g, h, l 都是 $\mathbb{R} \to \mathbb{R}$ 的映射. 当 $g(t) = -\log_e t$, $h(t) = -\log_e(1-t)$ 和 $l(t) = -\log_e(1-t)$ 时, 我们重新得到了原始 GAN; $g(t) = -\log_e t$, $h(t) = -\log_e(1-t)$ 和 $l(t) = -\log_e t$ 时对应非饱和损失; $g(t) = t$, $h(t) = t$ 和 $l(t) = t$ 对应 Wasserstein 距离公式; $g(t) = t$, $h(t) = -f^\dagger(t)$ 和 $l(t) = f^\dagger(t)$ 对应 f-散度.

GANs 将上述讨论的学习原理结合到基于梯度的判别器与生成器参数的学习算法中. 我们考虑一个具有判别器损失函数为 $L_D(\phi, \theta)$, 生成器损失函数为 $L_G(\phi, \theta)$ 的一般公式. 由于判别器经常被用来近似一个距离或散度 $D(p^*, q_\theta)$(8.2 节), 为了使生成器最小化该散度的良好近似, 我们应该在每次更新生成器时完全解决判别器的优化问题. 这需要在每轮生成器更新前, 首先找到最优的鉴别器参数 $\phi^* = \arg\min_\phi L_D(\phi, \dot{\theta})$, 以便执行 $\nabla_\theta L_G(\phi^*, \theta)$ 给出的梯度更新. 在优化生成器的每一步时, 完全解决内部优化问题 $\phi^* = \arg\min_\phi L_D(\phi, \theta)$ 在计算上是不可行的, 这激发人们使用交替更新的方法: 先执行几步来更新鉴别器参数, 然后更新生成器. 注意, 当更新判别器时, 我们保持生成器参数不变; 当更新生成器时, 我们保持判别器参数不变. 我们在算法 8.1 中展示了这些替代更新步骤的一般算法.

算法 8.1 (采用交替更新的通用 GANs 训练算法)

1: 初始化参数 ϕ, θ
2: **for** 每一轮训练 **do**
3:      **for** 进行 K 步 **do**
4:          使用梯度 $\nabla_\phi L_D(\phi, \theta)$ 更新判别器参数 ϕ
5:      **end for**
6:      使用梯度 θ 更新生成器参数 $\nabla_\theta L_G(\phi, \theta)$.
7: **end for**
8: 返回参数 ϕ, θ

因此, 我们很关注 $\nabla_\phi L_D(\phi, \theta)$ 和 $\nabla_\theta L_G(\phi, \theta)$ 的计算方法. 鉴于损失函数的选择遵循了式 (8.40) 中的判别器和生成器的一般形式, 我们可以计算出用于训练的梯度. 为了计算判别器的梯度, 我们有

$$\nabla_\phi L_D(\phi, \theta) = \nabla_\phi \left[\mathbb{E}_{p^*(x)} g(D_\phi(x)) + \mathbb{E}_{q_\theta(x)} h(D_\phi(x)) \right]$$
$$= \mathbb{E}_{p^*(x)} \nabla_\phi g(D_\phi(x)) + \mathbb{E}_{q_\theta(x)} \nabla_\phi h(D_\phi(x)),$$

其中, $\nabla_\phi g(D_\phi(x))$ 和 $\nabla_\phi h(D_\phi(x))$ 可以通过反向传播来计算, 每个期望都可以通过蒙特卡罗模拟来估计. 对于生成器, 我们希望计算梯度:

$$\nabla_\theta L_G(\phi, \theta) = \nabla_\theta \mathbb{E}_{q_\theta(x)} l(D_\phi(x)). \quad (8.42)$$

这里我们不能改变微分和积分的顺序, 因为积分下的分布取决于微分参数 θ. 相反, 我们可利用

$q_\theta(x)$ 由隐式生成模型生成的分布 (也被称为 "再参数化技巧"):

$$\nabla_\theta L_G(\phi, \theta) = \nabla_\theta \mathbb{E}_{q_\theta(x)} l(D_\phi(x)) = \nabla_\theta \mathbb{E}_{q(z)} l(D_\phi(G_\theta(z))) = \mathbb{E}_{q(z)} \nabla_\theta l(D_\phi(G_\theta(z))). \qquad (8.43)$$

并再次根据蒙特卡罗模拟, 使用来自先验 $q(z)$ 的样本来近似梯度. 取代算法 8.1 中损失函数的选择和蒙特卡罗模拟, 得到算法 8.2, 即训练 GANs 的常用算法.

算法 8.2 (GANs 训练算法)

1: 初始化参数 ϕ, θ
2: **for** 每一轮训练 **do**
3:    **for** 进行 K 步 **do**
4:       采样小批次 M 个噪声向量 $z_m \sim q(z)$.
5:       采样小批次 M 个真实样本 $x_m \sim p^*(x)$.
6:       通过使用此梯度执行随机梯度下降来更新判别器: $\nabla_\phi \frac{1}{M} \sum_{m=1}^{M} \big[g(D_\phi(x_m)) +$
         $\nabla_\phi h(D_\phi(G_\theta(z_m))) \big]$.
7:    **end for**
8:    采样小批次 M 个噪声向量 $z_m \sim q(z)$.
9:    通过使用此梯度执行随机梯度下降来更新生成器: $\nabla_\theta \frac{1}{M} \sum_{m=1}^{M} l(D_\phi(G_\theta(z_m)))$.
10: **end for**
11: 返回参数 ϕ, θ

由于 GANs 的对抗性博弈性质, GANs 的优化动力学既在理论上难以研究, 在实践中也难以稳定. 众所周知, GANs 会发生模式崩塌, 即生成器收敛到一个不能覆盖数据分布的所有模式 (峰) 的分布上, 因此模型欠拟合该分布. 我们在图 8.6 展示了一个例子: 虽然数据是 16 种模态的高斯混合分布, 但模型只收敛于几个模态. 另外, 另一个存在问题的行为是模式跳变, 即生成器

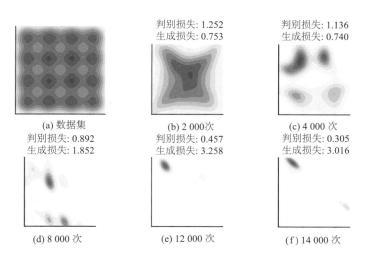

图 8.6 GANs 训练中的模式崩塌和模式跳变的说明

在生成数据分布的不同模式之间 "跳变". 对这种行为的直观解释是: 如果生成器擅长从一种模式生成数据, 那么它将从该模式生成更多数据. 如果判别器不能学会在这种模式下如何区分真实的数据和生成的数据, 那么生成器就没有动机去扩展其支持度, 并从其他模式中生成数据. 如果判别器最终学会了在这种模式下区分真实的数据和生成的数据, 生成器可以简单地移动 (跳) 到一个新的模式, 并且这个猫鼠的游戏可以继续.

虽然模式崩塌和模式跳变通常与 GANs 相关联, 但许多改进使 GANs 训练更加稳定, 使得这些行为也变得更加罕见. 这些改进包括使用大批量的批处理, 增加判别器的神经元数量, 使用判别器和生成器的正则化, 以及更复杂的优化方法.

在训练 GANs 时, 动量等超参数的选择是至关重要的, 与监督学习中通常使用的高动量相比, 此时较低的动量值是首选. 诸如 Adam 等算法极大地提高了性能. 许多其他的优化方法已经成功地应用于 GANs, 例如目标方差缩减方法; 通过梯度步骤反向传播, 从而确保生成器对判别器更新良好; 或者使用博弈对抗的局部双线性近似. 这些先进的优化方法虽然很有前景, 但它们往往具有更高的计算成本, 与效率较低的优化方法相比, 它们更难扩展到大型模型或大型数据集.

GANs 优化的困难性使得难以量化何时开始收敛. 在 8.2 节中, 我们展示了如何在最优性条件下为从不同的分布散度和距离开始构造的多个优化目标提供全局收敛保证: 如果判别器是最优的, 生成器将数据和模型分布之间的分布散度或距离最小化, 因此在不考虑拟合能力限制和优化限制的条件下可以学习到数据的分布. 自原始的 GAN 论文以来, 这类论证一直被用来将 GANs 与生成模型中的标准目标联系起来, 并获得相关的理论保证. 从博弈论的角度来看, 这种收敛保证为 GANs 博弈提供了全局纳什均衡的存在性证明, 不过是在强假设下. 当两个参与者 (判别器和生成器) 都决定通过改变它们的参数来采取行动而造成损失时, 就达到了纳什均衡. 考虑式 (8.19) 中目标定义的原始 GAN, 则 $q_\theta = p^*$ 和 $D_\phi(x) = \dfrac{p^*(x)}{p^*(x) + q_\theta(x)} = \dfrac{1}{2}$ 是一个全局纳什均衡, 因为对于一个给定的 q_θ, 比值 $\dfrac{p^*(x)}{p^*(x) + q_\theta(x)}$ 是最优判别器 (式 (8.13)), 给定一个最优判别器, 真实的数据分布是最优生成器, 因为它是 JS 散度的最小解 (式 (8.14)).

虽然这些全局理论保证提供了关于 GANs 的有用见解, 但它们没有解释两个参与者的优化轨迹所产生的优化困难, 也没有解释神经网络参数化, 因为它们假设判别器和生成器具有无限的拟合能力. 在实践中, GANs 并没有在每个优化步骤中都减少距离或散度, 当使用梯度下降等优化方法时, 很难获得全局保证. 相反, 我们关注的焦点转移到局部收敛保证, 如达到局部纳什均衡. 局部纳什均衡要求两个对抗者都在局部最小值处, 而不是全局最小: 局部纳什均衡是一个平稳点 (两个损失函数的梯度为零, 即 $\nabla_\phi L_D(\phi, \theta) = 0$ 和 $\nabla_\theta L_G(\phi, \theta) = 0$), 每个参与者的黑塞矩阵的特征值 ($\nabla_\phi \nabla_\phi L_D(\phi, \theta)$ 和 $\nabla_\theta \nabla_\theta L_G(\phi, \theta)$) 是非负的.

为了说明为什么在 GANs 中分析收敛性是重要的, 我们可视化了一个用梯度下降训练的不收敛的 GAN 的例子. 在 DiracGAN, 真实数据的分布 $p^*(x)$ 是质量为零的 Dirac 三角洲分布. 生成器根据参数 θ: $G_\theta(z) = \theta$ 建模一个 Dirac 增量分布, 判别器是一个关于输入的线性函数, 具有学习到的参数 ϕ: $D_\phi(x) = \phi x$. 我们还假设了一个 GAN 的公式, 其中在上述定义的一般性的损失函数 L_D 和 L_G 中有 $g = h = -l$, 见式 (8.40). 这推导出了以下的零和博弈:

$$L_D = \mathbb{E}_{p^*(x)} - l(D_\phi(x)) + \mathbb{E}_{q_\theta(x)} - l(D_\phi(x)) = l(0) - l(\theta\phi)$$

$$L_G = \mathbb{E}_{p^*(x)} l(D_\phi(x)) + \mathbb{E}_{q_\theta(x)} l(D_\phi(x)) = l(0) + l(\theta\phi), \tag{8.44}$$

其中, l 依赖于所使用的 GAN 的格式 (例如, $l(z) = -\log_e(1 + e^{-z})$). 唯一的平衡点是 $\theta = \phi = 0$. 我们在图 8.7 中将 DiracGAN 问题可视化, 并显示了使用交替梯度下降 (算法 8.1) 的 DiracGAN 没有达到平衡点, 而是围绕平衡点运行一个循环轨迹.

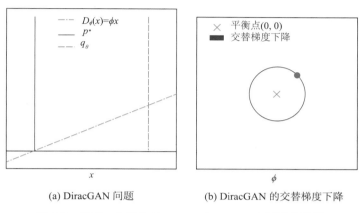

(a) DiracGAN 问题   (b) DiracGAN 的交替梯度下降

图 8.7   使用一个简单的 GAN: DiracGAN 来可视化散度

有两种主要的理论方法来理解围绕平衡点的 GANs 收敛行为: 通过分析梯度下降的离散动力学, 或使用稳定性分析等方法分析博弈的潜在连续动力学. 为了理解这两种方法之间的区别, 考虑由学习率 αh 和 λh 的梯度下降定义的离散动力学, 并且通过交替迭代更新 (正如我们在算法 8.1 中看到的):

$$\phi_t = \phi_{t-1} - \alpha h \nabla_\phi L_D(\phi_{t-1}, \theta_{t-1}) \theta_t = \theta_{t-1} - \lambda h \nabla_\theta L_G(\phi_t, \theta_{t-1}) \tag{8.45}$$

或同时更新, 即不是两个对抗者之间交替的梯度更新, 而是同时进行更新:

$$\phi_t = \phi_{t-1} - \alpha h \nabla_\phi L_D(\phi_{t-1}, \theta_{t-1}) \theta_t = \theta_{t-1} - \lambda h \nabla_\theta L_G(\phi_{t-1}, \theta_{t-1}). \tag{8.46}$$

上述梯度下降的动力学是通过描述两个对抗者的博弈过程的 ODE (ordinary differential equation, 常微分方程) 的欧拉数值积分得到的

$$\dot{\phi} = -\nabla_\phi L_D(\phi, \theta) \dot{\theta} = -\nabla_\theta L_G(\phi, \theta). \tag{8.47}$$

理解 GANs 行为的一种方法是研究这些背后的 ODE, 在上述梯度下降更新的过程中的离散结果, 而不是直接研究离散化的更新过程. 这些 ODE 可以用于进行稳定性分析来研究平衡点周围的行为. 这需要找到在平稳点上计算的博弈过程的雅可比矩阵的特征值 (即其中 $\nabla_\phi L_D(\phi, \theta) = 0, \nabla_\theta L_G(\phi, \theta) = 0$):

$$J = \begin{bmatrix} -\nabla_\phi \nabla_\phi L_D(\phi, \theta) & -\nabla_\theta \nabla_\phi L_D(\phi, \theta) \\ -\nabla_\phi \nabla_\theta L_G(\phi, \theta) & -\nabla_\theta \nabla_\theta L_G(\phi, \theta) \end{bmatrix}. \tag{8.48}$$

如果雅可比矩阵的特征值都具有负的实部, 则系统在平衡点附近是渐近稳定的; 如果至少有一个特征值具有正实部, 则系统在平衡点附近是不稳定的. 对于 DiracGAN, 在平衡点 $\theta = \phi = 0$ 处

计算的雅可比矩阵为

$$J = \begin{bmatrix} \nabla_\phi \nabla_\phi (l(\theta\phi) + l(0)) & \nabla_\theta \nabla_\phi (l(\theta\phi) + l(0)) \\ -\nabla_\phi \nabla_\theta (l(\theta\phi) + l(0)) & -\nabla_\theta \nabla_\theta (l(\theta\phi) + l(0)) \end{bmatrix} = \begin{bmatrix} 0 & l'(0) \\ -l'(0) & 0 \end{bmatrix}, \tag{8.49}$$

其中, 这个雅可比矩阵的特征值为 $\lambda_\pm = \pm i l'(0)$. 这很有趣, 因为特征值的实部都是 0; 这个结果告诉我们, 此时没有渐近收敛到一个平衡点, 但线性收敛仍然可能发生. 在这个简单的例子下我们可以得出结论, 当我们观察到在这个系统中有一个保守量时, 并没有发生收敛, 因为 $\theta^2 + \phi^2$ 并没有随时间发生变化 (图 8.8(a)):

$$\frac{d(\theta^2 + \phi^2)}{dt} = 2\theta \frac{d\theta}{dt} + 2\phi \frac{d\phi}{dt} = -2\theta l'(\theta\phi)\phi + 2\phi l'(\theta\phi)\theta = 0. \tag{8.50}$$

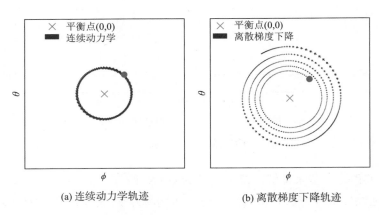

(a) 连续动力学轨迹　　　　(b) 离散梯度下降轨迹

图 8.8　DiracGAN 中不同的轨迹

　　利用稳定性分析来理解平衡点周围背后的连续动力学被用来证明显式正则化可以帮助收敛. 或者, 我们可以直接研究在式 (8.46) 中所示的同步梯度下降的更新. 在一定条件下有学者证明了同时进行梯度下降训练的 GANs 达到了局部纳什均衡. 他们的方法依赖于评估 $F^k(x)$ 形式的级数的收敛性, 这是由于重复应用 $F(x) = x + hG(x)$ 形式的梯度下降更新而产生的, 其中 h 是学习速率. 由于函数 F 依赖于学习速率 h, 它们的收敛结果取决于学习速率的大小, 而这不同于连续时间方法的情况.

　　连续性的方法和离散性的方法在理解与改进 GANs 训练方面都很有用, 然而, 这两种方法仍然在理论理解和实践训练 GANs 中存在差距, 如交替梯度下降或实践中使用的更复杂的优化器, 如 Adam. 这些方法不仅可以提供不同的证明技术, 而且可以得出关于 GANs 收敛的不同结论: 我们在图 8.8 中展示了一个例子, 我们可以看到, 当使用足够大的学习速率时, 同时进行的梯度下降和连续动力学表现不同. 在这种情况下, 离散化误差——式 (8.47) 中的连续动力学行为与式 (8.46) 中的梯度下降动力学之间的差异——使得使用连续动力学的梯度下降分析得出了关于 DiracGAN 的错误结论. 这种行为上的差异激励了人们训练高阶数值积分器, 如四阶 Runge-Kutta (龙格-库塔), 与梯度下降相比, 它更接近于背后的连续系统.

　　虽然优化收敛性分析是理解 GANs 训练不可或缺的一步, 并带来了重大的实践性改进, 但值得注意的是, 确保收敛到一个平衡点并不能确保模型学习到了数据分布的良好拟合. 由 L_D 和

L_G 的选择所决定的损失函数, 以及判别器和生成器的参数化, 都可以导致达到不能捕获数据分布的均衡状态. 由博弈均衡所提供的对分布保证的缺乏表明, 需要补充收敛分析的工作, 来观察基于梯度的学习过程对学习到的分布的影响.

8.4　条件生成对抗网络

到目前为止, 我们已经讨论了如何使用隐式生成模型来学习一个从中只能获得样本的, 真正的无条件分布 $p^*(x)$. 然而, 学习条件分布 $p^*(x|y)$ 通常也是很有用的. 这需要有配对的数据, 其中每个输入 x_n 与一组相应的响应变量 y_n 配对, 如一个类的标签, 或一组属性或单词, 即 $\mathcal{D} = \{(x_n, y_n) : n = 1 : N\}$, 就像在标准监督学习中一样. 条件变量可以是离散的, 比如类标签, 也可以是连续的, 比如关于过去经验的嵌入编码信息. 条件 GANs 很有吸引力, 因为我们可以指定希望生成的样本与条件生成信息 y 相关联, 使它们非常适合在真实世界中应用, 参见 8.7 节.

为了能够学习隐式条件分布 $q_\theta(x|y)$, 我们需要指定与数据相关的条件信息的数据集, 并使得模型架构和损失函数适用于学习条件分布的情况. 在 GANs 情况下, 改变生成模型的损失函数可以通过改变判别器来完成, 因为判别器是生成器损失函数的一部分; 对于判别器来说, 通过惩罚提供真实样本的生成器而提供条件信息的学习信号是很重要的.

如果我们不改变最小-最大博弈的形式, 而是向两个对抗者提供条件信息, 则可以从原始的 GAN 博弈中创建一个条件 GAN:

$$\min_\theta \max_\phi \frac{1}{2}\mathbb{E}_{p(y)}\mathbb{E}_{p^*(x|y)}[\log_e D_\phi(x, y)] + \frac{1}{2}\mathbb{E}_{p(y)}\mathbb{E}_{q_\theta(x|y))}[\log_e(1 - D_\phi(x, y))]. \tag{8.51}$$

在隐式潜变量模型的情况下, 嵌入信息与潜变量 z 一起成为生成器的附加输入:

$$\min_\theta \max_\phi L(\theta, \phi) = \frac{1}{2}\mathbb{E}_{p(y)}\mathbb{E}_{p^*(x|y)}[\log_e D_\phi(x, y)] + \frac{1}{2}\mathbb{E}_{p(y)}\mathbb{E}_{p(z)}[\log_e(1 - D_\phi(G_\theta(z, y), y))]. \tag{8.52}$$

对于离散条件标签等信息, 也可以添加一个新的损失函数, 通过训练判别器不仅学习区分真实和假的数据, 同时学习对属于数据集中 K 类之一的真实数据和生成样本进行分类:

$$L_c(\theta, \phi) = -\left[\frac{1}{2}\mathbb{E}_{p(y)}\mathbb{E}_{p^*(x|y)}[\log_e D_\phi(y|x)] + \frac{1}{2}\mathbb{E}_{p(y)}\mathbb{E}_{q_\theta(x|y)}[\log_e(D_\phi(y|x))]\right]. \tag{8.53}$$

注意虽然我们可以使用两个判别器, 一个无监督判别器和一个有监督判别器 (用于最大化上述方程), 但在实践中是使用了同一个判别器, 以帮助塑造两个决策曲面中使用的特征. 与无监督博弈的对抗性性质不同, 减少分类损失 L_c 是为了对抗双方的利益. 因此, 结合 L 提供的对抗性动力学, 对两名对抗者的训练如下:

$$\max_\phi L(\theta, \phi) - L_c(\theta, \phi), \quad \min_\theta L(\theta, \phi) + L_c(\theta, \phi). \tag{8.54}$$

在条件潜变量模型的情况下, 潜变量控制了条件信息所指定的模式内的样本可变性. 在早期的条件 GANs 中, 条件信息作为判别器和生成器的额外输入, 例如在生成器的情况下, 将条件信息连接到潜在变量 z; 此后, 人们观察到, 在模型的不同层提供条件信息是很重要的, 包括生成器和判别器或使用投影判别器.

8.5 利用生成对抗网络进行推理

与其他潜在变量模型, 如 VAEs 不同, GANs 没有定义与生成模型相关的推理过程. 为了利用 GANs 背后的原理来找到后验分布 $p(z|x)$, 我们采用了多种方法, 从通过混合方法结合 GANs 和 VAEs 到构建满足隐式变量模型的推理模型.

基于 GANs 执行推理和学习隐式后验分布 $p(z|x)$ 的方法, 带来了对 GANs 算法的改变. 这种方法的一个例子是 BiGAN (双向 GAN) 或 ALI (adversarially learned inference, 反向学习推理), 它训练一个隐式参数化编码器 E_ζ 来将输入 x 映射到潜在变量 z. 为了确保编码器 E_ζ 和生成器 G_θ 之间的一致性, 引入对抗的方法与判别器 D_ϕ 来学习区分数据对和潜在样本: D_ϕ 被训练来将数据对 $(x, E_\zeta(x))$(其中 $x \sim p^*$) 判别为真, 将 $(G_\theta(z), z)$(其中 $z \sim q(z)$) 判别为假. 这种方法, 如图 8.9 所示, 确保联合分布匹配, 因此由 G_θ 得到的边际分布 $q_\theta(x)$ 应该向 $p^*(x)$ 学习, 而由 E_ζ 得到的条件分布 $p_\zeta(z|x)$ 应该向 $q_\theta(z|x) = \dfrac{q_\theta(x, z)}{q_\theta(x)} \propto q_\theta(x|z)q(z)$ 学习. 这种联合 GANs 损失可以同时用于训练生成器 G_θ 和编码器 E_ζ, 而不需要其他推理方法中常见的重构损失. 虽然不使用重构损失, 但这个目标函数保留了在全局最优性条件下, 编码器和解码器互逆的性质: $E_\theta(G_\zeta(z)) = z$ 且 $G_\zeta(E_\theta(x)) = x$.

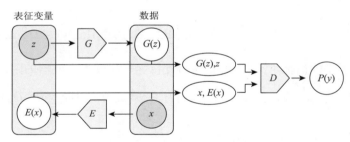

图 8.9　使用对抗性的方法学习隐式后验分布 (同 BiGAN 中的做法)
图片来自文献 (Donahue et al., 2016) 的图 1

8.6　生成对抗网络的神经结构

到目前为止, 我们已经讨论了学习原理、算法和优化方法, 可以用来训练由深度神经网络参数化的隐式生成模型. 然而, 我们还没有讨论神经网络架构的选择对模型和判别器的重要性, 这些选择自它们被创造以来推动了 GANs 的进步. 我们将研究一些案例, 来说明数据模态信息对判别器和生成器的重要性, 采用正确的归纳偏差, 在 GANs 模型中加入注意力机制、渐进生成、正则化以及使用大规模架构.

由于判别器很少能达到最优的——无论是因为使用了交替梯度下降还是因为神经网络容量不够——GANs 在实践中并不是进行距离或散度最小化. 相反, 判别器充当模型 (生成器) 学习到的损失函数的一部分. 每次判别器更新时, 生成模型的损失函数都会发生变化; 这与散度最小化这样的极大似然估计形成鲜明对比, 其损失函数在整个模型训练过程中保持不变. 正如深度学习方法成功的一个原因是学习数据的特征代替手工选择, 学习损失函数也推进了构建生成模型的技术水平. 在考虑到数据模态时的判别器——如针对图像的卷积判别器和针对文本或音频等连续数据的循环判别器——成为依赖于数据模态的损失函数的一部分. 这反过来又为模型提供了特定于模态的学习信号, 例如通过判别器的卷积参数化而实现对模糊图像的惩罚和对尖锐边缘的鼓励. 即使在相同的数据模态下, 改变判别者的架构和正则化也是使 GANs 获得更好效果的主要驱动因素之一, 因为它们会影响生成器的损失函数, 从而也会影响生成器的梯度, 并对优化有很强的影响.

虽然最初的 GANs 论文只偶尔使用卷积, 但深度卷积 GAN(DCGAN) 对哪些架构对 GANs 训练最有效进行了广泛的研究, 从而得出了一套有用的指导方针, 显著提高了性能. DCGAN 并没有改变 GANs 背后的学习原则, 它使用卷积生成器 (图 8.10) 和判别器 (图 8.11), 并且在生成器和判别器中都使用了批正则化, 使用移动卷积代替池化层, 在生成器中使用 ReLU 激活函数, 在判别器中使用 LeakyReLU 激活函数, 从而在图像数据上获得了更好的效果. 这些原则至今仍在许多更大的架构和各种损失函数中使用. 自 DCGAN 以来, 在处理图像数据时残差卷积层已经成为模型和判别器的关键一环, 而在处理序列数据如文本时往往采用循环架构.

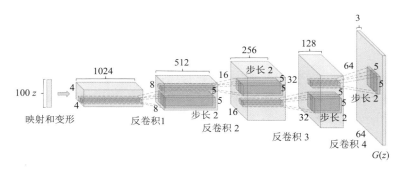

图 8.10　DCGAN 的卷积生成器
图片来自文献 (Radford et al., 2015) 的图 1

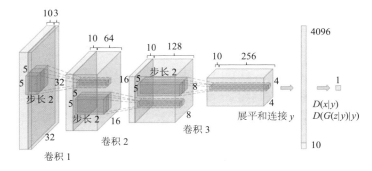

图 8.11　DCGAN 的卷积判别器
图片来自文献 (Radford et al., 2015) 的图 1

在本节中, 我们将讨论如何同时在 GANs 的生成器和判别器中使用注意力机制; 这被称为自注意力 GAN (SAGAN) 模型. 自注意力的优点是, 不像卷积层, 它确保了判别器和生成器在同一层神经元里具有全局视野. 如图 8.12 所示, 它可视化了注意力的全局跨度: 查询点可以关联到图像中的各种其他的区域. 每一行首先显示输入的图像和图像中的一组用颜色编码的查询位置. 随后的图像显示了第一个图像中每个查询位置对应的注意力图, 并显示了查询颜色编码的位置, 并使用从它到注意力图的箭头来突出显示最受关注的区域.

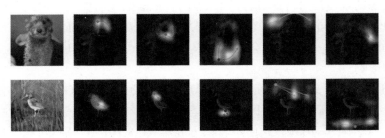

图 8.12　SAGAN 模型所使用的注意力查询

图片来自文献 (Zhang et al., 2018) 的图 1

重塑为 $h \in \mathbb{R}^{C \times N}$ 的卷积特征的自注意力机制由 $f = W_f h, g = W_g h, S = f^\mathrm{T} g$ 定义, 其中 $W_f \in \mathbb{R}^{C' \times C}, W_g \in \mathbb{R}^{C' \times C}, C' \leqslant C$ 是一个超参数. 从 $S \in \mathbb{R}^{N \times N}$ 出发, 通过在每一行应用 softmax 得到了一个概率行矩阵 β, 然后通过使用学习到的算子 $W_h \in \mathbb{R}^{C' \times C}, W_o \in \mathbb{R}^{C \times C'}$ 来处理特征的一个线性变换 $o = W_o(W_h h)\beta^\mathrm{T} \in R^{C \times N}$. 然后由 $y = \gamma o + h$ 给出一个输出, 其中 $\gamma \in \mathbb{R}$ 是学习得到的参数.

除了向网络提供全局信号外, 自注意力机制的灵活性也值得注意. 学习到的参数 γ 确保了模型可以决定不使用注意力层, 因此添加自注意力机制并不会限制架构的可能性. 此外, 自我注意显著增加了模型的参数数量 (每个注意层引入了 4 个待学习矩阵 W_f, W_g, W_h, W_o), 这种方法被认为是改进 GANs 训练的有效方法.

从 GANs 中生成更高分辨率图像的第一个成功的方法是通过一个迭代过程, 首先生成一个维度更低的样本, 然后将其作为条件信息, 生成一个更高维的样本, 并重复这个过程, 直到达到所需的分辨率. LapGAN 使用一个拉普拉斯金字塔作为迭代构建模块, 首先使用一个简单的上采样操作, 如光滑上采样, 然后使用条件生成器产生残差添加到上采样的版本以产生更高分辨率的样本. 反过来, 这个更高分辨率的样本可以提供给另一个 LapGAN 层, 以产生另一个更高分辨率的样本, 以此类推, 这个过程如图 8.13 所示. 在 LapGAN 中, 对模型的每个迭代块训练不同的生成器和判别器; 在 ProgressiveGAN 中, 低分辨率的生成器和判别器能够 "成长", 成为生成更高分辨率样本的生成器和判别器的一部分. 高分辨率生成器是通过在低分辨率生成器的最后一层上添加新的层来获得的. 添加了低维样本的放大版本与新创建的更高分辨率生成器输出

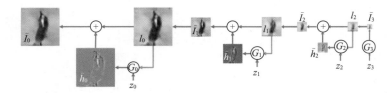

图 8.13　LapGAN 生成算法

图片来自文献 (Denton et al., 2015) 的图 1

的样本的残差连接, 在训练中从 0 演变到 1 及从训练早期使用低维样本的放大版本过渡到在训练结束时仅使用更高分辨率生成器的样本. 对判别器而言也发生了类似的变化. 图 8.14 显示了 ProgressiveGAN 训练中不断增长的生成器和判别器.

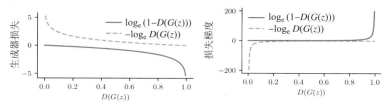

图 8.14　ProgressiveGAN 训练算法
图片来自文献 (Karras et al., 2017) 的图 1

判别器和生成器的正则化方法在 GANs 训练中有着悠久的传统. 正则化可以从多个角度进行解读: 理论上, 它已被证明与收敛分析有关; 实践中, 它被证明有助于性能和稳定性; 直观地, 它可以用来避免判别器和生成器的过拟合. 正则化方法包括为判别器的输入添加噪声, 为判别器和生成器的隐藏特征层添加噪声, 对两者使用批归一化, 在判别器添加 dropout 层、谱归一化和梯度惩罚——通过在损失函数中添加一个正则化项, 惩罚判别器梯度相对于其输入 $\left\|\nabla_x D_\phi(x)\right\|^2$ 的范数. 通常不论使用的损失函数的类型, 正则化方法都有助于训练, 并且已经被证明对训练性能和 GANs 博弈的稳定性都有影响. 然而, 在 GANs 训练中提高稳定性和提高性能可能是互相冲突的, 因为过多的正则化可以使模型非常稳定, 但会降低性能.

通过结合上面讨论的许多架构技巧——大型的残差网络、自注意力机制、判别器和生成器中的频谱标准化、生成器中的批次归一化——我们可以训练 GANs 生成不同的、高质量的数据, 就像 BigGAN、StyleGAN 和 Alias-Free GAN 一样. 除了结合精心选择的架构和正则化之外, 创建大规模的 GANs 还需要在优化方面进行更改, 而大的批处理规模是一个关键点. 这进一步加深了这样一种观点, 即 GANs 博弈的关键组成部分——损失、模型的参数化和优化必须被集体地看待, 而不是孤立地看待.

8.7　应　　用

生成新的可信数据的能力赋予了 GANs 广泛的应用. 本节将介绍一系列 GANs 的应用, 这些应用旨在演示不同数据模态的广度: 图像、视频、音频和文本, 在包括模仿学习、域自适应和艺术生成等领域进行应用.

图像生成是 GANs 研究最广泛的应用领域. 图像生成可以采取各种形式, 其中我们使用配对或未配对数据集将一个图像转换到另一幅图像. 我们在图 8.15 中展示了使用 GANs 生成人脸样本质量的进展. 此外, 也越来越需要考虑生成的图像在其他领域使用时可能产生的潜在风险, 包括对合成的媒体信息和深度造假的讨论.

使用 GANs 生成类别条件图像已经成为一项非常富有成效的工作. BigGAN 对各种类别的 ImageNet 样本进行了类别条件生成, 从狗和猫到火山和汉堡包. StyleGAN 通过学习条件风格向量和 8.6 节中讨论的 ProgressiveGAN 体系结构, 能够以高分辨率生成高质量的人脸图像. 通过

图 8.15　由不同种类的 GANs 产生的越来越真实的合成人脸
从左到右: 原始 GAN, DCGAN, CoupledGAN, ProgressiveGAN, StyleGAN

学习条件向量, 这些模型能够生成样本, 这些样本在其他样本的风格之间进行插值, 例如, 保留一个样本的较粗的风格元素, 如姿态或面部, 再保留另一个样本较小规模的风格元素, 如发型, 这提供了对生成图像的样式的细粒度控制.

我们在 8.4 节中讨论了如何使用 (x_n, y_n) 形式的配对数据来构建条件生成模型 $p(x|y)$. 在一些情况下, 条件变量 y 与输出变量 x 具有相同的大小和形状, 所得到的模型 $p_\theta(x|y)$ 可以用于执行图像到图像的转换, 如图 8.16 所示, 其中 y 从源域绘制, x 从目标域绘制. 收集这种形式的成对数据很费力, 但在某些情况下, 我们可以自动获取. 其中一个例子就是图像着色, 通过将彩色图像处理成灰度图像, 可以很容易地获得成对的数据集.

还有一种用于成对图像到图像转换的条件 GANs, 被称为 pix2pix 模型. 它使用了一个 U-net 风格的生成器架构, 用于语义分割任务. 然而, 它们使用实例标准化替换批处理标准化层, 就像神经风格转移一样.

对于判别器而言, pix2pix 使用了一个 patchGAN 模型, 该模型试图将局部图像块分类为真或假 (而不是对整个图像进行分类). 由于图像块是局部的, 判别器被迫关注生成的图像块的样式, 并确保它们与目标域的统计数据相匹配. 图像块级别的判别器的训练速度也比全图像判别器更快, 并给出了更密集的反馈信号. 这可以产生类似于图 8.16 的结果 (取决于数据集).

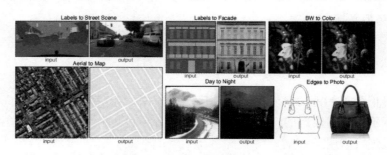

图 8.16　由 pix2pix 条件 GANs 生成的几个图像到图像平移问题的示例结果
图片来自文献 (Isola et al., 2017) 的图 1

条件 GANs 的一个主要缺点是需要收集成对的数据. 收集 $\mathcal{D}_x = \{x_n : n = 1 : N_x\}$ 和 $\mathcal{D}_y = \{y_n : n = 1 : N_y\}$ 形式的未配对数据通常要容易得多. 例如, $\mathcal{D}_x$ 可能是一组白天的图像, $\mathcal{D}_y$ 是一组夜间图像; 想要在白天和晚上记录完全相同的场景来收集成对的数据集是不可能的 (除了使用计算机图形引擎, 那样的话我们就不再需要学习生成器).

假设数据集 $\mathcal{D}_x$ 和 $\mathcal{D}_y$ 分别来自边际分布 $p(x)$ 和 $p(y)$. 然后, 想拟合一个形式为 $p(x, y)$ 的联合模型, 这样我们就可以计算条件分布 $p(x|y)$ 和 $p(y|x)$, 从而从一个域迁移到另一个域. 这被称为无监督的域迁移.

一般来说, 这是一个不适定问题, 因为有无限个不同的联合分布, 它们与一组边缘分布 $p(x)$ 和 $p(y)$ 相关联. 然而, 我们可以尝试学习一个联合分布, 使它的样本满足额外的约束. 例如, 如果 G 是一个条件生成器, 它将一个样本从 X 映射到 Y, 而 F 将一个样本从 Y 映射到 X, 那么有理由要求它们是互逆的, 即 $F(G(x)) = x$ 和 $G(F(y)) = y$. 这被称为循环一致性损失. 可以鼓励 G 和 F 满足这个约束, 通过使用起始图像和我们得到的图像之间的差来衡量这个项:

$$L_{\text{cycle}} = \mathbb{E}_{p(x)} \|F(G(x)) - x\|_1 + \mathbb{E}_{p(y)} \|G(F(y)) - y\|_1. \tag{8.55}$$

为了确保 G 的输出是来自 $p(y)$ 的样本, 而 F 的输出是来自 $p(x)$ 的样本, 我们使用了标准的 GANs 方法, 引入了判别器 D_X 和 D_Y, 这里可以使用任何 GANs 的损失 L_{GANs} 来实现, 如图 8.17 所示. 最后, 我们可以选择性地检查将条件生成器应用于来自其自己域的图像不会改变它们:

$$L_{\text{identity}} = \mathbb{E}_{p(x)} \|x - F(x)\|_1 + \mathbb{E}_{p(y)} \|y - G(y)\|_1. \tag{8.56}$$

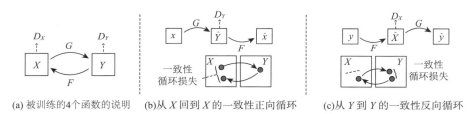

(a) 被训练的4个函数的说明　　(b)从 X 回到 X 的一致性正向循环　　(c)从 Y 到 Y 的一致性反向循环

图 8.17　CycleGAN 训练方法的说明

图片来自文献 (Zhu et al., 2017) 的图 3

我们可以使用超参数 λ_1 和 λ_2 来组合这三个一致性损失来训练迁移映射 F 和 G:

$$L = L_{\text{GANs}} + \lambda_1 L_{\text{cycle}} + \lambda_2 L_{\text{identity}}. \tag{8.57}$$

不同数据集上的 CycleGAN 结果如图 8.18 所示. 最下面一行显示了如何使用 CycleGAN 来进行风格转换.

图 8.18　由 CycleGAN 模型生成的不配对图像到图像转换的一些例子

图片来自文献 (Zhu et al., 2017) 的图 1

GANs 框架可以从单个图像 (帧) 扩展到视频, 用于生成真实图像的技术也可以应用于生成视频, 但还需要额外的技术来确保时空一致性. 时空一致性是通过确保判别器能够按顺序访问真实数据和生成的序列来获得的, 从而在不遵守时间顺序的情况下生成真实的单个帧时惩罚生成器. 另外可以使用另一个判别器来确保每一帧是真实的. 生成器本身需要有一个时间元素, 通常通过一个循环组件来实现. 与图像一样, 生成框架可以扩展到视频到视频的转换, 包括运动传输等应用领域.

生成模型已经在生成音频波形的任务中, 以及在 TTS (text to speech, 文本到语音) 生成的任务中得到了认可. 其他类型的生成模型, 如自回归模型, 如 WaveNet 和 WaveRNN 开发了这些应用, 因为自回归模型预测音频的每个时间步顺序, 导致它们很难并行, 因此在实践中计算代价太高, 并且运行很慢. GANs 为这些任务提供了一种替代方法, 以及解决这些问题的路径.

为了音频生成任务很多不同的 GANs 架构被开发出来, 包括从来自乐器的单个音符的录音进行生成的 SynthGAN, 即一种声码器模型, 使用 GAN 从摩尔声谱图中生成声谱图, 在语音转换中使用上面讨论的改进的 CycleGAN 和直接生成原始音频的 WaveGAN.

关于 TTS 的 GANs 的初步工作已被开发, 其方法类似于图像生成的条件 GANs, 但使用一维卷积而不是二维. 最近的 GANs, 如 GANs-TTS, 使用更先进的架构和判别器, 在多个频率尺度上运行, 当使用平均意见分数进行评估时, 现在的性能与性能最佳的自回归模型相匹配. 在直接音频生成中, GANs 允许更快的生成和不同类型的上下文的能力是使它们与其他模型相比具有的优势.

与图像和音频数据类似, 对于文本数据有几个任务, 目前已有基于 GANs 的方法, 包括条件文本生成和文本风格迁移. 在字母级别或词级别上, 文本数据通常表示为离散值, 指明一组特定词汇组大小 (字母组大小或单词组大小) 内的成员关系. 由于文本数据天然的离散性, 在文本上训练的 GANs 模型是显式的, 因为它们显式地建模输出概率分布, 而不是建模采样路径. 这与大多数连续数据 (如我们目前在本章中讨论过的图像) 的 GANs 模型不同, 尽管也存在连续数据的显式 GANs.

文本数据天然的离散性是极大似然法成为学习文本生成模型的最常见的方法之一的原因. 然而, 根据极大似然训练的模型通常仅限于自回归模型, 而与音频数据的情况类似, GANs 能够以非自回归的方式生成文本, 并使其他任务 (如一次性前馈生成) 成为可能.

使用 GANs 生成文本等离散数据的困难可以从它们的损失函数中——式 (8.19)、式 (8.21) 和式 (8.28) 中的例子, 看出来. GANs 的损失函数包含 $\mathbb{E}_{q_\theta(x)} f(x)$ 形式的项, 我们不仅需要计算它本身, 而且还需要通过计算 $\nabla_\theta \mathbb{E}_{q_\theta(x)} f(x)$ 来进行反向传播. 在由隐变量模型给出隐式分布时, 我们使用再参数化技巧来计算这个梯度 (式 (8.43)). 在离散的情况下, 无法使用再参数化的技巧, 我们必须寻找其他的方法来估计所需的梯度. 一种方法是使用得分函数估计器, 然而, 得分函数估计器的梯度具有较高的方差, 这可能会导致训练不稳定. 避免这个问题的一个常见的方法是使用极大似然预训练语言模型生成器, 然后用 GANs 的损失函数进行微调, 使用得分函数估计器反向传播到生成器中, 如同 SeqGAN, MaliGAN, RankGAN 中的做法. 虽然这些方法带头将 GANs 运用在文本领域, 但它们没有解决得分函数固有的估计不稳定性的问题, 因此必须将对抗性微调限制在较少的训练轮数, 并使用较小的学习速率, 保持其性能接近极大似然解.

极大似然预训练的另一种替代方法是使用其他方法来稳定得分函数估计器或使用连续松弛法来进行反向传播. ScratchGAN 是一个单词级模型, 它使用大批次训练和判别器正则化来稳定得分函数的训练 (这些技术与我们所知的训练图像 GANs 的稳定性方法相同). 完全避免了使用得分函数估计器, 并通过使用连续松弛和课程式学习, 构建了一个没有预训练的字母级别模型. 这些训练方法也受益于其他体系结构的进步, 例如, 语言 GANs 可以从复杂的体系结构中获益, 如关系网络.

最后, 模仿图像风格迁移, 无监督文本风格迁移由使用对抗分类器解码为不同的风格/语言, 或图像, 通过结合预训练的 NMT (neural machine translation, 神经机器翻译) 和风格分类器的方法, 训练不同的编码器, 对应每个风格一个编码器.

模仿学习利用对专家演示的观察, 通过将学习行为和专家行为之间的差异最小化, 来学习未知环境中的行动政策和奖励功能. 目前该领域有许多可用的方法, 包括行为克隆, 它将这个问题视为监督学习之一, 以及反向强化学习. GANs 吸引了模仿学习领域的注意, 因为它们提供了一种方法来避免设计良好的行为差异函数的困难, 它们使用一个判别器来区分由一个学习到的代理产生的轨迹和观察到的演示, 从而代替学习这些差异函数.

这种方法被称为 GAIL (generative adversarial imitation learning, 生成式对抗性模仿学习), 证明了在高维环境中使用 GANs 进行复杂行为的能力. GAIL 联合式地学习了一个生成器, 它形成了一个随机策略, 以及一个作为奖励信号的判别器. 就像我们在前面关于 GANs 的概率论原理的章节中所说的那样, GAIL 也可以推广到 f-散度的形式, 而不仅仅是作为标准 GANs 损失的标准詹森–香农散度. 这推导出了其他使用 f-散度的 GAIL 变体家族, 包括 f-GAIL, 它也旨在学习使用最佳 f-散度, 以及对这类方法的计算和泛化性能的新的分析.

机器学习中的一个重要任务是纠正数据分布随着时间的变化, 最小化域变化的一些度量. 与在其他机器学习领域的应用一样, 由于能够避免选择用来度量数据域改变的距离, GANs 在这个领域也很受欢迎. 我们之前回顾的有监督和无监督的图像生成方法都研究了像素级域自适应模型, 该类模型在原始像素空间中进行分布对齐, 将源数据转换为目标域的风格, 如 pix2pix 和 CycleGAN. 对于域自适应的一般性问题, 这些方法的扩展不仅寻求在观测数据空间 (例如, 像素) 中做到这一点, 而且在特征级上做到这一点. 一种通用的方法是神经网络的域对抗性训练或对抗判别性域自适应. CyCADA 方法扩展了 CycleGAN, 通过使用基于特定视觉识别任务的周期一致性损失和语义损失来增强 CycleGAN. 还有许多其他扩展, 包括类别条件信息和当要匹配的模式在源域与目标域有不同的频率时的自适应模型.

生成模型, 特别是图像模型, 已经被应用在更普遍的算法艺术领域的方法中. 在图像和音频的生成与风格迁移领域的应用也可以运用在艺术图像的生成. 在这些情况下, 训练的目标不是泛化性, 而是跨越不同类型的视觉美学创造出吸引人的图像. 其中一个例子是采用样式转移 GANs 来创建视觉体验, 其中放置在视频下的对象将使用其他视觉样式实时重新渲染. 生成模型的能力还被用于探索时尚领域的替代设计和面料, 现在也已成为主要绘图软件的一部分, 以提供新的工具来支持设计师的工作. 除了图像之外, 使用 GANs 的创造性和艺术表达还包括音乐、舞蹈和排版等领域.

第 9 章

主成分分析

　　降维是无监督学习的一种常见形式, 从中我们学习一种从高维可见空间 $x \in \mathbb{R}^D$ 到低维潜在空间 $z \in \mathbb{R}^L$ 的映射. 该映射可以是一个参数模型 $z = f(x; \theta)$, 它可以应用于任何输入; 它也可以是非参数映射, 我们为数据集中的每个输入 x_n 计算嵌入 z_n, 但不为任何其他点计算. 后一种方法主要用于数据可视化, 而前一种方法也可以用作其他类型学习算法的预处理步骤. 例如, 我们可以首先通过学习从 x 到 z 的映射来降低维数, 然后通过将 z 映射到 y 来学习一个简单的线性分类器.

　　最简单且最广泛使用的降维形式是 PCA (principal components analysis, 主成分分析). 其基本思想是找到高维数据 $x \in \mathbb{R}^D$ 到低维子空间 $z \in \mathbb{R}^L$ 的线性正交投影, 使得低维表示在以下意义上是对原始数据的 "良好近似": 如果我们投影或编码 x 得到 $z = W^\mathsf{T} x$, 然后反投影或解码 z 以获得 $\hat{x} = Wz$, 那么我们希望 $\hat{x}$ 在 ℓ_2 的距离上尽可能接近 x.

定义 9.1 (重构误差)

我们定义重构误差或失真为

$$\mathcal{L}(W) \triangleq \frac{1}{N} \sum_{n=1}^{N} \| x_n - \text{decode} (\text{encode} (x_n; W); W) \|_2^2, \tag{9.1}$$

其中 encode 和 decode 阶段正如我们接下来解释的那样, 都是线性映射.

　　在本节中, 我们表明可以通过设置 $\hat{W} = U_L$ 来最小化该目标, 其中 U_L 包含了经验协方差矩阵的最大特征值对应的 L 个特征向量.

$$\hat{\Sigma} = \frac{1}{N} \sum_{n=1}^{N} (x_n - \bar{x}) (x_n - \bar{x})^\mathsf{T} = \frac{1}{N} X_c^\mathsf{T} X_c, \tag{9.2}$$

其中 X_c 是一个经过中心化处理的 $N \times D$ 的设计矩阵.

　　在给出细节之前, 我们首先展示一些例子.

　　图 9.1 展示了一个非常简单的例子, 我们将二维数据投影到一维线上. 这个方向捕获了数据中的大部分变化.

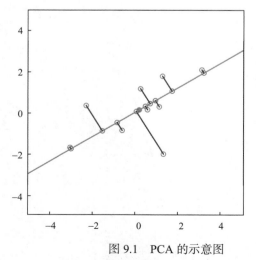

　　○ 原始数据点
　　○ 重构点
　　● 数据均值

图 9.1　PCA 的示意图

　　在通常情况下, 很难解释数据被投影到的潜在维度. 然而, 通过观察沿着给定方向的多个投影点以及它们衍生的示例 (如图 9.2 所示), 网格点位于每个维度上数据分布的 5%, 25%, 50%, 75%, 95% 分位数. 圆圈点是距离网格顶点最近的投影图像. 我们可以看到第一主成分 (水平方向) 似乎捕捉了数字的方向, 而第二主成分 (垂直方向) 似乎捕捉了线条的粗细.

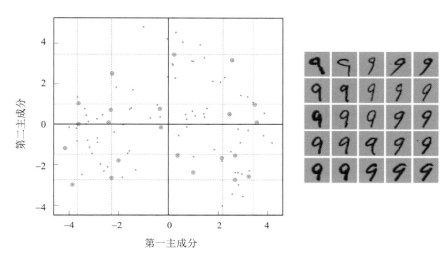

图 9.2　对 MNIST 数字中属于第 9 类别的 PCA 应用的示意图

　　在图 9.3 中, 我们展示了 PCA 应用于另一个图像数据集, 被称为 Olivetti 人脸数据集, 它是一组 64×64 像素图像. 我们将这些投影到三维子空间. 生成的基向量 (投影矩阵 W 的列) 如图 (b) 中的图像所示; 这些被称为特征脸. 我们看到数据的主要变化模式与整体照明有关, 然后是面部眉毛区域的差异. 如果使用足够的维数 (但少于我们开始时的 4096), 我们可以使用表示 $z = W^{\mathrm{T}} x$ 作为最近邻分类器的输入来执行人脸识别; 这比在像素空间中工作更快、更可靠.

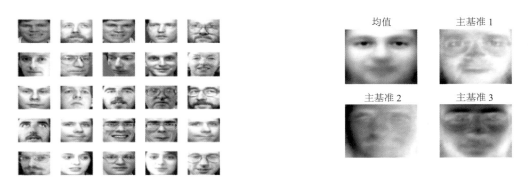

(a) 一些从 Olivetti 人脸数据库中随机选择的 64×64 像素图像　　　　　　(b) 由图像的均值和前三个 PCA 分量生成的图片

图 9.3　Olivetti 人脸数据集的主成分显示

　　假设我们有一个 (未标记的) 数据集 $\mathcal{D} = \{x_n : n = 1 : N\}$, 其中 $x_n \in \mathbb{R}^D$. 可以将其表示为 $N \times D$ 数据矩阵 X. 假设 $\bar{x} = \dfrac{1}{N} \sum_{n=1}^{N} x_n = 0$, 我们可以通过将数据中心化来确保这一点.

我们想通过一个低维表示 $z_n \in \mathbb{R}^L$ 来近似每个 x_n. 假设每个 x_n 都可以通过一组基函数 $w_1, w_2, \cdots, w_L$ 的加权组合来 "解释". 其中每个 $w_k \in \mathbb{R}^D$, 权重由 $z_n \in \mathbb{R}^L$ 给出, 即假设 $x_n \approx \sum_{k=1}^{L} z_{nk} w_k$. 向量 z_n 是 x_n 的低维表示, 被称为潜在向量, 因为它包含未在数据中观察到的潜在或 "隐藏" 值. 这些潜在变量的集合称为潜在因子.

我们可以通过以下方式来衡量由这个近似产生的误差:

$$\mathcal{L}(W, Z) = \frac{1}{N} \left\| X - ZW^\mathrm{T} \right\|_F^2 = \frac{1}{N} \left\| X^\mathrm{T} - WZ^\mathrm{T} \right\|_F^2 = \frac{1}{N} \sum_{n=1}^{N} \| x_n - Wz_n \|^2, \tag{9.3}$$

其中矩阵 Z 的每一行数据代表了矩阵 X 中对应行数据的低维表示, 这被称为 (平均) 重构误差, 因为通过 $\hat{x}_n = Wz_n$ 来近似每个 x_n.

我们希望在 W 是正交矩阵的约束下最小化这个误差. 下面将展示通过设置 $\hat{W} = U_L$ 获得最优解, 其中 U_L 包含经验协方差矩阵的最大特征值对应的 L 个特征向量.

让我们从估计最佳一维解 $w_1 \in \mathbb{R}^D$ 开始. 我们稍后会找到剩余的基向量 w_2, w_3 等.

对于与第一个基向量相关联的每个数据点的系数, 我们用 $\tilde{z}_1 = [z_{11}, z_{21}, \cdots, z_{N1}] \in \mathbb{R}^N$. 重建误差为

$$\mathcal{L}(w_1, \tilde{z}_1) = \frac{1}{N} \sum_{n=1}^{N} \| x_n - z_{n1} w_1 \|^2 = \frac{1}{N} \sum_{n=1}^{N} (x_n - z_{n1} w_1)^\mathrm{T} (x_n - z_{n1} w_1) \tag{9.4}$$

$$= \frac{1}{N} \sum_{n=1}^{N} \left[x_n^\mathrm{T} x_n - 2 z_{n1} w_1^\mathrm{T} x_n + z_{n1}^2 w_1^\mathrm{T} w_1 \right] \tag{9.5}$$

$$= \frac{1}{N} \sum_{n=1}^{N} \left[x_n^\mathrm{T} x_n - 2 z_{n1} w_1^\mathrm{T} x_n + z_{n1}^2 \right]. \tag{9.6}$$

因为 $w_1^\mathrm{T} w_1 = 1$(根据正交假设). 对 z_{n1} 求导并令导数等于零得到

$$\frac{\partial}{\partial z_{n1}} \mathcal{L}(w_1, \tilde{z}_1) = \frac{1}{N} \left[-2 w_1^\mathrm{T} x_n + 2 z_{n1} \right] = 0 \Rightarrow z_{n1} = w_1^\mathrm{T} x_n. \tag{9.7}$$

因此, 通过将数据正交投影到 w_1 得到了最优的嵌入 (见图 9.1). 将这个结果代回得到了权重的损失:

$$\mathcal{L}(w_1) = \mathcal{L}(w_1, \tilde{z}_1^*(w_1)) = \frac{1}{N} \sum_{n=1}^{N} \left[x_n^\mathrm{T} x_n - z_{n1}^2 \right] = \mathrm{const} - \frac{1}{N} \sum_{n=1}^{N} z_{n1}^2. \tag{9.8}$$

求解 w_1, 记

$$\mathcal{L}(w_1) = -\frac{1}{N} \sum_{n=1}^{N} z_{n1}^2 = -\frac{1}{N} \sum_{n=1}^{N} w_1^\mathrm{T} x_n x_n^\mathrm{T} w_1 = -w_1^\mathrm{T} \hat{\Sigma} w_1, \tag{9.9}$$

其中 $\hat{\Sigma}$ 是经验协方差矩阵 (因为假设数据中心化). 可以通过让 $\|w_1\| \to \infty$ 来简单地优化它, 所以我们施加约束 $\|w_1\| = 1$ 且进行如下优化

$$\tilde{\mathcal{L}}(w_1) = w_1^\mathrm{T} \hat{\Sigma} w_1 - \lambda_1 \left(w_1^\mathrm{T} w_1 - 1 \right), \tag{9.10}$$

其中 λ_1 是拉格朗日乘子. 求导并令其等于零, 有

$$\frac{\partial}{\partial w_1}\tilde{\mathcal{L}}(w_1) = 2\hat{\Sigma}w_1 - 2\lambda_1 w_1 = 0, \qquad (9.11)$$

$$\hat{\Sigma}w_1 = \lambda_1 w_1. \qquad (9.12)$$

因此, 我们应该将数据投影到的最佳方向是协方差矩阵的特征向量. 左乘 w_1^T(并使用 $w_1^\mathsf{T}w_1 = 1$) 我们发现

$$w_1^\mathsf{T}\hat{\Sigma}w_1 = \lambda_1. \qquad (9.13)$$

由于我们想要最大化这个数量 (最小化损失), 选择与最大特征值相对应的特征向量.

在继续之前, 我们进行一个有趣的观察. 由于数据已经中心化, 有

$$\mathbb{E}[z_{n1}] = \mathbb{E}[x_n^\mathsf{T}w_1] = \mathbb{E}[x_n]^\mathsf{T}w_1 = 0. \qquad (9.14)$$

因此, 投影数据的方差由下式给出:

$$\mathbb{V}[\tilde{z}_1] = \mathbb{E}[\tilde{z}_1^2] - (\mathbb{E}[\tilde{z}_1])^2 = \frac{1}{N}\sum_{n=1}^{N}z_{n1}^2 - 0 = -\mathcal{L}(w_1) + \text{const}. \qquad (9.15)$$

由此可见, 最小化重构误差等价于最大化投影数据的方差

$$\arg\min_{w_1}\mathcal{L}(w_1) = \arg\max_{w_1}\mathbb{V}[\tilde{z}_1(w_1)]. \qquad (9.16)$$

这就是为什么常说 PCA 找到最大方差的方向 (参见图 9.4 的说明). 但是, 最小误差公式更容易理解并且更通用.

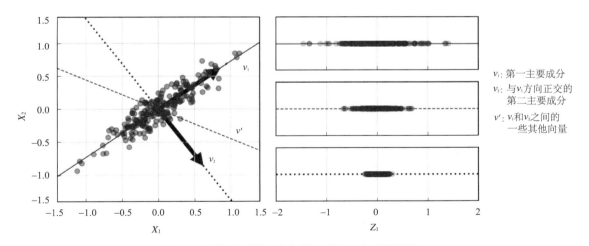

图 9.4　投影到不同一维向量上的点的方差的图示

现在让我们找另一个方向 w_2 来进一步最小化重建误差, 满足 $w_1^\mathsf{T}w_2 = 0$ 和 $w_2^\mathsf{T}w_2 = 1$ 的约束. 误差是

$$\mathcal{L}(w_1, \tilde{z}_1, w_2, \tilde{z}_2) = \frac{1}{N}\sum_{n=1}^{N}\|x_n - z_{n1}w_1 - z_{n2}w_2\|^2. \qquad (9.17)$$

优化 w_1 和 z_1 得到了与之前相同的解决方案. 证明 $\frac{\partial \mathcal{L}}{\partial z_2} = 0$ 产生 $z_{n2} = w_2^{\mathsf{T}} x_n$. 代入得到

$$\mathcal{L}(w_2) = \frac{1}{n} \sum_{n=1}^{N} \left[x_n^{\mathsf{T}} x_n - w_1^{\mathsf{T}} x_n x_n^{\mathsf{T}} w_1 - w_2^{\mathsf{T}} x_n x_n^{\mathsf{T}} w_2 \right] = \text{const} - w_2^{\mathsf{T}} \hat{\Sigma} w_2. \tag{9.18}$$

删除常数项, 代入最优 w_1 并添加约束:

$$\tilde{\mathcal{L}}(w_2) = w_2^{\mathsf{T}} \hat{\Sigma} w_2 + \lambda_2 \left(w_2^{\mathsf{T}} w_2 - 1 \right) + \lambda_{12} \left(w_2^{\mathsf{T}} w_1 - 0 \right). \tag{9.19}$$

接下来, 我们将讨论使用 PCA 相关的各种实际问题. 我们一直在研究协方差矩阵的特征分解. 但是, 最好改用相关矩阵. 原因是 PCA 可能会因为测量尺度被方差高的方向 "误导". 图 9.5 显示了一个例子. (a) 图中, 我们看到纵轴使用的范围比横轴大. 这导致第一主成分看起来有些 "不自然". (b) 图中, 我们展示了数据标准化后进行 PCA 的结果 (相当于用相关矩阵代替协方差矩阵), 结果看起来好多了.

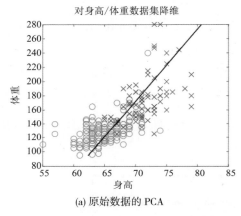
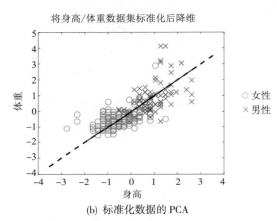

图 9.5　标准化对应用于身高/体重数据集的 PCA 的影响

我们将 PCA 描述为寻找 $D \times D$ 协方差矩阵 $X^{\mathsf{T}} X$ 的特征向量的问题. 如果 $D > N$, 则使用 $N \times N$ 格拉姆矩阵 XX^{T} 会更快. 我们现在展示如何做到这一点.

首先, 设 U 是一个正交矩阵, 包含 XX^{T} 的特征向量以及 Λ 中相应的特征值. 根据定义, 我们有 $(XX^{\mathsf{T}}) U = U\Lambda$. 左乘 X^{T} 得到:

$$(X^{\mathsf{T}} X)(X^{\mathsf{T}} U) = (X^{\mathsf{T}} U) \Lambda. \tag{9.20}$$

由此我们看到 $X^{\mathsf{T}} X$ 的特征向量是 $V = X^{\mathsf{T}} U$, 特征值如前所述由 Λ 给出. 但是, 这些特征向量未归一化, 因为 $\left\| v_j \right\|^2 = u_j^{\mathsf{T}} XX^{\mathsf{T}} u_j = \lambda_j u_j^{\mathsf{T}} u_j = \lambda_j$. 归一化特征向量由下式给出

$$V = X^{\mathsf{T}} U \Lambda^{-\frac{1}{2}}. \tag{9.21}$$

这提供了另一种计算 PCA 基础的方法. 它还允许我们使用内核技巧.

现在我们展示了使用特征向量方法计算的 PCA 与截断 SVD (singular value decomposition, 奇异值分解) 之间的等价性.

令 $U_\Sigma \Lambda_\Sigma U_\Sigma^{\mathsf{T}}$ 是协方差矩阵 $\Sigma \propto X^{\mathsf{T}} X$ 的前 L 特征分解 (我们假设 X 中心化). 投影权重 W 的最优估计由前 L 个特征值给出, 因此 $W = U_\Sigma$.

现在令 $U_X S_X V_X^T \approx X$ 为数据矩阵 X 的 L-截断 SVD 近似. X 的右奇异向量是 $X^T X$ 的特征向量, 因此 $V_X = U_\Sigma = W$. (另外, 协方差矩阵的特征值通过 $\lambda_k = s_k^2/N$ 与数据矩阵的奇异值相关.)

现在假设我们对投影点 (也称为主成分或 PC 分数) 感兴趣, 而不是投影矩阵, 有

$$Z = XW = U_X S_X V_X^T V_X = U_X S_X. \tag{9.22}$$

最后, 如果我们想近似地重建数据, 有

$$\hat{X} = ZW^T = U_X S_X V_X^T. \tag{9.23}$$

这与截断的 SVD 近似完全相同.

因此, 我们看到可以使用 Σ 的特征分解或 X 的 SVD 分解来执行 PCA. 出于计算原因, 后者通常更可取. 对于非常高维的问题, 可以使用随机 SVD 算法. 例如, sklearn 使用的随机求解器对 N 个示例和 L 个主成分花费 $O(NL^2) + O(L^3)$ 时间, 而精确 SVD 花费 $O(ND^2) + O(D^3)$ 时间.

接下来我们讨论如何选择 PCA 的潜在维度 PCA 的数量. 让我们定义在使用 L 个维度时模型在某些数据集 $\mathcal{D}$ 上产生的重建误差:

$$\mathcal{L}_L = \frac{1}{|\mathcal{D}|} \sum_{n \in \mathcal{D}} \|x_n - \hat{x}_n\|^2, \tag{9.24}$$

其中重构由 $\hat{x}_n = Wz_n + \mu$ 给出, 其中 $z_n = W^T(x_n - \mu)$ 且 μ 是经验均值, W 是按上述方法估计的.

图 9.6(a) 绘制了 MNIST 训练数据上的 $\mathcal{L}_L$ 与 L. 我们看到它下降得很快, 表明可以用少量因子捕获像素的大部分经验相关性.

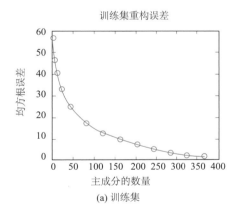

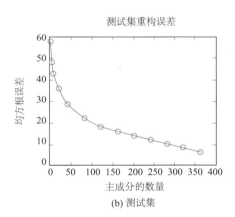

(a) 训练集   (b) 测试集

图 9.6 在 MNIST 数据集上使用 PCA 的潜在维度数量与重构误差的关系

当然, 如果我们使用 $L = \text{rank}(X)$, 将在训练集上得到零重构误差, 为了避免过度拟合, 很自然地在测试集上绘制重构误差, 如图 9.6(b) 所示. 在这里, 我们看到即使模型变得更复杂时, 误差也会继续下降! 因此, 我们没有得到我们通常期望在监督学习中看到的通常的 U 形曲线. 问题是 PCA 不是数据的生成模型: 如果你给它更多的潜在维度, 它将能够更准确地近似测试数据. (如果使用 K 均值聚类在测试集上绘制重构误差, 也会出现类似的问题.) 我们在下面讨论一些解决方案.

绘制重建误差与 L 关系图的一种常见替代方法是使用一种称为 Scree 图的方法, 它是按大

小递减顺序绘制的特征值 λ_j 与 j 的关系图. 可以证明:

$$\mathcal{L}_L = \sum_{j=L+1}^{D} \lambda_j. \tag{9.25}$$

因此, 随着维数的增加, 特征值变小, 重构误差也变小, 如图 9.7(a) 所示. 另一个相关的概念是 "方差解释比例", 它是用来衡量降维后数据保留原始信息的程度, 定义为

$$F_L = \frac{\sum_{j=1}^{L} \lambda_j}{\sum_{j'=1}^{L^{\max}} \lambda_{j'}}, \tag{9.26}$$

这捕捉了与 Scree 图相同的信息, 随着 L 的增加而增加 (图 9.7(b)).

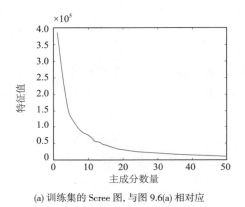

(a) 训练集的 Scree 图, 与图 9.6(a) 相对应

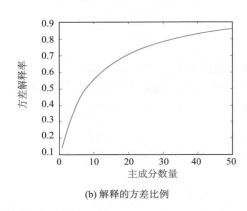

(b) 解释的方差比例

图 9.7　潜在维度与重构误差的 Scree 图

虽然重构误差图不是 U 形, 但曲线有时会出现 "膝盖" 或 "肘部", 误差突然从相对较大的误差变为相对较小的误差. 这个想法是, 对于 $L < L^*$, 其中 L^* 是 "真实的" 潜在维度 (或簇的数量), 误差函数的下降速率将会很高, 而对于 $L > L^*$, 增益将比较小, 因为模型已经足够复杂, 能够捕捉真实分布.

一种自动检测曲线梯度变化的方法是计算轮廓似然. 这个想法是这样的, 设 λ_L 是大小为 L 的模型引起的误差的某种度量, 例如 $\lambda_1 \geqslant \lambda_2 \geqslant \cdots \geqslant \lambda_{L^{\max}}$. 在 PCA 中, 这些是特征值, 但该方法也可以应用于 K-均值聚类的重构误差. 现在考虑将这些值分成 $k < L$ 或 $k > L$ 两组, 其中 L 是将确定的某个阈值. 为了衡量 L 的质量, 我们将使用一个简单的变点模型, 其中如果 $k \leqslant L$, 则为 $\lambda_k \sim N(\mu_1, \sigma^2)$; 如果 $k > L$, 则为 $\lambda_k \sim N(\mu_2, \sigma^2)$. (重要的是 σ^2 在两个模型中相同, 以防止在一个模型数据较少的情况下出现过拟合.) 在两种情况下, 我们假设 λ_k 是独立同分布的, 这显然是不正确的, 但足以满足我们目前的目的. 我们可以通过将数据分成两部分并计算极大似然估计值来为每个 $L = 1 : L^{\max}$ 的极大似然估计使用方差的汇总估计, 来拟合这个模型:

$$\mu_1(L) = \frac{\displaystyle\sum_{k \leqslant L} \lambda_k}{L}, \tag{9.27}$$

$$\mu_2(L) = \frac{\displaystyle\sum_{k > L} \lambda_k}{L^{\max} - L}, \tag{9.28}$$

$$\sigma^2(L) = \frac{\displaystyle\sum_{k \leqslant L} \left(\lambda_k - \mu_1(L)\right)^2 + \sum_{k > L} \left(\lambda_k - \mu_2(L)\right)^2}{L^{\max}}. \tag{9.29}$$

然后我们可以评估轮廓对数似然:

$$\ell(L) = \sum_{k=1}^{L} \log_e N\left(\lambda_k \mid \mu_1(L), \sigma^2(L)\right) + \sum_{k=L+1}^{L^{\max}} \log_e N\left(\lambda_k \mid \mu_2(L), \sigma^2(L)\right). \tag{9.30}$$

如图 9.8 所示. 我们看到峰值 $L^* = \arg\max \ell(L)$ 是确定的.

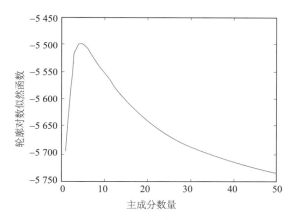

图 9.8　图 9.6(a) 中 PCA 模型对应的轮廓似然值

第 10 章

强 化 学 习

10.1 强化学习的介绍

RL (reinforcement learning, 强化学习) 是一种学习范式, 其中智能体有序地和一个初始未知的环境进行交互. 交互通常会导出一个或多个轨迹. 令 $\tau = (s_0, a_0, r_0, s_1, a_1, r_1, s_2, \cdots, s_T)$ 为长度为 T 的一个轨迹, 包含一列状态 s_t、动作 a_t、奖励 r_t. 智能体的目标是优化它的动作选择策略, 令折扣累计回报 $G_0 \triangleq \sum_{t=0}^{T-1} \gamma^t r_t$ 最大化, 其中 $\gamma \in [0, 1]$ 是给定的**折扣因子**.

一般来说, G_0 是一个随机变量. 我们将要关注最大化它的期望, 灵感来自最大期望效用原则, 但是也有其他可能性, 例如, 在风险敏感应用中更适合的风险条件价值 (conditional value at risk, CVaR), 是在最差的 5% 样本下的条件期望奖励.

我们将关注 MDP (Markov decision process, 马尔可夫决策过程), 其中轨迹 τ 的生成模型可以被分解成单步模型. 当这些模型参数已知时, 求解最优策略称为**规划**; 若模型参数未知, RL 算法可用于从轨迹中获得最优策略, 该过程称为**学习**.

在无模型的 RL 中, 我们尝试学习策略, 不是通过显式表示和学习模型, 而是直接从轨迹中学习. 在基于模型的 RL 中, 我们首先从轨迹中学习一个模型, 然后在学习的模型上使用规划算法来求解策略. 本章将介绍一些关键概念和技术. 主要细节可以参考文献 (Sutton and Barto, 2018).

方法概述　在这一节中, 我们将概述如何在 MDP 模型未知的情况下计算最优策略, 即智能体与环境的交互, 根据观察的轨迹进行学习. 这是 RL 的核心关注点, 我们将在后面章节深入探讨.

我们可以根据智能体的表示和学习过程 (价值函数、策略、模型) 对 RL 方法进行分类, 或者根据选取动作的方式进行分类: 在轨策略 (动作必须由智能体的当前策略选取)、离轨策略. 我们还将在后面更深入地讨论离轨策略学习和基于推理的控制这两个重要主题.

基于价值的方法　在基于价值的方法里, 我们尝试从经验中学习最优的 Q 函数, 然后得到一个策略. 通常会使用一个函数估计器 (例如一个神经网络)Q_ω 来表示 Q 函数, 该函数估计器会进行迭代训练. 给定一组 (s, a, r, s'), 可以定义 **TD** (temporal difference, 时序差分) 误差为

$$r + \gamma \max_{a'} Q_\omega(s', a') - Q_\omega(s, a).$$

期望 TD 误差是在 (s, a) 处计算的贝尔曼误差. 因此, 如果 $Q_\omega = Q_*$, 根据贝尔曼最优方程, 期望 TD 误差为 0, 否则该误差给智能体提供信号来使 ω 更加接近 $R(s, a) + \gamma \max_{a'}(s', a')$. Q_ω 的更新基于使用 Q_ω 计算的目标值. 这种更新在 RL 中被称为**自举**. 基于价值的方法例如 Q-Learning、SARSA, 将在 10.2 节中进行讨论.

策略搜索方法　在**策略搜索**中, 我们对于策略参数 θ 尝试直接最大化 $J(\pi_\theta)$. 如果 $J(\pi_\theta)$ 对于 θ 是可微的, 我们可以使用随机梯度上升方法来优化 θ, 这被称为**策略梯度**, 将在 10.3 节中进行讨论. 基本思想是通过蒙特卡罗模拟来与环境交互采样多个轨迹, 然后使用得分函数评估器来评估 $\nabla_\theta J(\pi_\theta)$. 这里 $J(\pi_\theta)$ 定义为一个期望, 对应的分布依赖于 θ, 因此在计算中交换 $\mathbb{E}$ 和 ∇

是不合法的. 一个策略梯度方法的例子是 **REINFORCE** 算法.

策略梯度方法的优点在于可以收敛到局部最优点, 而当使用估计时, Q-Learning 方法可能会发散, 见 10.5 节, 并且, 策略梯度方法可以容易地应用在连续动作空间上, 它们不需要计算 $\arg\max_a Q(s,a)$. 不幸的是, $\nabla_\theta J(\pi_\theta)$ 的得分函数评估器会有很高的方差, 导致最终的算法会收敛较慢.

一个减小方差的方法是学习一个估计价值的函数 $V_\omega(s)$, 并将其作为得分函数评估器的基准. 可以使用类似于 Q-Learning 的价值函数方法的一种来学习 $V_\omega(s)$. 或者, 我们可以学习一个优势函数 $A_\omega(s,a)$, 使用它来估计梯度. 这些策略梯度方法的变体被称为 **actor-critic** 方法, actor 对应策略 π_θ, critic 对应 V_ω 或者 A_ω. 在 10.3 节中查看更多细节.

基于模型的 RL 基于价值的方法, 例如, Q-Learning、策略搜索方法、策略梯度方法等都可能非常**样本低效**, 意味着它们在找到一个好的策略之前需要和环境交互很多次. 如果一个智能体对 MDP 模型有先验知识, 它可以首先学习模型, 然后计算模型的最优策略, 而不必再与环境交互, 这样可以更有效地采样. 这种方式被称为**基于模型的 RL**. 第一步是学习 MDP 模型, 包括函数 $P_T(s'|s,a)$ 和 $R(s,a)$, 如使用深度神经网络. 给定 (s,a,r,s') 四元组的集合, 可以使用标准的监督学习的方法来学习模型. 第二步是通过对模型生成的综合经验来运行 RL 算法或者直接对模型使用规划算法. 在实践中, 经常将模型学习和规划阶段交错进行, 因此我们可以使用部分学习到的策略来决定收集什么数据. 将在 10.4 节中更详细地讨论基于模型的 RL.

探索和利用的权衡 在 RL 里面与状态转移和奖励模型都未知的情况相关的一个基本问题是决定采取智能体已知可产生高回报的动作还是采取回报未知的动作, 但是回报未知的动作可能产生信息来帮助智能体得到状态–动作空间的部分信息获得更高的回报. 这就是对探索和利用的权衡. 有关高效探索的技术很多. 在这节中, 我们简要介绍几种代表性技术.

ε-贪婪策略 一个常见的启发式方法是使用一个 ε-贪婪策略 π_ε, $\varepsilon \in [0,1]$. 在这种情况下, 我们有 $1-\varepsilon$ 的概率采取在当前模型下回报最高的动作, $a_t = \arg\max_a \hat{R}_t(s_t, a)$, 有 ε 的概率采取一个随机动作. 该规则确保了智能体对所有状态动作组合的持续探索. 不幸的是, 这种启发式方法可以被证明是次优的, 因为它至少以恒定的概率 $\varepsilon/|\mathscr{A}|$ 探索每个动作.

玻尔兹曼探索 ε-贪婪策略效率低的问题之一是所有的动作进行探索的概率是一样的. 玻尔兹曼策略可以更有效率一些, 通过让更有希望的动作有更大的概率被探索:

$$\pi_\tau(a|s) = \frac{\exp(\hat{R}_t(s_t, a)/\tau)}{\sum_{a'} \exp(\hat{R}_t(s_t, a')/\tau)}, \tag{10.1}$$

这里 $\tau > 0$ 是控制分布熵的温度参数. 当 τ 接近 0 时, π_τ 更加接近一个贪婪策略. 另外, 更大的 τ 让 $\pi(a|s)$ 更加均匀, 鼓励更多的探索. 和 ε-贪婪策略相比, 它的动作选择概率关于回报估计的变化会更加 "平缓".

置信上限和汤普森采样 UCB (upper confidence bound, 置信上限) 和汤普森采样方法可以被应用到 MDP 中. 这里需要考虑奖励函数和状态转移概率中的不确定性.

与强盗问题的情况一样, UCB 方法要求估计当前状态下所有动作的 Q 值的 UCB, 然后采取具有最高 UCB 分数的动作. 获得 Q 值的 UCB 的一种方法是使用**基于计数的探索**, 然后我们学

习最优的动作价值函数并在一次状态转移 (s, a, r, s') 的奖励中加入探索奖励:

$$\tilde{r} = r + \alpha / \sqrt{N_{s,a}}, \tag{10.2}$$

这里 $N_{s,a}$ 是在状态 s 下已经采取动作 a 的次数, $\alpha \geqslant 0$ 是控制探索程度的加权项. 这是 MBIE-EB 方法对有限状态 MDP 采用的方法, 以及通过使用散列法推广到连续状态 MDP.

汤普森采样可以通过保持奖励和状态转移模型参数的后验分布来进行类似的调整. 例如, 在有限状态 MDP 中, 状态转移模型是以状态为条件的范畴分布. 对于状态转移模型, 可以使用狄利克雷分布的共轭先验, 这样就可以方便地计算后验分布并从后验分布中采样.

UCB 和汤普森采样方法都已被证明产生了有效的探索, 具有可证明的很强的遗憾界或相关的 PAC 边界, 这通常是在 MDP 的有限等必要假设下进行的. 在实践中, 这些方法可以与函数逼近相结合, 如神经网络, 并可近似实现.

使用 BAMDP 的最优解 探索–利用权衡问题的贝叶斯最优解可以通过将这个问题看作是一种特殊的 POMDP (partially observable Markov decision process, 部分可观察马尔可夫决策过程) 计算出来, 即 BAMDP (Bayes-adaptive Markov decision process, 贝叶斯自适应马尔可夫决策过程). 这就把 Gittins (基廷斯) 指数方法拓展到了 MDP 环境中.

BAMDP 具有信任状态空间 $\mathcal{B}$, 表示关于奖励模型 $p_R(r|s, a, s')$ 和状态转移模型 $p_T(s'|s, a)$ 的不确定性. 这个增强 MDP 的状态转移模型可以设计为

$$T^+(s_{t+1}, b_{t+1}|s_t, b_t, a_t, r_t) = T^+(s_{t+1}|s_t, a_t, r_t, s_{t+1})$$
$$= \mathbb{E}_{b_t}[T(s_{t+1}|s_t, a_t)] \times \prod(b_{t+1} = p(R, T|h_{t+1})), \tag{10.3}$$

这里 $\mathbb{E}_{b_t}[T(s_{t+1}|s_t, a_t)]$ 是关于下一个状态的后验预测分布, $p(R, T|h_{t+1})$ 是新的信任状态. $h_{t+1} = (s_{1:t+1}, a_{1:t+1}, r_{1:t+1})$, 可以使用贝叶斯法则进行计算. 类似地, 这个加强的 MDP 的奖励函数为

$$R^+(r|s_t, b_t, a_t, s_{t+1}, b_{t+1}) = \mathbb{E}_{b_{t+1}}[R(s_t, a_t, s_{t+1})]. \tag{10.4}$$

10.2 基于价值的强化学习

在这一节中, 我们假设智能体通过与环境交互可以访问来自 p_T 和 p_R 的样本. 我们将展示如何使用这些样本来学习最优的 Q 函数, 从这个 Q 函数可以得到最优的策略.

蒙特卡罗 RL 回忆 $Q_\pi(s, a) = \mathbb{E}[G_t|s_t = s, a_t = a]$ 对任意 t, 一个估计该 Q 值的简单方式是采取动作 a, 根据 π 对剩下的轨迹进行采样, 然后计算折扣累计回报的平均值. 当我们达到一个终止状态时, 一条轨迹结束, 如果任务是回合制的, 或者当折扣因子 γ_t 变得可以忽略不计时, 以先发生的为准. 这就是对价值函数的**蒙特卡罗近似**.

我们可以使用这个技术和策略迭代来学习最优策略. 具体地, 当在第 k 次迭代时, 我们使用 $\pi_{k+1}(s) = \arg\max_a Q_k(s, a)$ 计算一个新的优化过的策略, 这里 Q_k 使用蒙特卡罗模拟来估计. 这种更新可以应用于在采样的轨迹上所有访问过的状态. 整个技术被称为蒙特卡罗控制.

为了保证这个算法收敛到最优策略, 我们需要收集每个 $(s、a)$ 对的数据, 至少在表格情况下是这样的, 因为 $Q(s, a)$ 的不同值之间不存在泛化. 一个实现的方式是使用 ε-贪婪策略. 因为这是一个在轨策略的算法, 所得到的方法将收敛到最优 ε-soft 策略, 而不是最优策略. 使用重要

性采样来估计最优策略的价值函数是可能的, 即使动作是根据 ε-贪婪策略选取的. 然而, 逐步减小 ε 会更加简单.

TD 学习　　蒙特卡罗方法产生了具有非常高的方差的 $Q_\pi(s, a)$ 的估计器, 因为它必须模拟许多轨迹, 其回报是由随机状态转移产生的许多随机奖励的总和. 此外, 它仅限于回合制任务 (或对连续任务的有限片段的截断), 因为在每一次更新之前必须模拟到一个任务结束来确保可以可靠估计长期回报.

在这一节中, 我们讨论一个更加高效的技术, 称为 **TD 学习**. 基本思想是基于状态的转移而不是整个轨迹来逐渐减少采样状态和状态–动作对的贝尔曼误差. 更准确地说, 我们在学习一个固定策略 π 的价值函数 V_π. 给定一个四元组 (s, a, r, s'), 其中 $a \sim \pi(s)$, 我们改变估计的 $V(s)$ 来向自举目标靠近:

$$V(s_t) \leftarrow V(s_t) + \eta[r_t + \gamma V(s_{t+1}) - V(s_t)], \tag{10.5}$$

这里 η 是学习率. 与 η 相乘的这一项就是 **TD 误差**. 参数化的价值函数的 TD 更新的更一般形式是

$$\omega \leftarrow \omega + \eta[r_t + \gamma V_\omega(s_{t+1}) - V_\omega(s_t)]\nabla_\omega V_\omega(s_t), \tag{10.6}$$

式 (10.5) 是式 (10.6) 的一个特殊形式. 对 Q_π 的 TD 更新规则是类似的.

可以证明在适当的条件下, 对于表格形式的 TD 学习, 式 (10.5) 收敛到正确的价值函数. 然而, 当使用近似时可能会发散式 (10.6).

TD 的发散的一个可能原因是式 (10.6) 在任何目标函数上都不是 SGD, 尽管形式非常相似. 它是**自举**的一个例子, 通过更新估计器 $V_\omega(s_t)$ 来接近目标, $r_t + \gamma V_\omega(s_{t+1})$ 是由价值函数估计器自身定义的. 这一思想与价值迭代中动态规划方法相似, 尽管它们依赖于完整的 MDP 模型来计算精确的更新值. 相比之下, TD 学习可以看作是使用采样的四元组来估计更新值. 一个非自举方法的例子是 10.1 节中的蒙特卡罗估计, 较为低效.

带资格迹的 TD 学习　　TD 和 MC 的一个重要不同是它们估计回报的方式. 给定一个轨迹 $\tau = (s_0, a_0, r_0, s_1, a_1, r_1, s_2, \cdots, s_T)$, TD 用单步近似来估计状态 s_t 的回报, $G_{t:t+1} = r_t + \gamma V(s_{t+1})$, 从 $t+1$ 时候开始的回报被价值函数估计值所取代. 相反, MC 要等到任务结束或者 T 足够大, 然后用 $G_{t:T} = r_t + \gamma r_{t+1} + \cdots + \gamma^{T-t-1} r_{T-1}$ 来估计回报. 可以在这两者之间进行内插, 通过执行 n 步交互, 然后使用价值函数估计器来估计剩余轨迹的回报, 与启发式搜索式 (10.4) 类似. 即我们可以使用 n 步近似

$$G_{t:t+n} = r_t + \gamma r_{t+1} + \cdots + \gamma^{n-1} r_{t+n-1} + \gamma^n V(s_{t+n}). \tag{10.7}$$

对应的 TD 更新的 n 步版本为

$$V(s_t) \leftarrow V(s_t) + \eta[G_{t:t+n} - V(s_t)]. \tag{10.8}$$

我们对所有可能的值来进行加权平均, 而不是从中选择一个特定的值, 方法是使用一个参数 $\lambda \in [0, 1]$,

$$G_t^\lambda \overset{\triangle}{=\!=} (1-\lambda) \sum_{n=1}^\infty \lambda^{n-1} G_{t:t+n}. \tag{10.9}$$

这个被称为 λ-回报. 因子 $1 - \lambda = (1 + \lambda + \lambda^2 + \cdots)^{-1}$ 保证了 G_t^λ 是 n 步回报的凸组合. 见 10.3 节.

在式 (10.9) 中使用加权因子的一个重要好处是即使 G_t^λ 是无限多项的和, 也可以利用资格迹有效实现相应的 TD 学习更新. 这个方法被称为 TD(λ), 可以和许多算法结合. 这将在剩下的章节中学习. 文献 (Sutton and Barto, 2018) 中有更多细节供阅读.

SARSA: 在轨策略 TD 控制方法 TD 学习是用于策略评估的, 因为它估计了一个固定策略的价值函数. 为了找到一个最佳的策略, 我们可以将该算法作为广义策略迭代里面的一个构件来使用. 在这种情况下, 使用动作价值函数 Q 和关于 Q 的贪婪策略 π 更加方便. 智能体在每一步都遵从策略 π 来挑选动作, 对于四元组 (s, a, r, s'), TD 更新规则是

$$Q(s, a) \leftarrow Q(s, a) + \eta[r + \gamma Q(s', a') - Q(s, a)], \tag{10.10}$$

a' 是智能体在状态 s' 要采取的动作. 在 Q 更新之后 (为了策略评估), π 也会改变, 因为它关于 Q 是贪婪的 (为了策略改进), 这个算法就是 SARSA 算法.

为了让 SARSA 收敛到 Q_*, 每个状态–动作对都必须被无限频繁地访问, 至少在表格情况下是这样, 因为算法只更新访问到的 (s, a). 确保这一条件的一种方法是使用 GLIE 策略. 一个例子是使用 ε 贪婪策略, ε 逐渐下降到 0. 可以证明使用 GLIE 策略的 SARSA 算法可以收敛到 Q_* 和 π_*.

Q-Learning: 离轨策略 TD 控制方法 SARSA 是一个在轨策略的算法, 意味着它学习的 Q 函数是它正在使用的 Q 函数, 使用的 Q 函数通常不是最优策略的 Q 函数. 然而进行一个简单的修改, 我们可以将其转换为一个学习 Q_* 的离轨策略的算法, 即使使用次优策略来挑选动作.

思想是使用动作 $a' = \arg\max\limits_b Q(s', b)$ 来代替式 (10.10) 中采样的下一个动作 $a' \sim \pi(s')$. 这个导出了下面的更新方法, 对于四元组 (s, a, r, s'),

$$Q(s, a) \leftarrow Q(s, a) + \eta[r + \gamma \max_b Q(s', b) - Q(s, a)]. \tag{10.11}$$

这是表格情况下 Q-Learning 的更新规则. 可以使用类似式 (10.6) 的方法拓展到函数近似的情况. 因为这个方法是离轨策略的, 可以使用其他数据来源的四元组, 例如该策略之前的版本或者一个已经存在系统的数据. 如果每一个状态–动作对都被无限经常访问, 这个算法在表格情况下, 并且有适当衰减的学习率, 可以证明收敛到 Q_*. 算法 10.1 给出了 ε 贪婪的 Q-Learning 算法的一个普通实现.

算法 10.1 带 ε 贪婪策略的 Q-Learning

1: 初始化价值函数参数 ω;
2: **repeat**
3:      采样一个新的初始状态 s;
4:      **repeat**
5:          采样动作 $a = \begin{cases} \arg\max\limits_b Q_\omega(s, b), & \text{概率为} (1 - \varepsilon), \\ \text{随机动作}, & \text{概率为} \varepsilon \end{cases}$
6:          得到状态 s', 奖励 r;
7:          计算时序差分误差: $\delta = r + \gamma \max\limits_{a'} Q_\omega(s', a') - Q_\omega(s, a)$
8:          $\omega \leftarrow \omega + \eta \delta \nabla_\omega Q_\omega(s, a)$

9:　　　　$s \leftarrow s'$

10:　　**until** 状态 s 是终止状态

11: **until** 收敛

Double Q-Learning　　标准的 Q-Learning 方法存在优化器的诅咒问题, 或被称为最大偏差. 这个问题指的是对于随机变量的集合 $\{X_a\}$, 存在一个简单的不等式 $\mathbb{E}[\max_a X_a] \geq \max_a \mathbb{E}[X_a]$. 因此, 如果仅靠动作的随机分数 $\{X_a\}$ 来挑选, 那么我们可能会因为随机噪声而选出错误的动作. 图 10.1 给出了在 MDP 中这种现象发生的例子. 初始状态是 A. 右边的动作的奖励是 0 并且将终止这个回合, 左边的动作给出的奖励也是 0, 但是会进入状态 B, 在 B 状态下有许多可能的动作, 这些动作的奖励服从 $N(-0.1, 1.0)$. 因此对于从左边动作开始的轨迹的期望回报是 -0.1, 让它是一个次优的动作. 然而, 由于最大化偏差, B 可能会得到一个正值, RL 算法可能会选择左侧动作.

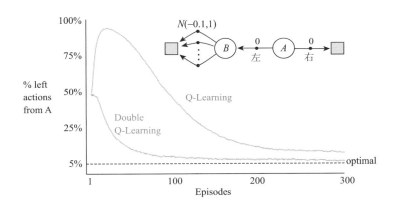

图 10.1　Q-Learning 和 Double Q-Learning 的比较

一个用于避免最大化偏差的方式是使用两个独立的 Q 函数, Q_1 和 Q_2, 一个用来挑选贪心动作, 另一个用来估计对应的 Q 值. 具体来说, 对于一次交互得到的四元组 (s, a, r, s'), 以如下方式进行更新

$$Q_1(s, a) \leftarrow Q_1(s, a) + \eta[r + \gamma Q_2(s', \underset{a'}{\mathrm{argmax}}(s', a')) - Q_1(s, a)] \tag{10.12}$$

并且可能会交换 Q_1 和 Q_2 的作用仍以相同的方式进行更新. 这个技术被称为 Double Q-Learning. 图 10.1 展示了这个算法相比 Q-Learning 算法在一个具体问题上的好处.

Deep Q-network(DQN)　　当使用函数近似时, 在实际中 Q-Learning 会因为不稳定的问题而很难使用. 这里我们将描述两个重要的启发式算法, 被 Deep Q-network 或者 DQN 所推广, 它们能够使用 CNN 架构的 Q-network 来训练智能体在 Atari 的游戏中胜过人类.

第一个技术是经验回放池, 用来存储最近得到的四元组 (s, a, r, s'). 和标准的 Q-Learning 在发生新的状态转移时更新 Q 函数不同, DQN 智能体也会利用经验回放池中的数据来进行更新. 这个修改有两个优势: ①每一个四元组可以被使用很多次, 提高了数据效率; ②提高了训练时的稳定性, 降低了网络用于训练的数据样本的相关性.

第二个提高稳定性的技术是使用一个计算中较早迭代版本的 Q-network 作为固定的目标网络. 具体来说, 我们维持一个额外的和 Q_ω 结构相同且固定的网络 Q_{ω^-}. 这个新的 Q-network 是为了计算损失函数从而更新 Q_ω. 损失函数为

$$\mathcal{L}^{\text{DQN}}(\omega) = \mathbb{E}_{(s,a,r,s') \sim U(D)}[(r + \gamma \max_{a'} Q_{\omega^-}(s', a') - Q_\omega(s, a))^2], \qquad (10.13)$$

这里 $U(D)$ 是经验回放池 D 上的一个均匀分布. 然后每隔几个回合就让目标网络和训练网络同步.

目前已经提出了 DQN 的多个改进版本. 一个是 Double DQN, 使用了 Double learning 的技术来改善最大化偏差. 第二个是使用按优先级排序的经验回放池, 抽取更重要的四元组进行训练而不是采取均匀分布. 例如, 可以在 D 中按如下方式抽取四元组: $p(s, a, r, s') \propto (|\delta| + \varepsilon)^\eta$, σ 是对应四元组的 TD 误差 (在当前 Q 函数下), $\varepsilon > 0$ 是为了让每一个四元组都有机会被抽取, $\eta > 0$ 控制分布的 "反向温度"($\eta = 0$ 对应着均匀采样). 第三个是 dueling DQN, 它学习一个价值函数 V_ω 和优势函数 A_ω, 它们共享参数 ω, 而不是学习 Q_ω. 这样使得算法使用样本更加高效, 特别是当有许多动作有相近的 Q 值时.

Rainbow 方法结合了这三种改进, 包括多步回报, 分布式 RL(预测回报的分布, 而不只是期望回报) 和噪声网络 (给网络参数添加随机噪声来鼓励探索). 它在 Atari 的测试中取得最好的表现.

10.3 基于策略的强化学习

在 10.2 节中, 我们介绍的方法是通过对动作价值函数 $Q(s, a)$ 进行估计, 再得到策略. 然而这些方法有三个主要的劣势: ①它们很难应用到连续动作空间上; ②如果使用了函数近似, 它们可能会发散; ③对 Q 的训练一般是基于 TD 式更新, 而不是直接依据学习的策略得到的期望回报.

在这一节中, 我们讨论策略搜索方法, 可以直接优化策略的参数使得期望回报最大化. 然而, 也将看到在策略搜索过程中这些算法通过近似一个价值函数或优势函数减小了方差, 从中获益.

策略梯度定理 我们从定义策略学习的目标函数开始, 然后导出它的梯度. 考虑回合制的情况. 对于具有平均奖励规范的连续性任务的情况, 可以得到相似的结果.

我们将策略的期望回报定义为目标函数, 旨在最大化下式

$$J(\pi) \triangleq \mathbb{E}_{p_0,\pi}[G_0] = \mathbb{E}_{p_0(s_0)}[V_\pi(s_0)] = \mathbb{E}_{p_0(s_0)\pi(a_0|s_0)}[Q_\pi(s_0, a_0)]. \qquad (10.14)$$

我们考虑策略 π_θ, 它的参数为 θ. 计算式 (10.14) 相对 θ 的导数

$$\nabla_\theta J(\pi_\theta) = \mathbb{E}_{p_0(s_0)}\left[\nabla_\theta\left(\sum_{a_0} \pi_\theta(a_0|s_0)Q_{\pi_\theta}(s_0, a_0)\right)\right]$$

$$= \mathbb{E}_{p_0(s_0)}\left[\sum_{a_0} \nabla_\theta \pi_\theta Q_{\pi_\theta}(s_0, a_0)\right] + \mathbb{E}_{p_0(s_0)\pi_\theta(a_0|s_0)}[\nabla_\theta Q_{\pi_\theta}(s_0, a_0)]. \qquad (10.15)$$

现在来计算 $\nabla_\theta Q_{\pi_\theta}(s_0, a_0)$, 有

$$\nabla_\theta Q_{\pi_\theta}(s_0, a_0) = \nabla_\theta[R(s_0, a_0) + \gamma\mathbb{E}_{p_T(s_1|s_0,a_0)}[V_{\pi_\theta}(s_1)]] = \gamma\nabla_\theta\mathbb{E}_{p_T(s_1|s_0,a_0)}[V_{\pi_\theta}(s_1)]. \quad (10.16)$$

可以看到右边项的形式类似 $\nabla_\theta J(\pi_\theta)$，重复和之前一样的步骤

$$\begin{aligned}
\nabla_\theta J(\pi_\theta) &= \sum_{t=0}^{\infty}\gamma^t\mathbb{E}_{p_t(s)}\left[\sum_a \nabla_\theta\pi_\theta(a|s)Q_{\pi_\theta}(s,a)\right] \\
&= \frac{1}{1-\gamma}\mathbb{E}_{p_{\pi_\theta}^\infty(s)}\left[\sum_a \nabla_\theta\pi_\theta(a|s)Q_{\pi_\theta}(s,a)\right] \\
&= \frac{1}{1-\gamma}\mathbb{E}_{p_{\pi_\theta}^\infty(s)\pi_\theta(a|s)}[\nabla_\theta\log_e\pi_\theta(a|s)Q_{\pi_\theta}(s,a)], \quad (10.17)
\end{aligned}$$

$p_t(s)$ 是在 t 时刻访问到状态 s 的概率. 如果从 $s_0 \sim p_0$ 开始，并且遵从策略 π_θ, $p_{\pi_\theta}^\infty(s) = (1-\gamma)\sum_{t=0}^{\infty}\gamma^t p_t(s)$ 是正则的折扣状态访问分布. 式 (10.17) 就是策略梯度定理 (Sutton et al., 1999).

在实践中，使用式 (10.17) 来估计策略梯度会有更高的方差. 可以使用基准函数 $b(s)$ 来减小方差：

$$\nabla_\theta J(\pi_\theta) = \frac{1}{1-\gamma}\mathbb{E}_{p_{\pi_\theta}^\infty(s)\pi_\theta(a|s)}[\nabla_\theta\log_e\pi_\theta(a|s)(Q_{\pi_\theta}(s,a) - b(s))].$$

一个常见的基准是 $b(s) - V_{\pi_\theta}(s)$. 我们将在下面讨论如何对它进行近似.

REINFORCE 算法　一个使用策略梯度定理来优化策略的方法是使用随机梯度上升. 假设 $\tau = (s_0, a_0, r_0, s_1, a_1, r_1, s_2, \cdots, s_T)$ 是一个依据 π_θ 的轨迹, $s_0 \sim p_0$. 那么

$$\begin{aligned}
\nabla_\theta J(\pi_\theta) &= \frac{1}{1-\gamma}\mathbb{E}_{p_{\pi_\theta}^\infty\pi_\theta(a|s)}[\nabla_\theta\log_e\pi_\theta(a|s)Q_{\pi_\theta}(s,a)] \\
&\approx \sum_{t=0}^{T-1}\gamma^t G_t\nabla_\theta\log_e\pi_\theta(a_t|s_t). \quad (10.18)
\end{aligned}$$

我们可以在梯度估计中使用一个基底函数来得到如下的更新方式：

$$\theta \leftarrow \theta + \eta\sum_{t=0}^{T-1}\gamma^t(G_t - b(s_t))\nabla_\theta\log_e\pi_\theta(a_t|s_t). \quad (10.19)$$

这个被称为 REINFORCE 算法. 更新的公式可以被这样解释：我们计算轨迹相对于基线产生的折扣未来回报的总和，如果总和是正数，那么就增大 θ 来使该轨迹更有可能出现；如果是负数，就减小 θ. 这样我们就增强了好的行为，减小了做坏的动作的概率.

我们可以使用一个常数基底 (和状态无关) 或和状态有关的基底来减小方差. 一个更加自然的选择是使用价值函数的估计 $V_\omega(s)$，它是可以通过蒙特卡罗方法进行学习的. 下面的算法 10.2 给出了伪代码.

算法 10.2 （带价值函数基底的 **REINFORCE** 算法）

初始化策略参数 θ, 基底函数 ω;

repeat

　　使用 π_θ 采样一个轨迹数据 $\tau = (s_0, a_0, r_0, s_1, a_1, r_1, s_2, \cdots, s_T)$;

　　计算 G_t 对于 $t \in \{0, 1, 2, \cdots, T-1\}$;

　　for $t = 0, 1, 2, \cdots, T-1$ **do**

　　　　$\delta = G_t - V_\omega(s_t)$

　　　　$\omega \leftarrow \omega + \eta_\omega \delta \nabla_\omega V_\omega(s_t)$

　　　　$\theta \leftarrow \theta + \eta_\theta \gamma^t \delta \nabla_\theta \log_e \pi_\theta(a_t | s_t)$

　　end for

until 收敛

actor-critic 方法　　actor-critic 方法也是使用策略梯度的方法, 但是计算期望回报不是通过蒙特卡罗模拟而是利用 TD. "actor" 指的是策略, "critic" 指的是价值函数. 在 TD 更新中自举方法的使用使得对价值函数的学习比蒙特卡罗方法更加高效. 并且, 这可以让我们提出一种完全在线的增量算法, 不用等到整个轨迹结束再来更新参数.

具体地, 考虑在回合制任务的情况下使用单步 TD(0) 方法来估计回报. 我们用 $G_{t:t+1} = r_t + \gamma V_\omega(s_{t+1})$ 来代替 G_t. 如果我们使用 $V_\omega(s_t)$ 来作为基底, REINFORCE 算法的更新就变成了

$$\theta \leftarrow \theta + \eta \sum_{t=0}^{T-1} \gamma^t (G_{t:t+1} - V_\omega(s_t)) \nabla_\theta \log_e \pi_\theta(a_t | s_t)$$

$$= \theta + \eta \sum_{t=0}^{T-1} \gamma^t (r_t + \gamma V_\omega(s_{t+1}) - V_\omega(s_t)) \nabla_\theta \log_e \pi_\theta(a_t | s_t). \tag{10.20}$$

A2C 和 A3C　　注意到 $r_t + \gamma V_\omega(s_{t+1}) - V_\omega(s_t)$ 是优势函数 $A(s_t, a_t) = Q(s_t, a_t) - V(s_t)$ 的一个单样本估计. 这个方式因此被称为 A2C. 如果我们并行的运行 actor 并且同步更新它们的共享参数, 整个方法被称为 A3C.

算法 10.3 （A2C 算法）

初始化 actor 参数 θ, critic 参数 ω;

repeat

　　采样初始状态 s_0

　　for $t = 0, 1, 2, \cdots$ **do**

　　　　采样动作 $a_t \sim \pi_\theta(\cdot | s_t)$

　　　　得到下一个状态 s_{t+1} 和奖励 r_t;

　　　　$\delta = r_t + \gamma V_\omega(s_{t+1}) - V_\omega(s_t)$

　　　　$\omega \leftarrow \omega + \eta_\omega \delta \nabla_\omega V_\omega(s_t)$

　　　　$\theta \leftarrow \theta + \eta_\theta \gamma^t \delta \nabla_\theta \log_e \pi_\theta(a_t | s_t)$

    end for
    until 收敛

资格迹 在 A2C 中, 我们将任务进行一步, 再使用价值函数来估计整个轨迹的期望回报. 更一般地, 我们可以使用 n 步估计:

$$G_{t:t+n} = r_t + \gamma r_{t+1} + \gamma^2 r_{t+2} + \cdots + \gamma^{n-1} r_{t+n-1} + \gamma^n V_\omega(s_{t+n}). \tag{10.21}$$

获得了如下的 n 步优势估计:

$$A_{\pi_\theta}^{(n)}(s_t, a_t) = G_{t:t+n} - V_\omega(s_t), \tag{10.22}$$

这里 n 步的真实奖励是一个无偏样本, 但是有很高的方差. $V_\omega(s_{t+n+1})$ 有更小的方差, 但却是有偏的, 通过改变 n, 我们可以控制这个偏差和方差的权衡. 我们还可以使用一个加权平均, 而不是使用单独一个 n. 类似于 TD (λ) 的操作, 对 $A_{\pi_\theta}^{(n)}(s_t, a_t)$ 增加一个 λ^n 的权重, 即

$$A_{\pi_\theta}^{(\lambda)}(s_t, a_t) \stackrel{\triangle}{=\!=\!=} \sum_{l=0}^{\infty} (\gamma\lambda)^l \delta_{t+l}, \tag{10.23}$$

这里 $\delta_t = r_t + \gamma V_\omega(s_{t+1}) - V_\omega(s_t)$ 是 t 时刻的 TD 误差, $\lambda \in [0, 1]$ 是一个控制偏差和方差平衡的参数: 较大的 λ 可以减小偏差增大方差. 我们可以使用资格迹来实现式 (10.23), 作为广义优势估计 (generalized advantage estimation, GAE) 的一个例子.

算法 10.4 (带资格迹的 actor-critic 算法)

    初始化 actor 参数 θ, critic 参数 ω;
    repeat
        初始化资格迹向量: $z_\theta \leftarrow 0, z_\omega \leftarrow 0$;
        抽取新的初始状态 s_0
        for $t = 0, 1, 2, \cdots,$ **do**
            采样动作 $a_t \sim \pi_\theta(\cdot|s_t)$
            得到状态 s_{t+1} 和奖励 r_t;
            计算时序差分误差: $\delta = r_t + \gamma V_\omega(s_{t+1}) - V_\omega(s_t)$;
            $z_\omega \leftarrow \gamma\lambda_\omega z_\omega + \nabla_\omega V_\omega(s)$
            $z_\theta \leftarrow \gamma\lambda_\theta z_\theta + \gamma^t \nabla_\theta \log_e \pi_\theta(a_t, s_t)$
            $\omega \leftarrow \omega + \eta_\omega \delta z_\omega$
            $\theta \leftarrow \theta + \eta_\theta \delta z_\theta$
        end for
    until 收敛

有界优化算法 在策略梯度的方法中, 目标函数 $J(\theta)$ 没有必要单调上升, 而当学习率不够小的情况下可能崩溃. 我们现在描述的方法可以保证单调的改进, 类似于有界优化方法.

    我们从一个有用的事实开始, 将两个任意策略的价值联系起来

$$J(\pi') - J(\pi) = \frac{1}{1-\gamma}\mathbb{E}_{p_{\pi'}^\infty(s)}[\mathbb{E}_{\pi'(a|s)}[A_\pi(s,a)]], \tag{10.24}$$

π 可以解释为在策略优化中的当前策略, π' 是候选的新策略 (类似于关于 Q_π 的贪婪策略). 像在策略改进定理中一样, 如果 $\mathbb{E}_{\pi'(a|s)}[A_\pi(s,a)] \geqslant 0$ 对所有 s 成立, 那么 $J(\pi') \geqslant J(\pi)$. 然而, 当使用函数估计时, 我们不能保证这个条件成立. 因此, 当我们无法直接从 $p_{\pi'}^\infty$ 中采样状态时, 式 (10.24) 的非负性不能得到保证.

可以通过保守的改进策略来保证 J 的单调增加. 定义 $\pi_\theta = \theta_{\pi'} + (1-\theta)\pi$ 对于 $\theta \in [0,1]$. 从策略梯度定理可得 $J(\pi_\theta) - J(\pi) = \theta L(\pi') + O(\theta^2)$, 这里

$$L(\pi') \triangleq \frac{1}{1-\gamma}\mathbb{E}_{p_\pi^\infty(s)}[\mathbb{E}_{\pi'(a|s)}[A_\pi(s,a)]] = \frac{1}{1-\gamma}\mathbb{E}_{p_\pi^\infty(s)\pi(a|s)}\left[\frac{\pi'(a|s)}{\pi(a|s)}A_\pi(s,a)\right]. \tag{10.25}$$

我们已经将 p_π^∞ 的状态分布转换到服从 π_π^∞ 的状态分布, 同时减少了一个高阶 $O(\theta^2)$ 的残差项. 线性项 $\theta L(\pi')$ 可以被估计, 并基于 π 采样的轨迹进行优化. 高阶项的边界可以被多种方式约束从而得到 $J(\pi_\theta) - J(\pi)$ 的不同的下界. 我们可以优化 θ 来保证这个下界是正的, 即 $J(\pi_\theta) - J(\pi) > 0$. 在保守策略迭代 (conservative policy iteration, CPI) 中使用了下面的下界 (稍微简化后)

$$J^{\mathrm{CPI}}(\pi_\theta) \triangleq J(\pi) + \theta L(\pi') - \frac{2\varepsilon\gamma}{(1-\gamma)^2}\theta^2, \tag{10.26}$$

这里 $\varepsilon = \max_s |\mathbb{E}_{\pi'(a|s)}[A_\pi(s,a)]|$.

这一想法可以推广到 π_θ 形式之外的策略, 其中 θ 足够小的条件被 π' 和 π 之间足够小的差异所取代. 在 TRPO (trust region policy optimization, 信赖域策略优化) 中, 差异定义为最大的 KL 散度. 在这种情况下, 可以优化如下的下界找到 π':

$$J^{\mathrm{TRPO}}(\pi') \triangleq J(\pi) + L(\pi') - \frac{\varepsilon\gamma}{(1-\gamma)^2}\max_s D_{\mathbb{KL}}(\pi(s)\|\pi'(s)), \tag{10.27}$$

这里 $\varepsilon = \max_{s,a} |A_\pi(s,a)|$.

在实践中, 上面的更新规则较为保守, 并且使用了近似. Schulman 等 (2015) 提出一个新版本, 有两个想法: ① 使用某个平均 KL 散度 (通常在 $p_{\pi_\theta}^\infty$ 上平均) 来代替最大 KL 散度; ② 最大化式 (10.27) 中前面两项, π' 在以 π 为中心的一个 KL 球体中, 即我们要解决

$$\underset{\pi'}{\operatorname{argmax}}\ L(\pi')$$

$$\text{s.t.}\quad \mathbb{E}_{p_\pi^\infty(s)}[D_{\mathbb{KL}}(\pi(s)\|\pi'(s))] \leqslant \delta, \tag{10.28}$$

其中 $\delta > 0$.

在每一步使用 KL 惩罚项的信赖域算法等价于自然梯度下降. 这个很重要因为在参数空间中长度为 η 的变化不总是对应于策略空间中策略发生长度为 η 的变化

$$d_\theta(\theta_1,\theta_2) = d_\theta(\theta_2,\theta_3) \Rightarrow d_\pi(\pi_{\theta_1},\pi_{\theta_2}) = d_\pi(\pi_{\theta_2},\pi_{\theta_3}), \tag{10.29}$$

这里 $d_\theta(\theta_1,\theta_2) = \|\theta_1 - \theta_2\|$ 是欧氏距离, $d_\pi(\pi_1,\pi_2) = D_{\mathbb{KL}}(\pi_1\|\pi_2)$ 是 KL 距离. 换句话说, 对参数的任何改变对策略的影响取决于在参数空间中的位置. 在自然梯度方法中考虑到了这一点因此得到了更快更鲁棒的优化. 自然策略梯度可以使用 KFAC 方法进行近似.

TRPO 方法是使用 KL 散度作为惩罚项, 用一个参数来代替了因子 $\dfrac{2\varepsilon\gamma}{(1-\gamma)^2}$. 但是使用下面的截断项会更加有效并且简单, 这个就是近端策略优化 (proximal policy optimization, PPO) 方法:

$$J^{\text{PPO}}(\pi') \triangleq \frac{1}{1-\gamma}\mathbb{E}_{p_\pi^\infty(s)\pi(a|s)}\left[k_\varepsilon\left(\frac{\pi'(a\mid s)}{\pi(a\mid s)}\right)A_\pi(s,a)\right], \tag{10.30}$$

这里 $k_\varepsilon(x) \triangleq \text{clip}(x, 1-\varepsilon, 1+\varepsilon)$ 保证了 $|k(x)-1| \le \varepsilon$. 这种方法可以被修改以确保算法性能的单调提升, 使其成为真正的有界优化方法.

确定性策略梯度方法 在这一节中, 我们考虑确定性策略梯度的情况, 对每个状态预测唯一的动作, 即 $a_t = \mu_\theta(s_t)$, 而不是 $a_t \sim \pi_\theta(s_t)$. 假设状态和动作都是连续的, 定义目标函数为

$$J(\mu_\theta) \triangleq \frac{1}{1-\gamma}\mathbb{E}_{p_{\mu_\theta}^\infty(s)}[R(s, \mu_\theta(s))]. \tag{10.31}$$

确定性策略梯度定理提供了一个方式来计算梯度

$$\begin{aligned}\nabla_\theta J(\mu_\theta) &= \frac{1}{1-\gamma}\mathbb{E}_{p_{\mu_\theta}^\infty(s)}[\nabla_\theta Q_{\mu_\theta}(s, \mu_\theta(s))] \\ &= \frac{1}{1-\gamma}\mathbb{E}_{p_{\mu_\theta}^\infty(s)}[\nabla_\theta \mu_\theta(s)\nabla_a Q_{\mu_\theta}(s, a)|_{a=\mu_\theta(s)}],\end{aligned} \tag{10.32}$$

这里 $\nabla_\theta \mu_\theta$ 是 $M \times N$ 的雅可比矩阵, M 和 N 分别是 $\mathscr{A}$ 和 θ 的维度. 对于形式为 $\pi_\theta(a|s) = \mu_\theta(s) + \text{noise}$ 的随机策略, 随着 noise 趋于 0, 标准策略梯度定理简化为上述形式.

注意到式 (10.32) 中的梯度估计对状态积分, 但不对动作积分, 这有助于减少来自采样轨迹的梯度估计的方差. 然而, 因为确定性策略没有做任何探索, 我们需要使用一个离轨策略的方法, 使用随机行为策略 β 来收集数据, 该策略的平稳状态分布为 p_β^∞. 原始目标函数 $J(\theta)$ 可以计算为

$$J_b(\mu_\theta) \triangleq \mathbb{E}_{p_\beta^\infty(s)}[V_{\mu_\theta}(s)] = \mathbb{E}_{p_\beta^\infty(s)}[Q_{\mu_\theta}(s, \mu_\theta(s))]. \tag{10.33}$$

离轨策略的确定性策略梯度可以被估计为

$$\nabla_\theta J_b(\mu_\theta) \approx \mathbb{E}_{p_\beta^\infty(s)}[\nabla_\theta[Q_{\mu_\theta}(s, \mu_\theta(s))]] = \mathbb{E}_{p_\beta^\infty(s)}[\nabla_\theta \mu_\theta(s)\nabla_a Q_{\mu_\theta}(s, a)|_{a=\mu_\theta(s)}\text{d}s], \tag{10.34}$$

这里我们舍弃了一个依赖于 $\nabla_\theta Q_{\mu_\theta}(s, a)$ 且很难进行估计的项.

为了应用式 (10.34), 我们需要使用 TD 方法来学习 $Q_\omega \approx Q_{\mu_\theta}$, 可以得到如下的更新

$$\delta = r_t + \gamma Q_\omega(s_{t+1}, \mu_\theta(s_{t+1})) - Q_\omega(s_t, a_t), \tag{10.35}$$

$$\omega_{t+1} \leftarrow \omega_t + \eta_\omega \delta \nabla_\omega Q_\omega(s_t, a_t), \tag{10.36}$$

$$\theta_{t+1} \leftarrow \theta_t + \eta_\theta \nabla_\theta \mu_\theta(s_t)\nabla_a Q_\omega(s, a)|_{a=\mu_\theta(s_t)}. \tag{10.37}$$

这里因为确定性策略梯度避免了在 actor 更新时的重要性采样, 因为 Q-Learning 的使用避免了在 critic 更新时的重要性采样.

如果 Q_ω 对 ω 是线性的, 使用形式为 $\phi(s, a) = a^{\text{T}}\nabla_\theta \mu_\theta(s)$ 的特征, 这里 a^{T} 是 a 的向量化表示, 那么我们说对 critic 的函数估计器于 actor 是相容的, 在这样的情况下, 可以证明上面的近似对整个梯度是无偏的. 这个方法已经以许多方式延伸了. 深度确定性策略梯度 (deep deterministic policy gradient, DDPG) 使用 DQN 方法来更新, 用深度神经网络表示的 Q 函数. TD3 算法, 即 "twin delayed DDPG", 通过使用 Double DQN 和其他启发方法得到了更好的表现. 最后 D4PG 算法, 即 "distributed distributional DDPG, 并行分布式深度确定性策略梯度", 在 DDPG 的基础上进行改进, 可以进行分布式训练, 实现了分布式 RL.

无梯度方法 策略梯度估计器计算 "零阶" 梯度, 该梯度实质上是用随机采样的轨迹来评估函数. 有时使用派生优先优化器会更有效, 它甚至不会尝试估计梯度.

10.4 基于模型的强化学习

RL 中无模型的方法需要和环境进行大量的交互来得到好的表现. 一种有希望提高样本效率的方法是 MBRL (model-based reinforcement learning, 基于模型的强化学习). 在这种方法中, 我们首先学习状态转移模型和奖励函数, $p_T(s'|s,a)$ 和 $R(s,a)$, 然后使用它们来计算一个接近最优的策略. 这种方法可以显著减少智能体需要收集的真实世界的数据. 这里有几种使用模型的方式, 还有许多不同类型的模型我们可以创建. 一些较早提到的算法, 像 MBIE 和 UCLR2 都有可靠的高效探索性, 是基于模型的算法的例子. MBRL 也提供了一个 RL 和规划之间的自然链接. 我们将在下面讨论一些例子.

模型预测控制 到目前为止, 在本章中, 我们的重点是尝试学习最优策略 $\pi_*(s)$, 然后可以在运行时使用它来为任何给定的状态 s 快速选择最优动作. 然而, 我们可以避免提前执行所有这些工作, 而是等到我们知道自己处于什么状态时 (称为 s_t), 再使用模型来预测未来的状态还有可能执行的动作序列的回报. 然后再采取最优动作并在下一步重复这个过程. 更准确地, 我们可以计算

$$a_{t:t+H-1}^* = \arg\max_{a_{t:t+H-1}} \mathbb{E}\left[\sum_{h=1}^{H-1} R(s_{t+h}, a_{t+h}) + \hat{V}(s_{t+H})\right], \tag{10.38}$$

这里期望是在从状态 s_t 开始执行 $a_{t:t+H-1}$ 得到的状态序列上计算的. 这里 H 被称为规划尺度, $\hat{V}(s_{t+H})$ 是在此 H 步预测过程结束时剩余奖励的估计. 这个被称为逐渐缩短的周期控制或者模型预测控制 (model predictive control, MPC). 我们将在下面讨论一些特殊情况.

启发式搜索 如果状态空间和动作空间是有限的, 我们可以精确地求解式 (10.38), 尽管时间复杂度随着 H 的增加呈指数级增长. 然而, 在许多情况下, 我们可以删除不看好的轨迹, 从而使该方法在大规模问题中是可行的.

具体来说, 考虑一个离散的、确定性的 MDP, 其中回报最大化对应于找到一条到达目标状态的最短路径. 我们可以根据所有可能的动作展开当前状态的后继者, 试图找到目标状态. 由于搜索树随深度呈指数增长, 我们可以使用启发式函数来确定要展开的节点的优先顺序, 这称为最佳优先搜索.

如果启发式函数是到目标的真实距离的乐观下界, 则称其为可接受的; 如果我们的目标是最大化总收益, 可接受性意味着启发式函数是真实价值函数的上界. 可接受性确保我们永远不会错误地删除搜索空间的部分. 在这种情况下, 所得到的算法称为 A^* 搜索, 是最优的.

蒙特卡罗树搜索 MCTS (Monte-Carlo tree search, 蒙特卡罗树搜索) 类似于启发式搜索, 但它学习每个遇到的状态的价值函数, 而不是依赖于手动设计的启发式. MCTS 适用于包括 MDP

在内的一般顺序决策问题.

MCTS 方法构成了 AlphaGo 和 AlphaZero 程序的基础, 这些程序可以使用对环境已知的模型下围棋、国际象棋和日本象棋. MuZero 方法和随机 MuZero 方法将其扩展到世界模型也是可学习的情况. 搜索树中中间节点的动作价值函数由深度神经网络表示, 并使用我们在之前讨论的 TD 方法进行更新. MCTS 方法也被应用到许多其他类型的序列决定问题中, 例如用于顺序创建分子实验设计.

连续动作空间的轨迹优化 对于连续动作空间, 我们不能枚举搜索树中所有可能的分支. 式 (10.38) 可以被看作是一个非线性程序, 这里 $a_{t:t+H-1}$ 是可以优化的实值参数. 如果系统是线性的, 并且奖励函数对应于负的二次函数, 则可以使用数学方法求解最优动作序列, 例如使用 LQG (linear quadratic Gaussian, 线性二次高斯) 控制器. 然而, 这个问题在一般情况下是很难解决的, 通常要用数值方法去解决, 例如 "射击" 法和 "插值" 法. 其中的许多算法都是以迭代的形式进行, 从初始化的动作序列开始, 然后进行优化. 这个过程重复进行直到收敛.

其中一个例子是 DDP (differential dynamic programming, 微分动态规划). 在每一次迭代中, DDP 从一个参考轨迹开始, 围绕轨迹上的状态将系统动力学线性化, 形成奖励函数的局部二次近似. 这个系统可以用 LQG 来解决, 其最优解会产生一个新的轨迹. 然后算法进入下一次迭代, 以新的轨迹作为参考轨迹.

还有其他可选的方法, 包括黑箱 (无梯度) 优化方法, 如交叉熵法.

结合基于模型和无模型的方法 在 10.3 节中, 我们讨论了 MPC (model predictive control, 模型预测控制), 使用模型来决定在每一步使用什么动作. 然而, 这可能很慢, 而且当模型不准确时, 会出现问题. 另一种方法是使用学习到的模型来帮助减少策略学习的样本复杂性.

有很多方式可以来这样做. 一种方法是根据模型生成轨迹数据, 然后在数据上训练一个策略或 Q 函数. 这就是著名的 Dyna 方法的基础.

还可以训练一个模型来预测未来的状态和奖励, 并随后将这个模型的隐藏状态作为基于策略的学习方法的额外背景. 这有助于克服部分可观测性. 该方法称为想象力增强型智能体.

使用高斯过程的 MBRL 这一节给出了一些已经被用于学习低维连续控制问题的动力学模型的例子. 这样的问题经常出现在机器人领域里. 由于动力学常常是非线性的, 因此使用灵活的、有效的模型系列是很有用的, 比如高斯过程. 我们将使用 s 和 a 这样的符号来表示状态和行动, 以强调它们是矢量.

PILCO 我们首先介绍 PILCO (probabilistic inference for learning control, 学习控制的概率推理) 方法. 它对连续控制问题具有极高的数据效率, 能够在几分钟内对真实的物理机器人进行从头学习.

PILCO 假设世界模型的形式为 $s_{t+1} = f(s_t, a_t) + \varepsilon_t, \varepsilon_t \sim N(0, \Sigma)$, f 是一个未知的连续函数. 基本想法是基于一些初始随机轨迹, 学习 f 的一个高斯过程近似, 然后用这个模型来生成长度为 T 的轨迹, 这些轨迹可以用来计算当前策略的期望成本, 即 $J(\pi_\theta) = \sum_{t=1}^{T} \mathbb{E}_{a_t \sim \pi_\theta}[c(s_t)]$, 这里 $s_0 \sim p_0$. 如果对每一步的状态分布作一个高斯假设, 那么这个函数及其相对于 θ 的梯度可以确定地计算, 因为高斯信任状态可以通过 GP (Gaussian process, 高斯过程) 模型确定性地传播.

因此, 我们可以使用确定性批优化方法来优化策略参数 θ, 例如 Levenberg-Marquardt, 而不是将 SGD 应用于采样轨迹.

GP-MPC　　GP-MPC 是 PILCO 的改进版本. 它结合了 GP 动力学模型和模型预测控制. 特别是, 它使用了开环控制策略得到一列动作, $a_{t:t+H-1}$, 而不是根据策略进行采样. 它通过矩匹配计算出未来状态轨迹的高斯近似, $p(s_{t+1:t+H}|a_{t:t+H-1}, s_t)$, 然后使用这个来准确计算期望回报和相对于 $a_{t:t+H-1}$ 的梯度. 使用这个可以求解式 (10.38) 来找到 $a^*_{t:t+H-1}$; 最终再执行第一步 a^*_t, 然后重复整个过程.

GP-MPC 和基于策略的 PILCO 相比的优势是它可以更容易控制限制, 数据更加高效, 因为它在每一步之后 (而不是在轨迹的末尾) 都不断更新 GP 模型.

使用 DNN 的 MBRL　　高斯过程在大样本和高维数据情况下表现不好而 DNN (deep neural network, 深度神经网络) 在这种机制下工作得更好. 然而, 它们并没有自然地对不确定性建模, 这可能会导致 MPC 方法失败. 在这里, 我们提到一些已经用于 MBRL 的用 DNN 表示不确定性的方法. 深度 PILCO 方法使用 DNN 和蒙特卡罗 dropout 来表示不确定性.

由于这些都是随机方法 (相对于上面的 GP 方法), 它们可能会受到预测回报的高方差的影响, 这可能会使 MPC 控制器难以选择最优动作. 我们可以用随机数技巧来减少方差, 所有的模拟都共享相同的随机种子, 所以 $J(\pi_\theta)$ 的差异可以归因于 θ 的变化而不是其他因素.

使用隐变量模型的 MBRL　　在这节中, 我们描述了一些学习隐变量模型的方法, 而不是试图直接预测观测空间中的动力学, 当状态是图像时, 这是很难做到的.

世界模型　　"World Models" 论文展示了如何学习两个简单视频游戏 (赛车和类似 Vizdoom 的环境) 的生成模型, 以便该模型可以用于完全在模拟中训练策略. 首先, 收集一些随机经验, 并使用它来拟合 VAE 模型, 以降低图像的维度, 从 $x_t \in \mathbb{R}^{64 \times 64 \times 3}$ 到潜在变量 $z_t \in \mathbb{R}^{64}$. 然后, 我们训练一个递归神经网络 (recurrent neural network, RNN) 来预测 $p(z_{t+1}|z_t, a_t, h_t)$, 这里 h_t 是确定性 RNN 状态, a_t 是连续的动作向量 (这里是三维的). RNN 的排放模型是一个混合密度网络, 以便为多模式的情况建模. 最后, 我们用 z_t 和 h_t 作为输入来训练控制器; 这里 z_t 是当前帧的紧凑表示, h_t 是对 z_{t+1} 上的预测分布的紧凑表示.

世界模型的作者使用一种叫做 CMA-ES 的无导数优化器来训练控制器, 它可以比策略梯度方法效果更好. 然而, 它不能扩展到高维度. 为了解决这个问题, 作者使用了一个线性控制器, 它只有 867 个参数. 相比之下, VAE 有 4.3M 的参数, MDN-RNN 有 422K. 幸运的是, 这两个模型可以用无监督的方式用随机模拟的数据进行训练, 因此样本效率当训练策略时没有那么关键.

到目前为止, 我们已经描述了如何使用生成模型学到的表征作为控制器的信息特征, 但控制器仍然是通过与真实世界的互动来学习的. 令人惊讶的是, 我们还可以完全在 "梦模式" 下训练控制器, 在这种模式下, 在时间 t 来自 VAE 解码器的生成图像作为输入在时间 $t+1$ 反馈到 VAE 编码器, 并且训练 MDN-RNN 以预测下一个奖励 r_{t+1} 以及 z_{t+1}. 不幸的是, 这种方法并不总是有效的, 因为模型 (以无监督的方式训练) 可能无法捕获与任务相关的特征 (由于拟合不足), 并且可能记忆与任务无关的特征 (由于过度拟合). 控制器可以学习利用模型中的弱点 (类似于对抗性攻击) 并获得高模拟回报, 但这样的控制器在转移到现实世界时可能不会很好地工作.

解决这一问题的一种方法是人为地增加 MDN 模型的方差 (通过使用温度参数 τ), 以便使生成的样本更随机. 这迫使控制器对较大的变化保持健壮性; 然后, 控制器将把真实世界视为另一种噪声. 这类似于域随机化技术, 该技术有时用于模拟到真实的应用.

PlaNet 和 Dreamer 世界模型的方法中首先学习世界模型, 然后训练控制器. 对于较难的问题, 有必要迭代这两个步骤, 以便可以根据控制器收集的数据以迭代的方式训练模型.

在本节中, 我们将描述一种这种方法, 称为 PlaNet.PlaNet 使用 POMDP 模型, 其中 z_t 是潜伏状态, s_t 是观察值, a_t 是动作, r_t 是奖励. 它使用变分推理来拟合形式为 $p(z_t|z_{t-1}, a_{t-1})p(s_t|z_t)$ $p(r_t|z_t)$ 的递归状态空间模型, 其中后验近似为 $q(z_t|s_{1:t}, a_{1:t-1})$. 在将模型拟合到一些随机轨迹后, 系统使用推理模型计算当前的信任状态, 然后使用 CEM (cross-entropy method, 交叉熵方法) 寻找下一个 H 步的动作序列, 通过在潜在空间中进行优化来最大化期望回报. 然后, 系统执行 a_t^*, 更新模型, 并重复整个过程. 为了鼓励动力学模型捕捉长期轨迹, 他们使用了 "潜在超调" 训练方法. 在各种基于图像的连续控制任务上, PlaNet 方法优于无模型方法, 如 A3C 10.3 和 D4PG 10.3.

尽管 PlaNet 是样本高效的, 但它在计算上并不高效. 例如, 他们使用包含 1000 个样本和 10 次迭代的 CEM 来优化长度为 12 的视界轨迹, 这需要对过渡动态进行 120 000 次评估才能选择单个动作. 可以通过用可微的 CEM 代替 CEM 来改进这一点, 然后在动作序列的潜在空间中进行优化. 这要快得多, 但效果并不是很好. 但是, 由于整个策略现在是可区分的, 因此可以使用 PPO 对其进行微调, 从而以微不足道的成本缩小性能差距.

最近提出了 PlaNet 的一个扩展, 称为 Dreamer. 本文用潜在空间中基于梯度的 actor-critic 学习策略网络 $\pi(a_t|z_t)$ 代替在线预测控制规划器. 推理和生成模型是通过最大化 ELBO 来训练的, 就像在 PlaNet 中一样. 策略由 SGD 训练以使价值函数预测的期望总回报最大化, 而价值函数由 SGD 训练以最小化预测的未来奖励与 TD(λ) 估计之间的均方误差. 他们表明, Dreamer 比 PlaNet 提供了更好的结果, 大概是因为是 Dreamer 学习了一种策略来优化长期回报 (根据价值函数估计), 而不是依赖于基于短期推出的 MPC.

模型误差的稳健性 MBRL 的主要挑战是, 模型中的错误可能会由于分布偏移问题而导致最终策略的性能较差. 也就是说, 该模型被训练成使用某些行为策略 (例如, 当前策略) 来预测它已经看到的状态和奖励, 然后被用来在所学习的模型下计算最优策略. 当遵循后一种策略时, 智能体将经历不同的状态分布, 在这种情况下, 学习的模型可能不是真实环境的很好近似.

我们需要模型以一种鲁棒的方式更新状态和动作. 如果做不到这一点, 该模型至少应该能够量化其不确定性.

10.5 离轨策略学习

我们已经看到了 Q-Learning 等离轨策略学习方法的例子. 它们不要求训练数据由其试图评估或改进的策略生成. 因此, 通过利用其他策略生成的数据, 它们往往比在轨策略算法具有更高的数据效率. 它们在实践中也更容易应用, 特别是在必须考虑遵循新策略的成本和风险的领域. 本节介绍了这一重要主题.

离轨策略学习中的一个关键挑战是, 数据分布通常与所需的不同, 必须处理这种不匹配. 例如, 在轨迹中的时间 t 访问状态 s 的概率不仅取决于 MDP 的转换模型, 而且取决于正在遵循的策略. 如果我们想要估计 $J(\pi)$, 但是轨迹是由一个不同的策略 π' 生成, 简单地将数据中的回报平均化得到的只是 $J(\pi')$, 而不是 $J(\pi)$. 我们必须以某种方式纠正差距, 或者说 "偏见". 另一个挑战是, 离轨策略数据也可能使算法不稳定和发散.

消除分布的不匹配在离轨策略学习中并不是独一无二的, 在有监督学习中也是需要的, 以处理协变量转移, 以及因果效应估计等. 离轨策略学习也与离线 RL (又称批量 RL) 密切相关: 前者强调数据与智能体策略之间的分布不匹配, 后者强调数据是静态的, 不允许与环境进行进一步的在线交互. 显然, 在具有固定数据的离线场景中, 离轨策略学习通常是一个关键的技术组件.

最后, 虽然这一节侧重于 MDP, 但大多数方法都可以简化和调整, 以适应强盗问题的特殊情况. 事实上, 离轨策略的方法已经成功地应用于许多行业的强盗问题.

基本技术　我们从四个基本技术开始, 并将在随后的章节中考虑更复杂的问题. 离轨策略的数据假设是一些轨迹的集合: $\mathcal{D} = \{\tau^{(i)}\}_{1 \leqslant i \leqslant n}$, 每一个轨迹都是一个序列: $\tau^{(i)} = (s_0^{(i)}, a_0^{(i)}, r_0^{(i)}, s_1^{(i)}, \cdots)$. 这里奖励和下一个状态是根据状态转移模型和奖励模型进行采样的; 动作由一个行为策略 π_b 进行选择, 与整个策略和智能体正在进行计算或改进的目标策略 π_e 不同. 当 π_b 未知时, 我们处于一个行为不可知的离轨策略环境中.

直接方法　离轨策略学习的一种自然方法是根据离轨策略数据估计 MDP 的未知回报模型和状态转移模型. 这可以分别在回报模型和状态转移模型上使用回归和密度估计方法来完成, 以获得 $\hat{R}$ 和 $\hat{P}$; 然后, 这些估计模型为我们提供了一种廉价的方式来 (近似地) 模拟原始的 MDP, 并且我们可以对模拟的数据应用在轨策略的方法. 这种方法直接模拟在一种状态下采取行动的结果, 因此被称为直接方法, 有时被称为回归估计器和插件估计器.

虽然直接方法是自然的和有效的, 但它有一些局限性. 首先, 模拟器中的微小估计误差在长期问题中具有复合效应 (或者说当折扣因子 γ 接近 1). 因此, 针对 MDP 模拟器进行优化的智能体可能会超出估计误差. 遗憾的是, 学习 MDP 模型, 特别是状态转移模型通常是困难的, 这使得该方法仅限于可以高保真地学习 $\hat{R}$ 和 $\hat{P}$ 的领域.

重要性采样　第二个方法依赖于 IS (importance sampling, 重要性采样) 来矫正离轨策略数据的分布不匹配. 为了证明这一想法, 考虑以下估计具有固定范围 T 的目标策略价值 $J(\pi_e)$. 相应地, $\mathcal{D}$ 中轨迹的长度也是 T. 那么最先提出的 IS 离轨策略估计由下式给出

$$\hat{J}_{\mathrm{IS}}(\pi_e) \stackrel{\triangle}{=\!=} \frac{1}{n} \sum_{i=1}^{n} \frac{p(\tau^{(i)} | \pi_e)}{p(\tau^{(i)} | \pi_b)} \sum_{t=0}^{T-1} \gamma^t r_t^{(i)}. \tag{10.39}$$

可以证明 $\mathbb{E}_{\pi_b}[\hat{J}_{\mathrm{IS}}(\pi_e)] = J(\pi_e)$, 即 $\hat{J}_{\mathrm{IS}}(\pi_e)$ 是无偏的, 假设当 $p(\tau | \pi_e) > 0$ 时, 有 $p(\tau | \pi_b) > 0$. 重要性比例 $\dfrac{p(\tau^{(i)} | \pi_e)}{p(\tau^{(i)} | \pi_b)}$ 主要是用来补偿数据时从根据 π_b 而不是 π_e 进行采样的事实. 并且, 这个比例不依赖于 MDP 模型, 因为对任意轨迹 $\tau = (s_0, a_0, r_0, s_1, a_1, r_1, s_2, \cdots, s_T)$, 有

$$\frac{p(\tau | \pi_e)}{p(\tau | \pi_b)} = \frac{p(s_0) \prod_{t=0}^{T-1} \pi_e(a_t | s_t) p_T(s_{t+1} | s_t, a_t) p_R(r_t | s_t, a_t, s_{t+1})}{p(s_0) \prod_{t=0}^{T-1} \pi_b(a_t | s_t) p_T(s_{t+1} | s_t, a_t) p_R(r_t | s_t, a_t, s_{t+1})} = \prod_{t=0}^{T-1} \frac{\pi_e(a_t | s_t)}{\pi_b(a_t | s_t)}. \tag{10.40}$$

只要知道目标和行为策略, 这种简化就可以让应用 IS 变得简单. 如果行为策略是未知的, 我们可以根据 $\mathcal{D}$ 来估计它 (使用 DNN 或其他方法), 用估计 $\hat{\pi}_b$ 来代替 π_b. 为了简便, 定义 t 时刻的单步重要性比例为 $p_t(\tau) \triangleq \pi_e(a_t|s_t)/\pi_b(a_t|s_t)$, 类似地, 有 $\hat{p}_t(\tau) \triangleq \pi_e(a_t|s_t)/\hat{\pi}_b(a_t|s_t)$.

虽然 IS 原则上可以消除分布不匹配, 但在实践中, 它的可用性往往受到其潜在的高方差的限制. 事实上, 如果 $p(\tau^{(i)}|\pi_e) \gg p(\tau^{(i)}|\pi_b)$, 则式 (10.39) 中的重要性比例可以任意大. 对基本 IS 估计器可以有许多改进. 一种改进是基于这样的观察, 即奖励 r_t 与时间 t 之后的轨迹无关. 这导出一个逐决定的重要性采样 (per-decision importance sampling) 变种, 通常产生更低的方差

$$\hat{J}_{\mathrm{PDIS}}(\pi_e) \triangleq \frac{1}{n}\sum_{i=1}^{n}\sum_{t=0}^{T-1}\prod_{t'\leqslant t} p_{t'}\left(\tau^{(i)}\right)\gamma^t r_t^{(i)}. \tag{10.41}$$

还有许多其他变体, 如自归一化 IS 和截断 IS, 它们都旨在减少方差, 可能是以小的偏差为代价; 在 10.6 节中, 我们将讨论改进 IS 的另一种系统方法.

还可以应用 IS 来针对式 (10.14) 中给出的策略价值来改进策略. 然而, 直接应用式 (10.40) 进行计算会导致一个和 IS 有关的基本问题. 现在考虑如下对策略价值的估计

$$J_b(\pi_\theta) \triangleq \mathbb{E}_{p_\beta^\infty(s)}\left[\sum_a \pi_\theta(a|s)Q_\pi(s,a)\right]. \tag{10.42}$$

对上式进行微分, 并忽略 $\nabla_\theta Q_\pi(s,a)$, 得到一个用单步 IS 校正比例来估计离轨策略梯度的方式

$$\nabla_\theta J_b(\pi_\theta) \approx \mathbb{E}_{p_\beta^\infty(s)}\left[\sum_a \nabla_\theta \pi_\theta(a|s)Q_\pi(s,a)\right]$$
$$= \mathbb{E}_{p_\beta^\infty(s)\beta(a|s)}\left[\frac{\pi_\theta(a|s)}{\beta(a|s)}\nabla_\theta \log_e \pi_\theta(a|s)Q_\pi(s,a)\right].$$

最后, 我们注意在表格 MDP 的情况, 存在一个在所有状态下都是最优的策略 π_*. 这个策略将 J 和 J_b 同步最大化, 因此, 只要所有状态都被行为策略 π_b "覆盖", 式 (10.42) 就可以很好地代表式 (10.14). 当所考虑的一组价值函数或策略具有足够的表现力时, 情况类似: 一个例子是一种类似 Q-Learning 的算法叫做 Retrace. 不幸的是, 通常, 当我们使用价值函数或策略的参数族时, 这种一致最优性会丢失, 并且状态的分布直接影响算法所找到的解. 我们将在后面重新讨论此问题.

双倍鲁棒性 我们可以将前面讨论的直接法和 IS 结合起来. 考虑在强盗问题中估计 $J(\pi_e)$ 的问题, 即在 $\mathcal{D}$ 中 $T=1$. DR (double robust, 双倍鲁棒性) 估计器是

$$\hat{J}_{\mathrm{DR}}(\pi_e) \triangleq \frac{1}{n}\left(\frac{\pi_e(a_0^{(i)}|s_0^{(i)})}{\hat{\pi}_b(a_0^{(i)}|s_0^{(i)})}\left(r_0^{(i)}-\hat{Q}(s_0^{(i)},a_0^{(i)})\right)+\hat{V}(s_0^{(i)})\right), \tag{10.43}$$

这里 $\hat{Q}$ 是对 Q_{π_e} 的估计, 可以用 10.2 节中提到的方法获得 $\hat{V}(s)=\mathbb{E}_{\pi_e(a|s)}[\hat{Q}(s,a)]$. 如果 $\hat{\pi}_b=\pi_b$, 那么 $\hat{Q}$ 的平均被 $\hat{V}$ 抵消, 可以得到 IS 估计是无偏的; 如果 $\hat{Q}=Q_{\pi_e}$, 那么 $\hat{Q}$ 的平均被奖励抵消, 可以得到和在直接法中一样的估计, 同样是无偏的. 换句话说, 式 (10.43) 中的估计是无偏的, 只要 $\hat{\pi}_b$ 和 $\hat{Q}$ 两个估计之一是正确的. 这一观察证明了双重稳健这一名称的合理性.

上述 DR 估计器可以递归地扩展到 MDP, 从最后一步开始. 给定一个长度为 T 的轨迹 τ, 定义 $\hat{J}_{\mathrm{DR}}[T] \triangleq 0$, 对于 $t < T$,

$$\hat{J}_{\mathrm{DR}}[t] \triangleq \hat{V}(s_t) + \hat{p}_t(\tau)(r_t + \gamma \hat{J}_{\mathrm{DR}}[t+1] - \hat{Q}(s_t, a_t)), \tag{10.44}$$

这里 $\hat{Q}(s_t, a_t)$ 是对剩余 $T-t$ 步累积奖励的估计. $J(\pi_e)$ 的 DR 估计器定义为 $\hat{J}_{\mathrm{DR}}(\pi_e)$, 是在 $\mathcal{D}$ 中 n 个轨迹上 $\hat{J}_{\mathrm{DR}}[0]$ 的均值. 可以证明 (留作练习) 递归的定义等价于

$$\hat{J}_{\mathrm{DR}}[0] = \hat{V}(s_0) + \sum_{t=0}^{T-1} \left(\prod_{t'=0}^{t} \hat{p}_{t'}(\tau) \gamma^t (r_t + \gamma \hat{V}(s_{t+1}) - \hat{Q}(s_t, a_t)) \right). \tag{10.45}$$

这个形式可以通过设置 $T \to \infty$ 被拓展到无限长度. 除了双重稳健性外, 该估计器还被证明在某些条件下会产生最小方差. 最后, DR 估计器可以被纳入策略梯度中进行策略优化, 以减少梯度估计方差.

行为正则化方法　前面讨论的三种方法并没有对目标策略 π_e 施加任何约束. 通常情况下, π_e 与 π_b 的差异越大, 我们的离轨策略估计就越不准确. 因此, 当我们在离线 RL 中优化一个策略时, 一个自然的策略是偏爱与行为策略 "接近" 的目标策略. 类似的想法在保守的策略梯度中也有讨论.

一种方法是对两个策略之间的相似性施加一个硬约束. 我们可以修改 DQN 的损失函数

$$\mathcal{L}_1^{\mathrm{DQN}}(\omega) \triangleq \mathbb{E}_{(s,a,r,s') \sim \mathcal{D}} \left[(r + \gamma \max_{\pi: D(\pi, \pi_b) \leqslant \varepsilon} \mathbb{E}_{\pi(a'|s')} [Q_{\omega^-}(s', a')] - Q_\omega(s, a))^2 \right]. \tag{10.46}$$

在上面, 我们用一个期望值来代替 $\max\limits_{a'}$ 操作, 该期望值与行为策略保持足够的接近, 由某个距离函数 D 来衡量.

我们还可能通过惩罚差异太大的目标策略, 对近似程度施加软约束. DQN 的损失函数可以修改为

$$\mathcal{L}_2^{\mathrm{DQN}}(\omega) \triangleq \mathbb{E}_{(s,a,r,s') \sim \mathcal{D}} \left[\left(r + \gamma \max_\pi \mathbb{E}_{\pi(a'|s')} [Q_{\omega^-}(s', a')] - \alpha \gamma D(\pi(s'), \pi_b(s')) - Q_\omega(s, a) \right)^2 \right]. \tag{10.47}$$

函数 D 在 hard 和 soft 约束情况下都可以有许多选择, 例如 KL 散度.

最后, 可以将行为正则化和以前的方法 (如 IS) 结合起来, 其中前者确保了后者的较小方差和更好的泛化. 在许多情况下, 我们希望考虑长期分布 p_β^∞ 和 p^∞ 之间的差异, 这是我们接下来要讨论的.

轨迹长度带来的问题　前面介绍的 IS 和 DR 方法都是依靠重要性比例来纠正分布不匹配. 该比例取决于整个轨迹, 其方差关于轨迹长度 T 呈指数级增长. 相应地, 对离轨策略情况下策略价值或者策略梯度的估计都会有指数级的大方差 (因此准确率很低). 通过近似方法例如 Q-Learning 或者离轨策略的 actor-critic 方法找到的策略通常因为分布的不匹配有很难控制的误差.

这里讨论应对这一挑战的方法, 即考虑状态-行动分布的修正, 而不是轨迹分布的修正. 这一变化是至关重要的: 描述一个例子, 在这个例子中, 行为和目标策略下的状态-行动分布是相同的, 但一个轨迹的重要性比例会呈指数级增长. 现在更方便的是, 假设离轨策略数据由一组

四元组组成: $\mathcal{D} = \{(s_i, a_i, r_i, s_i')\}_{1 \le i \le m}$, $(s_i, a_i) \sim p_{\mathcal{D}}$(一些固定但未知的采样分布, 例如 p_β^∞), r_i 和 s_i' 是根据 MDP 的奖励模型和状态转移模型采样的. 给定策略 π, 我们希望计算纠正的比例 $\zeta_*(s, a) = p_\pi^\infty(s, a)/p_{\mathcal{D}}(s, a)$, 它让我们可以重新得到策略价值式 (10.14):

$$J(\pi) = \frac{1}{1-\gamma} \mathbb{E}_{p_\pi^\infty(s,a)}[R(s,a)] = \frac{1}{1-\gamma} \mathbb{E}_{p_\beta^\infty(s,a)}[\zeta_*(s,a)R(s,a)]. \quad (10.48)$$

为了简化, 我们假设初始状态分布 p_0 已知, 或者较容易从 p_0 进行采样. 这个假设在实际中较容易满足. 出发点是对任何给定的 π 如下线性程序表述

$$\max_{d \ge 0} -D_f(d \| p_{\mathcal{D}}) \quad \text{s.t.} \quad d(s,a) = (1-\gamma)\mu_0(s)\pi(a|s) + \gamma \sum_{\bar{s},\bar{a}} p(s|\bar{s},\bar{a})d(\bar{s},\bar{a})\pi(a|s) \forall (s,a),$$

$$(10.49)$$

这里 D_f 是 f-散度. 该约束给出了在策略 π 下在 $S \times A$ 的空间中一个流动条件. 在一般条件下, p_π^∞ 是唯一满足流动约束的解, 所以目标不影响解, 但会方便下面的推导. 现在我们可以得到拉格朗日乘子, 乘数为 $\{v(s,a)\}$, 并使用变量变化 $\zeta(s,a) = d(s,a)/p_{\mathcal{D}}(s,a)$ 来得到以下优化问题

$$\max_{\zeta \ge 0} \min_v l(\zeta, v) = \mathbb{E}_{p_{\mathcal{D}}(s,a)}[-f(\zeta(s,a))] + (1-\gamma)\mathbb{E}_{p_0(s)\pi(a|s)}[v(s,a)]$$
$$+ \mathbb{E}_{\pi(a'|s')p(s'|s,a)p_{\mathcal{D}}(s,a)}[\zeta(s,a)(\gamma v(s',a') - v(s,a))]. \quad (10.50)$$

可以证明式 (10.50) 的鞍点必须与期望的校正率 ζ_* 相吻合. 在实践中, 我们可以对 ζ 和 v 进行参数化, 并在离轨策略数据 $\mathcal{D}$ 上应用双时间尺度的随机梯度下降/上升, 以解决鞍点近似问题. 这就是 DualDICE 方法, 有个改进版本是 GenDICE 方法.

和 IS、DR 方法相比, 式 (10.50) 没有计算一条轨迹的重要性比例, 因此有更小的方差. 此外, 它是和行为无关的, 不用估计行为策略, 甚至不必假设数据由轨迹的集合组成. 最终, 这个方法可以被延伸为双重稳健, 并针对真正的策略价值 $J(\pi)$ 优化策略.

致命的三合会 除了引入偏差之外, 离轨策略数据也可能使基于价值的 RL 方法不稳定, 甚至出现发散. 考虑简单 MDP, 它有七个状态和两个动作. 采取 dashed 动作将环境均匀地随机带到六个上层状态, 而 solid 动作则将其带到底层状态, 在所有的状态转移中, 奖励都是 0, 而 $\gamma = 0.99$. 价值函数 V_ω 使用线性参数化, $\omega \in \mathbb{R}^8$. 目标策略 π 总是在每个状态下选择 solid 动作. 显然, 真正的价值函数 $V_\pi(s) = 0$, 可以通过设置 $\omega = 0$ 来准确表示.

假设我们用一个行为策略 b 来产生一个轨迹, 它在每个状态下分别以 6/7 和 1/7 的概率选择 dashed 和 solid 动作. 即便这个问题很简单, 但是如果在这个轨迹上应用 TD(0), 那么参数会发散到 ∞. 相反, 对于在轨策略的数据, 具有线性近似的 TD(0) 可以保证收敛到一个好的价值函数近似.

在许多基于价值的自举方法中, 包括 TD、Q-Learning 和相关的近似动态编程算法, 都有发散的表现, 无论价值函数是线性表示的 (像上面的例子) 还是非线性的. 这个发散现象的根本原因是当 V 用 V_ω 来近似时, 表格情况下的收缩属性可能不再成立. 当一个 RL 算法有这三个部分时, 它可能变得不稳定. 例如离轨策略学习、自举和函数近似这个结合就是致命的三合会. 它强调了离轨策略学习带来的另一个重要挑战, 也是正在进行研究的主题.

确保离轨策略学习收敛的一般方法是构建一个目标函数, 该函数的最小化会导致一个良好的价值函数近似. 一个自然的候选者是贝尔曼最优方程的左右两边的差值, 它的最优解是 V_*.

然而,"最大"运算符对优化并不友好. 相反, 我们可以引入一个熵项来平滑贪婪策略, 导出 PCL (path consistency learning, 路径一致性学习) 的差分平方损失

$$\min_{V,\pi} l^{\mathrm{PCL}}(V, \pi) \triangleq \mathbb{E}\left[\frac{1}{2}(r + \gamma V(s') - \lambda \log_e \pi(a|s) - V(s))^2\right]. \tag{10.51}$$

期望是根据一些离轨策略的分布得到的四元组 (s, a, r, s') 计算的. 然而最小化这个损失并不能得到最优的价值函数和策略, 由于一个叫做 "重采样" 的问题.

这个问题可以通过在优化中引入一个二次函数来缓解

$$\min_{V,\pi} \max_{v} l^{\mathrm{SBEED}}(V, \pi, v) \triangleq \mathbb{E}\left[v(s, a)(r + \gamma V(s') - \lambda \log_e \pi(a|s) - V(s))^2 - v(s, a)^2/2\right], \tag{10.52}$$

其中 v 属于某个函数类. 可以证明, 优化式 (10.52) 迫使 v 成为贝尔曼误差的模型. 因此, 这种方法被称为 SBEED (smoothed Bellman error embedding, 平滑的贝尔曼误差嵌入). 在 PCL 和 SBEED 中, 目标可以通过基于梯度的方法对参数化的价值函数和策略进行优化.

10.6　基于概率推理的强化学习方法

在本节中, 我们将从概率推理的角度学习另一种策略优化的方法. 这被称为 controls as inference. 这种方法允许人们在建模中纳入领域知识, 并在一个一致和灵活的框架中应用近似推理的强大工具.

最大熵强化学习　我们现在描述一个图模型, 可以导出和之前讨论的一些算法密切相关的 RL 算法. 该模型允许在奖励和熵最大化之间进行权衡, 并在权衡中的熵部分消失时恢复标准 RL 设置. 图 10.2 给出了一个概率模型, 它不仅像以前一样捕获状态转移, 而且还引入了一个新的变量 o_t. 这个变量是二元的, 用于表示在时间 t 的动作是否是最优的, 并且具有以下的概率分布

$$p(o_t = 1|s_t, a_t) = \exp(\lambda^{-1} R(s_t, a_t)), \tag{10.53}$$

$\lambda > 0$ 是温度参数, 后面会说明它的作用. 在上面, 我们假设 $R(s, a) < 0$, 所以式 (10.53) 给出了一个有效的概率. 此外, 为了简化论述, 我们可以假设一个非信息性的、统一的动作先验 $p(a_t, s_t)$, 这样我们可以将 $p(a_t, s_t)$ 放入式 (10.53). 在这些假设下, 观察到长度为 T 的每一步都达到最优的轨迹 τ 的可能性为

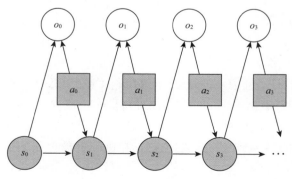

图 10.2　最优控制图模型

$$p(\tau|o_{0:T-1} = 1) \propto p(\tau, o_{0:T-1} = 1) \propto p(s_0) \prod_{t=0}^{T-1} p(o_t = 1|s_t, a_t) p_T(s_{t+1}|s_t, a_t)$$

$$= p(s_0) \prod_{t=0}^{T-1} p_T(s_{t+1}|s_t, a_t) \exp\left(\frac{1}{\lambda} \sum_{t=0}^{T-1} R(s_t, a_t)\right). \tag{10.54}$$

当状态转移确定时, 式 (10.54) 的直觉最清楚. 在这种情况下, $p_T(s_{t+1}|s_t, a_t)$ 是 0 或者 1, 取决于状态转移是否动态可行. 因此如果 τ 是可行的, 那么 $p(\tau|o_{0:T-1} = 1)$ 和 $\exp(\lambda^{-1} \sum_{t=0}^{T-1} R(s_t, a_t))$ 成比例, 否则为 0. 最大化回报等价于推导出一个最大化 $p(\tau|o_{0:T-1} = 1)$ 的轨迹.

这个概率模型的最优策略由下式给出

$$p(a_t|s_t, o_{t:T-1} = 1) = \frac{p(s_t, a_t|o_{t:T-1} = 1)}{p(s_t|o_{t:T-1} = 1)} = \frac{p(o_{t:T-1} = 1|s_t, a_t) p(a_t|s_t) p(s_t)}{p(o_{t:T-1} = 1|s_t) p(s_t)}$$

$$\propto \frac{p(o_{t:T-1} = 1|s_t, a_t)}{p(o_{t:T-1} = 1|s_t)}. \tag{10.55}$$

式 (10.55) 中这两个概率可以按照如下方式进行计算, 从 $p(o_{T-1} = 1|s_{T-1}, a_{T-1}) = \exp(\lambda^{-1} R(s_{T-1}, a_{T-1}))$ 开始,

$$p(o_{t:T-1} = 1|s_t, a_t) = \int_S p(o_{t+1:T-1} = 1|s_{t+1}) p_T(s_{t+1}|s_t, a_t) \exp(\lambda^{-1} R(s_t, a_t)) ds_{t+1} \tag{10.56}$$

$$p(o_{t:T-1} = 1|s_t) = \int_A p(o_{t:T-1} = 1|s_t, a_t) p(a_t|s_t) da_t. \tag{10.57}$$

上面的计算是昂贵的. 在实际中, 我们使用参数 $\pi_\theta(a_t|s_t)$ 来估计最优策略. 由此产生的轨迹 τ 的概率是

$$p_\theta(\tau) = p(s_1) \prod_{t=0}^{T-1} p_T(s_{t+1}|s_t, a_t) \pi_\theta(a_t|s_t). \tag{10.58}$$

我们优化 θ 使得 $D_{\mathrm{KL}}(p_\theta(\tau) \| p(\tau|o_{o:T-1} = 1))$ 最小化, 这个可以简化为

$$D_{\mathrm{KL}}(p_\theta(\tau) \| p(\tau|o_{o:T-1} = 1)) = -\mathbb{E}_{p_\theta}\left[\sum_{t=0}^{T-1} \lambda^{-1} R(s_t, a_t) + H(\pi_\theta(s_t))\right] + \mathrm{const}, \tag{10.59}$$

这里的常数依赖于均匀的动作先验 $p(a_t|s_t)$, 而不是 θ. 换句话说, 目标是最大限度地提高总回报, 熵的正则化有利于更均匀的策略. 因此这个方法被称为 MERL (maximum entropy reinforcement learning, 最大熵强化学习). 如果 π_θ 可以表示所有的概率性策略, 可以得到贝尔曼方程的 softmax 版本:

$$Q_*(s_t, a_t) = \lambda^{-1} R(s_t, a_t) + \mathbb{E}_{p_T(s_{t+1}|s_t, a_t)}\left[\log_e \int_A \exp(Q_*(s_{t+1}, a_{t+1})) da\right] \tag{10.60}$$

且对所有的 a 有 $Q_*(S_t, a) = 0$. 最优策略有一个 softmax 形式: $\pi_*(a_t, s_t) \propto \exp(Q_*(s_t, a_t))$. 注意到由于引入了熵这一项, 上面的 Q_* 和通常的最优 Q 函数不同. 然而, 当 $\lambda \to 0$ 时, 它们的差异消失了, softmax 策略变得贪婪, 恢复了标准 RL 设置.

SAC (soft actor-critic) 算法是一个离轨策略的 actor-critic 算法, 它的目标函数等价于式 (10.59)

$$J^{\text{SAC}}(\theta) \triangleq \mathbb{E}_{p_{\pi_\theta}^\infty(s)\pi_\theta(a|s)}[R(s,a) + \lambda H(\pi_\theta(s))]. \tag{10.61}$$

请注意, 熵项也有鼓励探索的额外好处.

为了计算最优策略, 和其他的 actor-critic 方法类似, 我们将要使用 "软" 的动作价值函数估计和状态价值函数估计, 分别由 ω 和 μ 参数化, 分别是

$$Q_\omega(s,a) = R(s,a) + \gamma\mathbb{E}_{p_T(s'|s,a)}[V_\mu(s',a') - \lambda\log_e\pi_\theta(a'|s')]. \tag{10.62}$$

$$V_\mu(s,a) = \lambda\log_e\sum_a\exp(\lambda^{-1}Q_\omega(s,a)). \tag{10.63}$$

这诱导了一个改进的策略 (具有熵正则化): $\pi_\omega(a|s) = \exp(\lambda^{-1}Q_\omega(s,a))/Z_\omega(s)$, 其中

$$Z_\omega(s) = \sum_a\exp(\lambda^{-1}Q_\omega(s,a))$$

是正则化参数. 然后我们执行一个软策略改进步骤, 通过最小化 $\mathbb{E}[D_{\text{KL}}(\pi_\theta(s)\|\pi_\omega(s))]$ 来更新 θ, 这里期望值是通过从经验池 $\mathcal{D}$ 中采样 s 进行估计.

有文章证明了 SAC 算法在大量连续控制任务上明显优于离轨策略的 DDPG 算法和在轨策略的 PPO 算法.

这里有一个 SAC 算法的变种, 只需要对动作价值函数建模. 它是基于策略和软价值函数由软行动价值函数诱导出来, 具体如下

$$V_\omega(s) = \lambda\log_e\sum_a\exp(\lambda^{-1}Q_\omega(s,a)). \tag{10.64}$$

$$\pi_\omega(a|s) = \exp(\lambda^{-1}(Q_\omega(s,a) - V_\omega(s))). \tag{10.65}$$

那么我们只需要使用和 DQN 相似的方法学习 ω. 由此产生的算法, 即 soft Q-Learning 是很容易使用的, 如果动作的数量很少 (当 A 是离散的), 或者从 Q_ω 中获得 V_ω 的积分很容易计算 (当 A 是连续的).

有趣的是, 在 MERL 框架中导出的算法与前面章节的 PCL 和 SBEED 有相似之处, 这两种算法都是最小化由熵平滑的贝尔曼方程产生的目标函数.

其他方法 VIREL 是 MERL 的其他选择. 和 SAC 类似, 它使用一个动作价值估计 Q_ω, 随机性策略 π_θ, 一个 t 时刻的二元最优随机变量 o_t. 对 o_t 使用一个不同的概率模型

$$p(o_t = 1|s_t,a_t) = \exp\left(\frac{Q_\omega(s_t,a_t) - \max\limits_a(s_t,a)}{\lambda_\omega}\right), \tag{10.66}$$

温度参数 λ_ω 也是参数的一部分, 可以根据数据进行更新.

EM (expectation maximization, 期望最大) 算法可以用来最大化目标函数

$$l(\omega,\theta) = \mathbb{E}_{p(s)}\left[\mathbb{E}_{\pi_\theta(a|s)}\left[\frac{Q_\omega(s,a)}{\lambda_\omega}\right] + H(\pi_\theta(s))\right], \tag{10.67}$$

p 是一些较容易进行采样的分布. 这个算法可以解释为 actor-critic 的一个实例. 在 "E" 的步骤中,

critic 的参数 ω 是固定的, actor 的参数 θ 使用梯度上升法进行更新, 步长为 η_θ (为了策略改进)

$$\theta \leftarrow \theta + \eta_\theta \nabla_\theta l(\omega, \theta), \tag{10.68}$$

在 "M" 步骤中, actor 的参数是固定的, critic 的参数进行更新 (策略评估)

$$\omega \leftarrow \omega + \eta_\omega \nabla_\omega l(\omega, \theta), \tag{10.69}$$

最后, 除了 MERL 和 VIREL 之外, 还有其他将最优控制简化为概率推理的方法. 例如, 我们可以通过优化策略参数 θ 来最大化轨迹回报 G 的期望

$$J(\pi_\theta) = \int G(\tau) p(\tau|\theta) \mathrm{d}\tau. \tag{10.70}$$

当 $G(\tau)$ 被视为概率密度时, 它可以被解释为一个伪似然函数, 并通过一系列的算法来求解 (近似). 有趣的是, 尽管涉及 θ 的分布出现在 $D_{\mathbb{KL}}$ 的第二个参数中. 这种正向 KL 发散是覆盖模式的, 在 RL 的背景下, 它被认为不如 MERL 使用的搜索模式的反向 KL 发散. 控制推理也与动态推理密切相关, 这是以神经科学中流行的 FEP (free energy perturbation, 自由能微扰) 原理为基础的. FEP 相当于使用变量推理来进行状态估计 (感知) 和参数估计 (学习). 具体来说, 考虑一个具有隐藏状态 s、观测值 y 和参数 θ 的潜在变量模型. 定义变分自由能为 $\mathcal{F}(\theta) = D_{\mathbb{KL}}(q(s, \theta|y) \| p(s, y, \theta))$. 状态估计对应于求解 $\min_{q(s|y)} \mathcal{F}(y)$, 参数估计对应于求解 $\min_{q(\theta|y)} \mathcal{F}(y)$, 就像在变分贝叶斯 EM 中一样.

为了将其扩展到决策问题, 我们可以将期望自由能定义为 $\bar{\mathcal{F}}(a) = \mathbb{E}_{q(y|a)}[\mathcal{F}(y)]$, 其中 $q(y|a)$ 是给定动作序列 a 的观测值的后验预测分布.

模仿学习 在前面的章节中, RL 代理学习最优的序列决策策略, 从而使总回报最大化. IL (imitation learning, 模仿学习), 又称学徒学习和示范学习 (learning from demonstration, LFD), 是一种不同的设置, 其中智能体不观察奖励, 但可以访问由专家策略 $\pi_{\exp}$ 生成的轨迹集合 $\mathcal{D}_{\exp}$. 即对于 $\tau = (s_0, a_0, s_1, a_1, 2, \cdots, s_T)$, $a_t \sim \pi_{\exp}(s_t)$ 对于 $\tau \in \mathcal{D}_{\exp}$. 目标是在没有奖励信号的情况下通过模仿专家来学习好的策略. IL 在我们有专家 (通常是人类) 演示的场景中有许多应用, 但设计一个好的奖励功能并不容易, 例如汽车驾驶和对话系统.

通过行为克隆进行模仿学习 一个自然的方法是行为克隆, 通过将 IL 变成监督学习. 考虑在自动驾驶中的一个应用, 它将策略解释为将状态 (输入) 映射到操作 (标签) 的分类器, 并通过最小化模拟错误来查找策略, 例如,

$$\min_\pi \mathbb{E}_{p_{\pi_{\exp}}^\infty(s)} [D_{\mathbb{KL}}(\pi_{\exp}(s) \| \pi(s))]. \tag{10.71}$$

对于 $p_{\pi_{\exp}}^\infty$ 的期望可以通过对 $\mathcal{D}_{\exp}$ 中状态取平均来进行近似. 这种方法的一个挑战是, 损失函数没有考虑 IL 的序列性质: 未来的状态分布不是固定的, 而是取决于更早的操作. 因此如果我们在分布 $p_{\pi_{\exp}}^\infty$ 下学到一个策略 π, 它的模仿误差很小, 但在分布 p_π^∞ 下可能还是产生较大的误差. 通常需要进一步的专家演示或算法增强来处理分布不匹配.

基于逆强化学习的模仿学习 逆强化学习或逆最优控制对于 IL 是一种有效的学习方法. 在这里, 我们首先推导出一个奖励函数来 "解释" 观察到的专家轨迹, 然后使用前面部分研究的任何标准 RL 算法来计算针对这个学习的奖励的 (接近) 最优策略. 奖励学习的关键步骤 (从专

家轨迹) 与标准 RL 相反, 因此称为 inverse RL.

显然, 存在无穷多个专家策略是最优的奖励函数, 例如通过几个保持最优性的变换. 为了应对这一挑战, 我们可以遵循最大熵原理, 并使用基于能量的概率模型来捕获专家轨迹是如何生成的

$$p(\tau) \propto \exp\left(\sum_{t=0}^{T-1} R_\theta(s_t, a_t)\right), \tag{10.72}$$

这里 R_θ 是未知的奖励函数. 我们用 $R_\theta(\tau) = \sum_{t=0}^{T-1} R_\theta(s_t, a_t)$ 表示沿轨迹 τ 的累计奖励. 该模型将小的概率分配给累计回报较低的轨迹. 这里 $Z_\theta \overset{\triangle}{=} \int_\tau \exp(R_\theta(\tau))$ 通常难以计算, 必须进行估计. 在这里, 我们可以采取基于样本的方法. 令 $\mathcal{D}_{\mathrm{exp}}$ 为由专家生成的轨迹集合, $\mathcal{D}$ 为由已知分布 q 生成的轨迹集合. 我们可以通过最大化似然率 $p(\mathcal{D}_{\mathrm{exp}}|\theta)$ 或等价地最小化负对数似然损失来推断 θ:

$$l(\theta) = -\frac{1}{|\mathcal{D}_{\mathrm{exp}}|}\sum_{\tau \in \mathcal{D}_{\mathrm{exp}}} R_\theta(\tau) + \log_{\mathrm{e}} \frac{1}{|\mathcal{D}|}\sum_{\tau \in \mathcal{D}} \frac{\exp(R_\theta(\tau))}{q(\tau)}. \tag{10.73}$$

损失函数里面的对数那一项是一个对 Z 进行估计的重要性采样, 只要 $q(\tau) > 0$ 对所有的 τ 成立, 那它就是无偏的. 为了减小方差, 我们可以在更新 θ 的时候自适应地选择 q. 最优的采样分布 $q_*(\tau) \propto \exp(R_\theta(\tau))$ 是很难获得的. 我们可以找到一个策略 $\hat{\pi}$, 导出的分布接近于 q_*, 例如可以使用最大熵机器学习方法. 有趣的是, 上述过程产生了推断的奖励 R_θ 以及最优策略的估计 $\hat{\pi}$. 这种方法被指导成本学习所采用, 并在机器人应用中是非常有效的.

散度最小化的模仿学习 我们现在讨论和 IL 不同但是有关联的一个方法. 回忆前面所学, 奖励函数只依赖于 MDP 中的状态和动作, 这表明如果我们可以找到一个策略 π, $p_\pi^\infty(s, a)$ 和 $p_{\pi_{\mathrm{exp}}}^\infty$ 是接近的, 那么 π 和 π_{exp} 有相似的长期回报, 这样看是对 π_{exp} 的一个好的模仿. 许多 IL 算法通过最小化 p_π^∞ 和 $p_{\pi_{\mathrm{exp}}}^\infty$ 之前的散度来找到 π.

f 是一个凸函数, D_f 是 f-散度. 根据以上的想法, 我们想最小化 $D_f\|(p_{\pi_{\mathrm{exp}}}^\infty)\|p_\pi^\infty$. 我们可以对 π 求解下述优化问题

$$\min_\pi \max_\omega \mathbb{E}_{p_{\pi_{\mathrm{exp}}}^\infty(s,a)}[T_\omega(s,a)] - \mathbb{E}_{p_\pi^\infty(s,a)}[f^*(T_\omega(s,a))], \tag{10.74}$$

这里 $T_\omega : S \times A \to \mathbb{R}$ 是一个函数, 参数为 ω. 第一个期望可以像行为克隆一样使用 $\mathcal{D}_{\mathrm{exp}}$ 进行估计, 第二个可以用策略 π 生成的轨迹进行估计. 此外, 为了实现这一算法, 我们通常使用参数化的策略表示 π_θ, 然后进行随机梯度更新, 以找到式 (10.73) 的鞍点.

根据凸函数的不同选择, 可以得到多种 IL 算法, 例如, 生成对抗模仿学习 (generative adversarial imitation learning, GAIL) 和对抗性逆向强化学习 (adversarial inverse reinforcement learning, AIRL), 还有新算法例如 f-多样性最大熵逆向强化学习和正向对抗性逆向强化学习 (forward adversa inverse reinforcement learning, FAIRL).

最后, 上述算法通常需要运行学习到的策略 π, 以近似式 (10.73) 中的第二个期望. 在风险

或成本敏感的情况下, 收集更多的数据并不总是可能的, 相反, 我们是在离轨策略 IL 设置中, 用 π 以外的一些策略收集的轨迹. 因此, 我们需要纠正 p_π^∞ 和离轨策略轨迹分布之间的不匹配, 为此可以使用第 10.5 节的技术. 一个例子是 ValueDICE, 它使用了和 DualDICE 相似的分布纠正方法.

第 11 章

聚 类 分 析

11.1 聚类分析的介绍

聚类是一种非常常用的无监督学习方法. 主要有两种方法: ①输入是一组数据样本 $\mathcal{D} = \{x_n : n = 1 : N\}$, 其中 $x_n \in X$, 通常 $X = \mathbb{R}_n$; ②输入是 $N \times N$ 成对不相似度量 $D_{ij} \geqslant 0$. 在这两种情况下, 目标都是将相似的数据点分配给相同的簇.

与通常的无监督学习一样, 聚类算法很难评估质量. 如果我们已经为某些数据做了标签, 我们可以使用两个数据点的标签之间的相似性 (或相等性) 作为衡量标准, 以确定是否应该将两个输入分配到同一个簇. 如果我们没有标签, 可以使用对数似然率作为度量, 不过该方法需要基于数据的生成模型. 以下将会介绍这两种方法的示例.

聚类结构的验证是聚类分析中最困难的部分. 如果不在这方面作出强有力的努力, 聚类分析将仍是一门黑色艺术, 只有那些有经验和勇气的真正信徒才能接触到 (Jain and Dubes, 1988).

聚类是一种无监督的学习技术, 因此很难评估任何给定方法的输出质量. 如果使用概率模型, 就可以计算数据的似然性, 但是有两个缺点: ①不能直接评估模型所发现的任何聚类; ②不适用于非概率方法. 因此现在讨论一些不以似然为基础的质量衡量标准.

直观地说, 聚类的目标是将相似的点分配到同一聚类, 并确保不相似的点位于不同的聚类中. 测量这些数量有几种方法, 然而, 这些方法内部的评判标准使用可能是受限的. 还有一种方法是依靠一些外部形式的数据来验证方法. 例如, 如果我们有每个对象的标签, 那么我们可以假设具有相同标签的对象是相似的, 接着可以使用下面讨论的指标来量化聚类的质量 (如果我们没有数据标签, 但有一个参考聚类, 可以从该聚类中推导出标签.).

令 N_{ij} 是第 i 簇中属于第 j 类的对象数量, 再令 $N_i = \sum_{j=1}^{C} N_{ij}$ 是第 i 簇的总对象数量. 定义 $p_{ij} = N_{ij}/N_i$ 为类标签对第 i 簇的经验分布. 我们定义一个簇的**纯度**为: $p_i \stackrel{\triangle}{=} \max_j p_{ij}$, 则一个聚类的总体纯度 (purity) 是

$$\text{purity} \stackrel{\triangle}{=} \sum_i \frac{N_i}{N} p_i. \tag{11.1}$$

例如, 在图 11.1 中, 我们可以看到纯度为

$$\frac{6}{17}\frac{5}{6} + \frac{6}{17}\frac{4}{6} + \frac{5}{17}\frac{3}{5} = \frac{5 + 4 + 3}{17} = 0.71. \tag{11.2}$$

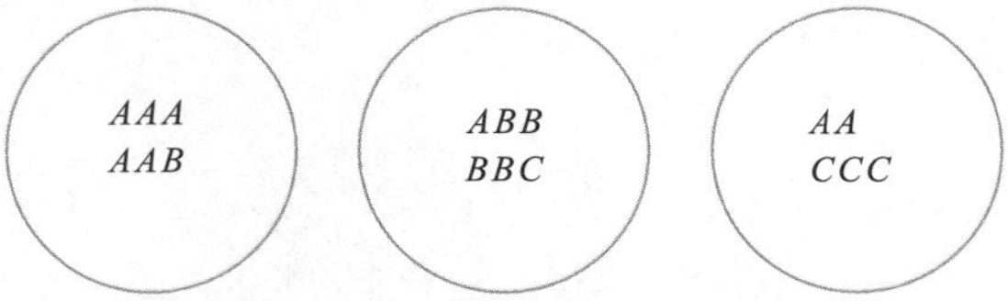

图 11.1　含带标签对象的三个群

纯度的范围在 0(差) 到 1(好) 之间. 我们可以通过将每个对象放入对应的聚类中来实现纯度

为 1 的目标, 因此这个操作并没有对聚类簇的数量进行惩罚.

令 $U = u_1, u_2, \cdots, u_R$ 和 $V = v_1, v_2, \cdots, v_C$ 是 N 个数据点的两个不同分区, 例如, U 是估计的聚类, V 是来自类标签的参考聚类. 现在定义一个 2×2 的或然率表, 包含以下数字: TP (true positive, 真阳性) 是在 U 和 V 中都处于同一簇的对数; TN (true negative, 真阴性) 是在 U 和 V 中都处于不同簇的对数; FN (false negative, 假阴性) 是在 U 中处于不同簇而在 V 中处于同一簇的对数; FP (false positive, 假阳性) 是在 U 中处于同一簇而在 V 中处于不同簇的对数. **兰德指数**是一个常见的汇总统计数据:

$$R \triangleq \frac{TP + TN}{TP + FP + FN + TN}. \tag{11.3}$$

这可以解释为正确的聚类决策的比例. 明显 $0 \leqslant R \leqslant 1$.

例如, 考虑到图 11.1, 三个簇分别包含 6、6 和 5 个点, 因此 "阳性"(即无论标签如何, 都放在同一群组中的一对物体) 的数量为

$$TP + FP = \binom{6}{2} + \binom{6}{2} + \binom{5}{2} = 40, \tag{11.4}$$

其中, TP 的数量如下式给出:

$$TP = \binom{5}{2} + \binom{4}{2} + \binom{3}{2} + \binom{2}{2} = 20, \tag{11.5}$$

其中最后两项来自第三个簇: 有 $\binom{3}{2}$ 对标记 C 和 $\binom{2}{2}$ 对标记 A, 因此 FP = 40 − 20 = 20. 同样地, 可以得到 FN = 24 和 TN = 72, 所以兰德指数为 $(20 + 72)/(20 + 20 + 24 + 72) = 0.68$.

只有在 TP = TN = 0 的情况下, 兰德指数才会达到 0 的下限, 但这种情况比较难达到. 以下是**调整过的兰德指数**:

$$AR \triangleq \frac{\text{index} - \text{expected index}}{\text{max index} - \text{expected index}}, \tag{11.6}$$

这里的随机性模型是基于使用广义的超几何分布, 也就是说, 两个分区是随机挑选的, 前提是每个分区都有原来的类和对象的数量, 然后计算 TP + TN 的期望值. 这个模型可以用来计算兰德指数的统计学意义.

兰德指数对 FP 和 FN 的权重相同, 还可以使用其他各种二元决策问题的汇总统计, 如 F 分数.

另一种衡量聚类质量的方法是计算两个候选分区 U 和 V 之间的相互信息. 要实现这一方法, 令属于 U 中 u_i 且属于 V 中 v_j 的一个随机选择的变量的概率为 $p_{UV}(i, j) = \frac{|u_i \cap v_j|}{N}$. 同时, 令属于 U 中 u_i 的一个随机选择的变量的概率 $p_U(i) = |u_i|/N$, 同样地定义 $p_V(j) = |v_j|/N$, 因此我们有

$$\mathbb{I}(U, V) = \sum_{i=1}^{R} \sum_{j=1}^{C} p_{UV}(i, j) \log_e \frac{p_{UV}(i, j)}{p_U(i) p_V(j)}. \tag{11.7}$$

位于 0 和 $\min\{H(U), H(V)\}$ 之间. 不幸的是, 这个值可以通过使用大量的小簇达到最大值, 而这些小簇的熵很低. 为了弥补这一点, 我们可以使用 NMI (normalized mutual information, **归一化的相互信息**):

$$\text{NMI}(U, V) \triangleq \frac{\mathbb{I}(U, V)}{(H(U) + H(V))/2} \tag{11.8}$$

位于 0 和 1 之间. 在文献 (Vinh et al., 2009) 中描述了一个对机会进行调整的版本 (在一个特定的随机数据模型下). 在文献 (Meilǎ, 2005) 中描述了另一种变体, 称为**信息变异**.

11.2 分层聚类

一种常见的聚类形式被称为**分层聚类** (hierarchical agglomerative clustering, HAC), 该算法的输入是 $N \times N$ 两两相异的度量 $D_{ij} \geq 0$, 输出是树状结构, 其中具有小差异的 i 簇和 j 簇以分层方式被分组在一起.

例如, 考虑图 11.2(a) 中的 5 个输入点的集合, $x_n \in \mathbb{R}^2$. 我们可以用点与点之间的**城市街区距离**来定义差异

$$d_{ij} = \sum_{k=1}^{2} |x_{ik} - x_{jk}|. \tag{11.9}$$

从一棵有 N 个叶子的树开始, 每个叶子对应于一个具有单点数据点的簇. 接着我们计算最接近的点对并将它们合并. 我们看到 $(1, 3)$ 和 $(4, 5)$ 都是距离 1, 所以它们最先被合并. 然后使用某种度量 (细节如下) 来测量集合 $\{1, 3\}$, $\{4, 5\}$ 和 $\{2\}$ 的差异性, 并将它们分组, 然后重复这一步骤. 其结果是一个被称为**树状图**的二叉树, 如图 11.2(b) 所示. 通过在不同的高度砍伐这棵树, 我们可以诱导出不同数量的 (嵌套) 簇, 下面将给出更多细节.

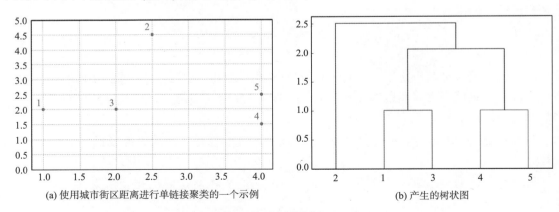

(a) 使用城市街区距离进行单链接聚类的一个示例　　(b) 产生的树状图

图 11.2　分层聚类的显示

聚合式聚类从 N 个组开始, 每个组最初包含一个对象, 然后在每一步合并两个相似的组, 直到有一个组包含所有的数据. 伪代码见算法 11.1. 由于挑选两个最相似的集群进行合并需要 $O(N^2)$ 的时间, 而算法中有 $O(N)$ 个步骤, 总花费时间为 $O(N^3)$, 不过, 通过使用一个优先级队列, 时间可以简化到 $O(N^2 \log_e N)$.

算法 11.1 （层次聚合式聚类）

1: *初始化集群作为单体群:*
2: **for** $i = 1 \rightarrow n$ **do**
3: $\quad C_i \leftarrow \{i\};$
4: **end for**
5: *初始化可用于合并的集群的集合:* $S \leftarrow \{1, 2, \cdots, n\};$
6: **repeat**
7: $\quad$ *挑选 2 个最相似的集群进行合并:* $(j, k) \leftarrow \arg\min_{j,k \in S} d_{j,k};$
8: $\quad$ *创造新的集群* $C_l \leftarrow C_j \cup C_k;$
9: $\quad$ *将 j 和 k 标记为不可选:* $S \leftarrow S \setminus \{j, k\};$
10: $\quad$ **if** $C_l \neq \{1, 2, \cdots, n\}$ **then**
11: $\quad\quad$ *标记 l 为可选,* $S \leftarrow S \cup \{l\};$
12: $\quad$ **end if**
13: $\quad$ **for** $i \in S$ **do**
14: $\quad\quad$ *更新差异性矩阵* $d(i, l);$
15: $\quad$ **end for**
16: **until** *没有更多的群组可供合并*

实际上有三种聚类的变体, 这取决于我们如何定义对象组之间的差异性. 下面会给出详细的说明.

在**单链接聚类**中, 也叫**近邻聚类**, 两个组 G 和 H 之间的距离被定义为每个组中两个成员之间的最小距离:

$$d_{\text{SL}}(G, H) = \min_{i \in G, i' \in H} d_{i,i'}, \tag{11.10}$$

见图 11.3(a).

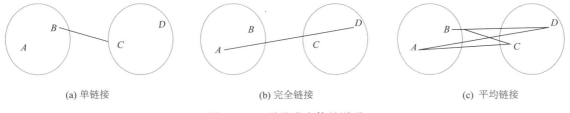

(a) 单链接　　　　　　　(b) 完全链接　　　　　　　(c) 平均链接

图 11.3 三种聚类变体的说明

使用单链接聚类建立的树是数据的最小生成树, 即以最小化边缘权重 (距离) 之和的方式连接所有对象的树. 注意当合并两个聚类时, 将聚类中最接近的两个成员连接在一起, 这就在相应节点之间增加了一条边, 而且能保证这条边是连接两个簇的 "最少重量" 的边. 一旦两个簇被合并, 它们就不会再被考虑, 所以不会导致循环操作, 因此实现单链接聚类时间只需要 $O(N^2)$, 而其他变体时间则需要 $O(N^3)$.

完全链接聚类, 也被称为**最远邻居聚类**, 两组之间的距离被定义为两对最远距离之间的距离:

$$d_{\mathrm{CL}}(G, H) = \max_{i \in G, i' \in H} d_{i,i'}, \tag{11.11}$$

见图 11.3(b).

单链接只要求一对对象接近, 就可以认为这两个组是接近的, 而不考虑组内其他成员的相似性. 因此可以形成违反**紧凑性**属性的群组, 这就是说一个组内所有的观察对象都应该彼此相似. 特别地, 我们定义一个群组的**直径**为其成员的最大差异度, $d_G = \max_{i \in G, i' \in G} d_{i,i'}$, 这样我们可以发现单链接会产生具有大直径的聚类. 完全链接聚类则相反, 只有群组里面的所有成员都相对相似时, 才认为两组是相似的. 这往往会产生直径小的聚类, 即紧凑的聚类 (比较图 11.4(a) 和 (b)).

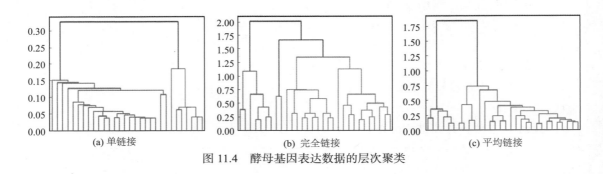

图 11.4 酵母基因表达数据的层次聚类

在实践中, 首选的方法是**平均链接聚类**, 它测量了所有配对之间的平均距离

$$d_{\mathrm{avg}}(G, H) = \frac{1}{n_G n_H} \sum_{i \in G} \sum_{i' \in H} d_{i,i'}, \tag{11.12}$$

这里 n_G 和 n_H 是群组 G 和 H 中的对象数量.

平均链接聚类代表了单链接和完全链接聚类之间的折中, 它倾向于产生相对紧凑的聚类, 这些聚类之间的距离相对较远 (图 11.4(c)). 然而它涉及 $d_{i,i'}$, 任何测量尺度的变化都会改变结果. 相比之下, 单链接和完全链接因为使其相对排序保持不变, 所以对 $d_{i,i'}$ 是单调不变的.

假设我们有一组 $N = 300$ 基因在 $T = 7$ 点时的表达水平的时间序列测量. 每个数据样本是一个向量 $x_n \in \mathbb{R}^7$. 数据的可视化见图 11.5. 我们看到有几种基因, 如表达水平随时间单调上升的基因 (特定刺激的反应)、表达水平单调下降的基因以及具有更加复杂反应模式的基因.

假设我们使用欧氏距离来计算一个成对的差异矩阵 $D \in \mathbb{R}^{300 \times 300}$ 并使用平均链接的分层聚类. 我们可以得到图 11.6(a) 中的树状图. 如果我们在某个高度砍伐树木, 就会得到图 11.6(b) 中的 16 个簇, 分配到每个群组的时间序列确实 "看起来" 很像.

基本的分层聚类算法有很多拓展. 例如, Monath 等 (2021) 提出了一个更具可扩展性的自下而上的算法版本, 该算法以并行方式建立子聚类. 而 Monath 等 (2019) 讨论了一个在线版本的算法, 它可以在数据到达时进行聚类同时重新考虑之前的聚类结果 (而不是只做贪婪的决定). 在某些假设下, 这可以证明恢复真正的基础结构. 这对于在流媒体文本数据中 "实体" (人或者事物) 的 "提及" 进行聚类很有用 (这个问题被称为**实体探索**).

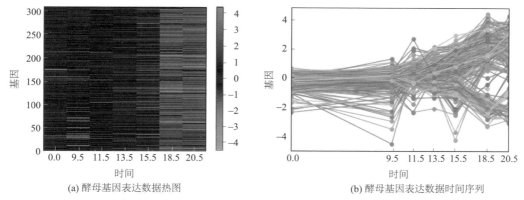

(a) 酵母基因表达数据热图

(b) 酵母基因表达数据时间序列

图 11.5 酵母基因表达数据可视化

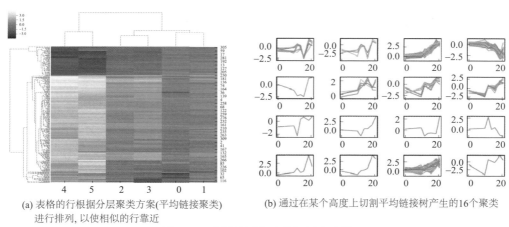

(a) 表格的行根据分层聚类方案(平均链接聚类)
进行排列, 以使相似的行靠近

(b) 通过在某个高度上切割平均链接树产生的16个聚类

图 11.6 酵母基因表达数据层次聚类

11.3 K 均值聚类

分层聚类方法有几个问题: ①它需要 $O(N^3)$ 时间 (对于平均链接方法), 使得它很难应用于大数据集; ②它假定已经计算出了差异性矩阵, 而 "相似性" 的概念往往不清楚, 需要学习; ②它只是一个算法, 而不是一个模型, 因此很难评估它有多厉害. 也就是说, 它没有优化一个明确目标.

这一章节我们讨论解决了这些问题的 K 均值聚类. 首先, 当迭代数量为 T 时, 它运行时间为 $O(NKT)$. 其次, 它用欧氏距离来计算所学聚类中心 $\mu_k \in \mathbb{R}^D$, 而不需要差异性矩阵. 最后, 它优化了一个定义明确的成本函数.

假设我们有 K 个聚类中心 $\mu_k \in \mathbb{R}^D$, 可以通过将每个数据点 $x_n \in \mathbb{R}^D$ 分配给它最接近的中心来对数据进行聚类:

$$z_n^* = \arg\min_k \|x_n - \mu_k\|_2^2. \tag{11.13}$$

当然我们不知道聚类中心, 但是可以通过计算分配给它们的所有点的平均值来估计它们:

$$\mu_k = \frac{1}{N_k} \sum_{n:z_n=k} x_n. \tag{11.14}$$

我们可以迭代这些步骤到收敛.

更正式地说, 可以将此视为寻找以下成本函数的局部最小值, 即所谓的**失真**:

$$J(M, Z) = \sum_{n=1}^{N} \left\| x_n - \mu_{z_n} \right\|^2 = \left\| X - ZM^{\mathrm{T}} \right\|_F^2, \tag{11.15}$$

其中 $X \in \mathbb{R}^{N \times D}$, $Z \in [0,1]^{N \times K}$, $M \in \mathbb{R}^{D \times K}$ 在其列中包含聚类中心 μ_k. K 均值使用交替极小化来优化这一点 (这与 GMM (Gaussian mixture model, 高斯混合模型) 的 EM 算法很相近).

接下来给出一些 K 均值聚类的例子.

图 11.7 给出了应用于二维平面上的一些点的 K 均值聚类的图示. 我们看到该方法诱导出了点的 **Voroni 镶嵌图**, 产生的聚类对初始化很敏感. 事实上, 我们可以看到右边的低质量聚类有更高的失真. 默认情况下, sklearn 使用 10 次随机重启并返回失真度最低的聚类 (在 sklearn, 这种失真被称为 "惯性").

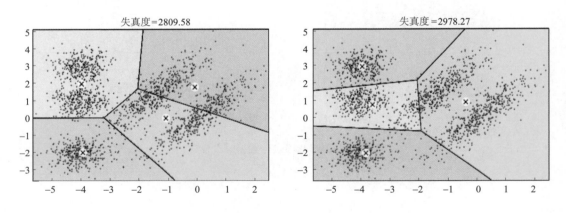

图 11.7   两种不同随机种子在二维平面中 K 均值聚类的图示结果

在图 11.8 中展示了对图 11.5 所示的 300×7 个酵母时间序列矩阵应用了 $K = 16$ 的 K 均值聚类的结果. 看到彼此 "看起来很相似" 的时间序列被分配到同一个集群, 我们还看到每个聚类的中心点是分配给该聚类的所有数据点的一个合理的总结. 最后可以注意到, 第六组没有被使用, 因为没有给它分配点数. 然而只是初始化过程中的一个意外, 如果重复这个算法, 不能保证能得到相同的聚类或者相同的聚类数.

假设想对一些实值向量 $x_n \in \mathbb{R}^D$ 进行有损压缩, 一个非常简单的方法是使用**矢量量化**. 其基本思想是用一个离散符号 $z_n \in 1, 2, \cdots, K$ 代替每个实值向量 $x_n \in \mathbb{R}^D$, 这是对 K 个原型的**编码本**的一个索引 $\mu_k \in \mathbb{R}^D$. 每个数据向量通过使用最相似原型的索引进行编码, 其中相似度是以欧氏距离来衡量的:

$$\mathrm{encode}(x_n) = \underset{k}{\arg\min} \, \| x_n - \mu_k \|^2. \tag{11.16}$$

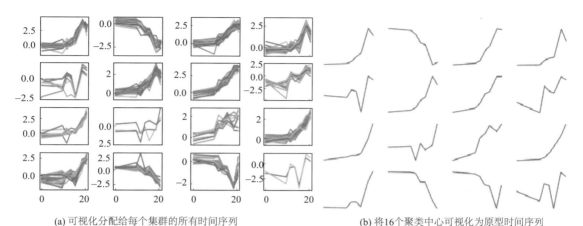

(a) 可视化分配给每个集群的所有时间序列　　　(b) 将16个聚类中心可视化为原型时间序列

图 11.8　使用 $K = 16$ 的 K 均值聚类法对图 11.5 中的酵母数据进行聚类

再定义一个成本函数, 通过计算它所引起的**重建误差**或者**失真**来衡量编码本的质量:

$$J \triangleq \frac{1}{N} \sum_{n=1}^{N} ||x_n - \mathrm{decode}(\mathrm{encode}(x_n))||^2 = \frac{1}{N} \sum_{n=1}^{N} ||x_n - \mu_{z_n}||^2, \tag{11.17}$$

其中 $\mathrm{decode}(k) = \mu_k$, 这是 K 均值算法所做最小化的损失函数.

　　当然, 如果为每个数据向量分配一个原型, 可以实现零失真, 方法是使用 $K = N$ 并分配 $\mu_n = x_n$. 然而这根本没有压缩数据. 特别是它需要 $O(NDB)$ 比特, 其中 N 是实值数据向量的数量, 每个长度为 D, B 表示一个实值标量所需的比特数 (表示每个 x_n 的量化精度).

　　我们可以通过检测数据中的相似向量, 为它们创建原型或者中心点, 然后将数据表示为与这些原型的偏差来做得更好. 这可以把空间要求降低到 $O(N \log_2 K + KDB)$ 比特. $O(N \log_2 K)$ 项是因为 N 个数据向量中的每一个都需要指定它使用的是 K 个码字中的哪一个, 而 $O(KDB)$ 项是因为必须存储每个编码本条目, 每个条目都是一个 D 维向量. 当 N 非常大时, 第一项优于第二项, 所以可以把编码方案的**速率** (每个对象需要的比特数) 近似为 $O(\log_2 K)$, 这通常比 $O(DB)$ 小得多.

　　矢量量化的一个应用是图像压缩. 考虑图 11.9 中的 200×300 像素的图像, 可以将其看作一组 $N = 64\,000$ 的标量. 如果使用一个字节来表示每个像素 (灰度强度为 0 到 255), 那么 $B = 8$, 因此需要 $NB = 512\,000$ 比特来表示未压缩形式的图像. 对于压缩图像需要 $O(N \log_2 K)$ 比特. 对于 $K = 4$, 这大约是 128kb, 压缩因子为 4, 但它导致的感知损失很小 (图 11.9(b)).

　　如果对像素之间的空间相关性进行建模, 例如编码 5×5 块 (如 JPEG 所用), 则可以获得更高的压缩率. 这是因为残差估计 (与模型预测的差异) 会更小, 并且需要更少的比特来编码. 这表明了数据压缩和密度估计之间的深刻联系.

　　K 均值算法优化的是一个非凸目标, 因此需要谨慎地进行初始化. 一个简单的方法是随机挑选 K 个数据点, 并将这些数据点作为 K 的初始值, 可以通过**多次重启**来进行优化. 也就是说, 可以从不同随机起点运行算法, 然后挑选最佳解决方案, 但是这会有点慢.

　　一个更好的方法是按顺序挑选中心, 以尝试 "覆盖" 数据. 也就是说, 可以均匀地随机挑选

(a) $K=2$ (b) $K=4$

图 11.9   使用矢量量化对图像进行压缩, 编码本大小为 K

初始点, 然后从剩余的点中挑选每个后续点, 概率与其到点的最近聚类中心的平方距离成正比. 也就是说, 在迭代 t 处, 我们以概率选择下一个聚类中心为 x_n:

$$p(\mu_t = x_n) = \frac{D_{t-1}(x_n)}{\sum_{n'=1}^{N} D_{t-1}(x'_n)}, \tag{11.18}$$

其中

$$D_t(x) = \min_{k=1}^{t-1} ||x - \mu_k||_2^2 \tag{11.19}$$

是 x 到最接近的现有中心的平方距离. 因此远离中心的点更有可能被选择从而减少失真. 这称为**最远点聚类**或者 K-means++. 令人惊讶的是, 这个简单的技巧可以保证重建误差永远不会比最优情况差超过 $O(\log_e K)$.

有一种 K 均值的变体称为 K-medoids 算法, 其中通过选择与该聚类中所有其他点的平均差异性最小的数据实例 $x_n \in X$ 来估计每个聚类中心 μ_k, 这样的点称为 **medoid**. 相比之下, 在 K 均值中我们通常取分配给这一集群的点 $x_n \in \mathbb{R}^D$ 的平均值来计算中心. K-medoids 对异常值有更强的稳健性 (尽管这个问题也可以通过使用学生分布的混合物, 而不是高斯分布的混合物来解决). 更重要的是, K-medoids 可以被应用于不在 $\mathbb{R}^D$ 中的数据, 这里没有很好定义平均化. K-medoids 中, 算法输入是 $N \times N$ 个两两距离矩阵, 而不是 $N \times D$ 特征矩阵.

求解 K-medoids 的经典算法是**围绕 medoid 划分**. 在这种方式中, 每一次迭代中都循环遍历有 K 个拟阵. 对于每个标心 m, 考虑非标心点 o, 交换 m 和 o 并重新计算成本 (点到其标心线的所有距离之和), 如果成本降低了就保留交换. 这个算法运行时间为 $O(N^2 KT)$, 其中 T 是迭代次数.

Voronoi 迭代法是一种更简单、更快捷的方法. 其中每个迭代中都有两个步骤, 类似于 K 均值. 首先, 查看每个聚类 k 当前分配的所有点, $S_k = n : z_n = k$. 其次, 设置 m_k 为该聚类中间体的索引 (要找到中间体需要检查所有 $|S_k|$ 的候选点, 并选择一个与 S_k 中所有其他点的距离之和最小的点).

最后, 对每个点 n, 将其分配到最接近的 medoid, $z_n = \arg\min_k D(n, k)$. 伪代码在算法 11.2 中给出.

算法 11.2 (**K-medoids 算法**)

1: 初始化 $m_{1:K}$ 作为 $1, 2, \cdots, N$ 中一个大小为 K 的随机子集;
2: **repeat**
3:     对 $n = 1 : N$, $z_n = \arg\min_k d(n, m_k)$
4:     对 $k = 1 : K$, $m_k = \arg\min_{n:z_n=k} \sum_{n':z_{n'}=k} d(n, n')$, $k = 1 : K$
5: **until** convergence

K 均值聚类需要 $O(NKI)$ 时间, 其中 I 是迭代次数, 其中可以使用各种技巧来减少常数因素. 例如, Elkan (2003) 展示了如何使用三角形不等式来跟踪输入和中心点之间的距离的下限和上限, 可以用来消除一些多余的计算. Sculley (2010) 使用 minibatch 近似, 尽管可能会导致稍差的损失, 但这可以大大加快速度 (图 11.10).

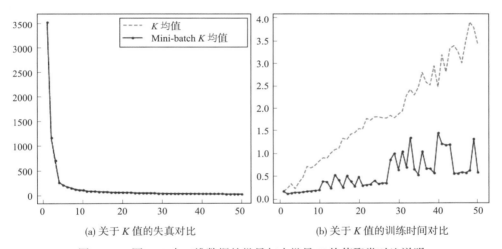

(a) 关于 K 值的失真对比   (b) 关于 K 值的训练时间对比

图 11.10   图 11.7 中二维数据的批量与小批量 K 均值聚类对比说明

下面讨论如何在 K 均值算法和其他相关方法中选择聚类数量 K.

根据在监督学习方面的经验, 挑选 K 的一个自然选择是挑选在验证集上重建误差最小的值, 定义如下:

$$\text{err}\,(\mathcal{D}_{\text{valid}}, K) = \frac{1}{|\mathcal{D}_{\text{valid}}|} \sum_{n \in \mathcal{D}_{\text{valid}}} \|x_n - \hat{x}_n\|_2^2, \tag{11.20}$$

其中 $\hat{x}_n = \text{decode}(\text{encode}(x_n))$ 是 x_n 的重建.

不幸的是, 这项技术不会奏效. 事实上, 正如我们在图 11.11(a) 中看到, 失真度随 K 单调减少. 要了解原因, 请注意 K 均值模型是一个简单密度模型, 它由 μ_k 个中心的 K 个 "尖峰" 组成. 增加 K 可以 "覆盖" 更多的输入空间, 因此随着 K 的增加, 任何给定的输入点都更有可能找到一个接近的原型来准确地表示它, 从而减少了重建误差. 与监督学习不同, 不能使用验证集上的重建误差作为选择最佳无监督模型的方法 (此备注也适用于选择 PCA 的维度).

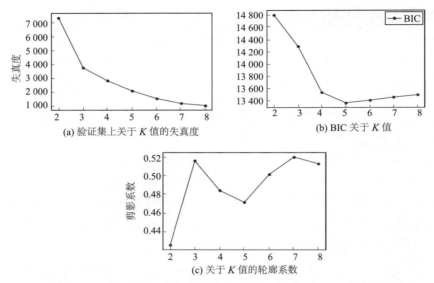

图 11.11　图 11.7 中二维数据集上, K 均值和 GMM 关于 K 的性能

一个确实可行的方法是使用一个适当的概率模型. 然后可以使用数据的对数边际似然来进行模型选择.

可以使用 BIC (Bayesian information criterion, 贝叶斯信息准则) 得分来近似计算对数边际似然. 可以看到

$$\mathrm{BIC}(K) = \log_e p\left(\mathcal{D} \mid \hat{\theta}_k\right) - \frac{D_K}{2} \log_e N, \tag{11.21}$$

其中 D_K 是 K 个集群的模型中的参数数, $\hat{\theta}_K$ 是极大似然估计. 可以从图 11.11(b) 中看到, 呈现出典型的 U 形曲线, 即惩罚先减少再增加.

这样做的原因是每个簇都与填充输入空间的高斯分布有关, 而不是一个退化的尖峰. 一旦有足够的聚类来覆盖分布的真实模式, 贝叶斯的奥卡姆剃刀就开始发挥作用, 并开始惩罚该模型过于复杂.

这里还描述了一种常见的启发式方法, 用于挑选 K 均值聚类模型中的聚类数量. 它主要是为球形 (不是拉长的) 聚类而设计的. 首先定义一个实例 i 的**轮廓系数**为 $\mathrm{sc}(i) = (b_i - a_i)/\max(a_i, b_i)$, 其中 a_i 是与集群 $k_i = \underset{k}{\arg\min} \|\mu_k - x_i\|$ 中其他实例的平均距离, b_i 是与次近的集群中其他实例的平均距离, $k_i' = \underset{k=k_i}{\arg\min} \|\mu_k x_i\|$. 因此 ai 是衡量 i 的聚类的紧凑程度, bi 是衡量聚类之间的距离. 轮廓系数从 -1 到 1 不等. 值为 1 意味着该实例接近其集群的所有成员, 而远离其他集群; 值为 0 意味着它接近集群的边界; 值为 -1 意味着它可能处于错误的集群中. 我们将一个聚类 K 的轮廓分数定义为所有实例的平均轮廓系数.

图 11.11(a) 绘制了图 11.7 中数据的失真与 K 的关系. 正如上面所解释的, 它随着 K 单调地下降. 在 $K = 3$ 时, 曲线上有一个轻微的 "**扭结**" 或 "**弯头**", 但这很难发现. 在图 11.11(c) 中绘制

了轮廓分数与 K 的关系. 现在看到在 $K = 3$ 处有一个更突出的峰值, 尽管看起来和 $K = 7$ 也差不多. 参见图 11.12 中对其中一些聚类的比较.

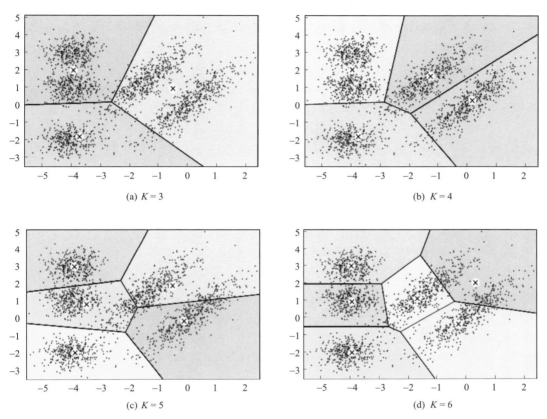

(a) $K = 3$

(b) $K = 4$

(c) $K = 5$

(d) $K = 6$

图 11.12　图 11.7 所示的二维数据集中不同 K 均值的 Voronoi 图

看一下各个轮廓系数, 而不止于平均分, 可能是有意义. 纵向虚线是平均系数. 在这条线左边有许多点的群组可能是低质量的. 即使数据不是二维的, 我们还可以用轮廓图来观察每个聚类的大小.

另一种寻找 K 值的方法是逐渐 "生长" GMM. 我们可以从一个很小的 K 值开始, 在每一轮训练之后, 我们考虑将混合权重最高的簇一分为二, 新的质心是原始质心的随机扰动, 而新的分数是旧分数的一半. 如果一个新聚类的分数太小或者差异太小, 它就会被删除. 我们以这种方式继续下去, 直到达到所需的集群数量.

另一种方法是选择一个大的 K 值, 然后使用某种促进稀疏性的先验或推理方法来 "杀死" 不需要的混合成分, 如变异贝叶斯.

参 考 文 献

ARLOT S, CELISSE A, 2010. A survey of cross-validation procedures for model selection [J]. Statistics Surveys, 4: 40-79.

BLUMENSATH T, DAVIES M E, 2009. Iterative hard thresholding for compressed sensing [J]. Applied and Computational Harmonic Analysis, 27(3): 265-274.

BOUCHERON S, LUGOSI G, MASSART P, 2013. Concentration Inequalities: A Nonasymptotic Theory of Independence [M]. Oxford: Oxford University Press.

BOYD S P, VANDENBERGHE L, 2004. Convex Optimization [M]. Cambridge, UK; New York: Cambridge University Press.

BREIMAN L, FREEDMAN D, 1983. How many variables should be entered in a regression equation? [J]. Journal of the American Statistical Association, 78(381): 131.

CHIZAT L, BACH F, 2018. On the global convergence of gradient descent for over-parameterized models using optimal transport [M]// Proceedings of the 32nd International Conference on Neural Information Processing Systems. Red Hook, NY, USA: Curran Associates Inc.: 3040-3050.

D'ASPREMONT A, SCIEUR D, TAYLOR A, 2021. Acceleration methods [J]. Foundations and Trends® in Optimization, 5(1/2): 1-245.

DAVIS P J, RABINOWITZ P, 2007. Methods of Numerical Integration [M]. 2nd. New York: Dover Publications.

DENTON E, CHINTALA S, SZLAM A, et al, 2015. Deep Generative Image Models using a Laplacian Pyramid of Adversarial Networks [C]// Proceedings of the 28th International Conference on Neural Information Processing Systems. Cambridge: MIT Press: 1486-1494.

DONAHUE J, KRÄHENBÜHL P, DARRELL T, 2016. Adversarial feature learning [J]. arXiv e-prints, 5: 1605.09782.

ELKAN C, 2003. Using the triangle inequality to accelerate k-means [C]// Proceedings of the Twentieth International Conference on International Conference on Machine Learning. Washington: AAAI Press: 147-153.

GIRAUD C, 2021. Introduction to High-Dimensional Statistics [M]. 2nd. Boca Raton: CRC Press.

GIRAUD C, HUET S, VERZELEN N, 2012. High-dimensional regression with unknown variance [J]. Statistical Science, 27(4): 500-518.

GOLUB G H, VAN LOAN C F, 2013. Matrix Computations [M]. 4th. Baltimore: Johns Hopkins University Press.

HSU D, KAKADE S M, ZHANG T, 2014. Random design analysis of ridge regression [J]. Foundations of Computational Mathematics, 14(3): 569-600.

ISOLA P, ZHU J Y, ZHOU T, et al, 2017. Image-to-Image Translation with Conditional Adversarial Networks [C]// 2017 IEEE Conference on Computer Vision and Pattern Recognition (CVPR). Honolulu, HI, USA: IEEE: 5967-5976.

JAIN A K, DUBES R C, 1988. Algorithms for Clustering Data [M]. United States: Prentice-Hall, Inc.

KARRAS T, AILA T M, LAINE S, et al, 2017. Progressive growing of GANs for improved quality, stability, and variation [J]. arXiv e-prints, 10: 1710.10196.

MEILĂ M, 2005. Comparing clusterings: an axiomatic view [C]// Proceedings of the 22nd international conference on Machine learning. New York: ACM: 577-584.

MONATH N, DUBEY K A, GURUGANESH G, et al, 2021. Scalable hierarchical agglomerative clustering [C]// Proceedings of the 27th ACM SIGKDD Conference on Knowledge Discovery & Data Mining. New York: ACM: 1245-1255.

MONATH N, KOBREN A, KRISHNAMURTHY A, et al, 2019. Scalable hierarchical clustering with tree grafting [C]// Proceedings of the 25th ACM SIGKDD International Conference on Knowledge Discovery & Data Mining. New York: ACM: 1438-1448.

MOURTADA J, 2022. Exact minimax risk for linear least squares, and the lower tail of sample covariance matrices [J]. The Annals of Statistics, 50(4): 2157-2178.

NIEDERREITER H, 1992. Random Number Generation and Quasi-Monte Carlo Methods [M]. Philadelphia: Society for Industrial and Applied Mathematics.

NOCEDAL J, WRIGHT S J, 2006. Numerical Optimization [M]. 2nd. Berlin: Springer.

NOWAK-VILA A, BACH F, RUDI A, 2019. Sharp analysis of learning with discrete losses [C]// Proceedings of the 22nd International Conference on Artificial Intelligence and Statistics. PMLR, 89: 1920-1929.

RADFORD A, METZ L, CHINTALA S, 2015. Unsupervised representation learning with deep convolutional generative adversarial networks [J]. arXiv e-prints, 11: 1511.06434.

SCHULMAN J, LEVINE S, MORITZ P, et al, 2015. Trust region policy optimization [C]// Proceedings of the 32nd International Conference on International Conference on Machine Learning - Volume 37. Lille, France: JMLR.org: 1889-1897.

SCIEUR D, ROULET V, BACH F R, et al, 2017. Integration methods and optimization algorithms [M]//Proceedings of the 31st International Conference on Neural Information Processing Systems. Red Hook, NY, USA: Curran Associates Inc.: 1109-1118.

SCULLEY D, 2010. Web-scale k-means clustering [C]// Proceedings of the 19th international conference on World wide web. New York: ACM: 1177-1178.

SUTTON R S, BARTO A G, 2018. Reinforcement Learning: An introduction [M]. Cambridge: MIT press.

SUTTON R S, MCALLESTER D, SINGH S, et al, 1999. Policy gradient methods for reinforcement learning with function approximation [C]// Proceedings of the 12th International Conference on Neural Information Processing Systems. Cambridge: MIT Press: 1057-1063.

TROPP J A, 2012. User-friendly tail bounds for sums of random matrices [J]. Foundations of Computational Mathematics, 12(4): 389-434.

VERSHYNIN R, 2018. High-Dimensional Probability: An Introduction with Applications in Data Science [M]. Cambridge: Cambridge University Press.

VINH N X, EPPS J, BAILEY J, 2009. Information theoretic measures for clusterings comparison: is a correction for chance necessary? [C]// Proceedings of the 26th Annual International Conference on Machine Learning. New York: ACM: 1073-1080.

ZHANG H, GOODFELLOW I, METAXAS D, et al, 2018. Self-attention generative adversarial networks [J]. arXiv e-prints, 5: 1805.08318.

ZHANG T, 2009. On the consistency of feature selection using greedy least squares regression [J]. Journal of Machine Learning Research, 10: 555-568.

ZHANG T, 2011. Adaptive forward-backward greedy algorithm for learning sparse representations [J]. IEEE Transactions on Information Theory, 57(7): 4689-4708.

ZHU J Y, PARK T, ISOLA P, et al, 2017. Unpaired image-to-image translation using cycle-consistent adversarial networks [C]// 2017 IEEE International Conference on Computer Vision (ICCV). Venice, Italy: IEEE: 2242-2251.

附录 A

基 础 知 识

附录知识导图

A.1　线性代数与微分

在本节中, 我们回顾在全书中使用的基本线性代数和微分学结果. 使用这些通常可以大大简化计算. 将尽可能使用矩阵符号.

给定一个正定对称矩阵 (因此可逆)$A \in \mathbb{R}^{n \times n}$ 和一个向量 $b \in \mathbb{R}^n$, 带线性项的二次型最小化形式可以写为

$$\inf_{x \in \mathbb{R}^n} \frac{1}{2} x^{\mathrm{T}} A x - b^{\mathrm{T}} x = -\frac{1}{2} b^{\mathrm{T}} A^{-1} b,$$

令 $f(x) = \frac{1}{2} x^{\mathrm{T}} A x - b^{\mathrm{T}} x$ 的梯度 $f'(x) = AX - b$ 等于 0, 可以得到其最小值为 $x_* = A^{-1} b$. 进而得到

$$\frac{1}{2} x^{\mathrm{T}} A x - b^{\mathrm{T}} x = \frac{1}{2} (x - x_*)^{\mathrm{T}} A (x - x_*) - \frac{1}{2} b^{\mathrm{T}} A^{-1} b.$$

如果 A 不可逆 (如半正定) 并且 b 不在 A 的列空间中, 则最小值可能为 $-\infty$. 注意这个结果经常以不同形式出现, 如

$$b^{\mathrm{T}} x \leqslant \frac{1}{2} b^{\mathrm{T}} A^{-1} b + \frac{1}{2} x^{\mathrm{T}} A x.$$

当且仅当 $b = Ax$ 取等号. 该形式是二次型的 Fenchel-Young 不等式, 一维形式为 $ab \leqslant \dfrac{a^2}{2\eta} + \dfrac{\eta b^2}{2}$, $\forall \eta \leqslant 0$ (当且仅当 $\eta = a/b$ 取等号).

解决小规模问题经常需要求低维矩阵的逆. 而 2×2 矩阵的逆很容易求得. 设 $M = \begin{pmatrix} a & b \\ c & d \end{pmatrix}$. 如果 $ad - bc \neq 0$, 则 M 的逆为

$$M^{-1} = \frac{1}{ad - bc} \begin{pmatrix} d & -b \\ -c & a \end{pmatrix}.$$

上式可以很容易由矩阵乘法或克拉默 (Cramer) 法则得到, 并且可以推广到下面介绍的分块矩阵.

上述例子可以推广到形式为 $\begin{pmatrix} A & B \\ C & D \end{pmatrix}$ 且块的大小一致 (A 和 D 必须是方阵) 的矩阵. M 的逆可以直接由分块形式的高斯消去法得到. 给定两个矩阵, 可以对其进行横向组合 (两个矩阵有相同的系数). 将 M 转化为单位矩阵, 此时 N 转化为 M 的逆.

假设 A 可逆, 我们用 $(M/A) = D - CA^{-1}B$ 表示分块 A 的舒尔 (Schur) 补, 同时假设 (M/A) 可逆. 这里用 $L_i, i = 1, 2$ 表示两个横向分块, 此时 $M = \begin{pmatrix} L_1 \\ L_2 \end{pmatrix}$, 由高斯消去法得到

原始矩阵:　$\begin{pmatrix} A & -B \\ C & D \end{pmatrix}$, $\begin{pmatrix} I & O \\ O & I \end{pmatrix}$.

$$L_2 \leftarrow L_2 - CA^{-1}L_1: \quad \begin{pmatrix} A & B \\ O & M/A \end{pmatrix}, \quad \begin{pmatrix} I & O \\ -CA^{-1} & I \end{pmatrix},$$

$$L_2 \leftarrow (M/A)^{-1}L_2: \quad \begin{pmatrix} A & B \\ O & I \end{pmatrix}, \quad \begin{pmatrix} I & O \\ -(M/A)^{-1}CA^{-1} & (M/A)^{-1} \end{pmatrix},$$

$$L_1 \leftarrow L_1 - BL_2: \quad \begin{pmatrix} A & O \\ O & I \end{pmatrix}, \quad \begin{pmatrix} I + B(M/A)^{-1}CA^{-1} & -B(M/A)^{-1} \\ -(M/A)^{-1}CA^{-1} & (M/A)^{-1} \end{pmatrix}.$$

$$L_1 \leftarrow A^{-1}L_1: \quad \begin{pmatrix} I & O \\ O & I \end{pmatrix}, \quad \begin{pmatrix} A^{-1} + A^{-1}B(M/A)^{-1}CA^{-1} & -A^{-1}B(M/A)^{-1} \\ -(M/A)^{-1}CA^{-1} & (M/A)^{-1} \end{pmatrix}.$$

这表明

$$M^{-1} = \begin{pmatrix} A & B \\ C & D \end{pmatrix}^{-1} = \begin{pmatrix} A^{-1} + A^{-1}B(M/A)^{-1}CA^{-1} & -A^{-1}B(M/A)^{-1} \\ -(M/A)^{-1}CA^{-1} & (M/A)^{-1} \end{pmatrix}, \tag{A.1}$$

进一步, 通过首先把右上角分块变为零作相同的操作, 假设 D 和 $M/D = A - BD^{-1}C$ 可逆, 我们得到

$$M^{-1} = \begin{pmatrix} A & B \\ C & D \end{pmatrix}^{-1} = \begin{pmatrix} (M/D)^{-1} & -(M/D)^{-1}BD^{-1} \\ -D^{-1}C(M/D)^{-1} & D^{-1} + D^{-1}C(M/D)^{-1}BD^{-1} \end{pmatrix}. \tag{A.2}$$

因为式 (A.1) 和式 (A.2) 的左上角块和右下角块对应相同, 得到 (有时称为伍德伯里矩阵恒等式或矩阵求逆引理)

$$\left(A - BD^{-1}C\right)^{-1} = A^{-1} + A^{-1}B\left(D - CA^{-1}B\right)^{-1}CA^{-1},$$
$$\left(D - CA^{-1}B\right)^{-1} = D^{-1} + D^{-1}C\left(A - BD^{-1}C\right)^{-1}BD^{-1}.$$

另一个经典的公式:

$$\left(A - BD^{-1}C\right)^{-1}B = A^{-1}B\left(D - CA^{-1}B\right)^{-1}D.$$

当块 A 和 D 具有非常不同的大小时, 这些特别有趣, 因为大矩阵的逆可以由小矩阵的逆获得. 令 $C = B^{\mathrm{T}}, A = I, D = -I$, 应用矩阵逆得到

$$\left(I + BB^{\mathrm{T}}\right)^{-1} = I - B\left(I + B^{\mathrm{T}}B\right)^{-1}B^{\mathrm{T}},$$

并且, 一旦右乘 B, 就会得出紧凑的公式 (更容易重新推导和记忆):

$$\left(I + BB^{\mathrm{T}}\right)^{-1}B = B\left(I + B^{\mathrm{T}}B\right)^{-1}.$$

这些公式在理论和算法中都经常被使用.

本书中, 将经常用到对称矩阵的特征值分解. 如果 $A \in \mathbb{R}^{n \times n}$ 是一个对称矩阵, 则存在正交矩阵 $U \in \mathbb{R}^{n \times n}$ 和一个特征向量 $\lambda \in \mathbb{R}^n$, 使得 $A = U\mathrm{diag}(\lambda)U^{\mathrm{T}}$. 如果 $u_i \in \mathbb{R}^n$ 表示 U 的第 i 列, 那么 $A = \sum_{i=1}^{n} \lambda_i u_i u_i^{\mathrm{T}}, Au_i = \lambda_i u_i$. 如果 A 的所有特征值都非负, 则称 A 为半正定矩阵.

$X \in \mathbb{R}^{n \times d}$, 满足 $n \geqslant d$, 则存在正交矩阵 $V \in \mathbb{R}^{d \times d}$, 列正交矩阵 $U \in \mathbb{R}^{n \times d}$, 奇异向量 $s \in \mathbb{R}_+^d$, 使

得 $X = U \operatorname{diag}(s)V^{\mathrm{T}}$; 这通常被称为矩阵 X 的 "经济规模" 奇异值分解 (single value decomposition, SVD). 如果 $u_i \in \mathbb{R}^n$ 和 $v_i \in \mathbb{R}^d$ 表示 U 和 V 的第 i 列, 那么 $X = \sum_{i=1}^{d} s_i u_i v_i^{\mathrm{T}}$, 且 $X v_i = s_i u_i$, $X^{\mathrm{T}} u_i = s_i v_i$.

同时有许多关于特征值和奇异值的表述. 例如, 如果 s_i 是 X 的奇异值, 那么 s_i^2 是 $X^{\mathrm{T}} X$ 的特征值, 而且 $\begin{pmatrix} O & X \\ X^{\mathrm{T}} & O \end{pmatrix}$ 的特征值为 0.

计算函数的梯度和黑塞矩阵贯穿本书, 它们大多数时候用矩阵表示. 下面是一些经典的例子.

(1) 二次型: 假设 $A = A^{\top}$, $f(x) = \frac{1}{2} x^{\mathrm{T}} A x - b^{\mathrm{T}} x$, $f'(x) = Ax - b$, $f''(x) = A$. 如果 A 不对称, $f'(x) = \frac{1}{2}(A + A^{\mathrm{T}})x$, $f''(x) = \frac{1}{2}(A + A^{\mathrm{T}})$.

(2) 最小二乘: $X \in \mathbb{R}^{n \times d}$, $y \in \mathbb{R}^d$, $f(w) = \frac{1}{2n}\|y - Xw\|_2^2$. 那么 $f'(w) = \frac{1}{n} X^{\mathrm{T}}(Xw - y)$, $f''(w) = \frac{1}{2} X^{\mathrm{T}} X$.

A.2　集中不等式

这一节的所有结果都基于数据独立同分布的简单的概率假设. 主要工具是把经验平均与期望联系起来. 机器学习中使用的概率不等式背后的关键 (非常经典) 想法是 n 个独立的零均值随机变量时, 它们平均值的自然 "量值" 比它们的平均量值小 $1/\sqrt{n}$ 倍. 最经典的例子是若 $Z_1, Z_2, \cdots, Z_n \in \mathbb{R}$ 是方差为 $\sigma^2 = \mathbb{E}(Z - \mathbb{E}[Z])^2$ 的独立同分布的随机变量, 则和的方差等于方差的和, 且

$$\operatorname{var}\left(\frac{1}{n}\sum_{i=1}^{n} Z_i\right) = \frac{1}{n^2}\sum_{i=1}^{n} \operatorname{var}(Z_i) = \frac{\sigma^2}{n}.$$

注　小心误差测量或幅度: 有些是平方的, 有些不是. 因此, $1/\sqrt{n}$ 在取平方后变成 $1/n$(这很容易但通常会导致混淆).

上述等式可以写为

$$\mathbb{E}\left[\left(\frac{1}{n}\sum_{i=1}^{n} Z_i - \mathbb{E}[Z]\right)^2\right] = \frac{\sigma^2}{n},$$

当方差存在时, 便给出了大数定律的简单证明, 而且 $\frac{1}{n}\sum_{i=1}^{n} Z_i$ 的均值在平方意义下收敛于 $\mathbb{E}[Z]$.

由马尔可夫 (Markov) 不等式可以得到依概率收敛:

$$\mathbb{P}\left(\left|\frac{1}{n}\sum_{i=1}^{n}Z_i - \mathbb{E}[Z]\right| \geqslant \varepsilon\right) \leqslant \frac{1}{\varepsilon^2}\mathbb{E}\left[\left(\frac{1}{n}\sum_{i=1}^{n}Z_i - \mathbb{E}[Z]\right)^2\right] = \frac{\sigma^2}{n\varepsilon^2}.$$

为了用一种更好的方法表示偏离程度, 常用的经典工具: 中心极限定理, 说明 $\frac{1}{n}\sum_{i=1}^{n}Z_i$ 近似

于均值为 $\mathbb{E}[Z]$, 方差为 σ^2/n 的高斯变量. 这是一个渐近的表述 (正式地, $\sqrt{n}\left(\frac{1}{n}\sum_{i=1}^{n}Z_i - \mathbb{E}[Z]\right)$

依分布收敛于均值为 0, 方差为 σ^2 的高斯分布). 虽然它给出了正确的缩放比例 n, 但在本书中更多地关注对任意 n 的量化偏差的非渐近结果.

注 下面的表述中, 我们都给出随机变量的平均形式的不等式 (其他作者可能等价考虑随机变量的和).

在列出各种集中不等式之前, 让我们回顾经典的并的界: 给定由 $f \in \mathcal{F}$ 索引的事件 (可以含有可数个元素), 有

$$\mathbb{P}\left(\bigcup_{f \in \mathcal{F}} A_f\right) \leqslant \sum_{f \in \mathcal{F}} \mathbb{P}(A_f).$$

它在从上有界中有一个直接的应用, 随机变量上确界的尾概率为

$$\mathbb{P}\left(\sup_{f \in \mathcal{F}} Z_f > t\right) = \mathbb{P}\left(\bigcup_{f \in \mathcal{F}}\{Z_f > t\}\right) \leqslant \sum_{f \in \mathcal{F}} \mathbb{P}(Z_f > t).$$

本书仅介绍机器学习中大多数有用的不等式. 更多不等式可以参考文献 (Vershynin, 2018; Boucheron et al., 2013).

注 同质性 随机变量或向量通常有一个单位, 为了发现错误进行一些基本的维度分析是有用的. 例如, 当进行形如 $y = x^{\mathsf{T}}\theta$ 的线性预测时, y 的单位是 x 的单位乘 θ 的单位. 这些单位通常封装在描述问题的常数中 (例如 y 的噪声标准差, 或 x 和 θ 的界).

首先考虑最简单的关于有界实数值随机变量的集中不等式.

命题 A.1 (Hoeffding 不等式)

如果 $Z_1, Z_2, \cdots, Z_n$ 独立同分布, 满足 $Z_i \in [0,1]$, a.s., 那么对任意 $t \geqslant 0$,

$$\mathbb{P}\left(\frac{1}{n}\sum_{i=1}^{n}Z_i - \frac{1}{n}\sum_{i=1}^{n}\mathbb{E}[Z_i] \geqslant t\right) \leqslant \exp(-2nt^2). \tag{A.3}$$

证明 通常的证明使用标准的凸性参数, 分为两部分.

1. **引理** 如果 $Z \in [0,1]$, a.s., 则 $\forall s \geqslant 0$, $\mathbb{E}[\exp(s(Z - \mathbb{E}[Z]))] \leqslant \exp(s^2/8)$.

证明 简单计算 "log-sum-exp" 函数, 经常也指 "累积生成函数", $\phi: s \mapsto \ln(\mathbb{E}[\exp(s(Z - \mathbb{E}[Z]))])$ 的前两阶导数, 可以得到二阶导数与方差有关. ϕ 的一阶和二阶导数如下:

$$\phi'(s) = \frac{\mathbb{E}\left[(Z - \mathbb{E}[Z])e^{s(Z - \mathbb{E}[Z])}\right]}{\mathbb{E}[e^{s(Z - \mathbb{E}[Z])}]}$$

$$\phi''(s) = \frac{\mathbb{E}\left[(Z - \mathbb{E}[Z])^2 e^{s(Z-\mathbb{E}[Z])}\right]}{\mathbb{E}\left[e^{s(Z-\mathbb{E}[Z])}\right]} - \left[\frac{\mathbb{E}\left[(Z - \mathbb{E}[Z])e^{s(Z-\mathbb{E}[Z])}\right]}{\mathbb{E}\left[e^{s(Z-\mathbb{E}[Z])}\right]}\right]^2.$$

得到 $\phi(0) = \phi'(0) = 0$, $\phi''(s)$ 是某个随机变量 $\tilde{Z} \in [0,1]$, 其关于 μ 的分布密度函数为 $z \mapsto e^{s(z-\mathbb{E}[Z])}$, μ 为 Z 的分布. 回顾 $\tilde{Z}$ 的方差是到 $\tilde{Z}$ 的平方距离最小的常量, 因此由 $2\tilde{Z} - 1 \in [-1, 1]$, a.s., 得到方差的界为

$$\mathrm{var}(\tilde{Z}) = \inf_{\mu \in [0,1]} \mathbb{E}\left[(\tilde{Z} - \mu)^2\right] \leqslant \mathbb{E}\left[(\tilde{Z} - 1/2)^2\right] = \frac{1}{4}\mathbb{E}\left[(2\tilde{Z} - 1)^2\right] \leqslant \frac{1}{4}.$$

因此, 对于所有 $s \geqslant 0$, $\phi''(s) \leqslant 1/4$, 由泰勒公式, 有 $\phi(s) \leqslant \dfrac{s^2}{8}$.

2. 回顾对于 $a > 0$, 非负随机变量 X 的马尔可夫 (Markov) 不等式为 $\mathbb{P}(X \geqslant a) \leqslant \dfrac{1}{a}\mathbb{E}[X]$. 对任意 $t \geqslant 0$, 令 $\bar{Z} = \dfrac{1}{n}\sum_{i=1}^{n} Z_i$:

$$\mathbb{P}(\bar{Z} - \mathbb{E}[\bar{Z}] \geqslant t)$$

$$= \mathbb{P}(\exp(s(\bar{Z} - \mathbb{E}[\bar{Z}])) \geqslant \exp(st)) \quad (\text{指数函数的单调性})$$

$$\leqslant \exp(-st)\mathbb{E}[\exp(s(\bar{Z} - \mathbb{E}[\bar{Z}]))] \quad (\text{Markov 不等式})$$

$$\leqslant \exp(-st)\prod_{i=1}^{n}\mathbb{E}\left[\exp\left(\frac{s}{n}(Z_i - \mathbb{E}[Z_i])\right)\right] \quad (\text{独立性})$$

$$\leqslant \exp(-st)\exp\left(\frac{s^2}{8n^2}\right) = \exp\left(-st + \frac{s^2}{8n}\right) \quad (\text{上述引理}),$$

当 $s = 4nt$ 时达到最小. 由此得到结果. $\qquad\square$

这里需要注意和中心极限定理的区别. 中心极限定理说明当 n 趋于无穷时, 在式 (A.3) 中的概率比 $\exp\left(-\dfrac{nz^2}{2\sigma^2}\right)$ 更小, 渐近地等于 $\dfrac{1}{\sqrt{2\pi\sigma^2/n}}\displaystyle\int_{t}^{\infty}\exp\left(-\dfrac{nz^2}{2\sigma^2}\right)\mathrm{d}z$, 其中 $\sigma^2 = \lim_{n\to+\infty}\dfrac{1}{n}\sum_{i=1}^{n}\mathrm{var}(Z_i)$. 中心极限定理更加精确 (因为它涉及 Z_i 的方差, 而非几乎确定的界), 但是渐近的. 伯恩斯坦 (Bernstein) 不等式在两者之间, 因为其用到了方差和几乎确定的界.

扩展 对 Z_i 和 $1 - Z_i$ 应用不等式, 由事件并的界可以得到如下推论.

推论 A.1 (双边 Hoeffding 不等式)

> 如果 $Z_1, Z_2, \cdots, Z_n$ 独立同分布, 满足 $Z_i \in [0, 1]$, a.s., 那么对任意 $t \geqslant 0$,
> $$P\left(\left|\frac{1}{n}\sum_{i=1}^{n}Z_i - \frac{1}{n}\sum_{i=1}^{n}\mathbb{E}[Z_i]\right| \geqslant t\right) \leqslant 2\exp(-2nt^2).$$

我们有如下的发现:

(1) Hoeffding 不等式可以推广到假设 $Z_i \in [a, b]$, a.s., 有

$$\mathbb{P}\left(\left|\frac{1}{n}\sum_{i=1}^{n}Z_i - \frac{1}{n}\sum_{i=1}^{n}\mathbb{E}\left[Z_i\right]\right| \geqslant t\right) \leqslant 2\exp\left(-2nt^2/(a-b)^2\right).$$

这个不等式经常在另一个方向使用, 即从概率开始, 由如下不等式得到 t. 对任意 $\delta \in (0,1)$, 以大于 $1-\delta$ 的概率, 有

$$\left|\frac{1}{n}\sum_{i=1}^{n}Z_i - \frac{1}{n}\sum_{i=1}^{n}\mathbb{E}\left[Z_i\right]\right| < \frac{|a-b|}{\sqrt{2n}}\sqrt{\log_e\left(\frac{2}{\delta}\right)}$$

以 $1/\sqrt{n}$ 依赖于 n, 关于 δ 为 $\log_e$ 依赖 (对应于关于 t 的指数尾界).

(2) 当 $Z_i \in [a_i, b_i]$ a.s., a_i 和 b_i 可能不同, 概率上界可以取 $2\exp\left(-2nt^2/c^2\right)$, 其中 $c^2 = \frac{1}{n}\sum_{i=1}^{n}(b_i - a_i)^2$.

(3) Hoeffding 不等式经常用于次高斯随机变量, 即对于随机变量 X, 存在 $\tau \in \mathbb{R}_+$, 满足 X 的拉普拉斯变换的界:

$$\forall s \in \mathbb{R}, \quad \mathbb{E}\left[\exp(s(X - \mathbb{E}[X]))\right] \leqslant \exp\left(\frac{\tau^2 s^2}{2}\right).$$

换句话说, 取值在 $[a, b]$ 上的随机变量是常数为 $\tau^2 = (b-a)^2/4$ 的次高斯变量, 对于这些次高斯变量, 有类似的集中不等式. 而且对于次高斯随机变量, 通常有如下两个版本的尾概率:

$$\forall t \geqslant 0, \quad \mathbb{P}(|Z - \mathbb{E}[Z]| \geqslant t) \leqslant 2\exp\left(-\frac{t^2}{2\tau^2}\right) \tag{A.4}$$

$$\Leftrightarrow \forall \delta \in (0,1], |Z - \mathbb{E}[Z]| \leqslant \tau\sqrt{2\log_e\left(\frac{2}{\delta}\right)} \quad (\text{以概率 } 1\text{-}\delta). \tag{A.5}$$

(4) 次高斯随机变量有其他的定义方式, 这些方式等价于具有拉普拉斯变换边界的常数.

给定 n 个独立的随机变量, 集中其他量而非平均值是有用的. 需要的是这些随机变量的函数具有 "有界变异".

命题 A.2 (McDiarmid 不等式)

令 $Z_1, Z_2, \cdots, Z_n$ 是相互独立的随机变量 (在任意测度空间 $\mathcal{Z}$), $f: \mathcal{Z}^n \to \mathbb{R}$ 为 "有界变异" 函数, 即对任意 i, 和任意 $z_1, z_2, \cdots, z_n, z_i' \in \mathcal{Z}$, 有

$$|f(z_1, \cdots, z_{i-1}, z_i, z_{i+1}, \cdots, z_n) - f(z_1, \cdots, z_{i-1}, z_i', z_{i+1}, \cdots, z_n)| \leqslant c.$$

那么

$$\mathbb{P}\left(|f(Z_1, Z_2, \cdots, Z_n) - \mathbb{E}\left[f(Z_1, Z_2, \cdots, Z_n)\right]| \geqslant t\right) \leqslant 2\exp\left(-2t^2/(nc^2)\right).$$

证明 这个证明推广了 Hoeffding 不等式, 即对应于 $f(z) = \frac{1}{n}\sum_{i=1}^{n}z_i$ 和 $c = 1$. 我们仅考虑单边不等式

$$\mathbb{P}\left(f\left(Z_1, Z_2, \cdots, Z_n\right) - \mathbb{E}\left[f\left(Z_1, Z_2, \cdots, Z_n\right)\right] \geqslant t\right) \leqslant \exp\left(-2t^2/\left(nc^2\right)\right).$$

从而得到双边不等式.

首先, 引入随机变量, $i \in \{1, 2, \cdots, n\}$:

$$V_i = \mathbb{E}\left[f\left(Z_1, Z_2, \cdots, Z_n\right) \mid Z_1, Z_2, \cdots, Z_i\right] - \mathbb{E}\left[f\left(Z_1, Z_2, \cdots, Z_n\right) \mid Z_1, Z_2, \cdots, Z_{i-1}\right].$$

我们有 $\mathbb{E}\left[V_i \mid Z_1, Z_2, \cdots, Z_{i-1}\right] = 0$, 由有界变异假设 $|V_i| \leqslant c$ a.s.. 而且 $f\left(Z_1, Z_2, \cdots, Z_n\right) - \mathbb{E}\left[f\left(Z_1, Z_2, \cdots, Z_n\right)\right] = \sum_{i=1}^{n} V_i$. 用和 Hoeffding 不等式证明 1 中相同的讨论, 得到对任意 $s > 0$, $\mathbb{E}\left(e^{sVi} \mid Z_1, Z_2, \cdots, Z_{i-1}\right) \leqslant e^{s^2c^2/8}$, 通过注意取条件, 用和 Hoedffding 不等式证明 2 相同的步骤, 可以得到证明. □

这个不等式将在经验风险极小化中提供关于估计误差的高概率界.

正如前文提到的, Hoeffding 不等式仅用了几乎确定界限而无方差, 中心极限定理用到方差但仅为渐近结果. Bernstein 不等式使用方差给出了更好的非渐近结果.

命题 A.3 (Bernstein 不等式)

令 $Z_1, Z_2, \cdots, Z_n$ 是满足 $|Z_i| \leqslant c$, a.s. 的相互独立的随机变量, $\mathbb{E}[Z_i] = 0$. 那么

$$\mathbb{P}\left(\left|\frac{1}{n}\sum_{i=1}^{n} Z_i\right| \geqslant t\right) \leqslant 2\exp\left(-\frac{nt^2}{2\sigma^2 + 2ct/3}\right), \tag{A.6}$$

其中 $\sigma^2 = \frac{1}{n}\sum_{i=1}^{n} \mathrm{var}\left(Z_i\right)$. 进一步, 以大于 $1 - \delta$ 的概率, 有

$$\left|\frac{1}{n}\sum_{i=1}^{n} Z_i\right| \leqslant \sqrt{\frac{2\sigma^2 \log_e(2/\delta)}{n}} + \frac{c\log_e(2/\delta)}{3n}.$$

证明 证明分为两部分, 第一部分为拉普拉斯变换的一个引理.

1. **引理** 如果 $|Z| \leqslant c$, a.s., $\mathbb{E}[Z] = 0$, $\mathbb{E}[Z^2] = \sigma^2$, 对任意 $s > 0$, 有 $\mathbb{E}\left[e^{sZ}\right] \leqslant \exp\left(\frac{\sigma^2}{c^2}(e^{sc} - 1 - sc)\right)$.

证明 由指数的多项式展开, 有

$$\mathbb{E}\left[e^{sZ}\right] = 1 + \mathbb{E}[sZ] + \sum_{k=2}^{\infty}\frac{s^k}{k!}\mathbb{E}\left[Z^k\right] = 1 + \sum_{k=2}^{\infty}\frac{s^k}{k!}\mathbb{E}\left[Z^k\right] \quad \text{(因为 } Z \text{ 的均值为 0)}$$

$$\leqslant 1 + \sum_{k=2}^{\infty}\frac{s^k}{k!}\mathbb{E}\left[|Z|^{k-2}|Z|^2\right] \leqslant 1 + \sum_{k=2}^{\infty}\frac{s^k}{k!}c^{k-2}\sigma^2 = 1 + \frac{\sigma^2}{c^2}\left(e^{sc} - 1 - sc\right).$$

由 $1 + \alpha \leqslant e^{\alpha}$, $\forall \alpha \in \mathbb{R}$, 得到结果.

2. 设 $\sigma_i^2 = \mathrm{var}\left(Z_i\right)$, 根据上述引理, 有单边不等式:

$$\mathbb{P}\left(\frac{1}{n}\sum_{i=1}^{n}Z_i \geqslant t\right) = \mathbb{P}\left(\exp\left(s\sum_{i=1}^{n}Z_i\right) \geqslant \exp(nst)\right) \quad \text{(指数的单调性)}$$

$$\leqslant \mathbb{E}\left[\exp\left(s\sum_{i=1}^{n}Z_i\right)\right] \mathrm{e}^{-nst} \quad \text{(Markov 不等式)}$$

$$\leqslant \mathrm{e}^{-nst}\prod_{i=1}^{n}\exp\left(\frac{\sigma_i^2}{c^2}\left(\mathrm{e}^{sc}-1-sc\right)\right) = \mathrm{e}^{-nst}\exp\left(\frac{n\sigma^2}{c^2}\left(\mathrm{e}^{sc}-1-sc\right)\right).$$

因此, 取 $s = \frac{1}{c}\log_{\mathrm{e}}\left(1+\frac{tc}{\sigma^2}\right)$, 得到

$$\exp\left(-\frac{nt}{c}\log_{\mathrm{e}}\left(1+\frac{tc}{\sigma^2}\right)+\frac{n\sigma^2}{c^2}\left(1+\frac{tc}{\sigma^2}-1-\log_{\mathrm{e}}\left(1+\frac{tc}{\sigma^2}\right)\right)\right) = \exp\left(-\frac{n\sigma^2}{c^2}h\left(ct/\sigma^2\right)\right),$$

$h(\alpha) = (1+\alpha)\log_{\mathrm{e}}(1+\alpha)-\alpha$. 而 $h(\alpha) \geqslant \dfrac{\alpha^2}{2+2\alpha/3}$, 得到第一个不等式. 第二个不等式可以通过标准代数得到. $\square$

请注意, 对于小偏差 t, 我们得到与中心极限定理相同的依赖性 (并且对 Hoeffding 不等式进行了严格改进, 因为方差基本上受支持的平方直径限制), 而对于大偏差 t, t 的依赖性比 Hoeffding 不等式更糟.

非零均值随机变量 当 Z_i 均值不为 0 时, Bernstein 不等式依然可以使用. 式 (A.6) 变为

$$\mathbb{P}\left(\left|\frac{1}{n}\sum_{i=1}^{n}Z_i - \frac{1}{n}\sum_{i=1}^{n}\mathbb{E}[Z_i]\right| \geqslant t\right) \leqslant 2\exp\left(-\frac{nt^2}{2\sigma^2+2ct/3}\right). \tag{A.7}$$

集中不等式限制了与期望的偏差. 通常, 计算期望是困难的部分, 特别是对于随机变量的最大值. 简而言之, 取 n 个有界随机变量的最大值会引入一个额外的因子 $\sqrt{\log_{\mathrm{e}} n}$. 请注意, 我们不强加独立性. 在 2.5 节中已考虑其他工具, 例如 Rademacher 复杂度.

注 1 这个对数因子在本书中多次出现, 并且经常可以追溯到最大值的期望, 以及尾界的高斯衰减.

注 2 变量间不需要独立.

命题 A.4 (最大值期望)

如果 $Z_1, Z_2, \cdots, Z_n$ 是均值为 0 的次高斯随机变量 (可以不独立), 方差为 τ^2, 那么

$$\mathbb{E}[\max\{Z_1, Z_2, \cdots, Z_n\}] \leqslant \sqrt{2\tau^2\log_{\mathrm{e}} n}.$$

证明 根据次高斯的定义和随机变量均值为 0, 有

$$\mathbb{E}[\max\{Z_1, Z_2, \cdots, Z_n\}] \leqslant \frac{1}{t}\log_{\mathrm{e}}\mathbb{E}\left[\mathrm{e}^{t\max\{Z_1, Z_2, \cdots, Z_n\}}\right] \quad \text{(詹森不等式)}$$

$$= \frac{1}{t}\log_{\mathrm{e}}\mathbb{E}\left[\max\{\mathrm{e}^{tZ_1}, \mathrm{e}^{tZ_2}, \cdots, \mathrm{e}^{tZ_n}\}\right]$$

$$\leqslant \frac{1}{t}\log_{\mathrm{e}}\mathbb{E}\left[\mathrm{e}^{tZ_1}+\mathrm{e}^{tZ_2}+\cdots+\mathrm{e}^{tZ_n}\right] \quad \text{(求和限制最大值)}$$

$$\leqslant \frac{1}{t}\log_e\left(ne^{\tau^2 t^2/2}\right) = \frac{\log_e n}{t} + \tau^2\frac{t}{2} = \sqrt{2\tau^2\log_e n} \quad (\text{取}\ t = \tau^{-1}\sqrt{2\log_e n}).$$

考虑用拉普拉斯变换证明上一命题, 由高斯尾概率界和并的界, 选取合适的 $U_1, U_2, \cdots, U_n$ 得到

$$\mathbb{P}\left(\max\{U_1, U_2, \cdots, U_n\} \geqslant t\right) \leqslant \mathbb{P}\left(U_1 \geqslant t\right) + \mathbb{P}\left(U_2 \geqslant t\right) + \cdots + \mathbb{P}\left(U_n \geqslant t\right).$$

换言之, 在式 (A.5) 中对 δ 的依赖 $\sqrt{\log_e\left(\dfrac{2}{\delta}\right)}$ 与上一命题的 $\sqrt{\log_e n}$ 直接相关.

在机器学习中, 泛化误差是对随机变量 (输入/输出对) 的函数 (与某个预测函数相关的损失) 的期望. 这种泛化误差自然地通过给定一些独立同分布样本的经验平均值来近似, n 个样本的收敛率为 $O(1/\sqrt{n})$ (如 Hoeffding 不等式所示).

下面我们简要介绍求积法, 其目的是估计相同的期望值, 但观察结果可能是非随机的. 为了简便, 考虑服从 $[0,1]$ 均匀分布的随机变量 X, 计算函数 $f: [0,1] \to \mathbb{R}$ 的期望, 即 $I = \mathbb{E}[f(X)] = \int_0^1 f(x)\mathrm{d}x$, 注意这种方法有很多变体, 这些技巧可以推广到高维情形 (Davis and Philip, 2007). 此外, 虽然我们关注区间内的等距数据, 但 "准随机" 方法会带来更好的收敛速度 (Niederreiter, 1992).

我们考虑 $[0,1]$ 上均匀分布的网格点, 可以作为研究回归模型时随机抽样的理想化模型, 即考虑 $x_i = \dfrac{i}{n}, i \in \{0, 1, \cdots, n\}$. 经典的梯形法则为考虑近似

$$\hat{I} = \frac{1}{n}\left[\frac{1}{2}f(x_0) + \sum_{i=1}^{n-1} f(x_i) + \frac{1}{2}f(x_n)\right].$$

误差 $|I - \hat{I}|$ 依赖于 f 的正则性. 可以把误差分解为 f 和它的分段仿射差值的积分:

$$I - \hat{I} = \sum_{i=1}^{n}\left(\int_{x_{i-1}}^{x_i} f(x)\mathrm{d}x - \frac{x_i - x_{i-1}}{2}\left[f(x_i) + f(x_{i-1})\right]\right)$$

$$= \sum_{i=1}^{n}\left(\int_{x_{i-1}}^{x_i} f(x)\mathrm{d}x - \int_{x_{i-1}}^{x_i}\left\{\frac{x_i - x}{x_i - x_{i-1}}f(x_{i-1}) + \frac{x - x_{i-1}}{x_i - x_{i-1}}f(x_i)\right\}\mathrm{d}x\right).$$

如果 f 二次可微, 并且二次导数的绝对值以 L 为界, 那么得到界限 (可以由泰勒公式得到):

$$|I - \hat{I}| \leqslant \sum_{i=1}^{n}\frac{L}{2}\int_{x_{i-1}}^{x_i}(x_i - x)(x - x_{i-1})\mathrm{d}x = \sum_{i=1}^{n}\frac{L}{12}(x_i - x_{i-1})^3\mathrm{d}x = \frac{L}{12n^2}.$$

假设两个导数有界, 则得到误差界为 $O(1/n^2)$. 如果假设 s 个有界导数 (满足合适的法则, 作 Simpson 法则, 作分段二次差值), 对这样的数值格式, 可以得到误差为 $O(1/n^s)$.

可以证明附录介绍的集中不等式可以推广到半正定矩阵. 下面的界限来自文献 (Tropp, 2012), 引入如下符号: $\lambda_{\max}(M)$ 表示对称矩阵 M 最大的特征值, $\|M\|_{\mathrm{op}}$ 表示矩阵 M 的最大奇异值, $A \preccurlyeq B$ 当且仅当 $B - A$ 是半正定矩阵.

命题 A.5 (矩阵 Hoeffding 界)

给定 n 个相互独立的对称矩阵 $M_i \in \mathbb{R}^{d \times d}$, 满足 $i \in \{1, 2, \cdots, n\}$, $\mathbb{E}[M_i] = 0$, $M_i^2 \preceq C_i^2$ a.s., 那么对所有 $t \geqslant 0$,

$$\mathbb{P}\left(\lambda_{\max}\left(\frac{1}{n}\sum_{i=1}^{n} M_i\right) \geqslant t\right) \leqslant d \cdot \exp\left(-\frac{nt^2/2}{\sigma^2 + ct/3}\right),$$

其中 $\sigma^2 = \lambda_{\max}\left(\frac{1}{n}\sum_{i=1}^{n} \mathbb{E}\left[M_i^2\right]\right)$.

命题 A.6 (矩阵 Bernstein 界)

给定 n 个相互独立的对称矩阵 $M_i \in \mathbb{R}^{d \times d}$, 满足 $i \in \{1, 2, \cdots, n\}$, $\mathbb{E}[M_i] = 0$, $\lambda_{\max} \leqslant c$, a.s., 那么对所有 $t \geqslant 0$,

$$\mathbb{P}\left(\lambda_{\max}\left(\frac{1}{n}\sum_{i=1}^{n} M_i\right) \geqslant t\right) \leqslant d \cdot \exp\left(-\frac{nt^2/2}{\sigma^2 + ct/3}\right),$$

其中 $\sigma^2 = \lambda_{\max}\left(\frac{1}{n}\sum_{i=1}^{n} \mathbb{E}\left[M_i^2\right]\right)$.

我们可以发现:

(1) 当 $d = 1$ 时, 和标量随机变量对应的界相似. McDiarmid 不等式也可以扩展.

(2) 通过考虑对称矩阵 $\widetilde{M}_i = \begin{pmatrix} O & M_i \\ M_i^{\mathrm{T}} & O \end{pmatrix} \in \mathbb{R}^{(d_1+d_2)\times(d_1+d_2)}$ (特征值为 $M_i \in \mathbb{R}^{d_1 \times d_2}$ 的奇异值的加减), 可以把这些界应用于 M_i.